国家科学技术学术著作出版基金资助出版

电液伺服系统非线性控制

焦宗夏　姚建勇　著

U0200154

科学出版社

北　京

内 容 简 介

电液伺服系统所具有的强非线性的模型特征和各类模型不确定性,已成为制约系统控制性能提升的瓶颈因素。本书以电液伺服系统非线性控制为研究目标,系统阐述作者及课题组在该领域所取得的研究成果。全书共 13 章:第 1 章为绪论,第 2~8 章主要论述电液位置伺服系统的非线性控制方法,第 9~13 章论述带强运动干扰的电液力伺服系统的非线性控制方法。各章均以电液伺服系统非线性模型为控制器设计的基础,重点考虑如何补偿各类模型不确定性对系统伺服性能的影响,并分别介绍了不同工况下应采取何种控制策略以达到提升系统控制性能的目的。

本书可作为高等院校液压传动与控制方向研究生的教学参考书,也可供相关专业的研究人员和工程技术人员参考。

图书在版编目(CIP)数据

电液伺服系统非线性控制 / 焦宗夏,姚建勇著. —北京:科学出版社,2016

ISBN 978-7-03-051026-6

Ⅰ.①电… Ⅱ.①焦… ②姚… Ⅲ.①电液伺服系统-非线性控制系统 Ⅳ.①TH137.7

中国版本图书馆 CIP 数据核字(2016)第 303880 号

责任编辑:裴 育 纪四稳 / 责任校对:桂伟利
责任印制:吴兆东 / 封面设计:陈 敬

科学出版社 出版
北京东黄城根北街 16 号
邮政编码:100717
http://www.sciencep.com

北京厚诚则铭印刷科技有限公司 印刷
科学出版社发行 各地新华书店经销

*

2016 年 12 月第 一 版 开本:720×1000 1/16
2024 年 1 月第五次印刷 印张:22 1/4
字数:428 000
定价:180.00元
(如有印装质量问题,我社负责调换)

序 一

电液伺服控制是流体传动与控制专业的核心技术之一，是大功率高精度伺服装备的关键。液压系统具有变增益、摩擦、时变参数等本质非线性特性，易受负载与运动等强干扰，是制约电液伺服控制系统性能提升的瓶颈因素，电液伺服系统的非线性控制为解决上述问题提供了一个比传统方法更为有效的理论与技术途径。

《电液伺服系统非线性控制》一书针对电液伺服系统中的模型不确定性与强干扰这一关键问题，独创了自适应积分鲁棒控制、主动摩擦补偿、非线性鲁棒输出反馈、自抗扰与反步控制一体化设计等非线性控制方法，形成了完整的电液伺服系统非线性控制理论体系，是我国第一本专门系统论述电液伺服系统非线性控制的专著。

该书系统地研究了影响电液伺服系统性能的各种因素，并针对具体问题给出了优良的解决方案，涵盖了电液伺服系统非线性控制技术最核心的问题，所呈现的研究成果不仅具有重要的理论价值，也具有巨大的工程实际意义，特别是在工程实践中的成功应用与实施，体现了我国在该领域的理论水平和技术实力。该书凝聚了作者十余年来从事电液伺服控制技术研究的心血和成果，如今正式出版，奉献于社会。相信，该书一定会为电液伺服控制技术及相关领域的学者和工程技术人员提供重要参考价值。

中国工程院院士
2016 年 10 月

序　二

　　非线性、不确定性等因素严重制约了电液伺服系统控制性能的提升。如何有效克服各类非线性和建模不确定性是电液伺服控制领域的核心问题，也是目前的研究热点。围绕此问题，作者开展了长期的理论与实践研究，取得了大量研究成果，已经应用于高精度负载模拟器、高速运动转台等重大精密伺服装备中，引领了电液伺服控制专业的发展方向，部分研究成果具有在国际上获得好评的首创性，如为解决不匹配干扰的渐进补偿问题所提出的自适应积分鲁棒控制方法、为解决输出反馈非线性控制的鲁棒性问题所提出的观测与控制一体化设计方法等。

　　电液伺服控制理论与技术的发展经历了经典、现代和非线性的控制阶段，前两种理论已经有大量出版物，但专门论述电液伺服系统非线性控制方面的著作还比较少见。该书正是对作者十余年来在电液伺服系统非线性控制领域上取得的研究成果的整理、总结和凝练，它的适时出版必将极大地推动该领域的学术进步和工程应用。

中国工程院院士
2016 年 10 月

前　言

电液伺服系统具有功重比大、响应快及抗负载刚性强等突出优点，在众多重要领域得到了广泛应用，且通常处于控制和动力传输的核心地位，尤其在航空航天领域，电液伺服系统广泛应用于舵面作动、矢量推进、起落架收放、刹车等场合，对安全飞行及着陆等极为重要，是机械电子工程中的核心技术之一。液压系统的非线性特性和建模不确定性，是制约电液伺服控制系统性能提升的瓶颈因素，这也使得基于线性理论的经典控制方法逐渐不能满足系统的高性能需求，因此迫切需要针对电液伺服系统的非线性特性，设计更加先进的非线性控制方法。

电液伺服系统具有强非线性的模型特征，如伺服阀压力流量非线性、微分方程结构非线性、执行器摩擦非线性等。除非线性特性外，电液伺服系统还存在诸多不确定性，包括模型偏差和环境干扰(外负载、测量噪声等)。这些模型不确定性又可以分为两类，即参数不确定性和不确定性非线性。参数不确定性包括负载质量的变化以及随温度和磨损而变化的液压油有效弹性模量、伺服阀流量增益、黏性摩擦系数等。其他的不确定性，如外干扰、未建模泄漏和非线性摩擦等，由于难以获知它们的精确模型，所以称之为不确定性非线性。不确定性的存在，可能会使以系统名义模型设计的控制器不稳定或者性能降阶。模型不确定性是目前基于模型的非线性控制策略主要的研究热点，也是影响基于模型的非线性控制策略控制性能的核心因素。因此，针对模型不确定性的非线性控制技术得到了广泛的关注与空前的发展。

电液伺服控制理论与技术的发展经历了经典、现代和非线性的控制阶段，前两种理论已经有大量出版物，但专门论述电液伺服系统非线性控制方面的著作还比较少见。鉴于此，本书对作者课题组近年来的研究成果进行总结和凝练，填补我国在电液伺服系统非线性控制领域学术专著层面上的空白，也将在推动该领域的学术进步和工程应用方面起到积极作用。

依据被控输出信号的不同，本书从结构上可大致分为两大部分，共 13 章，其中第 1 章为绪论，第 2～8 章重点论述电液位置伺服系统非线性控制策略与实践经验，第 9～13 章总结凝练作者在一类特殊的电液力伺服系统非线性控制方面的科研成果，即电液负载模拟器的非线性控制策略。电液负载模拟器不但有电液力/力矩伺服控制的需求，同时还必须具备抗强运动干扰的能力。

在内容上，本书既注重理论推导过程的严谨性，又强调工程实践过程中的可操作性；在写作上，章节安排遵循循序渐进的原则，在理论方法上由浅入深、由简至繁，同时又尽可能保证各章节具有一定的独立性，以便读者根据感兴趣的主题进行跳跃式阅读，快速理解相应控制器设计的要点。

作者长期从事电液伺服系统非线性控制方法与工程实践等方面的研究，取得了重大进展，获国家技术发明奖二等奖一项，且大部分成果已经以论文的形式发表于国际权威学术期刊，如 IEEE/ASME TMECH、IEEE TIE 等，多篇学术论文入选 ESI 高被引论文，相关成果已经应用于飞机电液余度舵机、高精度电液负载模拟器、高速运动液压转台等重大精密伺服装备中。

本书的部分素材源自第一作者多年指导的博士论文，主要包括姚建勇博士的博士论文以及华清博士的博士论文、汪成文博士的博士论文、韩松杉博士的博士论文，在此表示感谢。此外，本书部分内容也源于近几年作者合作发表的学术论文。书中研究成果得到了国家 973 计划(2014CB046400)、国家自然科学基金(51675279、51235002)等项目的大力支持，本书的出版得到了国家科学技术学术著作出版基金的资助，在此一并表示感谢。

限于作者水平，书中疏漏或不足之处在所难免，望读者批评指正。

作　者

2016 年 6 月

目　　录

第1章 绪 论

1.1 电液伺服系统中的控制问题

电液伺服系统具有输出力/力矩大、功重比高、响应快及抗负载能力强等突出优点，在众多重要领域得到了广泛应用，且通常处于控制和动力传输的核心地位，是机械电子工程的核心技术之一[1]。凡是需要大功率、快速、精确反应的控制系统，几乎都离不开电液伺服控制，尤其在飞行器舵面操纵、机轮刹车与转向、发动机喷口矢量控制、装甲武器行进间射击的双稳系统、火箭武器发射系统的随动调转装置、高端装备制造、冶金、工程机械、力学环境效应模拟与测试等领域，电液伺服系统作为作动子系统起着举足轻重的作用，而优良控制器的设计是研制高性能电液伺服装置的关键。

电液伺服控制方法总是与控制理论的发展相辅相成。自 1948 年维纳出版划时代的著作《控制论》以来，以奈奎斯特为代表的诸多学者创立并发展了基于频域分析的经典控制理论。美国麻省理工学院(MIT)的 Blackburn 等学者在 20 世纪 50 年代末期采用经典控制理论对液压放大器和电液伺服系统进行了系统研究，构成了液压伺服系统的经典控制理论体系，并出版了第一本液压伺服控制的专著[2]。此后，美国 Merritt 于 1967 年出版了系统讨论液压伺服系统分析与设计的经典著作 *Hydraulic Control Systems*[3]。史维祥等[4]在苏联学者工作的基础上，出版了讨论机床液压随动系统的著作。刘长年[5]基于经典控制理论和 ITAE 最佳化设计准则，提出了液压伺服系统的负载轨迹计算、液压伺服系统的优化设计和液压动力机构最佳参数计算的 P-Q 计算尺。李洪仁[6]提出了液压动力机构的概念，并对考虑负载动力学特性影响的二自由度伺服机构进行了分析。经典液压伺服控制理论的特点是以系统的输入输出关系为切入点，基于系统输出反馈信息，对伺服系统进行分析与综合。目前，基于经典控制理论的电液伺服控制器设计方法已经形成系统化、体系化，该方法恰当结合一些保守性假设[7]，在保证系统稳定性的前提下，进行线性控制器设计，如 PID 控制器及其各类变型、超前滞后校正、速度与加速度并联校正等，已经在电液伺服系统的工程实践中得到了广泛应用。20 世纪六七十年代，以状态空间法、极大值原理与二次型最优控制、卡尔曼滤波、自适应控制和变结构控制等为基础的分析和设计控制系统的现代控制理论得到确立和快速发展，为复杂电液伺服系统的控制问题带来了新的解决工具。以线性化的电液伺服系统状态空间模型为对象，我国学者阳含和等引入二次型最优性能指标求解最优状态反馈实现了液压伺服系统的最优控制[8]。王占林[1]等发展了电液伺服系统的最优控制与优化设计方法，并进一步在余度电液伺服系统的力均衡补偿控制中进行了应用。

然而，随着(国防)工业技术水平的不断发展进步，迫切需要高性能的电液伺服系统作为支撑。当电液伺服系统向高精度、高频响、宽调速范围、强抗扰能力、高可靠性等方向发展时，系统固有的非线性特性、环境影响等以往常被忽略的因素，对性能的影响越来越显著，逐渐成为制约其性能提升的瓶颈因素，这也使得基于线性理论的经典控制方法逐渐不能满足系统的高性能需求，因此必须针对电液伺服系统的非线性等因素，研究更加先进的非线性控制方法。

电液伺服系统普遍存在多种非线性特性，如伺服阀压力流量非线性、微分方程结构非线性、执行器摩擦非线性等[3, 7]，这些非线性因素是绝大多数电液伺服系统都面临的共性问题。在以往线性控制策略设计框架下，往往将它们在平衡点附近进行线性化或等效为系统外干扰，进而获得系统开环传递函数，并针对各类干扰及参数摄动，通过配置恰当的反馈控制增益或校正环节使被控对象稳定。然而，上述设计思想存在如下局限性：①伺服阀压力流量非线性是最重要的非线性因素，将它们在平衡点位置进行线性化时高估了系统的开环增益而低估了系统的固有阻尼，尽管这样的处理方法可以确保所设计的线性控制策略的闭环稳定性，但增加了控制器设计的保守性；②往往将参数摄动的取值考虑为对稳定性最不利的情况开展控制器设计，这同样增加了控制器设计的保守性；③系统的某些非线性因素，如间隙、滞环、摩擦等难以被线性化，抗外干扰的鲁棒性设计对它们往往难以奏效，这些非线性特性不但可能会在各个频率段上恶化以线性控制理论设计的控制器的跟踪性能，甚至会引起系统失稳，危及系统安全，非线性摩擦引起的低速极限环振荡就是典型的例子。上述这些问题一直困扰着电液伺服系统的控制器设计人员。由此可见，非线性特性广泛存在于电液伺服系统，对系统性能有着重大影响，更重要的是，很多现象利用线性模型是无法涵盖的，因此必须建立基于非线性的分析和控制器设计方法。

自 20 世纪 90 年代以来，信号处理、高速采集与计算等技术的迅速发展，为基于非线性模型的控制策略的设计与执行奠定了基础。由于非线性模型描述真实系统更加准确，信息更为全面，所以发展基于非线性模型的先进控制方法成为控制理论发展的主要方向之一。针对一般性非线性系统控制中的不确定性因素，瑞典学者 K. J. Astrom、苏联学者 V. I. Utkin 等发展了自适应控制、变结构滑模控制等非线性控制手段和方法。电液位置伺服系统存在严重的不匹配不确定性，在相当长的一段时间内一直困扰着电液伺服系统非线性控制方法的发展，P. V.

Kokotovic 等在 20 世纪 90 年代提出的反步控制思想为不匹配不确定性控制问题的解决提供了重要的技术途径，使得基于非线性模型的电液伺服系统非线性控制技术得到了快速发展，其核心在于如何克服非线性模型中的各类不确定性因素。电液伺服系统中的模型不确定性主要可分为两类，即参数不确定性和不确定性非线性[9]。参数不确定性包括负载质量的变化以及随环境温度而变化的液压弹性模量、黏性摩擦系数等。其他的不确定性，如外干扰、泄漏、摩擦等不能精确建模部分，且能够准确描述它们的非线性函数未知，所以称之为不确定性非线性。不确定性的存在，可能会使以系统名义模型设计的控制器不稳定或者性能降阶。模型不确定性是当前非线性控制策略研究的热点，模型不确定性问题是电液伺服系统非线性控制中最重要和关键的问题，可以说，电液伺服系统的非线性控制几乎总是围绕着克服模型不确定性而开展的，因此得到了广泛的关注与空前的发展。加州大学伯克利分校 M. Tomizuka 教授、普渡大学 B. Yao 教授、伊利诺伊大学 A. Alleyne 教授、巴斯大学 A. R. Plummer 教授、曼尼托巴大学 N. Sepehri 教授等一大批学者做了大量工作，提出了各种自适应、鲁棒等控制方法，以期解决制约电液伺服系统性能提升的参数不确定性、未知干扰、复杂非线性特性等问题，理论分析及相关实验均验证了非线性控制手段可明显提高电液伺服系统的控制性能，具有宽广的发展潜力及应用前景。当然，除了基于模型的非线性控制策略，电液伺服系统智能控制方法的研究也蔚然流行，如神经网络控制、模糊控制等，为各类模型不确定性的补偿提供了新的技术手段。

然而，对于面向模型不确定性的电液伺服系统，高性能非线性控制器设计仍有大量问题亟待解决，如强参数不确定性与强干扰共同作用下的电液伺服系统高性能一体化控制器设计、甚低速工况下的非线性摩擦补偿、非线性输出反馈等。目前，对性能至上的电液伺服装备进行先进控制策略设计已成为迫在眉睫的现实需求。数字化、高机敏性、高安全性、高生存能力、多用途等是未来飞行器发展的目标，要求机载液压系统朝着高功重比、高压化、变压力等方向发展[1]。然而，高压化必然导致机载液压系统泄漏问题的复杂化，传统线性泄漏模型不再能准确描述系统的泄漏行为，无形中增加了系统的未建模干扰，从而影响液压伺服性能。另外，高压化也必然导致机载液压系统无效功率的增加，再加上飞行器的多功能发展需求(不同高度飞行、不同气象条件等)，将致使系统温度变化剧烈，进而引起液压油有效弹性模量、黏性阻尼系数、泄漏特性等系统参数大范围变化，加剧了系统的参数不确定性；飞行器舵面战斗损伤等也将导致液压作动系统惯性负载的改变。飞行器的高机敏性等性能需求对机载液压作动系统驱动气动载荷的能力提出了更高要求，这意味着机载液压作动系统的外干扰强度更大、变化更快，这无疑增加了高性能控制器的设计难度。另外，飞行器的高速巡航状态也对液压系统的微动能力提出了更高要求，从飞行器姿态控制角度来看，高速巡航状态下姿态的精确控制需要液压作动系统具备更小的作动死区及更高的作动灵敏性，即液压系统能够实现微小幅值的作动需求。然而，为了降低高压化带来的泄漏问题，液压作动机构必然采取更强有力的密封形式，但这无疑增加了系统的摩擦特性和作动死区。

电液伺服系统非线性控制属于控制与流体传动相交叉的学科研究内容。尽管非线性控制理论近年来得到了快速发展，各种控制方法层出不穷，但面向电液伺服系统特殊性的针对性设计的成果仍偏少。严格意义上来说，电液伺服系统属于不连续非仿射系统，此外，电液伺服系统还具有输入非线性特性，系统的控制输入与系统状态的非线性函数高度耦合，增加了理论层面上非线性控制器设计与稳定性分析的难度。由此可知，真正适用于电液伺服系统的非线性控制理论方法并不多见。相比较而言，电机伺服系统的非线性控制几乎与电液伺服系统非线性控制同时起步，却发展成熟得多。由于特性相对简单等原因，适用于电机伺服系统的非线性控制成果较多，相关工程人员通过在实践中凝练理论问题开展方法研究，控制理论研究者也更喜欢以电机控制系统为对象验证相关理论方法，理论发展与工程实践相得益彰，相互促进。目前，针对电机伺服系统非线性控制已有成熟的芯片产品推出，而现有电液伺服系统非线性控制器的设计绝大部分仍处于跟随非线性控制理论发展的脚步亦步亦趋的状态，发展缓慢，电液伺服作动系统正面临来自电动、气动等驱动形式的强烈竞争。解决电液伺服系统非线性控制中的关键问题，发展实用化的电液伺服系统非线性控制策略是时代发展赋予流体传动与控制研究者的神圣使命。

综上所述，先进非线性控制策略的研究涉及流体传动学、机械学、控制理论、信息技术等多个科学领域。电液伺服系统非线性控制还是一个新兴的研究方向，本书是对作者近十几年来科研成果和工程实践的凝练总结。通过对电液伺服系统中的几类典型非线性控制问题的阐述，给出设计思路与控制方法，重点解决电液伺服系统中的模型不确定性与强干扰这一关键问题，其创新性表现在：

(1) 针对电液伺服系统中广泛存在的参数不确定性和不匹配干扰，基于电液伺服系统非线性数学模型，提出参数自适应积分鲁棒控制方法，在理论上获得渐近稳定跟踪性能；

(2) 提出一种适用于电液伺服系统的新型光滑 LuGre 模型，解决已有摩擦模型不可微分的缺陷，并据此设计基于反步法的主动摩擦补偿策略，增强电液伺服系统的非线性摩擦抑制能力，提升系统的低速伺服性能；

(3) 通过设计新型 Lyapunov 函数，提出状态估计、干扰补偿与反步控制相融合的一体化控制器设计方法，实现基于模型的非线性鲁棒输出反馈控制，增强电

液伺服系统非线性控制策略的实用性;

(4) 对于执行重复任务的电液伺服系统, 利用其跟踪指令的周期性, 提出电液伺服系统自适应重复控制策略, 发展利用参数自适应解决周期性干扰的控制思想;

(5) 提出基于舵机控制信号的电液负载模拟器速度同步控制方案, 极大地消除多余力, 并在此基础上进一步发展变增益速度同步控制方法、自适应速度同步方法等。

此外, 对电液伺服系统基于模型的反馈线性化高动态控制、状态约束、非线性参数化和电液负载模拟器自适应鲁棒控制、伺服阀动态补偿等问题, 本书也给出了作者的解决方案。本书的出版将推动电液伺服系统非线性控制器设计体制的建立, 以期针对强参数不确定性、强非线性和强外干扰性情况下给出更为合理的"非线性控制"解决方案, 降低控制器设计保守性。

1.2 本书章节安排

从结构上, 本书可以分为两大部分, 第 2~8 章为电液位置伺服系统先进非线性运动控制器设计, 第 9~13 章则介绍一类带有强运动扰动的电液力/力矩伺服系统控制器设计, 即电液负载模拟器的先进控制器设计。具体如下:

第 2 章首先以典型的阀控缸电液位置伺服系统为研究对象, 建立其一般化的线性模型和非线性数学模型, 通过对比分析线性模型的局限性, 奠定本书基于模型的非线性控制器设计方法的基础; 在此基础上, 介绍一种基于系统参数的反馈线性化控制器设计方法, 并分析其动态特性。

第 3 章针对常见的电液伺服系统的模型不确定性, 基于系统物理模型建立控制器设计模型, 分别介绍基于直接参数自适应方法和间接参数自适应方法的自适应鲁棒控制器的设计步骤及要点, 并论述它们各自的优缺点。

第 4 章考虑当系统仅存在摩擦等不匹配未建模干扰时的非线性控制器设计, 通过引入误差积分符号鲁棒反馈项, 取得了渐近跟踪控制性能, 极大地提升了系统的跟踪精度, 并实现了积分鲁棒反馈控制与参数自适应控制的有效结合。

第 5 章给出一种基于模型的摩擦补偿方法, 通过对现有 LuGre 摩擦模型的改造, 使其具备连续可微属性, 进而有利于模型与反步控制器设计方法的结合, 实现了摩擦的精确补偿, 提升了系统的低速伺服性能。

第 6 章针对电液伺服系统的周期性控制任务需求, 通过恰当运用傅里叶展开, 将系统各类建模不确定性转化为基于确定信号的参数估计形式, 进而利用自适应率的设计实现系统的高性能跟踪控制, 并分析系统对时间依赖干扰项的鲁棒性,给出系统初值稳定域与控制器参数间的关系。

第 7 章考虑两类特殊类型的控制需求，即电液伺服系统可能存在的分母非线性参数自适应问题和运动约束问题，针对这两类问题，均通过借鉴新型李雅普诺夫函数，设计恰当的非线性控制策略，实现了系统的特殊性能需求。

第 8 章探讨基于观测器的非线性输出反馈控制器设计，解决了当系统仅位置信息可知时的非线性控制器设计问题，所设计的观测器可同时实现对未知状态及干扰的估计，通过反步法实现了状态估计与干扰估计的有效融合。

第 9 章作为研究电液负载模拟器先进控制策略的开篇，通过建立系统的线性数学模型，分析电液负载模拟器的强运动扰动来源及其影响特性，并给出工程实用的速度同步控制解决方案。

第 10 章在速度同步控制方法的基础上，通过线性模型分析，进一步融合舵机指令、舵机反馈、力矩加载指令以及力矩加载反馈，实现了电液负载模拟器的复合控制策略设计，进一步提升了系统的动态控制性能。

第 11 章通过力矩传感器弹性将力矩控制问题转化为位置控制形式，建立系统的非线性模型，进而结合力矩反馈及位置控制器设计思想，设计自适应反步非线性控制策略，并通过理论分析及实验验证控制策略的有效性。

第 12 章结合简化的一阶非线性模型，针对电液负载模拟器中广泛存在的参数不确定性和干扰，设计基于自适应鲁棒控制理论的力矩伺服控制器；为了兼顾伺服阀阀芯动态对系统性能的影响，将其考虑为一阶惯性环节，设计基于反步法的自适应鲁棒力控制器。

第 13 章考虑电液负载模拟器的一种特殊工况——静态加载，结合位置信息，设计基于光滑摩擦模型的摩擦补偿鲁棒非线性控制策略，提升了电液负载模拟器的静态加载精度。

由于本书主要探讨基于模型的电液伺服系统非线性控制策略的设计，恰当的系统模型是各类控制器设计的基础，因而不可避免地，在本书各章的论述过程中，系统建模存在一定的重复；另外，为了使各章节之间保有一定的独立性，以便部分读者可迅速地开展有针对性的阅读，增强本书的实用性，因而各章节的系统建模又是不可或缺的。为了平衡上述写作矛盾，本书在后续部分章节的建模上进行了适当精简，既能使读者不拘泥于系统特定的系统模型，独立掌握各章节的设计要点，又可避免在建模部分写作上不必要的重复。

参 考 文 献

[1] 王占林. 近代电气液压伺服控制. 北京：北京航空航天大学出版社，2005.

[2] Blackburn J F, Reehof G, Shearer J L. Fluid Power Control. New York: Technology Press of MIT and Wiley, 1960.

[3] Merritt H E. Hydraulic Control Systems. New York: Wiley, 1967.

[4] 史维祥, 陶钟. 液压随动系统. 上海: 上海科学技术出版社, 1965.

[5] 刘长年. 液压伺服系统的分析与设计. 北京: 科学出版社, 1985.

[6] 李洪仁. 液压控制系统. 北京: 科学出版社, 1976.

[7] 姚建勇. 基于模型的电液伺服系统非线性控制. 北京: 北京航空航天大学博士学位论文, 2012.

[8] 阳含和. 机械控制控制工程. 北京: 机械工业出版社, 1986.

[9] Yao B, Bu F, Reedy J, et al. Adaptive robust motion control of single rod hydraulic actuators: Theory and experiments. IEEE/ASME Transactions on Mechatronics, 2000, 5(2): 79-91.

第2章 电液伺服系统非线性建模与反馈线性化控制

基于传统线性建模方法的电液伺服系统模型已被广泛研究，但这些模型无一例外地是以稳定性为目的的建模，这对分析控制系统的稳定性及对系统性能的初步分析是可行的，但是当需要对系统进行高性能控制及性能预测时，以稳定性为目的的建模则显得过于保守。

随着精密工业及国防领域对电液伺服系统的伺服性能要求越来越高，如跟踪精度、动态频宽、超低速性能等，以往基于线性化模型的控制器设计及分析方法已逐渐不能满足实际需求。伺服阀的压力流量非线性是电液伺服系统最主要的非线性，以往的分析往往在零位对其进行线性化建模与分析，因为该点稳定性最差，但这种分析高估了系统的开环增益而低估了系统阻尼，导致模型稳定性分析过裕而性能描述不精。另外，摩擦非线性也是影响系统性能指标尤其是低速性能的关键因素之一，而线性模型不能很好地揭示系统摩擦特性，因此对提升电液伺服系统的低速性能帮助甚微。又如，随着系统动态频宽的需求越来越高，系统建模精度对频宽估计及高频宽控制器的设计影响显著，有"失之毫厘，差以千里"之感。为此，为进一步提升系统伺服性能，就必须进行更加精确的非线性建模与分析，以真实反映系统的物理特性。

2.1 电液伺服系统线性模型及特性分析

2.1.1 线性化建模

本节以图 2.1 所示的电液位置伺服系统为例推导并分析其线性化模型。系统线性建模[1]过程如下。

系统运动学方程为

$$m\ddot{y} = P_L A - B\dot{y} - F_L \tag{2.1}$$

式中，m, y, P_L, A, B, F_L 分别为系统负载质量、输出位移、液压缸两腔压差、液压缸有效活塞面积、有效黏性阻尼系数以及外负载干扰。其中，$P_L = P_1 - P_2$，P_1, P_2 分别为液压缸左右两腔油压。

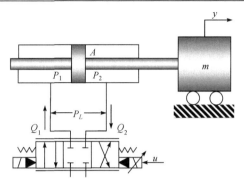

图 2.1　电液位置伺服系统示意图

压力动态方程为

$$\dot{P}_L = \frac{4\beta_e}{V_t}(Q_L - A\dot{y} - C_t P_L) \tag{2.2}$$

式中，β_e, V_t, Q_L, C_t 分别为液压油弹性模量、系统控制腔总容积、伺服阀负载流量以及执行器泄漏系数。其中，$V_t = V_1 + V_2$，$V_1 = V_{01} + Ay$，$V_2 = V_{02} - Ay$ 分别为系统左右两控制腔容积，V_{01}, V_{02} 分别为系统左右两控制腔初始容积；$Q_L = (Q_1 + Q_2)/2$，Q_1, Q_2 分别为由伺服阀进入/流出液压缸左/右腔的液压流量。

伺服阀负载流量方程为

$$Q_L = k_q x_v \sqrt{P_s - \mathrm{sign}(x_v)P_L}, \quad k_q \overset{\mathrm{def}}{=\!=} C_d w \sqrt{\frac{1}{\rho}} \tag{2.3}$$

式中，$k_q, x_v, P_s, C_d, w, \rho$ 分别为伺服阀阀芯位移流量增益、阀芯位移、系统油源压力、伺服阀节流孔流量系数、节流孔面积梯度、液压油密度；$\mathrm{sign}(\bullet)$ 为符号函数。

通常，以伺服阀中位为零点，利用泰勒展开对式(2.3)线性化为

$$Q_L = K_Q x_v - K_c P_L \tag{2.4}$$

式中，K_Q, K_c 分别为伺服阀流量增益及流量压力系数。

伺服阀动态方程可由一阶环节近似描述[2]为

$$\dot{x}_v = -\frac{1}{\tau_v}x_v + \frac{k_i}{\tau_v}u \tag{2.5}$$

式中，τ_v, k_i, u 分别为伺服阀时间常数、阀芯电流增益及控制输入。

进而由式(2.1)、式(2.2)和式(2.4)可得

$$y = \frac{\dfrac{K_Q}{A}x_v - \dfrac{K_{ce}}{A^2}\left(1 + \dfrac{V_t}{4\beta_e K_{ce}}s\right)F_L}{s\left[\dfrac{V_t m}{4\beta_e A^2}s^2 + \left(\dfrac{K_{ce}m}{A^2} + \dfrac{BV_t}{4\beta_e A^2}\right)s + \left(1 + \dfrac{BK_{ce}}{A^2}\right)\right]} \tag{2.6}$$

式中，$K_{ce}=K_c+C_t$ 为系统总流量压力系数。

式(2.6)是由电液伺服系统线性化建模得到的系统输入输出关系的标准形式，针对此标准形式，许多研究者基于各种假设对此进行了简化。其中较常见的假设如下：由于液压执行机构的泄漏系数通常较小，即 BK_{ce}/A^2 比 1 小得多，所以式(2.6)可简化为

$$y = \dfrac{\dfrac{K_Q}{A}x_v - \dfrac{K_{ce}}{A^2}\left(1+\dfrac{V_t}{4\beta_e K_{ce}}s\right)F_L}{s\left(\dfrac{1}{\omega_n^2}s^2 + \dfrac{2\xi_n}{\omega_n}s + 1\right)} \tag{2.7}$$

式中，$\omega_n = \sqrt{\dfrac{4\beta_e A^2}{mV_t}}$ 为液压系统固有频率；$\xi_n = \dfrac{K_{ce}}{A}\sqrt{\dfrac{\beta_e m}{V_t}} + \dfrac{B}{4A}\sqrt{\dfrac{V_t}{\beta_e m}}$ 为液压系统等效阻尼系数。

根据式(2.7)，系统输出 y 关于伺服阀阀芯 x_v 的传递函数为

$$\dfrac{y}{x_v} = \dfrac{\dfrac{K_Q}{A}}{s\left(\dfrac{1}{\omega_n^2}s^2 + \dfrac{2\xi_n}{\omega_n}s + 1\right)} \tag{2.8}$$

结合伺服阀动态式(2.5)，则系统输出 y 关于控制输入 u 的传递函数为

$$\dfrac{y}{u} = \dfrac{\dfrac{k_i K_Q}{A}}{s(\tau_v s + 1)\left(\dfrac{1}{\omega_n^2}s^2 + \dfrac{2\xi_n}{\omega_n}s + 1\right)} \tag{2.9}$$

由式(2.9)可知，为了不使伺服阀成为限制系统频宽的因素，通常都选择频宽远高于系统固有频率的伺服阀。

2.1.2 多自由度负载建模

在 2.1.1 节的建模过程中，将所有负载简单地用集中参数来表示，但有时电液伺服系统需要驱动大结构负载，此时负载柔度对系统性能影响也较显著，尤其是高频段的影响，往往具有多自由度负载的结构谐振频率接近甚至低于液压固有频率，于是结构谐振频率就左右并限制了系统的总性能。常见的具有多自由度负载的阀控液压缸系统结构如图 2.2 所示。

合并式(2.2)和式(2.4)有

$$\dfrac{V_t}{\beta_e}P_L s + Ays + K_{ce}P_L = K_Q x_v \tag{2.10}$$

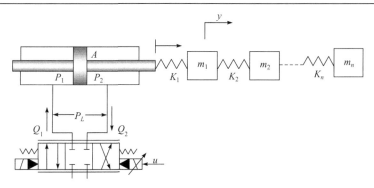

图 2.2　多自由度负载阀控液压缸系统结构图

液压缸产生的输出力 F_g 为

$$F_g = AP_L \tag{2.11}$$

为了描述负载动态方程，假想以 F_g 为多自由度负载的激励力，测量液压缸输出位移。此位移与激励力之比就是描述负载动态特性的传递函数。通常此传递函数具有如下形式[1]：

$$\frac{y}{F_g} = \frac{\left(\dfrac{s^2}{\omega_a^2} + \dfrac{2\xi_a}{\omega_a}s + 1\right)\left(\dfrac{s^2}{\omega_b^2} + \dfrac{2\xi_b}{\omega_b}s + 1\right)\cdots}{m_t s^2\left(\dfrac{s^2}{\omega_1^2} + \dfrac{2\xi_1}{\omega_1}s + 1\right)\left(\dfrac{s^2}{\omega_2^2} + \dfrac{2\xi_2}{\omega_2}s + 1\right)\left(\dfrac{s^2}{\omega_3^2} + \dfrac{2\xi_3}{\omega_3}s + 1\right)\cdots} \tag{2.12}$$

式中，y 为液压缸输出位移；m_t 为系统所有负载折算到液压缸处的总质量；ω_a，ω_b，$\cdots$ 为分子上二阶环节的无阻尼固有频率；ω_1，ω_2，$\cdots$ 为分母上二阶环节的无阻尼固有频率；ξ_a，ξ_b，$\cdots$ 为分子上二阶环节的阻尼系数；ξ_1，ξ_2，$\cdots$ 为分母上二阶环节的阻尼系数。

式(2.12)有如下特性：

(1) ω_1，ω_2，$\cdots$ 为各振动模的无阻尼固有频率，其中 ω_1 是基模频率，ω_2 是第二个振动模的频率，$\cdots$；ω_a，ω_b，$\cdots$ 是各振动节的无阻尼固有频率。

(2) 分母中的 s^2 自由项表明，可将所有的二阶因子都近似地看成 1 的低频部分，执行器产生的力都消耗在惯性加速度上，并已折算到液压缸的总质量上。

(3) 因为多自由度负载结构是无源的，所以必然是稳定的。

(4) 分母中的二阶因子数目与系统的自由度数相应。任何实际物理系统都只能实现分子阶次低于分母阶次的多自由度动态方程，因此 ω_a 一般是所有频率中最低的。且有如下关系式：

$$\omega_a < \omega_1 < \omega_b < \omega_2 < \omega_c < \omega_3 < \cdots \tag{2.13}$$

若定义 $G_L(s)$ 为式(2.12)中各二次因子的比值，则有

$$y = \frac{G_L(s)}{s^2} \frac{A}{m_t} P_L \tag{2.14}$$

结合式(2.10)消去中间变量 P_L，得

$$\frac{y}{x_v} = \frac{\dfrac{K_Q}{A} G_L(s)}{s\left[\dfrac{s^2}{\omega_n^2} + \dfrac{2\xi_n}{\omega_n}s + G_L(s)\right]} \tag{2.15}$$

由式(2.15)可得如下结论：

(1) 如果模态和节点的频率非常高或者等于零，此时可认为 $G_L(s)=1$，于是式(2.15)可简化为

$$\frac{sy}{x_v} = \frac{\dfrac{K_Q}{A}}{\dfrac{1}{\omega_n^2}s^2 + \dfrac{2\xi_n}{\omega_n}s + 1} \tag{2.16}$$

此时与集中参数建模得到的传递函数是相同的。

(2) 如果负载的结构谐振频率大于 ω_n，则 $\omega=\omega_n$ 处 $G_L(s)\approx1$。所以，此时液压谐振频率是最低的，因而也就是起主导作用的固有频率。于是式(2.15)可近似为

$$\frac{sy}{x_v} = \frac{\dfrac{K_Q}{A} G_L(s)}{\dfrac{s^2}{\omega_n^2} + \dfrac{2\xi_n}{\omega_n}s + 1} \tag{2.17}$$

式中，二阶因子 $G_L(s)$ 仍是 sy/x_v 的因子。

(3) 如果液压谐振频率比负载结构谐振频率大得多，则在式(2.15)中 $G_L(s)$ 将起主导作用，于是此方程可近似为

$$\frac{sy}{x_v} \approx \frac{K_Q}{A} \tag{2.18}$$

因此，结构谐振频率对系统性能的影响将因液压固有频率很大而减到最小。

(4) 如果 ω_n 在各结构的固有频率之间，则那些比 ω_n 低的结构振动模的频率将在 sy/x_v 的总响应特性中趋于被抑制、消除或是影响很小。由此可见，较高的 ω_n 可把较低的结构频率"往上推"。

(5) $G_L(s)$ 的零点也是 sy/x_v 的零点。

由此得出如下结论：**液压谐振频率总可以近似地看成系统起主导作用的谐振频率，无论它是否低于结构的谐振频率，至少就液压缸位置处的传递函数而言是这样的。**

由此可见，在提升电液伺服跟踪性能的研究中，无论是跟踪精度还是动态频

宽等性能，克服液压谐振频率对系统性能的影响总是第一位的，液压谐振频率始终是电液伺服系统频宽的制约瓶颈。另外，如果需要考虑负载端的位置输出特性，需要增加额外的传感器，且系统结构复杂，而又对系统性能的提升帮助不大。鉴于此，本书的研究基于如下假设。

假设 2.1(刚性体假设)　忽略系统机械柔度，所有机械连接均为刚性连接，所有机械元部件均为刚性体。

2.1.3　阀控执行器的非线性分析

前面建立并推导了电液伺服系统的线性方程及传递函数，隐含着假设系统的变量在某个特定工作点附近做微小的变动，在这些点附近来求线性化后的伺服阀系数 K_Q 和 K_c。通常线性化分析都是在零位工作点来进行的，即在 $x_v=0$, $P_L=0$ 以及 $Q_L=0$ 附近。上述假设实际上限制了电液伺服系统的功率输出范围，对于以功率密度大为特征的电液伺服系统，此限制稍有浪费系统能力。

当系统输出功率较大时，伺服阀流量特性是高度非线性的，式(2.3)可化为

$$Q_L = k_q x_v \sqrt{P_s} \sqrt{1 - \mathrm{sign}(x_v) \frac{P_L}{P_s}} \tag{2.19}$$

通过假定 $P_L/P_s \ll 1$，此时有

$$\sqrt{1 - \mathrm{sign}(x_v) \frac{P_L}{P_s}} \approx 1 - \frac{1}{2} \mathrm{sign}(x_v) \frac{P_L}{P_s} \tag{2.20}$$

即线性化了伺服阀流量方程。这个近似假定误差对于 P_L/P_s 的值高达 0.6 时仍在 10%以内。这也正是许多系统都设计成 $P_L/P_s < 2/3$ 的重要原因之一，以防止流量增益降低过多。可见，在较大的负载范围内，关于流量增益的线性化有较高的可信度，但是对于系统阻尼则是天壤之别，因为伺服阀流量压力增益为

$$K_c = \frac{1}{2} k_q x_v \sqrt{\frac{1}{\rho[P_s - \mathrm{sign}(x_v)P_L]}} \tag{2.21}$$

与伺服阀芯位移呈比例线性关系。这也就意味着，当伺服阀芯位移较大，即系统控制输入 u 较大时，伺服阀流量压力增益变化剧烈，进而影响系统阻尼，这将对系统的动态特性、稳态精度产生重大影响。由此可知，对于高精度电液伺服控制，线性模型不能满足高性能控制器的设计需求，尤其是系统的高频宽、大功率伺服性能需求。

为了得到线性化的系统模型，由式(2.1)可知，在建模过程中将系统摩擦项等效为纯黏性摩擦，而忽略了摩擦的非线性特性，如库仑摩擦、Stribeck 效应、Dahl 效应、滞环效应等，在系统运行速度较高时，此假设可认为近似成立，但当需要低速控制时，摩擦的非线性特性将成为左右伺服性能的关键因素，因此线性模型不能满足系统低速伺服性能的需要。摩擦对伺服系统的影响分析及补偿方法将在

后续章节专门论述，本节不再赘述。

在前面线性化建模及传递函数推导过程中，隐含着一系列重要的假设，现总结分析如下。

(1) 式(2.1)假设摩擦为黏性摩擦，忽略了摩擦的其他非线性特性，当需要低速伺服控制时此假设不再成立。

(2) 式(2.2)假设液压执行器有效作用面积对称，当执行器为单出杆液压缸时此假设不再成立。

(3) 式(2.2)假设系统输出造成的控制腔体积变化较小，当执行器行程或阀缸连接油路体积较大时此假设不再成立。

(4) 式(2.3)假设由液压油压缩性造成的压缩流量与系统流入流出液压流量相比很小，当系统需要高频宽控制(即大加速度伺服)时此假设不再成立。

(5) 式(2.4)假设系统在工作零点附近工作，当系统需要大功率输出或高频宽控制时此假设不再成立。

(6) 式(2.6)表达的传递函数及基于此的线性分析与控制器设计均假设系统参数已知，当系统存在参数不确定性时此假设不再成立，而事实上电液伺服系统往往存在参数不确定性，如负载质量、液压油弹性模量、黏性阻尼系数、执行器泄漏系数等。

(7) 式(2.7)假设执行器泄漏系数较小，此时 BK_{ce}/A^2 比 1 小得多；液压缸的密封结构简单、成熟，执行器内泄漏较小。但当以叶片式液压马达作为执行器时，由于其特殊的密封结构，此时的泄漏较液压缸要大得多，工程上曾遇到过 BK_{ce}/A^2 约为 0.4 的执行器，在此情况下此假设不再成立。

以上分析表明，电液伺服系统的线性化模型存在如此多的假设，大大限制了电液伺服系统的应用范围、工作场合、系统能力，更重要的是系统伺服性能。为提高电液伺服系统的跟踪性能，必须建立电液伺服系统的非线性模型，为系统高性能控制器的设计奠定基础。

2.2   电液伺服系统非线性模型

为了使非线性建模尽可能具有广泛性，非线性建模基于如图 2.3 所示的电液位置伺服系统。

系统非线性建模过程如下。

系统运动学方程为

$$m\ddot{y} = P_1 A_1 - P_2 A_2 - B\dot{y} - A_f S_f(\dot{y}) - f(y, \dot{y}, t) \tag{2.22}$$

式中，A_1, A_2 分别为液压缸左右两腔的有效活塞面积；A_f, S_f, f 分别为可建模的库

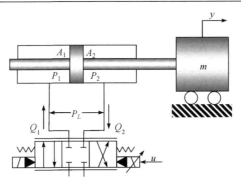

图 2.3　阀控双出杆液压缸位置伺服系统

伦摩擦幅值、连续的近似库伦摩擦形状函数、系统外干扰及未建模动态，如未建模的摩擦非线性特性等。有关摩擦更详细的建模将在后续章节讨论。

执行器两腔压力动态方程为

$$\dot{P}_1 = \frac{\beta_{e1}}{V_{01} + A_1 y}(-A_1 \dot{y} - C_t P_L + Q_1)$$

$$\dot{P}_2 = \frac{\beta_{e2}}{V_{02} - A_2 y}(A_2 \dot{y} + C_t P_L - Q_2)$$

$$(2.23)$$

式中，β_{e1}, β_{e2} 分别为执行器两腔液压油弹性模量。

伺服阀流量方程为

$$Q_1 = \sqrt{2} k_{q1} x_v \left[s(x_v) \sqrt{(P_s - P_1)} + s(-x_v) \sqrt{P_1 - P_r} \right]$$

$$Q_2 = \sqrt{2} k_{q2} x_v \left[s(x_v) \sqrt{P_2 - P_r} + s(-x_v) \sqrt{P_s - P_2} \right]$$

$$(2.24)$$

式中

$$k_{q1} = C_d w_1 \sqrt{\frac{1}{\rho}}, \quad k_{q2} = C_d w_2 \sqrt{\frac{1}{\rho}}$$

$$(2.25)$$

且定义函数 $s(\cdot)$ 为

$$s(\cdot) = \begin{cases} 1, & \cdot \geqslant 0 \\ 0, & \cdot < 0 \end{cases}$$

$$(2.26)$$

式中，k_{q1}, k_{q2} 分别为伺服阀阀芯位移左右两端流量增益；P_r 为系统回油压力；w_1, w_2 分别为伺服阀阀芯节流孔左右两端面积梯度。

伺服阀动态方程可由一阶环节近似描述[2]为

$$\dot{x}_v = -\frac{1}{\tau_v} x_v + \frac{k_i}{\tau_v} u$$

$$(2.27)$$

式(2.22)～式(2.27)详细描述了电液伺服系统非线性模型，较准确地表征了系统的非线性特性，移除了线性化建模蕴含的各种假设。因此，此非线性模型更准确、适用范围更广。

为了简化后续设计的非线性控制器，更加清晰地介绍非线性控制器的设计过程，而不被过于复杂的系统模型造成的阅读与理解困难所困扰，在不影响系统性能的前提下，本节对电液伺服系统非线性模型做出如下假设。

假设 2.2 伺服阀是对称且匹配的，即 $k_{q1}=k_{q2}=k_q$；执行器两腔液压油弹性模量相同，即 $\beta_{e1}=\beta_{e2}=\beta_e$；伺服阀频宽远远高于系统频宽，即可简化伺服动态为比例环节，$x_v=k_iu$，此时有 $s(x_v)=s(u)$；电液伺服系统在一般工况下工作，即执行器两腔压力满足 $0<P_r<P_1<P_s$，$0<P_r<P_2<P_s$。

据此假设，可综合式(2.24)~式(2.27)有

$$Q_1 = gR_1u$$
$$Q_2 = gR_2u \tag{2.28}$$

式中，$g = \sqrt{2}k_qk_i$，且

$$R_1 = \left[s(u)\sqrt{P_s - P_1} + s(-u)\sqrt{P_1 - P_r} \right]$$
$$R_2 = \left[s(u)\sqrt{P_2 - P_r} + s(-u)\sqrt{P_s - P_2} \right] \tag{2.29}$$

由此，式(2.22)、式(2.23)及式(2.28)表征了电液伺服系统的非线性模型。本书后续的非线性控制器设计都是以此非线性模型为基础进行的。

2.3 模型对比仿真实例

本节讨论线性模型与非线性模型的响应对比，取如下参数对系统进行建模：$P_s=7\text{MPa}$，$P_r=0\text{Pa}$，$V_{01}=V_{02}=1\times10^{-3}\text{m}^3$，$V_t=V_{01}+V_{02}$，$A_1=A_2=A=2\times10^{-4}\text{m}^2$，$m=40\text{kg}$，$B=60\text{N·s/m}$，$C_t=1\times10^{-13}\text{m}^5/(\text{N·s})$，$g=4\times10^{-8}\text{m}^4/(\text{s·V·}\sqrt{\text{N}})$，$\beta_e=2\times10^8\text{Pa}$，$F_L=0\text{N}$，$A_f=0\text{N}$，$f=0\text{N}$。为考核非线性环节对系统特性的影响，在非线性模型中添加近似库伦摩擦模型，取 $A_f=10\text{N}$，$S_f=2\arctan(1000\dot{y})/\pi$；为使仿真模型更接近实际物理对象的特性，取 $C_t=9\times10^{-12}\text{m}^5/(\text{N·s})$。以小信号正弦为激励，得两模型伯德图如图 2.4 所示。由伯德图对比分析可知，两模型对系统转折频率的分析相同，这符合理论分析的结果。但从相频图中可知，两模型对系统阻尼的反映却相差较大，非线性模型阻尼之所以相比线性模型增加主要源于添加的近似库伦摩擦。由此可知传统线性模型估计系统固有频率是较准确的，但不能准确反映系统的阻尼特性。

以线性模型设计工程上常用的 PID 控制器构成线性模型的闭环控制系统，同时将该控制器得到的控制量也输出给非线性模型，以观测两模型在同一控制信号作用下的特性。PID 控制器参数为 $k_P=20$，$k_I=5$，$k_D=3$。期望跟踪的指令是幅值为 0.01m、频率为 1rad/s 的正弦。系统跟踪曲线如图 2.5 所示。由对比曲线可知，当

系统进行低速伺服时，由于非线性模型保留了库伦摩擦的特性，能够真实反映系统输出的"平顶"现象，而线性模型则不能反映此物理特性。其中可建模连续的库伦摩擦近似效果如图 2.6 所示。

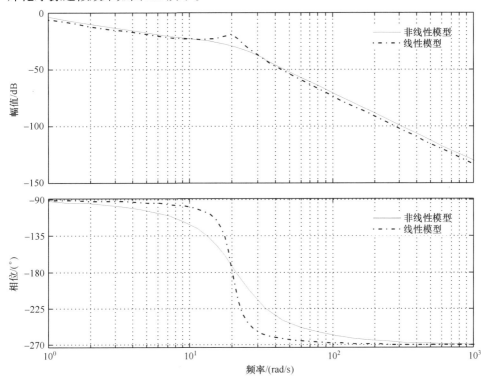

图 2.4　线性与非线性模型伯德图对比

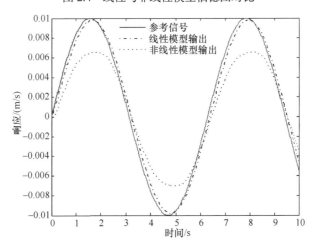

图 2.5　线性与非线性模型跟踪输出对比

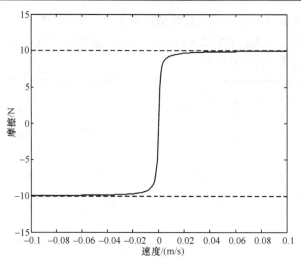

图 2.6 $A_f S_f$ 对库伦摩擦的近似效果

2.4 基于精确模型的反馈线性化控制策略及频宽拓展

电液伺服系统中的非线性是制约基于传统线性控制策略性能提升的瓶颈因素之一。基于模型的非线性控制方法自 20 世纪 80 年代以来，已得到了广泛的讨论。当被控对象的模型可以精确已知时，基于模型的反馈线性化控制策略可以获得优良的控制性能，尤其是高频下的快速跟踪性能。但不可否认的是，通常系统总是存在各种各样的不确定性，如实际系统某些物理参数未知或者难以获知等，此时基于精确模型的设计方法将不再有效，而基于参数自适应或非线性鲁棒的控制方法在稳态控制精度或低频伺服跟踪方面更具优势。目前，在获取高精度控制性能方面，与其他非线性控制方法相比，反馈线性化控制方法已不具有明显优势。但由于自适应控制等策略的快速跟踪能力较弱，利用反馈线性化控制方法开展高频伺服控制策略研究，拓展系统频宽，仍有非常强的现实意义。尽管系统总是存在建模误差，但如果合理选取反馈线性化控制器的控制参数，也可以起到对建模误差的鲁棒作用。

2.4.1 由非线性到线性的坐标变换

频宽拓展仅是伺服控制的一种形式，因此对控制器的结构设计从本质上没有任何影响，这由设计非线性控制器的过程也可以看出来，在设计控制器时，并未涉及任何频率的概念。但是由于当系统运行到高频段时，呈现的一些特性可能会对伺服系统的性能造成一些影响，甚至会威胁到所设计控制器的一些前提假设，进而影响系统的稳定性，所以仍需要针对系统的高频段进行定性分析，尤其重要的是系统高频段的特性对控制器参数的选择有着决定性的影响，是选择控制器参数的重要依据，为实际应用奠定基础。

对于频宽拓展的分析只能是定性分析，任何定量分析则必然涉及系统高频特性的准确描述，进而才能在控制器设计时予以考虑，然而对高频段特性的准确描述是非常困难的，描述的不准确反而会影响系统的性能，因此只针对频宽拓展做些定性分析，揭示其内在机理，同时为控制参数的选取提供依据。

线性系统传递函数的概念是对系统高频段特性进行定性分析最有力的手段之一。因此，在定性分析之前，需要**通过设计合适的非线性控制器将系统非线性方程转换成一种等同的线性化的形式，即坐标变换。**

定义液压伺服系统的状态变量为 $x=[x_1, x_2, x_3]^{\mathrm{T}}=[y, \dot{y}, A_1 P_1 - A_2 P_2]^{\mathrm{T}}$，则由 2.2 节描述的系统非线性方程可重新描述为

$$
\begin{aligned}
&\dot{x}_1 = x_2 \\
&m\dot{x}_2 = x_3 - Bx_2 - d \\
&\dot{x}_3 = \left(\frac{A_1}{V_1}R_1 + \frac{A_2}{V_2}R_2\right)g\beta_e u - \left(\frac{A_1^2}{V_1} + \frac{A_2^2}{V_2}\right)\beta_e x_2 - \left(\frac{A_1}{V_1} + \frac{A_2}{V_2}\right)\beta_e C_t P_L
\end{aligned}
\tag{2.30}
$$

式中，d 为不确定性干扰。

由于是基于线性系统的分析方法，必须基于以下假设。

假设 2.3　系统不存在任何参数不确定性，即 $m, B, A_1, V_{01}, P_s, A_2, V_{02}, P_r, g, \beta_e,$ C_t 均已知；执行器为双出杆液压缸，即 $A_1=A_2$。

基于假设 2.3，可将式(2.30)描述为

$$
\begin{aligned}
&\dot{x}_1 = x_2 \\
&m\dot{x}_2 = x_3 - Bx_2 - d \\
&\dot{x}_3 = g_3 u - f_c x_2 - f_u x_3
\end{aligned}
\tag{2.31}
$$

式中，g_3, f_c, f_u 均为已知函数，且定义为

$$
\begin{aligned}
g_3 &= \left(\frac{A_1}{V_1}R_1 + \frac{A_2}{V_2}R_2\right)g\beta_e \\
f_c &= \left(\frac{A_1^2}{V_1} + \frac{A_2^2}{V_2}\right)\beta_e \\
f_u &= \left(\frac{1}{V_1} + \frac{1}{V_2}\right)\beta_e C_t
\end{aligned}
\tag{2.32}
$$

基于此动态方程，定义如下误差变量：

$$
\begin{aligned}
z_1 &= y - y_{1d} \\
z_2 &= \dot{z}_1 + k_1 z_1 = x_2 - x_{2eq}, \quad x_{2eq} \overset{\text{def}}{=} \dot{y}_{1d} - k_1 z_1 \\
z_3 &= x_3 - \alpha_2
\end{aligned}
\tag{2.33}
$$

式中，z_1 为跟踪误差，α_2 为系统第二个方程的虚拟控制律。

因此有

$$m\dot{z}_2 = z_3 + \alpha_2 - Bx_2 - d - m\dot{x}_{2eq}$$
$$\dot{z}_3 = g_3 u - f_c x_2 - f_u x_3 - \dot{\alpha}_2$$

(2.34)

设计系统的虚拟控制律 α_2 及控制输入 u 为

$$\alpha_2 = m\dot{x}_{2eq} + Bx_2 + \hat{d} - k_2 z_2$$
$$\dot{\alpha}_2 = \dot{\alpha}_{2c} + \dot{\alpha}_{2u}$$
$$\dot{\alpha}_{2c} = \frac{\partial \alpha_2}{\partial t} + \frac{\partial \alpha_2}{\partial x_1} x_1 + \frac{\partial \alpha_2}{\partial \hat{d}} \dot{\hat{d}} + \frac{\partial \alpha_2}{\partial x_2} \hat{\dot{x}}_2$$
$$\dot{\alpha}_{2u} = \frac{\partial \alpha_2}{\partial x_2} \tilde{\dot{x}}_2$$
$$\hat{\dot{x}}_2 = \frac{x_3 - Bx_2}{m}$$
$$\tilde{\dot{x}}_2 = \frac{-d}{m}$$
$$u = \frac{1}{g_3}(f_c x_2 + f_u x_3 + \dot{\alpha}_{2c} - k_3 z_3)$$

(2.35)

式中，k_2, k_3 为各控制律的反馈增益；$\hat{d}$ 为对不确定干扰 d 中常值成分的估计，且有如下的自适应估计式：

$$\dot{\hat{d}} = -\gamma z_2$$
$$\hat{d} = -\int_0^t \gamma z_2 \mathrm{d}\upsilon$$

(2.36)

由此则式(2.34)可转化为

$$m\dot{z}_2 = z_3 - k_2 z_2 + \hat{d} - d$$
$$\dot{z}_3 = -k_3 z_3 - \dot{\alpha}_{2u}$$

(2.37)

基于式(2.37)及变量定义式(2.33)，可有如下的误差动态方程：

$$\dot{z}_1 = z_2 - k_1 z_1$$
$$m\dot{z}_2 = z_3 - k_2 z_2 + \hat{d} - d$$
$$\dot{z}_3 = -k_3 z_3 - k_d d$$
$$k_d \stackrel{\text{def}}{=} -\frac{\partial \alpha_2}{\partial x_2} \frac{1}{m} = -\frac{\partial[m\dot{x}_{2eq} + Bx_2 + \hat{d} - k_2 z_2]}{\partial x_2} \frac{1}{m} = \frac{mk_1 - B + k_2}{m}$$

(2.38)

由式(2.38)可知，将非线性系统(2.31)通过误差坐标变换及非线性控制器(2.35)转换成线性化的误差动态方程的形式，即将系统的非线性坐标 x 转化为线性的坐标 z，

$z=[z_1, z_2, z_3]^T$。由此就可以基于此线性化的误差动态方程研究系统高频下的特性。

2.4.2　干扰抑制分析

将式(2.38)转化为

$$\dot{z}_1 = z_2 - k_1 z_1$$
$$m\ddot{z}_2 + k_3\left(m\dot{z}_2 + k_2 z_2 + \int_0^t \gamma z_2 \mathrm{d}\upsilon\right) + k_2\dot{z}_2 + \gamma z_2 = -k_d d - \dot{d} - k_3 d \qquad (2.39)$$

将式(2.39)转换为跟踪误差 z_1 的动态方程为

$$z_1 = \frac{-k_d s d(s) - s^2 d(s) - k_3 s d(s)}{(s+k_1)[ms^3 + (k_3 m + k_2)s^2 + (k_3 k_2 + \gamma)s + k_3\gamma]} \qquad (2.40)$$

将其因式分解有

$$G(s) = \frac{z_1}{-d(s)} = \frac{s(s+k_d+k_3)}{(s+k_1)(s+k_3)(ms^2+k_2 s+\gamma)} \qquad (2.41)$$

式中，$G(s)$ 定义为干扰 d 与跟踪误差 z_1 之间的传递函数。

由于 $z_1 = y - y_{1d}$，而 y_{1d} 是系统指令，与动态无关，所以传递函数(2.41)完全表征了系统的动态特性，由此通过非线性控制器的设计，完全改变了系统的动态结构，闭环系统(2.41)的特性完全由控制器参数 k_1，k_2，k_3，γ 及系统参数 m 支配。**(任何控制器的设计都是通过改变系统结构进而调节系统性能)**。

分析传递函数(2.41)可知，当系统仅存在常值干扰时，$s^2 d(s)=0$，$sd(s)=0$，即控制器中的自适应估计式可消除由常值干扰造成的稳态误差，并随着时间推移，系统误差 $z_1 \to 0$，即系统具有渐近跟踪性能。此时所设计的自适应估计式类似于一个积分控制器，若将参数自适应视为一个受控的过程(如后续章节使用的 Projection 函数)，则类似于一个抗饱和的积分控制器。

传递函数(2.41)的分母由三部分组成，即 $1/(s+k_1)$，$1/(s+k_3)$，$1/(ms^2+k_2 s+\gamma)$，其截止频率分别为 k_1，k_3，$(\gamma/m)^{1/2}$，自适应增益 γ 可增加二阶环节频宽。但是由于系统建模误差、未建模动态及外干扰的存在，尤其是未建模高频动态的存在，具有二次微分作用的干扰项 $s^2 d(s)$ 将会很大，如果通频带过宽，则此干扰项将恶化系统性能。另外，过大的 γ 也会造成二阶环节的阻尼过小，导致误差动态振荡。

考虑不存在常值干扰时，此时的自适应过程学习的内容为完全时变的干扰项，并在控制律中试图补偿该时变干扰。当为低频时，因为干扰项大都与系统状态有关，此时状态变化较慢，所以干扰项影响尚不大。但当高频时，系统状态快速变化，导致时变干扰也快速变化，且幅值较大，此时如果 γ 较大，可能会引起控制律的颤振。因此，对于参数自适应律 γ，总是期望其在低频时较大，以具有良好的学习能力，迅速补偿常值干扰，而在高频时，期望其较小，甚至为零，以避免系统颤振。在工程上，据此可根据期望的频率修改参数的自适应律增益，如抛物线类型的修正：

$$\gamma = \begin{cases} \gamma_0 - \kappa f^2, & f \leqslant \sqrt{\gamma_0} \\ 0, & f > \sqrt{\gamma_0} \end{cases} \tag{2.42}$$

式中，γ_0 为初值，f 为指令频率，κ 为收敛速度增益。此函数简单容易实现，且当频率在高频段时，γ 具有更快的衰减特性，越在高频段，γ 下降得越快。但会在某个频率点之后 $\gamma=0$ 进而关闭自适应控制。另一个修正的例子是使用反余切函数：

$$\gamma = \frac{2\gamma_0}{\pi} \mathrm{arccot}(\kappa f) \tag{2.43}$$

此修正 γ 不会为零，但该修正在高频段衰减速率较低。

抛物线及反余切类型的修正示意图如图 2.7 所示。

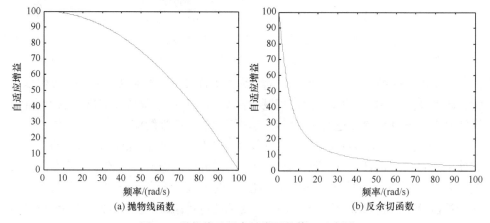

图 2.7　抛物线及反余切类型的修正示意图

下面考虑 $\gamma=0$ 的高频跟踪问题，此时式(2.41)转化为

$$G(s) = \frac{z_1}{-d(s)} = \frac{s + k_d + k_3}{(s + k_1)(ms + k_2)(s + k_3)} \tag{2.44}$$

由此可见，反馈增益 k_1, k_2/m, k_3 分别为三个一阶环节的截止频率，传递函数(2.44)的静态增益为 $1/(k_1 k_2)$。传递函数 $G(s)$ 在频率 ω 处的衰减增益(dB)为

$$\mathrm{dB} = -20\lg\left(\frac{k_1 k_2 k_3}{k_3 + k_d}\right) - 10\lg\left[1 + \left(\frac{\omega}{k_1}\right)^2\right] - 10\lg\left[1 + \left(\frac{m\omega}{k_2}\right)^2\right]$$

$$-10\lg\left[1 + \left(\frac{\omega}{k_3}\right)^2\right] \tag{2.45}$$

由此可以根据系统的通频带要求，合理地配置控制器参数，进而使其对通频

带内的干扰有很好的抑制效果。另外，由传递函数(2.44)可知，反馈增益 k_1, k_2/m, k_3 具有相同的地位，它们对截止频率及静态增益的影响机理完全相同，这为调节控制器参数提供了方便。类似地，反馈增益 k_1, k_2/m, k_3 分别类比于传统闭环控制器中的位置增益、速度增益及动压反馈增益。

但通常，由于各传感器噪声水平的不同，对各增益的调节也有影响，位置传感器常用高精度数字式光栅尺或码盘，其噪声水平最小，速度往往由位置的一阶微分获得，噪声水平有所增加；而对于压力传感器，由于是模拟信号，易受干扰，与其他信号相比，噪声最大，因此从噪声水平上，通常在取值时遵循如下的关系：

$$k_1 > \frac{k_2}{m} > k_3 \tag{2.46}$$

2.4.3　高频鲁棒控制器的输入输出特性及干扰抑制分析

对于实际物理系统，参数完全已知是个很强的假设，尤其是液压执行器参数 B，因此需要进一步讨论高频时参数的名义值估计对系统性能的影响。为便于使用线性分析理论进行定性分析，做出如下假设。

假设 2.4　除参数 B，其余参数均已知；执行器为双出杆液压缸，即 $A_1=A_2$；控制器不包含任何参数自适应，即纯鲁棒控制；系统加速度信息可用。

因此有

$$\begin{aligned} m\dot{z}_2 &= z_3 + \alpha_2 - Bx_2 - d - m\dot{x}_{2eq} \\ \dot{z}_3 &= g_3u - f_cx_2 - f_ux_3 - \dot{\alpha}_2 \end{aligned} \tag{2.47}$$

式中，B 为未知常值参数。

基于系统动态方程，设计系统的虚拟控制律 α_2 及控制输入 u 为

$$\begin{aligned} \alpha_2 &= m\dot{x}_{2eq} + B^{o}x_2 - k_2z_2 \\ u &= \frac{1}{g_3}(f_cx_2 + f_u^{o}x_3 + \dot{\alpha}_2 - k_3z_3) \end{aligned} \tag{2.48}$$

式中，B^{o} 为参数 B 的常值估计(名义值)。

由此则误差动态方程可变换为

$$\begin{aligned} \dot{z}_1 &= z_2 - k_1z_1 \\ m\dot{z}_2 &= z_3 + \tilde{B}x_2 - k_2z_2 - d \\ \dot{z}_3 &= -k_3z_3 \end{aligned} \tag{2.49}$$

式中，$\tilde{B} = B^{o} - B$ 为参数 B 的估计误差。

通过鲁棒控制器(2.48)，将非线性动态方程转化成线性化的式(2.49)。

首先考核系统的输入输出传递函数，此时令 $d=0$，则由式(2.43)可得

$$z_1 = \frac{z_2}{s + k_1}$$

$$(ms + k_2)z_2 = \tilde{B}x_2 \tag{2.50}$$

之所以不含有增益 k_3，是因为系统第三个方程不含有任何不确定性，且由于加速度信息已知而避免了第二个方程的不确定性向第三个方程的传播。

此时系统的输入输出传递函数为

$$\frac{y}{y_d} = \frac{(s + k_1)(ms + k_2)}{ms^2 + (k_1 m + k_2 - \tilde{B})s + k_1 k_2} \tag{2.51}$$

令 $K_2 = k_2/m, \tilde{b} = \tilde{B}/m$，则式(2.51)的固有频率及阻尼归一化为

$$\omega = \sqrt{k_1 K_2}, \quad \xi = \frac{k_1 + K_2}{2\sqrt{k_1 K_2}} - \frac{\tilde{b}}{2\sqrt{k_1 K_2}} \tag{2.52}$$

由此可见，系统频宽可由控制器参数 k_1, k_2 配置，而较小的 B^o 可增加系统闭环阻尼。

下面考核干扰 d 对系统性能的影响，为更加方便地引导出误差与干扰 d 之间的传递函数关系，令 $y_{1d}=0$，此时 $y=z_1$。因此，据式(2.49)有

$$\frac{z_1}{-d} = \frac{1}{ms^2 + (k_1 m + k_2 - \tilde{B})s + k_1 k_2} \tag{2.53}$$

干扰 d 会随着状态频率的增加而增加，且频率越高，增加得越快。静态增益 $1/(k_1 k_2)$ 的衰减比例为 -20dB，而式(2.53)描述的二阶环节在高频时的衰减比例为 -40dB，因此对高频干扰的抑制，使用二阶环节的滤波特性更为明显有效，这也就意味着此时二阶环节的通频带不能过宽。

综合分析式(2.51)及式(2.53)可知，控制器反馈增益 k_1, k_2 的选取应该以满足系统性能为基础，不能一味求大。而当高频段只使用鲁棒控制器时，对参数 B 的常值估计则以较真值偏小为宜，以增加系统阻尼。同理，可按此方法分析其他参数的常值估计，如 m, C_t 等。

2.4.4　实验验证

针对一个实际的阀控液压马达伺服系统，其实物图如图 2.8 所示，原理图如图 2.9 所示，完全等效于阀控双出杆液压缸系统。该验证平台由以下器件组成：一个工作台，一个液压位置系统(包括一个液压马达、一个旋转编码器、两个压力传感器、一个伺服阀、一个联轴器及一套惯性钢板等)，一个液压油源和一个测量和控制系统。测量和控制系统由一个监测软件和一个实时控制软件组成。该监测软件是可编程的 NI LabWindows/CVI，实时控制软件是由 Microsoft Visual Studio 2005 加 Ardence RTX7.0 进行编译的。Ardence RTX7.0 用于在 Windows XP 操作系

统下的实时控制软件提供实时工作的环境。采样时间为 0.5ms。基于上述设计与分析方法，开展了其有效性实验研究。

图 2.8　阀控液压马达伺服系统实物图

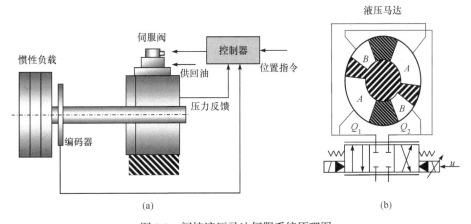

图 2.9　阀控液压马达伺服系统原理图

基于上述设计思想，推导系统具体的数学模型，进而设计反馈线性化控制器，优化控制器参数，可获取如下实验对比结果，详细内容可见文献[3]。为验证所提出方法的有效性，将所提出的反馈线性化控制方法(以 FBL 标识)与基于速度前馈的 PID 控制器(其原理如图 2.10 所示，以 VFPID 标识)和传统的 PID 控制器(以 PID 标识)相比较。这三个控制器的参数均经在线调试、多轮迭代优化，尽可能使各控制器工作在它们最优的控制参数上，以确保比较的公平性。

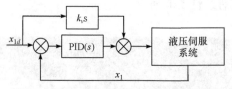

图 2.10　基于速度前馈的 PID 控制器结构

k_v 为速度前馈系数

　　首先将位置指令 x_{1d} 设置为 $x_{1d}=10[1-\cos(3.14t)]°$，FBL 的控制性能如图 2.11 所示，而相应的其他两个控制器的控制误差如图 2.12 所示。从跟踪性能的对比中可以看出，基于模型的反馈线性化控制方法(FBL)和基于速度前馈补偿的 PID 控制方法(VFPID)明显优于传统线性 PID 控制器。这主要是因为在跟踪此低频信号时，液压伺服系统主要表现为速度积分特性，而 FBL 和 VFPID 均含有主动的速度前馈补偿环节，所以可以获得更加优异的控制性能。另外，由于 FBL 还通过模型补偿项抵消了液压系统中的主要非线性特性，所以其最大跟踪误差约为 0.064°，而 VFPID 的最大跟踪误差约为 0.087°。由此可见，无论是 VFPID 还是 PID，它们仅对系统的非线性及建模误差存在一定的鲁棒能力，当系统非线性和/或建模误差增大时，它们的跟踪误差也将会成比例地扩大。由于在 FBL 中添加了积分反馈环节，FBL 的跟踪误差基本控制在零值附近，没有出现常值偏差，这也是本章提

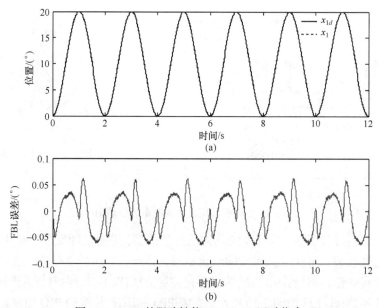

图 2.11　FBL 的跟踪性能(10°-0.5Hz 运动指令)

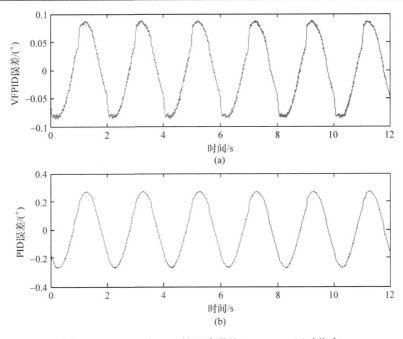

图 2.12　VFPID 和 PID 的跟踪误差(10°-0.5Hz 运动指令)

出的反馈线性化方法区别于传统反馈线性化方法的地方。在 FBL 作用下液压马达两腔压力如图 2.13 所示，而控制输入如图 2.14 所示。

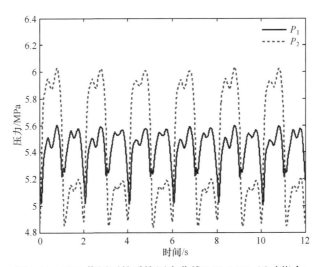

图 2.13　FBL 作用下的系统压力曲线(10°-0.5Hz 运动指令)

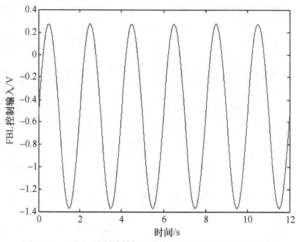

图 2.14　FBL 的控制输入曲线(10°-0.5Hz 运动指令)

　　实验的重点是调查 FBL 的高频跟踪能力，图 2.15 展示了 FBL 跟踪 x_{1d}=10[1−cos(6.28t)]°的情况。相应的 VFPID 和 PID 的跟踪误差如图 2.16 所示。正如前文所述，随着跟踪频率的提高，传统 VFPID 和 PID 的跟踪性能严重恶化，而 FBL 的最大跟踪误差仍然保持在 0.16°左右，此时 VFPID 的最大跟踪误差达到了 0.24°，单纯的 PID 的跟踪性能则更糟。可以预见的是，随着频率的进一步提升，传统 PID 的跟踪性能将变得越来越糟，在后续对比实验中，将不再执行传统 PID，仅对比 FBL 和 VFPID。

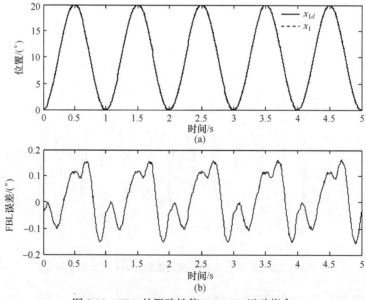

图 2.15　FBL 的跟踪性能(10°-1Hz 运动指令)

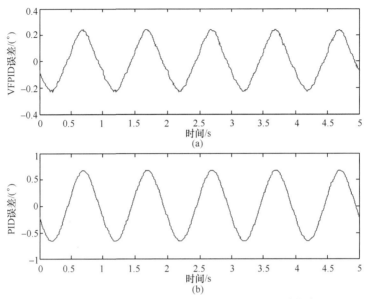

图 2.16　VFPID 和 PID 的跟踪性能(10°-1Hz 运动指令)

　　为进一步测试 FBL 在高频下的跟踪能力,开展了一系列不同频率的 1°幅值正弦指令的跟踪实验。图 2.17 展示了 5Hz 时的跟踪对比情况,图 2.18 给出了 10Hz 时的跟踪对比情况,图 2.19 为 15Hz 时的跟踪情况,而图 2.20 则是 20Hz 时的跟踪情况。从这些实验数据中可以看出,随着频率的逐步增加,VFPID 的跟踪性能越来越差,而 FBL 的跟踪性能则没有发生明显的变化,5Hz 跟踪和 20Hz 跟踪的性能几乎相同。另外,由实验数据也可以看出,VFPID 的主要问题在于高频时的相位滞后问题。FBL 进行了基于模型的主动非线性前馈补偿,相位滞后问题一直没有出现。

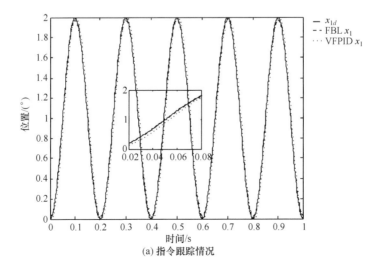

(a) 指令跟踪情况

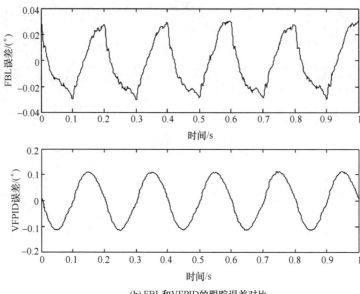

(b) FBL和VFPID的跟踪误差对比

图 2.17　FBL 和 VFPID 的跟踪性能对比(1°-5Hz 运动指令)

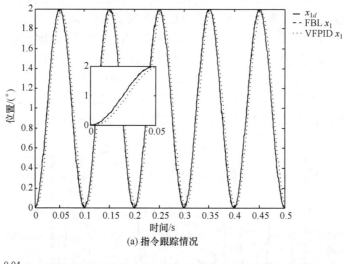

(a) 指令跟踪情况

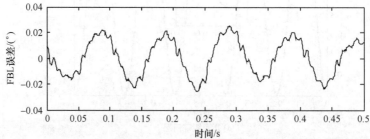

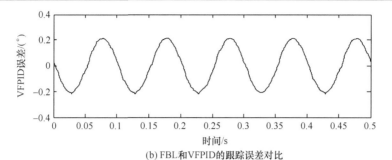

(b) FBL和VFPID的跟踪误差对比

图 2.18　FBL 和 VFPID 的跟踪性能对比(1°-10Hz 运动指令)

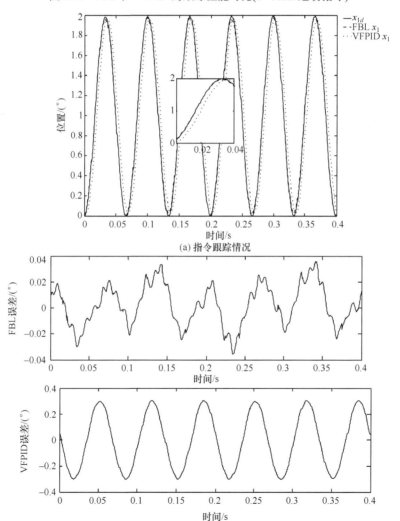

(a) 指令跟踪情况

(b) FBL和VFPID的跟踪误差对比

图 2.19　FBL 和 VFPID 的跟踪性能对比(1°-15Hz 运动指令)

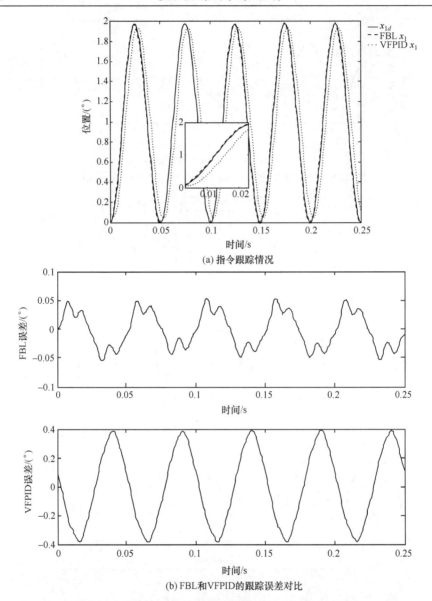

(a) 指令跟踪情况

(b) FBL和VFPID的跟踪误差对比

图 2.20　FBL 和 VFPID 的跟踪性能对比(1°-20Hz 运动指令)

　　FBL 和 VFPID 的跟踪性能总结如表 2.1 所示，可以看出，随着跟踪频率的提高，VFPID 的相位滞后逐渐增大，因而其跟踪误差越来越大。而 FBL 的相位滞后在跟踪 20Hz 时仍未明显出现，因而其控制误差始终保持在一个较小的水平上。以上实验数据表明，FBL 可以很好地补偿液压系统的非线性，提升系统高频跟踪能力，而传统线性控制器，不论是基于速度前馈补偿的 PID 还是单纯的 PID，都受系统非线性特性的影响，随着跟踪频率的提升，跟踪性能越来越差。

表 2.1　1°正弦测试在不同频率下的跟踪性能对比

频率	最大速度	控制器类型	最大误差	相位滞后
5Hz	31.4°/s	VFPID	0.1°	6.5°
		FBL	0.03°	不明显
10Hz	62.8°/s	VFPID	0.2°	12.2°
		FBL	0.026°	不明显
15Hz	94.2°/s	VFPID	0.3°	16.8°
		FBL	0.036°	不明显
20Hz	125.6°/s	VFPID	0.4°	22°
		FBL	0.05°	不明显

2.5　本 章 小 结

本章推导并分析了电液伺服系统的线性数学模型，指出其存在的各种局限性，奠定了刚性体假设的合理性，建立了电液伺服系统的非线性数学模型，为高性能非线性控制器的设计奠定了基础。针对电液伺服测试系统的高频控制问题，提出了通过非线性控制器将系统非线性状态坐标转换为误差动态的线性坐标，为系统的高频特性分析奠定了基础。基于此，推导出了所设计的控制器对干扰的抑制能力，通过实验验证了方法的有效性。

参 考 文 献

[1]　Merritt H E. Hydraulic Control Systems. New York: Wiley, 1967.

[2]　Yao B, Bu F, Reedy J,et al. Adaptive robust motion control of single rod hydraulic actuators: Theory and experiments. IEEE/ASME Transactions on Mechatronics, 2000, 5(2): 79-91.

[3]　Yao J, Yang G, Jiao Z. High dynamic feedback linearization control of hydraulic actuators with backstepping. Proceedings of the Institution of Mechanical Engineers Part I–Journal of Systems and Control Engineering, 2015, 229(8): 728-737.

第 3 章　面向模型不确定性的电液伺服系统自适应鲁棒控制

　　电液伺服系统是高度非线性的，且存在不连续的和不平滑的非线性特性，如输入饱和、伺服阀开口方向的切换、摩擦、阀芯重叠等。除了这些非线性特性，电液伺服系统也存在大量模型不确定性。这些模型不确定性又可分为两类，即参数不确定性和不确定性非线性[1]。参数不确定性包括负载质量的变化，以及随温度和磨损而变化的液压弹性模量、伺服阀流量增益、黏性摩擦系数等。其他的不确定性，如外干扰、泄漏、摩擦等不能精确建模部分，且能够准确描述它们的非线性函数未知，这些不确定性被称为不确定性非线性。不确定性的存在，可能会使以系统名义模型设计的控制器，如第 2 章中介绍的反馈线性化控制器，不稳定或者性能降阶。随着对电液伺服系统跟踪性能的要求越来越高，电液伺服系统固有的非线性特性及各种不确定性使传统线性控制策略很难满足系统的高性能需求，因此迫切需要设计更加先进的非线性控制策略。

　　为了提高系统针对不确定性的抑制能力，非线性鲁棒和自适应控制被应用于这类系统，其中美国普渡大学 B. Yao 教授提出的自适应鲁棒控制理论与方法，有效融合了参数自适应和非线性鲁棒两类方法的优点，受到了国内外同行的广泛关注。本章详细讨论了电液伺服系统中的各类不确定性，并主要介绍了 B. Yao 教授在电液伺服系统自适应鲁棒控制方法上的研究工作，包括基于直接参数自适应和间接参数自适应的自适应鲁棒控制策略，作为本书后续部分章节研究问题的牵引和对比参照，对提高本书的可读性大有裨益。

3.1　电液伺服系统直接自适应鲁棒控制

　　在过去的十几年中，Yao 等针对系统的所有不确定性，结合反步设计方法[2]，提出了一种数学论证严格的非线性自适应鲁棒控制理论框架[1]。自适应鲁棒控制很好地沟通了自适应控制与鲁棒控制之间的隔阂，融合了自适应控制与鲁棒控制各自的工作机制，保留了它们各自的优点，并克服了它们各自的缺点。本章基于非线性自适应鲁棒控制理论，结合具体工程实际，设计了电液伺服系统的自适应鲁棒控制器。同时，如果能使系统自适应的参数具有很好的收敛性，那么除了提升系统的跟踪性能，还可以使用估计得到的系统参数的真值做一些辅助性的功能，如故障检测与诊断等。由于间接自适应控制具有很好的参数收敛率[3]，基于此，本章还设计了电液伺服系统间接自适应鲁棒控制器。

3.1.1　系统模型与问题描述

为使控制器的设计更具广泛性，针对 2.2 节讨论的单出杆液压缸伺服系统，由式(2.16)、式(2.17)及式(2.22)表征的非线性模型，定义系统状态变量为

$$x = [x_1, x_2, x_3]^\mathrm{T} = [y, \dot{y}, A_1 P_1 - A_2 P_2]^\mathrm{T} \tag{3.1}$$

则系统非线性模型的状态空间形式为

$$\begin{aligned}
\dot{x}_1 &= x_2 \\
m\dot{x}_2 &= x_3 - Bx_2 - A_f S_f(x_2) - d_n - \tilde{d}(x_1, x_2, t) \\
\dot{x}_3 &= \left(\frac{A_1}{V_1}R_1 + \frac{A_2}{V_2}R_2\right)g\beta_e u - \left(\frac{A_1^2}{V_1} + \frac{A_2^2}{V_2}\right)\beta_e x_2 - \left(\frac{A_1}{V_1} + \frac{A_2}{V_2}\right)\beta_e C_t P_L
\end{aligned} \tag{3.2}$$

式中，d_n 为未建模动态及外干扰的集中名义值，$\tilde{d}(x_1, x_2, t) = f(x_1, x_2, t) - d_n$。

注 3.1　尽管基于状态变量定义(3.1)得到的系统状态方程(3.2)没能充分反映系统所有状态（$y, \dot{y}, P_1, P_2$），但从控制角度及实践的观点看，如此定义并得到的系统非线性模型(3.2)可以完成控制器的设计任务。

电液伺服系统存在诸多参数不确定性，在式(3.2)中，参数 m, B, A_f, d_n, A_1, A_2，$V_{01}, V_{02}, g, \beta_e, C_t$ 均有可能未知，为了简化最终的自适应鲁棒控制器，更加清晰地介绍自适应鲁棒控制器的设计过程，本章假设电液伺服系统最难获知的系统参数 B, A_f, d_n, C_t 为未知参数，其他参数均已知。当其他参数也未知时，参照本章介绍的自适应鲁棒控制器设计流程，可以轻易地设计出类似的结果。

定义系统未知参数向量 $\theta = [\theta_1, \theta_2, \theta_3, \theta_4]^\mathrm{T} = [B, A_f, d_n, C_t]^\mathrm{T}$。虽然这些参数的精确值未知，但是其参数的大致范围还是可以轻易获取的，因此有如下假设。

假设 3.1　参数不确定性 θ 及不确定性非线性 $\tilde{d}$ 的大小范围已知，即

$$\begin{aligned}
\theta &\in \Omega_\theta \overset{\mathrm{def}}{=} \{\theta : \theta_{\min} \leqslant \theta \leqslant \theta_{\max}\} \\
|\tilde{d}(x_1, x_2, t)| &\leqslant \delta_d(x_1, x_2, t)
\end{aligned} \tag{3.3}$$

式中，$\theta_{\max} = [\theta_{1\max}, \cdots, \theta_{4\max}]^\mathrm{T}$，$\theta_{\min} = [\theta_{1\min}, \cdots, \theta_{4\min}]^\mathrm{T}$ 为向量 θ 的上下界；δ_d 为已知函数。

为方便以后的描述，定义如下的符号说明：$\bullet_i$ 表示向量 $\bullet$ 的第 i 个元素，而两向量间的符号<表示各向量元素间的小于关系。

此时系统方程(3.2)可化为

$$\begin{aligned}
\dot{x}_1 &= x_2 \\
m\dot{x}_2 &= x_3 - \theta_1 x_2 - \theta_2 S_f(x_2) - \theta_3 - \tilde{d} \\
\dot{x}_3 &= g_3 u - f_c - \theta_4 f_u
\end{aligned} \tag{3.4}$$

式中

$$g_3 = \left(\frac{A_1}{V_1} R_1 + \frac{A_2}{V_2} R_2 \right) g \beta_e$$

$$f_c = \left(\frac{A_1^2}{V_1} + \frac{A_2^2}{V_2} \right) \beta_e x_2 \qquad (3.5)$$

$$f_u = \left(\frac{A_1}{V_1} + \frac{A_2}{V_2} \right) \beta_e P_L$$

由 R_1, R_2 的定义以及 V_1, V_2 的表达式可知，以下不等式对于电液伺服系统恒成立：

$$g_3 > 0 \qquad (3.6)$$

对系统(3.4)的非线性控制器的设计，面临着如下的困难：

(1) 系统存在不匹配的不确定性，即不能直接通过调节控制输入 u 对某些不确定性施加影响。因此，针对此不匹配的不确定，必须基于反演设计的流程设计非线性控制器。

(2) 系统非线性函数 g_3 含有不可微分的符号函数，是不平滑的非线性函数。但是对于电液伺服系统，由于忽略了伺服阀动态，且由电液伺服系统的不等式性质(3.6)可知，非线性函数 g_3 恒大于 0，所以不存在符号交变。虽然非线性函数 g_3 在 $u=0$ 处不可微分，但是除此点之外，g_3 是处处连续且可微分的，且在 $u=0$ 处的左右微分都是有界的，因此在非线性控制器的设计中，是可以容忍的。

系统控制器的设计目标为：给定系统参考信号 $y_d(t) = x_{1d}(t)$，设计一个有界的控制输入 u 使得系统输出 $y=x_1$ 尽可能跟踪系统的参考信号。

由于现代控制系统的都是经由数字计算机实现的，为使离散的控制系统的期望指令是匹配的，做如下假设。

假设 3.2 系统参考指令信号 $x_{1d}(t)$ 是三阶连续有界的。

3.1.2 不连续的参数映射

令 $\hat{\theta}$ 表示对系统未知参数 θ 的估计，$\tilde{\theta}$ 为参数估计误差，即 $\tilde{\theta} = \hat{\theta} - \theta$，为确保自适应控制律的稳定性，基于系统的不确定是有界的，即假设 3.1，定义如下的参数自适应不连续映射：

$$\operatorname{Proj}_{\hat{\theta}_i}(\bullet_i) = \begin{cases} 0, & \hat{\theta}_i = \theta_{i\max}, \quad \bullet_i > 0 \\ 0, & \hat{\theta}_i = \theta_{i\min}, \quad \bullet_i < 0 \\ \bullet_i, & \text{其他} \end{cases} \qquad (3.7)$$

给定如下受控的参数自适应律：

$$\dot{\hat{\theta}} = \mathrm{Proj}_{\hat{\theta}}(\Gamma\tau), \quad \hat{\theta}(0) \in \Omega_{\hat{\theta}} \tag{3.8}$$

式中，$\mathrm{Proj}_{\hat{\theta}}(\bullet) = [\mathrm{Proj}_{\hat{\theta}_1}(\bullet_1),\cdots,\mathrm{Proj}_{\hat{\theta}_4}(\bullet_4)]^{\mathrm{T}}$；$\Gamma > 0$ 为正定对角矩阵，表示为自适应增益；τ 为参数自适应函数，并在后续的控制器设计中给出其具体的形式。

由式(3.8)可知，不连续映射使得参数自适应是一个受控的过程，其意义在于控制参数的自适应使得估计的参数不超出预先给定的参数范围，即式(3.3)。通过对不连续映射即式(3.8)的仔细分析，可以得到如下的引理。

引理 3.1　对于任意的自适应函数 τ，不连续映射式(3.8)具有如下性质：

$$
\begin{aligned}
&\textbf{(P1)} \quad \hat{\theta} \in \Omega_{\hat{\theta}} \overset{\mathrm{def}}{=} \left\{ \hat{\theta} : \theta_{\min} \leqslant \hat{\theta} \leqslant \theta_{\max} \right\} \\
&\textbf{(P2)} \quad \tilde{\theta}^{\mathrm{T}}[\Gamma^{-1}\mathrm{Proj}_{\hat{\theta}}(\Gamma\tau) - \tau] \leqslant 0, \quad \forall \tau
\end{aligned}
\tag{3.9}
$$

◆

3.1.3　自适应鲁棒控制器的设计

由于系统方程具有不匹配的参数不确定性，必须使用反演设计方法。

第一步：由系统方程(3.4)可知，系统的第一个方程不含有任何不确定性，因此可以将第一个系统方程与第二个方程综合起来一起设计。定义如下的误差变量：

$$
\begin{aligned}
z_1 &= x_1 - x_{1d} \\
z_2 &= \dot{z}_1 + k_1 z_1 = x_2 - x_{2eq}, \quad x_{2eq} \overset{\mathrm{def}}{=} \dot{x}_{1d} - k_1 z_1
\end{aligned}
\tag{3.10}
$$

式中，k_1 为正的反馈增益。

误差变量 z_1 表征了系统的跟踪误差。由于 $z_1(s) = G(s)z_2(s)$，$G(s) = 1/(s+k_1)$ 是一个稳定的传递函数，由线性系统知识易知当 z_2 趋于 0 时，z_1 必然也趋于 0，另外 $G(s)$ 为一个增益可调的滤波器，因此可以通过设计 k_1 来获得期望的滤波效果，进而优化系统跟踪误差 z_1。从 z_2 的构成来看，z_2 即包含了位置跟踪误差，同时也包含速度跟踪误差，如果设计的控制器能够保证 z_2 趋于 0，则不但保证了位置跟踪误差趋于 0，同时也保证了速度跟踪误差也趋于 0，因此可以获得更好的跟踪性能。在接下来的设计中，将以使 z_2 趋于 0 为主要设计目标。由式(3.4)和式(3.10)得

$$m\dot{z}_2 = m\dot{x}_2 - m\dot{x}_{2eq} = x_3 - \theta_1 x_2 - \theta_2 S_f(x_2) - \theta_3 - m\dot{x}_{2eq} - \tilde{d} \tag{3.11}$$

在此步设计中，以使 z_2 趋于 0 为设计目标，将 x_3 看成虚拟控制输入，因此可以为 x_3 设计一个控制函数 $\alpha_2(x_1, x_2, \hat{\theta}, t)$ 以达到使 z_2 趋于 0 的目的，且其暂态过程也是有保证的控制目的。控制函数 $\alpha_2(x_1, x_2, \hat{\theta}, t)$ 具有如下的结构形式：

$$
\begin{aligned}
\alpha_2(x_1, x_2, \hat{\theta}, t) &= \alpha_{2a} + \alpha_{2s} \\
\alpha_{2a} &= m\dot{x}_{2eq} + \hat{\theta}_1 x_2 + \hat{\theta}_2 S_f(x_2) + \hat{\theta}_3 \\
\alpha_{2s} &= \alpha_{2s1} + \alpha_{2s2}, \quad \alpha_{2s1} = -k_{2s1}z_2
\end{aligned}
\tag{3.12}
$$

式中，$k_{2s1}>0$ 为控制器设计参数，且综合设计反馈增益 k_1 及 k_{2s1} 足够大以使如下定义的矩阵 Λ_2 为正定矩阵：

$$\Lambda_2 = \begin{bmatrix} k_1^3 & -\dfrac{1}{2}k_1^3 \\ -\dfrac{1}{2}k_1^3 & k_{2s1} \end{bmatrix} \tag{3.13}$$

由控制函数的结构形式(3.12)可知，控制函数 α_2 被分成了两大部分，即 α_{2a} 和 α_{2s}，并由其各自的结构形式可知，α_{2a} 为模型补偿项，类似于一个基于系统模型的自适应控制器，但与以往的前馈控制不同的是，该模型补偿包含系统的参数估计，由在线的自适应过程实时更新参数的估计值。而 α_{2s} 又被分成了两部分，α_{2s1} 和 α_{2s2}，其中 α_{2s1} 可以看成系统的线性稳定反馈。

定义控制函数 α_2 与虚拟控制输入 x_3 之间的偏差为 $z_3=x_3-\alpha_2$，并将式(3.12)代入式(3.11)可得

$$m\dot{z}_2 = z_3 - k_{2s1}z_2 + \alpha_{2s2} - \varphi_2^{\mathrm{T}}\tilde{\theta} - \tilde{d} \tag{3.14}$$

式中

$$\varphi_2^{\mathrm{T}} \overset{\text{def}}{=\joinrel=} [-x_2, -S_f(x_2), -1, 0] \tag{3.15}$$

由式(3.14)可设计 α_{2s2} 满足如下的镇定条件：

$$z_2[\alpha_{2s2} - \varphi_2^{\mathrm{T}}\tilde{\theta} - \tilde{d}] \leqslant \varepsilon_2 \tag{3.16}$$

$$z_2\alpha_{2s2} \leqslant 0 \tag{3.17}$$

式中，ε_2 为可任意小的正的控制器设计参数。

由式(3.16)可知，设计的 α_{2s2} 为一个鲁棒控制器，用于支配系统模型的各种不确定性，即参数不确定性 $\tilde{\theta}$ 和 $\tilde{d}$。式(3.17)表明 α_{2s2} 为自然耗散的，即随着控制误差 z_2 的减小，其控制量也随之减小，这从最大程度上减小了鲁棒控制器与自适应控制律间的耦合，以使它们之间的功能尽可能不重叠。如何选择一个鲁棒控制律 α_{2s2} 满足式(3.16)和式(3.17)可见文献[1]。这里给出一个设计实例。

引理 3.2　令 h_2 定义为

$$h_2 \geqslant \|\varphi_2\|^2\|\theta_M\|^2 + \delta_d^2 \tag{3.18}$$

式中，$\theta_M = \theta_{\max} - \theta_{\min}$。选择 α_{2s2} 为如下的表达式，即

$$\alpha_{2s2} = -k_{2s2}(x_1, x_2, \theta_M, \delta_d)z_2 \overset{\text{def}}{=\joinrel=} -\frac{h_2}{2\varepsilon_2}z_2 \tag{3.19}$$

式中，k_{2s2} 为正的非线性增益。则此 α_{2s2} 满足条件(3.16)和(3.17)。

证明　由式(3.18)可知 $h_2>0$，因此 α_{2s2} 显然满足条件(3.17)。下面证明 α_{2s2} 也满足条件(3.16)。将式(3.19)代入式(3.16)左侧有

$$z_2\left[-\frac{h_2}{2\varepsilon_2}z_2-\varphi_2^{\mathrm{T}}\tilde{\theta}-\tilde{d}\right]$$

$$\leqslant-\frac{1}{2}\left(\frac{\|\varphi_2\|\|\theta_M\|\|z_2\|}{\sqrt{\varepsilon_2}}\right)^2-|z_2|\|\varphi_2\|\|\theta_M\|-\frac{1}{2}\left(\frac{\delta_d}{\sqrt{\varepsilon_2}}|z_2|\right)^2-|z_2|\delta_d \tag{3.20}$$

又由杨氏不等式可证明引理 3.2。

♦

定义李雅普诺夫函数 V_2 为

$$V_2=\frac{1}{2}mz_2^2+\frac{1}{2}k_1^2z_1^2 \tag{3.21}$$

由式(3.14)和式(3.10)可知 V_2 的时间微分为

$$\dot{V}_2=z_2z_3-k_{2s1}z_2^2+k_1^2z_1z_2-k_1^3z_1^2+z_2(\alpha_{2s2}-\varphi_2^{\mathrm{T}}\tilde{\theta}-\tilde{d}) \tag{3.22}$$

又由式(3.16)可知

$$\dot{V}_2\leqslant z_2z_3-k_{2s1}z_2^2+k_1^2z_1z_2-k_1^3z_1^2+\varepsilon_2 \tag{3.23}$$

如果能使 x_3 精确跟踪 α_2，即 $z_3=0$，则由条件(3.13)及式(3.23)可知，系统的跟踪误差 z_1,z_2 将有界且随时间的推移而进入一个可人为设定的域内。因此，接下来的控制器的设计将以使 z_3 趋于 0，且其暂态过程也是有保证的为设计目标。

第二步：由系统的第三个方程且根据 z_3 的定义可知

$$\dot{z}_3=\dot{x}_3-\dot{\alpha}_2=g_3u-f_c-\theta_4f_u-\dot{\alpha}_2 \tag{3.24}$$

式中

$$\dot{\alpha}_2=\dot{\alpha}_{2c}-\dot{\alpha}_{2u}$$

$$\dot{\alpha}_{2c}=\frac{\partial\alpha_2}{\partial t}+\frac{\partial\alpha_2}{\partial x_1}x_2+\frac{\partial\alpha_2}{\partial x_2}\hat{\dot{x}}_2+\frac{\partial\alpha_2}{\partial\hat{\theta}}\dot{\hat{\theta}}$$

$$\dot{\alpha}_{2u}=\frac{\partial\alpha_2}{\partial x_2}\tilde{\dot{x}}_2 \tag{3.25}$$

$$\hat{\dot{x}}_2\stackrel{\text{def}}{=}\frac{x_3-\hat{\theta}_1x_2-\hat{\theta}_2S_f(x_2)-\hat{\theta}_3}{m}$$

$$\tilde{\dot{x}}_2\stackrel{\text{def}}{=}\frac{\varphi_2^{\mathrm{T}}\tilde{\theta}+\tilde{d}}{m}$$

式(3.25)中，$\dot{\alpha}_{2c}$ 为 $\dot{\alpha}_2$ 中可计算的偏微分部分，因此可以用于实际控制器 u 的设计，而 $\dot{\alpha}_{2u}$ 为 $\dot{\alpha}_2$ 中不可计算的部分，将设计鲁棒控制器以镇定此不确定性。

根据式(3.24)和式(3.25)，并由不等式(3.6)，可设计自适应鲁棒控制器 u 具有如下的结构：

$$u = u_a + u_s$$

$$u_a = \frac{1}{g_3}(f_c + \hat{\theta}_4 f_u + \dot{\alpha}_{2c})$$

$$u_s = \frac{1}{g_3}(u_{s1} + u_{s2})$$

$$u_{s1} = -k_{3s1} z_3$$

(3.26)

式中，$k_{3s1}>0$ 为控制器设计参数，且综合设计反馈增益 k_1, k_{2s1}, k_{3s1} 足够大以使如下定义的矩阵 Λ_3 为正定矩阵：

$$\Lambda_3 = \begin{bmatrix} k_1^3 & -\frac{1}{2}k_1^3 & 0 \\ -\frac{1}{2}k_1^3 & k_{2s1} & -\frac{1}{2} \\ 0 & -\frac{1}{2} & k_{3s1} \end{bmatrix}$$

(3.27)

由控制器的结构形式(3.26)可知，控制器 u 被分成了两大部分，即 u_a 和 u_s，并由其各自的结构形式可知，u_a 为模型补偿项，类似于一个基于系统模型的自适应控制器，并由在线的自适应过程实时更新参数的估计值。而 u_s 又被分成了两部分，u_{s1} 和 u_{s2}，其中 u_{s1} 可以看成系统的线性稳定反馈。将控制器(3.26)代入式(3.24)可得

$$\dot{z}_3 = -k_{3s1} z_3 + u_{s2} - \varphi_3^{\mathrm{T}} \tilde{\theta} + \frac{\partial \alpha_2}{\partial x_2} \frac{\tilde{d}}{m}$$

(3.28)

式中

$$\varphi_3^{\mathrm{T}} \stackrel{\mathrm{def}}{=} \left[\frac{\partial \alpha_2}{\partial x_2} x_2, \frac{\partial \alpha_2}{\partial x_2} S_f(x_2), \frac{\partial \alpha_2}{\partial x_2}, -m f_u \right] \bigg/ m$$

(3.29)

由式(3.28)可设计 u_{s2} 满足如下的镇定条件：

$$z_3 \left[u_{s2} - \varphi_3^{\mathrm{T}} \tilde{\theta} + \frac{\partial \alpha_2}{\partial x_2} \frac{\tilde{d}}{m} \right] \leqslant \varepsilon_3$$

(3.30)

$$z_3 u_{s2} \leqslant 0$$

(3.31)

式中，ε_3 为可任意小的正的控制器设计参数。

由式(3.30)可知，设计的 u_{s2} 为一个鲁棒控制器，用于支配系统模型的各种不确定性，即参数不确定性 $\tilde{\theta}$ 和 $\tilde{d}$。式(3.31)表明 u_{s2} 为自然耗散的，即随着控制误差 z_3 的减小，其控制量也随之减小，这从最大程度上减小了鲁棒控制器与自适应控制律间的耦合，以使它们之间的功能尽可能不重叠。如何选择一个鲁棒控制律 u_{s2} 满足式(3.30)和式(3.31)可见文献[1]。这里给出一个设计实例。

引理 3.3　令 h_3 定义为

$$h_3 \geqslant \| \varphi_3 \|^2 \| \theta_M \|^2 + \left(\frac{\partial \alpha_2}{\partial x_2} \frac{\delta_d}{m} \right)^2 \tag{3.32}$$

选择 u_{s2} 为如下的表达式：

$$u_{s2} = -k_{3s2}(x, \theta_M, \delta_d) z_3 \stackrel{\text{def}}{=\!\!=} -\frac{h_3}{2\varepsilon_3} z_3 \tag{3.33}$$

式中，k_{3s2} 为正的非线性增益。则此 u_{s2} 满足条件(3.30)和(3.31)。

◆

3.1.4　自适应鲁棒控制器的性能及分析

定理 3.1　使用不连续映射自适应律(3.8)，并令 $\tau = \varphi_2 z_2 + \varphi_3 z_3$，则设计的自适应鲁棒控制器(3.26)具有如下性质。

A. 闭环控制器中所有信号都是有界的，且定义如下的李雅普诺夫函数：

$$V_3 = V_2 + \frac{1}{2} z_3^2 \tag{3.34}$$

满足如下的不等式：

$$V_3 \leqslant \mathrm{e}^{-\mu t} V_3(0) + \frac{\varepsilon}{\mu} [1 - \mathrm{e}^{-\mu t}] \tag{3.35}$$

式中，$\mu = 2\lambda_{\min}(\Lambda_3) \min\{1 / k_1^2, 1 / m, 1\}$，$\lambda_{\min}(\Lambda_3)$ 为正定矩阵 Λ_3 的最小特征值；$\varepsilon = \varepsilon_2 + \varepsilon_3$。

B. 如果在某一时刻 t_0 之后，系统只存在参数不确定性，即 $\tilde{d} = 0$，那么此时除了结论 A，控制器(3.26)还可以获得渐近跟踪性能，即当 $t \to \infty$ 时，$z \to 0$，其中 z 定义为 $z = [z_1, z_2, z_3]^{\mathrm{T}}$。

证明　结合式(3.23)和式(3.28)，则 V_3 的时间微分为

$$\dot{V}_3 = \dot{V}_2 + z_3 \dot{z}_3$$

$$\leqslant -k_1^3 z_1^2 + k_1^2 z_1 z_2 - k_{2s1} z_2^2 + z_2 z_3 - k_{3s1} z_3^2 + \varepsilon_2 + z_3 \left(u_{s2} - \varphi_3^{\mathrm{T}} \tilde{\theta} + \frac{\partial \alpha_2}{\partial x_2} \frac{\tilde{d}}{m} \right) \tag{3.36}$$

由条件(3.30)可知

$$\dot{V}_3 \leqslant -k_1^3 z_1^2 + k_1^2 z_1 z_2 - k_{2s1} z_2^2 + z_2 z_3 - k_{3s1} z_3^2 + \varepsilon \tag{3.37}$$

由条件(3.27)可知

$$\dot{V}_3 \leqslant z^{\mathrm{T}} \Lambda_3 z + \varepsilon \leqslant -\lambda_{\min}(\Lambda_3)(z_1^2 + z_2^2 + z_3^2) + \varepsilon \leqslant \varepsilon - \mu V_3 \tag{3.38}$$

由文献[4]的对比原理可知

$$V_3 \leqslant \mathrm{e}^{-\mu t} V_3(0) + \frac{\varepsilon}{\mu} [1 - \mathrm{e}^{-\mu t}] \tag{3.39}$$

由此可知 V_3 全局有界，即 z_1, z_2, z_3 有界，由系统的位置指令、速度指令有界，可

知 x_1, x_{2eq}, x_2 有界；由系统加速度指令有界，可知 $\dot{x}_{2eq}$ 有界；由引理 3.1，可知参数估计 $\hat{\theta}$ 有界，因此 α_{2a} 有界，α_{2s1} 有界；由 φ_2 有界，可知 α_{2s2} 有界，即 α_2 有界，进而 x_3 有界，得 g_3, f_c, f_u 有界；由 φ_3 有界，即 τ 有界，可知 $\dot{\hat{\theta}}$ 有界；由系统加加速度指令有界，可知 $\dot{\alpha}_{2c}$ 有界，因此 u_a 有界，u_{s1} 有界，u_{s2} 有界，即 u 有界。由此证明了结论 A。

下面考虑结论 B，由于此时系统只存在参数不确定性，所以定义如下的李雅普诺夫函数：

$$V_s = V_3 + \frac{1}{2}\tilde{\theta}^{\mathrm{T}}\Gamma^{-1}\tilde{\theta} \tag{3.40}$$

由式(3.22)及式(3.28)，知其时间微分为

$$\dot{V}_s = \dot{V}_3 + \tilde{\theta}^{\mathrm{T}}\Gamma^{-1}\dot{\tilde{\theta}}$$
$$= -k_1^3 z_1^2 + k_1^2 z_1 z_2 - k_{2s1}z_2^2 + z_2 z_3 - k_{3s1}z_3^2 + z_2(\alpha_{2s2} - \varphi_2^{\mathrm{T}}\tilde{\theta}) + z_3(u_{s2} - \varphi_3^{\mathrm{T}}\tilde{\theta}) + \tilde{\theta}^{\mathrm{T}}\Gamma^{-1}\dot{\tilde{\theta}} \tag{3.41}$$

由条件(3.17)及(3.31)得

$$\dot{V}_s \leqslant -k_1^3 z_1^2 + k_1^2 z_1 z_2 - k_{2s1}z_2^2 + z_2 z_3 - k_{3s1}z_3^2 + \tilde{\theta}^{\mathrm{T}}[\Gamma^{-1}\dot{\hat{\theta}} - \varphi_2 z_2 - \varphi_3 z_3] \tag{3.42}$$

由自适应律(3.8)及 τ 的定义可知

$$\dot{V}_s \leqslant -k_1^3 z_1^2 + k_1^2 z_1 z_2 - k_{2s1}z_2^2 + z_2 z_3 - k_{3s1}z_3^2 + \tilde{\theta}^{\mathrm{T}}[\Gamma^{-1}\mathrm{Proj}_{\hat{\theta}}(\Gamma\tau) - \tau] \tag{3.43}$$

由引理 3.1 的性质 P2 可知

$$\dot{V}_s \leqslant -\lambda_{\min}(\Lambda_3)(z_1^2 + z_2^2 + z_3^2) \stackrel{\mathrm{def}}{=\!=} -W \tag{3.44}$$

式中，$W \in L_2$，又由式(3.10)、式(3.14)和式(3.28)可知，$\dot{W} \in L_\infty$，因此 W 一致连续，由 Barbalat 引理可知，当 $t\to\infty$ 时，$W\to 0$，此隐含着结论 B。　　　　◆

由控制器的设计过程可知，自适应鲁棒控制器为设计者提供了很大的自由度，最终设计的控制器形式并不唯一，尤其是满足条件(3.16)和(3.17)的 α_{2s2}，以及满足条件(3.30)和(3.31)的 u_{s2} 可以具有不同的结构形式。引理 3.2 及引理 3.3 虽然给出了严格满足这些条件的设计实例，但从其实现过程来看，需要在线实时计算回归器 φ_2 和 φ_3 的范数，使控制器的实现稍微复杂，一个简单的实现方法是将参数 k_{2s2} 及 k_{3s2} 给定为足够大的常数，此时虽然破坏了这些条件的严格性，系统的稳定性也从全局稳定变为局部稳定，但是简化了系统控制器的实现，且在通常情况下，系统往往都处在局部稳定的范围内，需要全局稳定的系统往往是特殊情况。由此分析可见，这种简化的参数选取方法虽然是不严格的，却是简单易行的，且通常是有效的。

之所以说所设计的控制器是全局稳定的，是因为由控制器得到的定理 3.1 对系统的初始状态 $z(0)$ 没有任何限制，系统在任何初始状态下均满足定理描述的结论。另外，由定理的两个结论可知，结论 A 描述了系统的暂态跟踪性能，由 V_3 的定义(3.34)，并结合不等式(3.35)，可得

$$|z_1| \leqslant \frac{1}{k_1} \sqrt{2 e^{-\mu t} V_3(0) + \frac{2\varepsilon}{\mu}(1 - e^{-\mu t})} \tag{3.45}$$

由此可见，系统的任何暂态过程都满足不等式(3.45)，即式(3.45)表征了系统的暂态性能，给出了明确的暂态描述。定理 3.1 的结论 B 则表明了系统的渐近跟踪性能，当不存在不确定非线性时，随着时间的推移，系统的跟踪性能会越来越好，跟踪误差越来越小，直到为零。但是系统跟踪误差为零是不可达的，因为只有当时间为无穷时跟踪误差才为零，另外，对于任何的实际系统，总是存在各种各样的建模误差以及潜在的外干扰，因此在实际操作中，结论 B 的前提也是不可达的。尽管如此，结论 B 的存在仍具有非常重要的意义，它向设计人员指明了控制器的设计方向，对系统的信息知道得越多、越准确，则可获得的系统性能就越好，即在不考虑控制器结构复杂性的前提下，精确的建模可以获得更加优良的跟踪性能，且随着时间的推移，系统跟踪误差有递减的趋势，为设计人员指明了努力的方向。

从式(3.45)可知，系统的暂态过程与控制器的设计参数有关，是可设计的。其中 μ 表征了系统跟踪性能收敛的速度。同时，它与另外一个设计参数 ε 描述了系统的最终跟踪误差，即稳态误差。从 μ 的定义来看，它与控制器的设计参数 k_1, k_{2s1}, k_{3s1} 有关。参数 ε 与 k_{2s2}, k_{3s2} 有关。由上面的分析过程可知，可以通过可设计的控制器参数 k_1, k_{2s1}, k_{3s1}, k_{2s2}, k_{3s2} 来设计系统的暂态跟踪性能。可以预见，k_1, k_{2s1}, k_{3s1}, k_{2s2}, k_{3s2} 越大，系统的暂态跟踪性能越好。但需要注意的是，虽然控制器的设计过程并没有给出设计参数 k_1, k_{2s1}, k_{3s1}, k_{2s2}, k_{3s2} 的上界，从实际操作的观点来看，过大的 k_1, k_{2s1}, k_{3s1}, k_{2s2}, k_{3s2} 必然引起系统的高增益反馈，此时系统控制器设计的一些前提假设可能被破坏。例如，系统建模时忽略的伺服阀动态，假设机械系统是刚性体，即忽略了机械刚度对系统性能的影响，以及测量噪声等，过分的暂态性能的追求可能导致诸如这些前提假设条件的丧失，由此得到的结论自然也就不再成立，从这个角度看，应该以系统实际需求的具体指标出发，设计合理的控制器参数，而不能一味地追求过高的性能。

自适应鲁棒控制器的结构如图 3.1 所示。

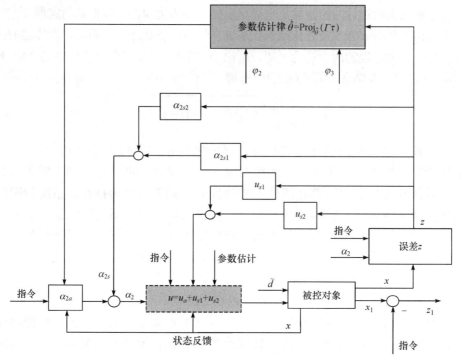

图 3.1　自适应鲁棒控制器的结构图

3.1.5　仿真验证[5]

本节考核自适应鲁棒控制的性能。在仿真中取如下参数对系统进行建模：P_s=7×10^{6}Pa, P_r=0Pa, V_{01}=V_{02}=1×10^{-3}m^3, A_1=A_2=2×10^{-4}m^2, m=40kg, B=80N·s/m, C_t=7×10^{-12}m^5/(N·s), g=4×10^{-8}m^4/(s·V·$\sqrt{\text{N}}$), β_e=2×10^{8}Pa, A_f=10N, S_f=2arctan(1000$\dot{y}$)/π, d_n=0N, $\tilde{d}$=0。

取控制参数 k_1=100, k_2=k_{2s1}+k_{2s2}=80, k_3=k_{3s1}+k_{3s2}=50; $\theta_{\min}$=[60,−20,−50,4×10^{-12}]^T, $\theta_{\max}$=[100,20,50,10×10^{-12}]^T, $\theta(0)$=[60,0,0,4×10^{-12}]^T, $\varGamma$=diag{50,20,80,1×10^{-25}}。所选取的 $\theta(0)$ 远离于参数的真值，以考核自适应控制律的效果。跟踪误差、控制输入及参数估计分别如图 3.2～图 3.4 所示。指令 x_{1d}=0.2sin(2t)[1−exp(−0.01t^3)]。

由图 3.2 可知，自适应鲁棒控制器的跟踪误差在起始阶段较大，随着自适应律的作用，跟踪误差逐渐减小，并进入稳态。由此证实了自适应控制律的渐近跟踪性能。为了便于印证设计的鲁棒控制器的效果，引入第 2 章介绍的模型前馈加 PID 的复合控制策略，对比自适应鲁棒控制与复合控制策略之间的性能。取复合控制策略的参数初值为 $\theta(0)$，PID 控制器参数为 k_P=100, k_I=10, k_D=4。复合控制器的跟踪误差如图 3.5 所示。对比图 3.5 和图 3.2 可清晰地看到，自适应鲁棒控制具有更好的跟踪性能，复合控制策略由于不具备参数学习能力，其起始阶段跟踪误差与最终跟踪误差没有多大的区别。对比两控制器的稳态误差可知，自适应鲁棒控制器的稳态误差要远远小于复合控制器的稳态误差，这进一步说明了自适应鲁棒控制器的鲁棒性能的严格性，其最终的稳态误差可由理论严格保证。而复合控制器中虽然 PID 控制器也可提供一定的鲁棒能力，但它是没有理论保证的，仅仅是一种工程经验的结果。由两控制器的输入输出跟踪曲线可知，由于两控制器均具有模型补偿作用，对于电液位置伺服系统，两控制器在模型补偿的作用下，其相位滞后相差不大，区别主要在于对指令幅值的跟踪。

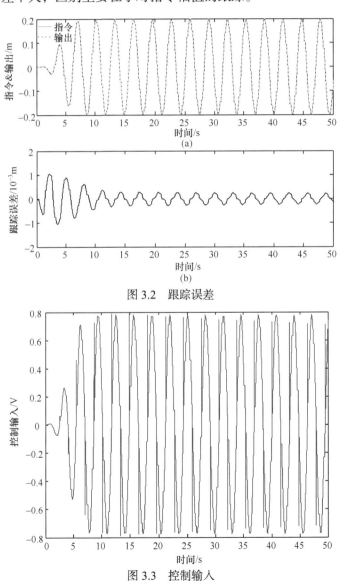

图 3.2　跟踪误差

图 3.3　控制输入

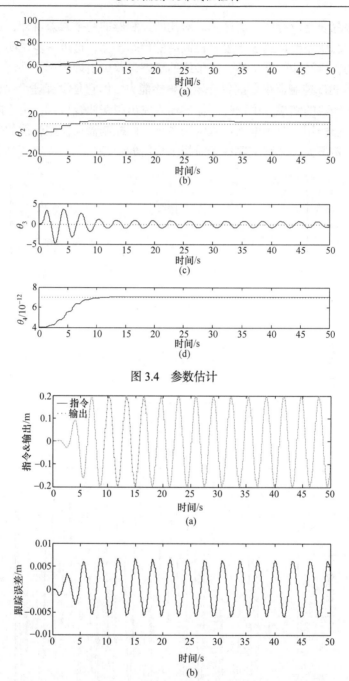

图 3.4　参数估计

图 3.5　复合控制跟踪误差

由图 3.4 可知，自适应鲁棒控制器的参数收敛速度较慢，尤其是对于不匹配的三个系统未知参数 θ_1, θ_2, θ_3，由于这三个参数出现在同一个系统方程中，彼此间存在相互耦合，所以这三个参数的收敛性较第四个单独的系统参数 θ_4 差得多。

由前面对自适应鲁棒控制器的性能分析可知，可轻易地通过提高控制器的增益以获得更好的跟踪性能。将控制器的参数重新设定为 k_1=1000, k_2=800, k_3=500。在此参数下的系统跟踪误差曲线如图 3.6 所示，此时的参数估计如图 3.7 所示。

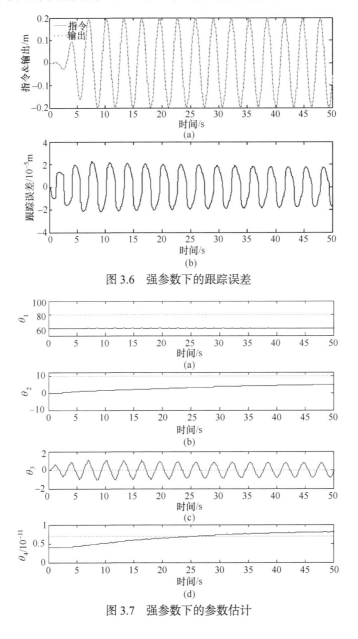

图 3.6　强参数下的跟踪误差

图 3.7　强参数下的参数估计

　　对比图 3.6 与图 3.2 可知，随着控制器参数的变强，系统的跟踪误差变得非常小，甚至跟踪精度达到了万分之一。此时，由于过强的反馈作用，即鲁棒性，自适应控制律的效果趋于被抑制，虽然整体误差仍有继续减小的趋势，但是这种作用变得更加缓慢。由图 3.7 可知，此时参数的收敛性变得非常恶劣。究其原因在于，过强的鲁棒作用使系统误差 $z(z_1, z_2, z_3)$ 过小，难以驱动参数的自适应过程，因而参数估计的变化缓慢。

　　由上述对比可见，这种基于误差的直接自适应控制的参数收敛性较差，甚至有可能并不趋于系统的真值。尤其是当系统的误差很小时，参数收敛性明显恶化。为进一步说明以误差为驱动力的自适应过程糟糕的参数收敛性，在强参数下的仿真模型中添加未建模干扰 $\tilde{d}$ =random(10)，此时更接近于工程实际存在的情况。在此情况下的系统跟踪效果如图 3.8 所示，而参数估计则如图 3.9 所示。

　　对比图 3.6 和图 3.8 可知，加入随机干扰后对系统跟踪误差几乎没有影响，验证了设计优良的鲁棒控制器对随机干扰的抑制能力。但是对比图 3.7 和图 3.9 可知，加入随机干扰后的参数估计更加糟糕，尤其是对 θ_1 和 θ_4 的估计竟然向错误的方向变化。其原因在于此时系统的误差信号过小，导致被干扰所污染，因此使以误差信号为驱动力的直接自适应过程失效。另外由 θ_1 和 θ_4 的参数估计过程可知，添加的不连续影射使参数估计是一个受控的过程。

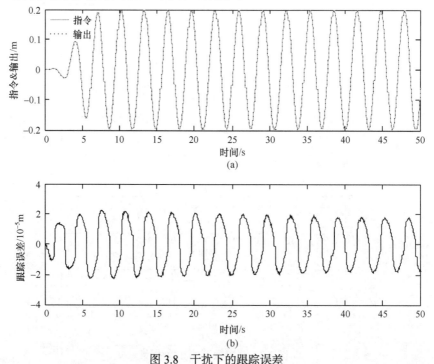

图 3.8　干扰下的跟踪误差

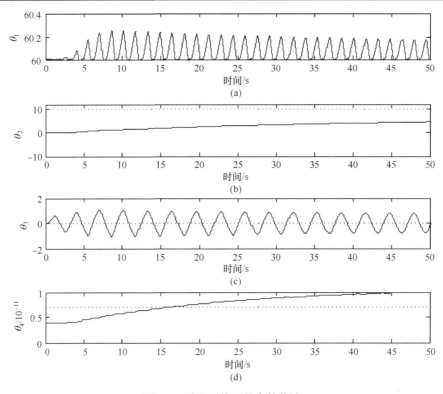

图 3.9　随机干扰下的参数估计

由以上分析可知，如果控制目标仅仅以跟踪误差为唯一标尺，那么本节设计的直接自适应鲁棒控制可以很好地满足系统的要求，系统的跟踪误差很小。但如果控制目标除了较好的跟踪性能，还希望参数的自适应过程收敛于其真值，以达到某些其他的目的，如系统的故障诊断与健康预测等，那么直接自适应控制则不能满足此类需求，尤其是实际工程中存在不可建模因素及外干扰时。

3.2　电液伺服系统间接自适应鲁棒控制

由 3.1 节的分析可知，直接自适应控制之所以参数估计的收敛性较差，主要是因为其参数自适应的驱动力来自误差信号 z，当系统跟踪误差较小时，不能满足参数估计的驱动要求；同时，在实际操作中，由于未建模及外干扰因素的影响，此时的误差信号也易被噪声等湮没。另外，大量的研究表明，梯度型的参数自适应律的收敛性与其他类型的参数自适应律(如最小均方型自适应律)相比较差，但是对于直接自适应鲁棒控制，由其设计过程可知，只能使用梯度型的参数自适应律，因为其自适应控制律与参数估计是综合设计的，不能彼此分开。只能使用梯度型参数自适应律也是导致参数收敛性差的主要原因之一。

间接自适应控制则可以将自适应鲁棒控制器的设计与参数自适应律的设计完全分割开，因此释放了参数自适应律的选择范围，可以使用具有更好收敛性的参数自适应过程，如最小均方型参数自适应律。

3.2.1　控制器的设计

由 z_2 误差动态方程(3.11)可知，为系统前两个状态方程设计的控制函数 α_2 为

$$
\begin{aligned}
&\alpha_2(x_1, x_2, \hat{\theta}, t) = \alpha_{2a} + \alpha_{2s} \\
&\alpha_{2a} = m\dot{x}_{2eq} + \hat{\theta}_1 x_2 + \hat{\theta}_2 S_f(x_2) + \hat{\theta}_3 \\
&\alpha_{2s} = \alpha_{2s1} + \alpha_{2s2} \\
&\alpha_{2s1} = -k_{2s1} z_2 \\
&\alpha_{2s2} = -k_{2s2}(x_1, x_2, \theta_M, \delta_d) z_2
\end{aligned}
\tag{3.46}
$$

且满足条件(3.13)、(3.16)和(3.17)。

由 z_3 误差动态方程(3.24)可知，最终设计的自适应鲁棒控制器为

$$
\begin{aligned}
&u = u_a + u_s \\
&u_a = \frac{1}{g_3}(f_c + \hat{\theta}_4 f_u + \dot{\alpha}_{2c}) \\
&u_s = \frac{1}{g_3}(u_{s1} + u_{s2}) \\
&u_{s1} = -k_{3s1} z_3 \\
&u_{s2} = -k_{3s2}(x, \theta_M, \delta_d) z_3
\end{aligned}
\tag{3.47}
$$

且满足条件(3.27)、(3.30)和(3.31)。

由此可见，间接自适应鲁棒控制与直接自适应鲁棒控制器从结构上没有任何区别，其主要区别在于参数自适应律的设计。

定理 3.2　间接自适应鲁棒控制器(3.47)具有如下性质：闭环控制器中所有信号都是有界的，且由式(3.34)定义的李雅普诺夫仍满足不等式(3.35)。

◆

3.2.2　受控的参数自适应过程

为使间接自适应控制律中的参数更新过程也是受控的，即保证参数的自适应过程始终保持在一个预设的参数范围内，重新定义如下的影射函数：

$$\text{Proj}_{\hat{\theta}}(\zeta) = \begin{cases} \zeta, & \hat{\theta} \in \bar{\Omega}_{\theta} \ \text{或} \ n_{\hat{\theta}}^{\mathrm{T}} \zeta \leqslant 0 \\ (I - \Gamma \dfrac{n_{\hat{\theta}} n_{\hat{\theta}}^{\mathrm{T}}}{n_{\hat{\theta}}^{\mathrm{T}} \Gamma n_{\hat{\theta}}}) \zeta, & \hat{\theta} \in \partial \Omega_{\theta} \ \text{且} \ n_{\hat{\theta}}^{\mathrm{T}} \zeta > 0 \end{cases} \quad (3.48)$$

式中，$\zeta \in \mathbf{R}^p$，$\Gamma(t) \in \mathbf{R}^{p \times p}$ 为任意时变连续可微的正定对称自适应增益矩阵；$\bar{\Omega}$ 和 $\partial \Omega$ 分别表示参数范围 Ω 内部和边界；$n_{\hat{\theta}}$ 代表当 $\hat{\theta} \in \partial \Omega$ 时的单位向外法向量。

类似于引理 3.1，影射函数(3.48)也具有如下的引理。

引理 3.4 对于任意的自适应函数 τ，假如基于影射函数(3.48)定义参数自适应律为

$$\dot{\hat{\theta}} = \text{Proj}_{\hat{\theta}}(\Gamma \tau), \quad \hat{\theta}(0) \in \Omega_{\theta} \quad (3.49)$$

则参数自适应律(3.49)具有如下性质：

$$\textbf{(P1)} \quad \hat{\theta} \in \Omega_{\hat{\theta}} \overset{\text{def}}{=\!=} \left\{ \hat{\theta} : \theta_{\min} \leqslant \hat{\theta} \leqslant \theta_{\max} \right\}$$
$$\textbf{(P2)} \quad \tilde{\theta}^{\mathrm{T}} [\Gamma^{-1} \text{Proj}_{\hat{\theta}}(\Gamma \tau) - \tau] \leqslant 0, \quad \forall \tau \quad (3.50)$$

◆

为了获得参数自适应律与鲁棒控制器的完全分离，除了基于影射函数(3.48)，还需要对参数自适应的速率加以约束，以保证参数的估计是受控的，参数自适应的速率也是受控的，这样就可以设计收敛率更好的参数自适应过程。基于此目的，对于任何的 $\varsigma \in \mathbf{R}^p$，定义如下的饱和函数：

$$\text{sat}_{\dot{\theta}_M}(\varsigma) = s_0 \varsigma, \quad s_0 = \begin{cases} 1, & \|\varsigma\| \leqslant \dot{\theta}_M \\ \dfrac{\dot{\theta}_M}{\|\varsigma\|}, & \|\varsigma\| > \dot{\theta}_M \end{cases} \quad (3.51)$$

式中，$\dot{\theta}_M$ 为预设的速度限值。

基于式(3.51)定义的饱和函数，则有如下的引理。

引理 3.5 假设参数自适应律定义为

$$\dot{\hat{\theta}} = \text{sat}_{\dot{\theta}_M}(\text{Proj}_{\hat{\theta}}(\Gamma \tau)), \quad \hat{\theta}(0) \in \Omega_{\theta} \quad (3.52)$$

则如此定义的自适应律具有如下的性质：

$$\textbf{(P1)} \quad \hat{\theta} \in \Omega_{\hat{\theta}} \overset{\text{def}}{=\!=} \left\{ \hat{\theta} : \theta_{\min} \leqslant \hat{\theta} \leqslant \theta_{\max} \right\}$$
$$\textbf{(P2)} \quad \tilde{\theta}^{\mathrm{T}} [\Gamma^{-1} \text{Proj}_{\hat{\theta}}(\Gamma \tau) - \tau] \leqslant 0, \quad \forall \tau \quad (3.53)$$
$$\textbf{(P3)} \quad \|\dot{\hat{\theta}}\| \leqslant \dot{\theta}_M, \quad \forall t$$

◆

3.2.3　间接参数自适应律设计

由系统方程(3.4)可知

$$\theta_1 x_2 + \theta_2 S_f(x_2) + \theta_3 = x_3 - m\dot{x}_2 - \tilde{d}$$
$$\theta_4 f_u = g_3 u - f_c - \dot{x}_3 \tag{3.54}$$

考虑式(3.54)不存在不确定性非线性时的情况。定义 $\theta_{123}=[\theta_1, \theta_2, \theta_3]^T$，$\psi_2=[-x_2, -S_f(x_2), -1]^T$，$\psi_3=-f_u$，并定义如下变量：

$$Y_2 = x_3 - m\dot{x}_2$$
$$Y_3 = g_3 u - f_c - \dot{x}_3 \tag{3.55}$$

则式(3.54)化为

$$Y_2 = -\psi_2^T \theta_{123}$$
$$Y_3 = -\psi_3^T \theta_4 \tag{3.56}$$

令 $H_f(s)$ 为相关度不低于1的稳定的传递函数，将该滤波器 $H_f(s)$ 分别作用于式(3.56) 两方程的两边，并定义 $\psi_{2f}=[-x_{2f}, -S_{ff}, -1_f]^T$，$x_{2f}=H_f(p)[x_2]$，$S_{ff}=H(p)[S_f]$，$1_f=H(p)[1]$，$\psi_{3f}=-f_{uf}$，$f_{uf}=H_f(p)[f_u]$，$Y_{2f}=H_f(p)[Y_2]$，$Y_{3f}=H_f(p)[Y_3]$。则有

$$Y_{2f} = -\psi_{2f}^T \theta_{123}$$
$$Y_{3f} = -\psi_{3f}^T \theta_4 \tag{3.57}$$

由参数的估计值，定义 Y_{2f} 和 Y_{3f} 的估计值为

$$\hat{Y}_{2f} \overset{\text{def}}{=\!=} -\psi_{2f}^T \hat{\theta}_{123}$$
$$\hat{Y}_{3f} \overset{\text{def}}{=\!=} -\hat{\psi}_{3f}^T \hat{\theta}_4 \tag{3.58}$$

因此有预测误差 ϵ_2，ϵ_3 定义为

$$\epsilon_2 \overset{\text{def}}{=\!=} \hat{Y}_{2f} - Y_{2f}$$
$$\epsilon_3 \overset{\text{def}}{=\!=} \hat{Y}_{3f} - Y_{3f} \tag{3.59}$$

由式(3.57)和式(3.58)，可得静态的预测误差模型为

$$\epsilon_2 = -\psi_{2f}^T \tilde{\theta}_{123}$$
$$\epsilon_3 = -\psi_{3f}^T \tilde{\theta}_4 \tag{3.60}$$

此时参数自适应律(3.52)可给定为

$$\dot{\hat{\theta}}_{123} = \text{sat}_{\dot{\theta}_{M123}}(\text{Proj}_{\hat{\theta}_{123}}(\Gamma_2 \tau_2)), \quad \hat{\theta}_{123}(0) \in \Omega_{\theta_{123}}$$
$$\dot{\hat{\theta}}_4 = \text{sat}_{\dot{\theta}_{M4}}(\text{Proj}_{\hat{\theta}_4}(\Gamma_3 \tau_3)), \quad \hat{\theta}_4(0) \in \Omega_{\theta_4} \tag{3.61}$$

基于静态预测误差模型(3.60)，各种类型的参数自适应律均可使用，如梯度型 自适应函数和最小均方型自适应函数，分别介绍如下。

梯度型自适应函数 在参数自适应律(3.61)中，给定自适应增益 Γ 为常值正定对角矩阵，即 $\Gamma_2 = \text{diag}\{\gamma_1, \gamma_2, \gamma_3\}$，$\Gamma_3 = \gamma_4$，自适应函数 τ 定义为

$$\tau_2 = \frac{1}{1 + v_2 \| \psi_{2f} \|^2} \psi_{2f} \epsilon_2, \quad v_2 \geqslant 0$$

$$\tau_3 = \frac{1}{1 + v_3 \| \psi_{3f} \|^2} \psi_{3f} \epsilon_3, \quad v_3 \geqslant 0 \tag{3.62}$$

式中，如果 $v_i = 0$，$i = 2, 3$，则此时的自适应函数为非标准型的自适应函数。

最小均方型自适应函数 在参数自适应律(3.61)中，给定自适应增益 Γ 为具有协方差重置及指数遗忘特性的时变正定对称矩阵，定义为

$$\dot{\Gamma}_i = \eta_i \Gamma_i - \frac{1}{1 + v_i \psi_{if}^{\mathsf{T}} \Gamma \psi_{if}} \Gamma_i \psi_{if} \psi_{if}^{\mathsf{T}} \Gamma_i, \Gamma_i(0) > 0, \quad \Gamma_i(t_{ir}^+) = \rho_{0i} I, \quad v_i \geqslant 0 \tag{3.63}$$

$$i = 2, 3$$

式中，若 $v_i = 0$，则此时的自适应函数为非标准型的自适应函数。其中，η_i 为遗忘因子，t_{ir} 为协方差的预设时间，即当 $\lambda_{\min}(\Gamma_i(t)) = \rho_i$（$\rho_i$ 为预设的 $\Gamma_i(t)$ 的最低限值并满足 $0 < \rho_i < \rho_{0i}$）时，自适应函数 τ 定义为

$$\tau_i = \frac{1}{1 + v_i \psi_{if}^{\mathsf{T}} \Gamma_i \psi_{if}} \psi_{if} \epsilon_i, \quad v_i \geqslant 0, \ i = 2, 3 \tag{3.64}$$

在实际操作中，当回归器不满足 PE 条件时，上述定义的最小均方参数自适应律有可能会导致预估器的饱和，即 $\lambda_{\max}(\Gamma_i(t)) \to \infty$。为防止这种情况的发生，并综合考虑带有速率限制的自适应律(3.61)，将式(3.63)修正为

$$\dot{\Gamma}_i = \begin{cases} \eta_i \Gamma_i - \dfrac{1}{1 + v_i \psi_{if}^{\mathsf{T}} \Gamma \psi_{if}} \Gamma_i \psi_{if} \psi_{if}^{\mathsf{T}} \Gamma_i, \Gamma_i(0) > 0, \quad \Gamma_i(t_{ir}^+) = \rho_{0i} I, \quad v_i \geqslant 0, \\ \quad \lambda_{\max}(\Gamma_i(t)) \leqslant \rho_{iM} \text{且} \| \text{Proj}_{\hat{\theta}}(\Gamma_i \tau_i) \| \leqslant \dot{\theta}_M \qquad i = 2, 3 \\ 0, \ \text{其他} \end{cases} \tag{3.65}$$

式中，ρ_{iM} 是预设的 $\Gamma_i(t)$ 的范数的上界，且 $\rho_{iM} > \rho_{i0}$，基于此修正，则可以保证 $\rho_i I \leqslant \Gamma_i(t) \leqslant \rho_{iM} I$，$\forall t$。

基于以上定义的参数自适应律，有如下的引理。

引理 3.6 无论是使用梯度型的自适应函数(3.62)还是使用最小均方型的自适应函数(3.64)，参数自适应律(3.61)有如下结论：

$$\tilde{\theta} \in L_\infty[0, \infty) \tag{3.66}$$

$$\epsilon_i \in L_2[0, \infty) \bigcap L_\infty[0, \infty) \tag{3.67}$$

$$\dot{\hat{\theta}} \in L_2[0, \infty) \bigcap L_\infty[0, \infty) \tag{3.68}$$

◆

基于以上的设计，有如下的定理。

定理 3.3 无论是使用梯度型的自适应函数(3.62)还是使用最小均方型的自适应函数(3.64)，由参数自适应律(3.61)实时更新的间接自适应鲁棒控制器(3.47)具有如下性质，即在不存在未建模动态及外干扰时，如果回归器满足如下的 PE 条件：

$$\exists T,t_0,\varepsilon_p > 0 \quad \text{s.t.} \int_{t-T}^{t}\psi_i\psi_i^{\mathrm{T}}\mathrm{d}\upsilon \geqslant \varepsilon_p I_p, \quad \forall t \geqslant t_0 \tag{3.69}$$

则间接自适应鲁棒控制器(3.47)除了具有定理 3.2 的性能，还具有渐近跟踪性能，即当 $t\to\infty$ 时，$z\to 0$，且参数的估计趋于其真值，即 $\tilde{\theta}\to 0$。

证明 由定理 3.2 可知，所有信号都是有界的，且由引理 3.6 可知，$z,\psi_{if}\in L_{\infty}[0,\infty)$，$\tilde{\theta},\hat{\theta},\dot{\hat{\theta}}\in L_{\infty}[0,\infty)$，又由定理 3.2 证明过程可知，$\dot{z}\in L_{\infty}[0,\infty)$，因此易得 $\dot{\epsilon}_i\in L_{\infty}[0,\infty)$，又由引理 3.6 可知，$\epsilon_i\in L_2[0,\infty)$，因此由 Barbalat 引理可知，当 $t\to\infty$ 时，$\epsilon_i\to 0$，即 $\psi_{2f}^{\mathrm{T}}\tilde{\theta}_{123}\to 0$，$\psi_{3f}^{\mathrm{T}}\tilde{\theta}_4\to 0$，因此当 PE 条件(3.69)满足时，由定理 3.1 的标准证明流程可得当 $t\to\infty$ 时 $\tilde{\theta}\to 0$，且 $\tilde{\theta}\in L_2[0,\infty)$。又由式(3.22)和式(3.28)可知，式(3.34)的 V_3 的时间微分为

$$\dot{V}_3 = z_2 z_3 - k_{2s1}z_2^2 + k_1^2 z_1 z_2 - k_1^3 z_1^2 + z_2(\alpha_{2s2} - \varphi_2^{\mathrm{T}}\tilde{\theta}) + z_3(-k_{3s1}z_3 + u_{s2} - \varphi_3^{\mathrm{T}}\tilde{\theta})$$
$$\leqslant -\lambda_{\min}(\Lambda_3)(z_1^2 + z_2^2 + z_3^2) - \varphi_2^{\mathrm{T}}\tilde{\theta}z_2 - \varphi_3^{\mathrm{T}}\tilde{\theta}z_3 \tag{3.70}$$

由于 φ_2，φ_3 均有界，所以 $\varphi_2^{\mathrm{T}}\tilde{\theta},\varphi_3^{\mathrm{T}}\tilde{\theta}\in L_2[0,\infty)$，由式(3.70)可得 $z\in L_2[0,\infty)$，又因 z 一致连续，由 Barbalat 引理可知，当 $t\to\infty$ 时 $z\to 0$。由此证明了定理 3.3。

◆

由定理 3.3 的条件可知，参数收敛性及渐近稳定性都需要系统未建模动态及外干扰为零，对于实际情况，这种要求是苛刻的。但定理 3.3 仍非常有意义，它表明当系统未建模动态及外干扰相比于式(3.55)中定义的 Y_2 是非常小量时，间接自适应鲁棒控制具有很好的参数收敛性及渐近稳定性。另外，由于在参数自适应律中使用了滤波器，通过设计好的滤波器也可以尽可能地弱化实际工程中系统未建模动态及外干扰的影响。

3.2.4 仿真验证[5]

以 3.1.5 节使用的参数为仿真模型参数，并使用 3.1.5 节中的强反馈参数 $k_1=1000$，$k_2=800$，$k_3=500$，给定 $H_f(s)$ 为截止频率 40Hz、阻尼 1.5 的二阶滤波器，为公平比较，同样使用梯度型的参数自适应律，并使用非标准型的自适应函数，给定参数自适应增益 $\Gamma=\text{diag}\{200,0.5,100,2\times10^{-27}\}$。首先考核没有未建模动态及外干扰条件下的间接鲁棒自适应控制的跟踪性能及参数收敛率。仿真结果如图 3.10 和图 3.11 所示，分别为跟踪性能及参数收敛率。

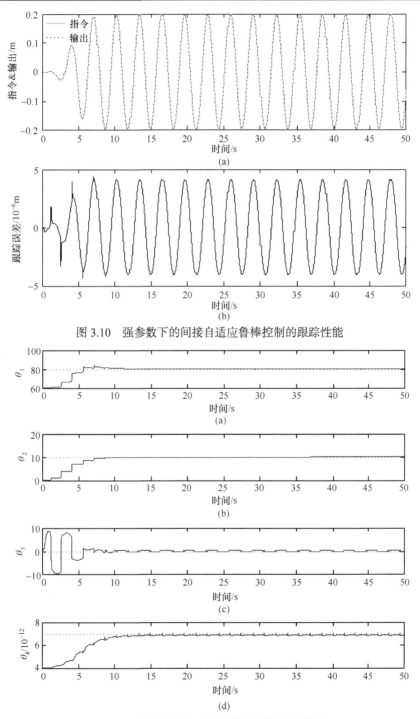

图 3.10　强参数下的间接自适应鲁棒控制的跟踪性能

图 3.11　强参数下自适应鲁棒控制的参数估计

　　分别对比图 3.10 和图 3.6，图 3.11 和图 3.7 可知，间接自适应鲁棒控制器的跟踪性能也非常好，由于使用了静态的参数预测误差模型，参数估计的收敛性要远好于直接自适应鲁棒控制。

　　与 3.1.5 节中的仿真情景类似，在模型中添加未建模干扰 $\tilde{d}$ =random(10)，此时系统的跟踪性能及收敛性分别如图 3.12 和图 3.13 所示。

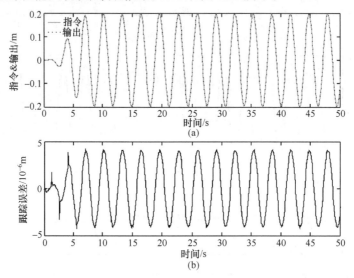

图 3.12　强干扰下的间接自适应鲁棒控制的跟踪性能

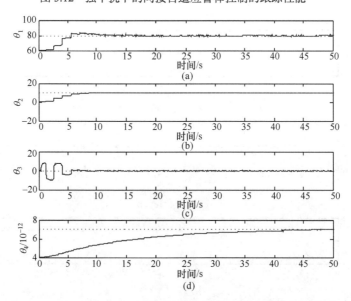

图 3.13　强干扰下自适应鲁棒控制的参数估计

由图 3.12 可知，在干扰作用下系统的跟踪性能仍保持得很好。而由图 3.13 可知，尽管干扰的存在对参数收敛性造成一定的影响，但是在滤波器的作用下，干扰的影响被削弱，因而其参数收敛性仍是可以接受的。

由以上仿真表明，间接自适应鲁棒控制较直接自适应鲁棒控制，具有更好的参数收敛性，而且为了公平比较，此时的收敛性还是在梯度型自适应函数下获得的，大量文献表明，若使用最小均方型自适应函数，将可获得更好的参数收敛性。

3.3　本 章 小 结

本章基于电液伺服系统的非线性模型，利用已有结果，结合工程实际，设计了自适应鲁棒控制器，并分析了所设计的自适应鲁棒控制器的特性，仿真结果验证了本章所设计的自适应鲁棒控制器的优良性能。同时，为了在良好的跟踪性能的前提下，获得一些额外的功能，如系统的参数真值估计、故障诊断与健康管理等，本章还设计了间接自适应鲁棒控制器，并给出了其性能定理，理论分析及仿真对比表明，间接自适应鲁棒控制器在保留了优异的跟踪性能的前提下，还具有良好的参数收敛性。

参 考 文 献

[1] Yao B, Bu F, Reedy J, et al. Adaptive robust motion control of single rod hydraulic actuators: Theory and experiments. IEEE/ASME Transactions on Mechatronics, 2000, 5(2): 79-91.

[2] Krstic M, Kanellakopoulos I, Kokotovic P V. Nonlinear and Adaptive Control Design. New York: Wiley, 1995.

[3] Mohanty A, Yao B. Indirect adaptive robust control of hydraulic manipulators with accurate parameter estimates. IEEE Transactions on Control Systems Technology, 2011, 19(3): 567-575.

[4] Khalil H K. Nonlinear Systems. Upper Saddle River: Prentice-Hall, 2002.

[5] 姚建勇. 基于模型的电液伺服系统非线性控制. 北京: 北京航空航天大学博士学位论文, 2012.

第4章　光滑干扰非线性鲁棒控制

未知干扰广泛存在于液压系统，最典型的当属运动学方程中的未建模摩擦干扰及外干扰。对于某些电液位置伺服系统，如电液伺服转台等，运动过程中不存在外来干扰，其未建模干扰主要为摩擦干扰。因此，本章以未建模摩擦干扰为例，探讨基于非线性鲁棒反馈控制手段实现对未知干扰的精确补偿，即发展出一种非模型的摩擦补偿策略。当然，对于其他各类干扰的组合，本章所讨论的方法仍是适用的，并不仅局限于摩擦补偿。

非模型摩擦补偿的基本思想是通过选择合适的静态模型补偿摩擦的主要特性，对于存在的建模误差，则将其归入系统的未建模干扰中，设计合理的鲁棒控制器以衰减这种干扰对系统性能的影响。对于系统未建模干扰的补偿，研究者提出了各种类型的鲁棒控制器，如滑模变结构控制、确定性鲁棒控制、神经网络控制、模糊逻辑控制等。但是分析这些控制器可知，它们都有一个共同的特点，即更好的性能均需要高增益或高频反馈，或者是只能获得有界稳定的性能。2004年，Xian等针对光滑干扰的鲁棒控制问题，提出了一种误差符号积分鲁棒[1](robust integral of the sign of the error, RISE)控制器，以处理级联非线性系统的未知干扰，并获得了优良的控制性能，即渐近稳定性。该方法最大的贡献在于，在不使用高增益反馈(sign function)的条件下也实现了系统的渐近稳定跟踪性能，这就意味着，最终设计的控制器是连续的、平滑的，因此非常适用于工程实践。另外，基于其可获得的渐近稳定性能，当未建模干扰只有摩擦时，RISE方法也可被应用于摩擦力辨识等。

4.1　电液伺服系统误差符号积分鲁棒控制

RISE方法的提出是基于级联的、只含有匹配不确定性的、并可反馈线性化的非线性系统(feedback linearizable matched uncertainty normal form)，因此该方法在以电机为执行器的系统中得到了成功的应用。但是由前面分析可知，电液伺服系统属于一类含有不匹配不确定性的系统，因此如何设计针对不匹配不确定性的系统的RISE控制器是本节要研究的重点内容。

另外，摩擦辨识也是针对摩擦进行补偿所面临的一个重要课题，它不仅有利于分析系统的摩擦特性，更重要的是可以帮助构建更加精确的摩擦模型，从而为提升系统的性能奠定基础。如果在设计鲁棒控制器时，还能获得摩擦辨识的结果，将对后续系统的分析大有裨益。

4.1.1　误差符号积分鲁棒控制器的设计

结合前文的静态摩擦模型，定义状态变量 $x = [x_1, x_2, x_3]^T = [y, \dot{y}, A_1P_1 - A_2P_2]^T$，不考虑除摩擦的其他外干扰，则前文中的电液伺服系统非线性方程写为如下形式(归一化的)：

$$
\begin{aligned}
\dot{x}_1 &= x_2 \\
\dot{x}_2 &= x_3 - \varphi^T \theta^\circ + \tilde{d}(x_1, x_2, t) \\
\dot{x}_3 &= g_3(x)u - f_3(x)
\end{aligned}
\tag{4.1}
$$

式中，θ° 是对静态摩擦模型常值参数 θ 的辨识估计，并将估计误差、建模误差、未建模动态及外干扰归入系统不确定性非线性中。式(4.1)中各非线性函数的具体表达式可依据前面系统的非线性建模自行推导。

在设计鲁棒控制器之前，先做如下假设。

假设 4.1　系统的未知干扰三阶连续可微且均有界，即

$$
|\tilde{d}|, |\dot{\tilde{d}}|, |\ddot{\tilde{d}}|, |\dddot{\tilde{d}}| \in L_\infty
\tag{4.2}
$$

并假设

$$
|\ddot{\tilde{d}}| \leqslant \xi_{N2}, |\dddot{\tilde{d}}| \leqslant \xi_{N3}
\tag{4.3}
$$

式中，ξ_{N2}, ξ_{N3} 为已知界。

假设 4.2　系统参考指令信号 $x_{1d}(t)$ 是三阶连续的，且系统期望位置指令、速度指令、加速度指令及加加速度指令都是有界的。

由假设 4.1 可知，所考虑的未知干扰为光滑干扰，对于不连续的干扰，RISE 方法尚不能处理。

基于假设 4.1 可知，此时系统真实的摩擦力 f_m 为

$$
f_m / m = \varphi^T \theta^\circ - \tilde{d}(x_1, x_2, t)
\tag{4.4}
$$

控制目标为：设计一个合理的鲁棒控制器，以保证系统(4.1)具有优良的低速伺服性能；同时，如果可能，还可以据式(4.4)辨识系统真实的摩擦力。为此，定义如下的误差变量：

$$
\begin{aligned}
e_1 &= x_1 - x_{1d} \\
e_2 &= \dot{e}_1 + k_1 e_1 = x_2 - x_{2eq}, \quad x_{2eq} \overset{\text{def}}{=\!=} \dot{x}_{1d} - k_1 e_1 \\
e_3 &= \dot{e}_2 + k_2 e_2 \\
r &= \dot{e}_3 + k_3 e_3
\end{aligned}
\tag{4.5}
$$

式中，k_1, k_2, k_3 均为正的反馈增益。

电液伺服系统模型为三阶系统，而在定义误差变量时，将之扩展为四阶误差模型，因此将获得一个额外的可设计的自由度，为设计鲁棒控制器奠定基础。由式(4.5)可知

$$e_3 = \dot{x}_2 - \dot{x}_{2eq} + k_2 e_2 = x_3 - \varphi^T \theta^\circ + \tilde{d} - x_{3eq}$$
$$x_{3eq} \overset{\text{def}}{=} \dot{x}_{2eq} - k_2 e_2 \tag{4.6}$$

$$r = \dot{e}_3 + k_3 e_3 = g_3 u - f_3 - \dot{\varphi}^T \theta^\circ + \dot{\tilde{d}} - x_{4eq}$$
$$x_{4eq} \overset{\text{def}}{=} \dot{x}_{3eq} - k_3 e_3 \tag{4.7}$$

式中，$\dot{\varphi}$ 表示对回归器 φ 的各元素求导。由于静态模型是连续可微的，$\dot{\varphi}$ 是可实现的。

需要注意的是，在误差变量的定义中，各个误差信号之间的传递均经过稳定的可设计的滤波器。因此，如果可以设计一个鲁棒控制器，使高阶的误差信号，如 r 趋于 0，则即获得系统实际跟踪误差 e_3, e_2, e_1 也依次趋于 0。另外，由误差变量的定义可知，信号 r 仅为辅助信号，在实际操作中因为含有 e_3 的导数，所以该信号是不可用的，在设计鲁棒控制器，是不允许含有误差信号 r 的。

根据式(4.7)，可设计鲁棒控制器为

$$u = \frac{1}{g_3}[f_3 + \dot{\varphi}^T \theta^\circ + x_{4eq} - \mu]$$
$$\mu \overset{\text{def}}{=} k_r e_3 - k_r e_3(0) + \int_0^t [k_r k_3 e_3(\upsilon) + \beta \text{sign}(e_3(\upsilon))] \text{d}\upsilon \tag{4.8}$$

式中，$k_r > 0$ 为控制器增益，$\beta > 0$ 为鲁棒增益。

由控制器(4.8)的表达式可知，控制器中除了含有系统的模型补偿项，还含有一个与误差信号 e_3 的符号积分有关的鲁棒项 μ，即 RISE 鲁棒项，并期望通过引入该项，使系统具有优良的鲁棒能力，以获得更好的低速伺服性能。另外，由控制器(4.8)的表达式可知，控制器中并不含有辅助误差信号 r。

基于此鲁棒控制器，将其代入式(4.7)可得

$$r = -\mu + \dot{\tilde{d}} \tag{4.9}$$

由此可见，在控制器中引入的 RISE 鲁棒项的目的是镇定系统的不确定性非线性项。对式(4.9)两边求微分可得

$$\dot{r} = N - k_r r - \beta \text{sign}(e_3) \tag{4.10}$$

式中，N 的定义为

$$N \overset{\text{def}}{=} \ddot{\tilde{d}} \tag{4.11}$$

并由假设 4.1 可知

$$|N| \leqslant \xi_{N_2}$$
$$|\dot{N}| = |\dddot{d}| \leqslant \xi_{N_3}$$

(4.12)

由式(4.5)及式(4.10)可知系统的误差动态方程为

$$\dot{e}_1 = e_2 - k_1 e_1$$
$$\dot{e}_2 = e_3 - k_2 e_2$$
$$\dot{e}_3 = r - k_3 e_3$$
$$\dot{r} = N - k_r r - \beta \mathrm{sign}(e_3)$$

(4.13)

为了方便地分析鲁棒控制器(4.8)的性能，在介绍其性能定理之前，先给出如下的引理。

引理 4.1[1]　定义变量 $L(t)$ 及辅助函数 $P(t)$ 为

$$L(t) = r[N - \beta \mathrm{sign}(e_3)]$$

(4.14)

$$P(t) = \beta |e_3(0)| - e_3(0)N(0) - \int_0^t L(\tau)\mathrm{d}\tau$$

(4.15)

如果鲁棒增益 β 满足如下不等式，即

$$\beta > \xi_{N_2} + \frac{1}{k_3}\xi_{N_3}$$

(4.16)

则辅助函数 $P(t)$ 恒为正值。

♦

由引理 4.1 可知，辅助函数 $P(t)$ 的微分为

$$\dot{P}(t) = -L(t) = -rN + r\beta \mathrm{sign}(e_3)$$

(4.17)

基于引理 4.1，有如下的性能定理。

定理 4.1　对于非线性系统(4.1)，如果鲁棒控制器(4.8)的鲁棒增益 β 满足不等式(4.16)，且其反馈增益 k_1, k_2, k_3, k_r 足够大使得如下定义的矩阵 Λ 为正定矩阵：

$$\Lambda = \begin{bmatrix} k_1 & -\dfrac{1}{2} & 0 & 0 \\ -\dfrac{1}{2} & k_2 & -\dfrac{1}{2} & 0 \\ 0 & -\dfrac{1}{2} & k_3 & -\dfrac{1}{2} \\ 0 & 0 & -\dfrac{1}{2} & k_r \end{bmatrix}$$

(4.18)

则闭环系统中所有信号均有界，且鲁棒控制器(4.8)可获得渐近跟踪性能，即当 $t \to \infty$ 时，$e \to 0$，其中 e 定义为 $e = [e_1, e_2, e_3, r]^{\mathrm{T}}$。并且可由 RISE 鲁棒项 μ 辨识系统

的真实摩擦力，即

$$\varphi^{\mathrm{T}}\theta^\circ - \int_0^t \mu(t)\mathrm{d}\tau \to f_m/m, \quad t \to 0 \tag{4.19}$$

证明 定义如下的函数：

$$V = \frac{1}{2}e_1^2 + \frac{1}{2}e_2^2 + \frac{1}{2}e_3^2 + \frac{1}{2}r^2 + P \tag{4.20}$$

由引理 4.1 可知，辅助函数 $P(t)$ 恒为正，因此式(4.20)定义的函数 V 为一个有效的李雅普诺夫函数，因此其时间微分为

$$\dot{V} = e_1\dot{e}_1 + e_2\dot{e}_2 + e_3\dot{e}_3 + r\dot{r} + \dot{P} \tag{4.21}$$

并由误差动态方程(4.13)、式(4.17)及矩阵 Λ 的正定性，可推导出：

$$\dot{V} = -e^{\mathrm{T}}\Lambda e \leqslant -\lambda_{\min}(\Lambda)(e_1^2 + e_2^2 + e_3^2 + r^2) \overset{\text{def}}{=\!=\!=} -W \tag{4.22}$$

由此可知 V 有界，所以 e 有界，因此闭环控制器所有信号均有界。由式(4.20)可知，$W \in L_2$，又由式(4.13)可知，$\dot{W} \in L_\infty$，因此 W 一致连续，由 Barbalat 引理可知，当 $t \to \infty$ 时，$W \to 0$，即 $e \to 0$。又由式(4.9)可知，当 $t \to \infty$ 时，$r \to 0$，即

$$\int_0^t \mu(\tau)\mathrm{d}\tau \to \tilde{d} \tag{4.23}$$

由此据式(4.5)可得摩擦辨识式(4.19)。由此证明了定理 4.1。

◆

由定理 4.1 可知，尽管对摩擦的结构知之甚少，但仍然可以设计合理的鲁棒控制器，获得优异的稳态跟踪性能。

但必须要注意的是，RISE 控制器的前提假设，即系统的不确定性非线性必须是三阶连续可微且有界的。对于实际的物理系统，这种假设也不弱，就摩擦而言，考虑到任何实际物理对象由于其能量的限制，系统不会存在状态瞬变，由此可见，相对于基于动态模型的摩擦补偿的假设，这种假设要弱一些。另外，对于条件(4.16)，由于 ξ_{N2}, ξ_{N3} 的确切界也很难获知，完全满足条件(4.16)的 β 值的选取是困难的。尽管如此，定理 4.1 也表明，只要鲁棒增益 β 值取足够大，就可以获得很好的摩擦补偿效果。因此，从实际操作的观点看，非模型的摩擦补偿控制器(4.8)仍具有很强的可操作性。

4.1.2 仿真及实验验证

本节考核 RISE 控制器的性能。在仿真中取如下参数对系统进行建模：P_s=7×10^6Pa, P_r=0Pa, V_{01}=V_{02}=1×10^{-3}m^3, A_1=A_2=2×10^{-4}m^2, m=40kg, C_t=7×10^{-12}m^5/(N·s), g=

$4 \times 10^{-8} \mathrm{m}^4/(\mathrm{s \cdot V \cdot \sqrt{N}})$, β_e=$2 \times 10^8 \mathrm{Pa}$, d_n=0N, $\tilde{d}$=0。在仿真模型中，以 LuGre 模型代表真实摩擦力，其参数为 σ_0=$1 \times 10^5 \mathrm{N/m}$, σ_1=$(\sigma_0)^{1/2} \mathrm{N \cdot s/m}$, σ_2=80N·s/m, f_C=42N, f_s=30N, Stribeck 速度 x_{2s}=0.01m/s。

取 RISE 控制器的参数为 k_1=100, k_2=80, k_3=1, k_r=1, β=1000。在实际操作中，重新定义控制器中的符号函数为

$$\mathrm{sign}(e_3) = \begin{cases} 1, & e_3 > \varDelta_e \\ 0, & |e_3| \leqslant \varDelta_e \\ -1, & e_3 < -\varDelta_e \end{cases}$$

式中，符号范围参数 $\varDelta_e \geqslant 0$。

给定系统低速指令 x_{1d}=0.002sin(2t)[1−exp(−0.01t^3)]。

首先给定较小的符号范围参数，取 $\varDelta_e$=0。此时，RISE 控制器的跟踪误差、控制输入及其局部放大图、摩擦力辨识分别如图 4.1～图 4.4 所示。由其跟踪性能可知，RISE 控制器也获得了很好的摩擦补偿效果，其低速伺服性能非常优异。由摩擦力辨识效果可知，RISE 控制器还具有一定的摩擦力辨识能力。但是由控制输入的局部放大图可以看出，该控制器含有符号函数的积分项，较大的鲁棒增益 β 引起了控制器一定的颤振，可设定合理的符号范围参数 $\varDelta_e$ 以减弱控制量的颤振。

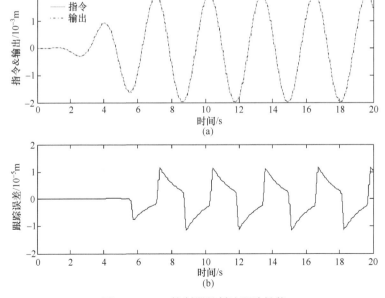

图 4.1　RISE 控制器的低速跟踪性能

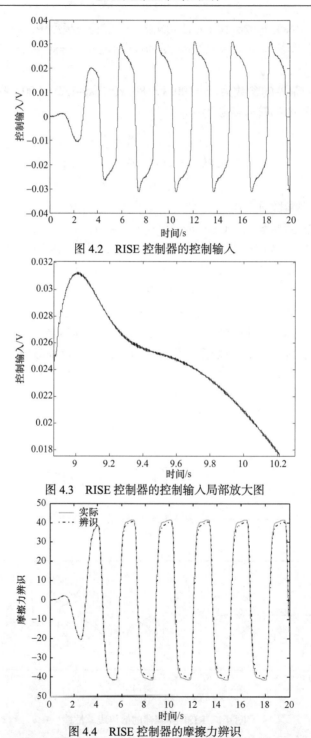

图 4.2　RISE 控制器的控制输入

图 4.3　RISE 控制器的控制输入局部放大图

图 4.4　RISE 控制器的摩擦力辨识

重新给定符号范围参数，取 $\Delta_e = 1 \times 10^{-3}$。此时，RISE 控制器的跟踪误差、控制输入的局部放大图、摩擦力辨识分别如图 4.5～图 4.7 所示。

对比不同符号范围参数下的跟踪性能、控制输入及摩擦力辨识仿真曲线可知，由于增大的符号范围参数，破坏了定理 4.1 的严格性，因此其跟踪性能及摩擦力辨识效果变差，但是由图 4.4 及图 4.6 可知，其性能及辨识效果尚在可接受的范围内。尽管丧失了部分系统性能，却增加了控制器的可实现性，降低了控制器的颤振。

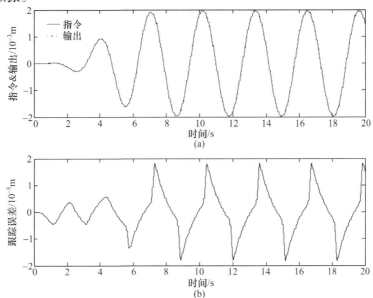

图 4.5　大符号范围参数下的 RISE 控制器低速伺服性能

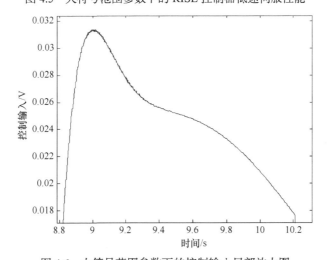

图 4.6　大符号范围参数下的控制输入局部放大图

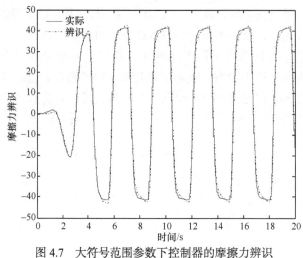

图 4.7　大符号范围参数下控制器的摩擦力辨识

4.2　基于反演设计的电液伺服系统自适应积分鲁棒控制

从 4.1 节中可以看出，所设计的误差符号积分鲁棒控制器具有优异的鲁棒能力，可以使电液伺服系统获得渐近跟踪性能。但是，观察所建立的电液伺服系统模型可知，第三个通道所有系统参数必须已知，这对于实际的电液伺服系统是很难做到的，因此考虑第三个通道的参数不确定性是很有必要的。而对于参数不确定性的处理，参数自适应控制是行之有效的方法。因此，一个很自然的想法是能否将 RISE 控制器和自适应控制器的设计相结合，设计一种既能解决模型第二个通道的建模不确定性又能解决第三个通道的参数不确定性的控制器，使系统获得更好的跟踪性能。基于这一点，本节通过反演设计[2]的方法，利用作为第二个通道的虚拟控制的 RISE 控制器连续可微的性质，将两种控制器设计巧妙地结合在一起，得到一种自适应积分鲁棒控制器。

4.2.1　系统模型与问题描述

本节考虑的液压马达位置伺服系统如图 4.8 所示，其中图 4.8(a)是伺服阀控的液压马达驱动惯性负载，图 4.8(b)是液压马达的结构示意图。

定义的系统状态变量为

$$x = [x_1, x_2, x_3]^\mathrm{T} = [y, \dot{y}, AP_L / m]^\mathrm{T} \tag{4.24}$$

由前面给出的非线性建模过程及文献[3]，系统非线性模型的状态空间形式可写为

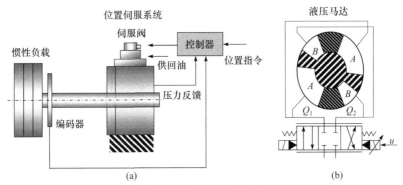

图 4.8　电液位置伺服系统结构和液压旋转执行器

$$\dot{x}_1 = x_2$$
$$\dot{x}_2 = x_3 - bx_2 + d(t, x_1, x_2)$$
$$\dot{x}_3 = \frac{A\beta_e k_t}{m}\left(\frac{R_1}{V_1} + \frac{R_2}{V_2}\right)u - \frac{A\beta_e}{m}\left(\frac{1}{V_1} + \frac{1}{V_2}\right)(Ax_2 + q_L) \tag{4.25}$$

式中，$b = B/m$，$d(t, x_1, x_2) = f(t, x_1, x_2)/m$，且

$$R_1 = s(u)\sqrt{P_s - P_1} + s(-u)\sqrt{P_1 - P_r} > 0$$
$$R_2 = s(u)\sqrt{P_2 - P_r} + s(-u)\sqrt{P_s - P_2} > 0 \tag{4.26}$$

另外，由于所考虑的液压马达中存在许多矩形截面和门柱形密封件，其内泄漏现象相对于线性液压缸要复杂得多，所以对于液压马达内泄漏的建模不再是内泄漏流量 q_L 和负载压力 P_L 成比例的形式。为了提高系统的跟踪精度，进行了如下内泄漏的辨识实验：首先，为了避免液压马达的运动，将其固定在中间位置，然后将一系列控制输入施加于伺服阀，记录各负载压力下的内泄漏流量，可获得两者之间的静态映射关系。实验辨识获得的静态映射关系如图 4.9 所示，采取多

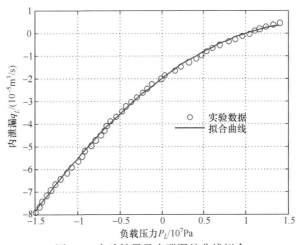

图 4.9　实验结果及内泄漏的曲线拟合

项式曲线拟合的方法可获得内泄漏的结构模型为

$$q_L = c_1 P_L^2 + c_2 P_L + c_3 \tag{4.27}$$

图 4.9 中拟合曲线对应的参数 $c_1 = -7.6952 \times 10^{-20}$，$c_2 = 2.7594 \times 10^{-12}$，$c_3 = -2.0 \times 10^{-5}$。

4.2.2 非线性自适应积分鲁棒控制器的设计

1. 设计模型和待解决的问题

由于液压系统的参数 β_e, c_1, c_2, c_3 等受温度和组件磨损程度的影响变化很大，需考虑模型第三个通道的参数不确定性。定义系统未知参数向量 $\theta = [\theta_1, \theta_2, \theta_3, \theta_4, \theta_5]^T$，$\theta_1 = \beta_e k_t$，$\theta_2 = \beta_e$，$\theta_3 = \beta_e c_1$，$\theta_4 = \beta_e c_2$ 及 $\theta_5 = \beta_e c_3$。因此，系统模型的状态空间形式(4.22)可写为

$$\begin{aligned}
\dot{x}_1 &= x_2 \\
\dot{x}_2 &= x_3 - b x_2 + d(t, x_1, x_2) \\
\dot{x}_3 &= \theta_1 f_1 u - \theta_2 f_2 - \theta_3 f_3 - \theta_4 f_4 - \theta_5 f_5
\end{aligned} \tag{4.28}$$

式中

$$f_1 = \frac{A}{m}\left(\frac{R_1}{V_1} + \frac{R_2}{V_2}\right), \quad f_2 = \frac{A^2}{m}\left(\frac{1}{V_1} + \frac{1}{V_2}\right) x_2$$

$$f_3 = \frac{m}{A}\left(\frac{1}{V_1} + \frac{1}{V_2}\right) x_3^2, \quad f_4 = \left(\frac{1}{V_1} + \frac{1}{V_2}\right) x_3 \tag{4.29}$$

$$f_5 = \frac{A}{m}\left(\frac{1}{V_1} + \frac{1}{V_2}\right)$$

从式(4.28)可以看出，$d(t, x_1, x_2)$ 为不匹配的建模不确定性。虽然第三个通道的参数的精确值未知，但是其参数的大致范围是可以轻易获取的，因此有如下假设。

假设 4.3　参数不确定性 θ 的大小范围已知，即

$$\theta \in \Omega_\theta \stackrel{\text{def}}{=} \{\theta : \theta_{\min} \leqslant \theta \leqslant \theta_{\max}\} \tag{4.30}$$

式中，$\theta_{\max} = [\theta_{1\max}, \cdots, \theta_{5\max}]^T$，$\theta_{\min} = [\theta_{1\min}, \cdots, \theta_{5\min}]^T$ 为向量 θ 的已知上下界。

式(4.28)中的 $d(t, x_1, x_2)$ 足够光滑且满足如下条件：

$$|\dot{d}| \leqslant \delta_1, \quad |\ddot{d}| \leqslant \delta_2 \tag{4.31}$$

式中，δ_1 和 δ_2 都是已知正数。

尽管对丁摩擦的建模一般为不连续的函数，但是考虑到在实际中是不存在物理执行器可以提供不连续的力以补偿非线性摩擦的影响的，因而光滑的摩擦认知

仍有广泛的意义，在后续章节中将讨论连续摩擦模型。

由 R_1, R_2 的定义可知，以下不等式对于电液伺服系统是成立的：

$$f_1 > 0 \tag{4.32}$$

2. 不连续的参数映射

令 $\hat{\theta}$ 表示对系统未知参数 θ 的估计，$\tilde{\theta}$ 为参数估计误差，即 $\tilde{\theta} = \hat{\theta} - \theta$，为确保自适应控制律的稳定性，基于系统的参数不确定性是有界的，即假设 4.3，定义如下的参数自适应不连续映射[4]：

$$\mathrm{Proj}_{\hat{\theta}_i}(\tau_i) = \begin{cases} 0, & \hat{\theta}_i = \theta_{i\max} \text{ 且 } \tau_i > 0 \\ 0, & \hat{\theta}_i = \theta_{i\min} \text{ 且 } \tau_i < 0 \\ \tau_i, & \text{其他} \end{cases} \tag{4.33}$$

式中，$i = 1, \cdots, 5$；τ 为参数自适应函数，并在后续的控制器设计中给出其具体的形式。

给定如下参数自适应律：

$$\dot{\hat{\theta}} = \mathrm{Proj}_{\hat{\theta}}(\Gamma\tau), \quad \theta_{\min} \leqslant \hat{\theta}(0) \leqslant \theta_{\max} \tag{4.34}$$

式中，$\Gamma > 0$ 为正定对角矩阵。

对于任意的自适应函数 τ，不连续映射(4.34)具有如下性质[4]：

$$\textbf{(P1)} \quad \hat{\theta} \in \Omega_{\hat{\theta}} \overset{\text{def}}{=\!=} \left\{ \hat{\theta} : \theta_{\min} \leqslant \hat{\theta} \leqslant \theta_{\max} \right\} \tag{4.35}$$

$$\textbf{(P2)} \quad \tilde{\theta}^{\mathrm{T}} [\Gamma^{-1}\mathrm{Proj}_{\hat{\theta}}(\Gamma\tau) - \tau] \leqslant 0, \quad \forall \tau \tag{4.36}$$

3. 控制器设计

由于系统方程具有不匹配的建模不确定性，必须使用反演设计方法[2]。

第一步：由式(4.28)可知，第一个方程不含任何的不确定性，因此对式(4.28)的前两个方程可以直接构建一个二次李雅普诺夫函数。定义如下的误差变量：

$$\begin{aligned}
z_2 &= \dot{z}_1 + k_1 z_1 = x_2 - x_{2eq}, \quad x_{2eq} \overset{\text{def}}{=\!=} \dot{x}_{1d} - k_1 z_1 \\
r &= \dot{z}_2 + k_2 z_2 \\
z_3 &= x_3 - \alpha_2
\end{aligned} \tag{4.37}$$

式中，$z_1 = x_1 - x_{1d}(t)$ 为跟踪误差；k_1, k_2 为正的反馈增益；α_2 为 x_3 的虚拟控制律；z_3 为虚拟控制 α_2 与 x_3 之间的偏差。需要注意的是，定义的辅助误差变量 r 将前两个方程提高了一个阶次，获得了一个额外的设计自由度。r 的展开式为

$$r = x_3 - \dot{x}_{2eq} + k_2 z_2 - bx_2 + d(t, x_1, x_2) \tag{4.38}$$

将 $x_3 = z_3 + \alpha_2$ 代入式(4.38)可得

$$r = z_3 + \alpha_2 - \dot{x}_{2eq} + k_2 z_2 - bx_2 + d(t, x_1, x_2) \tag{4.39}$$

基于式(4.39)中 r 的静态方程，可设计虚拟控制律 α_2 为

$$\alpha_2 = \alpha_{2a} + \alpha_{2s}, \quad \alpha_{2a} = \dot{x}_{2eq} - k_2 z_2 + bx_2$$

$$\alpha_{2s} = \alpha_{2s1} + \alpha_{2s2}, \quad \alpha_{2s1} = -k_r z_2 \tag{4.40}$$

式中，$k_r > 0$ 为反馈增益；α_{2a} 为用于改善模型补偿的基于模型的前馈控制律，α_{2s} 为鲁棒控制律，且其中的 α_{2s1} 为用于稳定液压系统的名义模型的线性鲁棒反馈控制律。将式(4.40)代入式(4.39)可得

$$r = z_3 - k_r z_2 + \alpha_{2s2} + d(t, x_1, x_2) \tag{4.41}$$

为了克服建模不确定性 $d(t, x_1, x_2)$ 带来的影响，RISE 控制器中的积分鲁棒项 α_{2s2} 可设计为[1]

$$\alpha_{2s2} = -\int_0^t [k_r k_2 z_2 + \beta \mathrm{sign}(z_2)] \mathrm{d}v \tag{4.42}$$

式中，$\beta > 0$ 为积分鲁棒反馈增益，$\mathrm{sign}(z_2)$ 为关于 z_2 的标准符号函数。

第二步：在第一步中，设计了一个鲁棒的虚拟控制 α_2，本步的设计任务是设计系统实际的控制输入 u。由式(4.41)可得 r 对时间的导数的表达式为

$$\dot{r} = \dot{z}_3 - k_r \dot{z}_2 + \dot{\alpha}_{2s2} + \dot{d} \tag{4.43}$$

由式(4.37)和式(4.42)可知，式(4.43)可写成如下形式：

$$\dot{r} = \dot{x}_3 - \dot{\alpha}_2 - k_r r - \beta \mathrm{sign}(z_2) + \dot{d} \tag{4.44}$$

将式(4.28)中的第三个方程代入式(4.44)可得

$$\dot{r} = \theta_1 f_1 u - \theta_2 f_2 - \theta_3 f_3 - \theta_4 f_4 - \theta_5 f_5 - \dot{\alpha}_2 - k_r r - \beta \mathrm{sign}(z_2) + \dot{d} \tag{4.45}$$

由于式(4.45)中参数不确定性的存在，可设计实际的控制输入 u 为[3]

$$u = u_a + u_s$$

$$u_a = \frac{1}{\hat{\theta}_1 f_1}(\hat{\theta}_2 f_2 + \hat{\theta}_3 f_3 + \hat{\theta}_4 f_4 + \hat{\theta}_5 f_5 + \dot{\alpha}_2) \tag{4.46}$$

$$u_s = -\frac{k_3 z_3}{f_1}$$

式中，k_3 为正的反馈增益；u_a 为可通过参数自适应律(4.34)调节的为获得高精度跟踪性能的模型补偿项；u_s 为鲁棒控制律。将设计的控制器(4.46)代入式(4.45)可得

$$\dot{r} = -\varphi^{\mathrm{T}} \tilde{\theta} - k_3 \theta_1 z_3 - k_r r - \beta \mathrm{sign}(z_2) + \dot{d} \tag{4.47}$$

式中

$$\varphi = [f_1 u_a, -f_2, -f_3, -f_4, -f_5]^T \tag{4.48}$$

为参数自适应的回归器。

而且，z_3 的动态可表示成如下形式：

$$\dot{z}_3 = -\varphi^T \tilde{\theta} - k_3 \theta_1 z_3 \tag{4.49}$$

4. 自适应积分鲁棒控制器的性能及分析

引理 4.2　定义变量 $L(t)$ 为

$$L(t) = r[\dot{d} - \beta\,\mathrm{sign}(z_2)] \tag{4.50}$$

如果鲁棒增益 β 满足如下不等式：

$$\beta \geqslant \delta_1 + \frac{1}{k_2}\delta_2 \tag{4.51}$$

则如下定义的辅助函数 $P(t)$ 恒为正值：

$$P(t) = \beta\,|z_2(0)| - z_2(0)\dot{d}(0) - \int_0^t L(\nu)\,\mathrm{d}\nu \tag{4.52}$$

◆

定理 4.2　使用不连续映射自适应律(4.34)，并令自适应函数 $\tau = \varphi(r + z_3)$，鲁棒增益 β 满足不等式(4.51)且其反馈增益 k_1, k_2, k_3 和 k_r 足够大使得如下定义的矩阵 Λ 为正定矩阵：

$$\Lambda = \begin{bmatrix} k_1 & -\dfrac{1}{2} & 0 & 0 \\[2mm] -\dfrac{1}{2} & k_2 & -\dfrac{1}{2} & 0 \\[2mm] 0 & -\dfrac{1}{2} & k_r & \dfrac{1}{2}\theta_1 k_3 \\[2mm] 0 & 0 & \dfrac{1}{2}\theta_1 k_3 & \theta_1 k_3 \end{bmatrix} \tag{4.53}$$

则设计的自适应积分鲁棒控制器可使闭环系统中所有信号均有界，且系统获得渐近输出跟踪性能，即当 $t\to\infty$ 时，$z_1\to0$。

证明　定义李雅普诺夫函数为

$$V = \frac{1}{2}(z^T z + \tilde{\theta}^T \Gamma^{-1} \tilde{\theta}) + P(t) \tag{4.54}$$

式中，z 的定义为 $z = [z_1, z_2, r, z_3]^T$，根据式(4.37)、式(4.47)、式(4.49)和式(4.52)，以及定理 4.2 中自适应函数的定义可知

$$\dot{V} = -k_1 z_1^2 + z_1 z_2 - k_2 z_2^2 + z_2 r - k_r r^2 - k_3 \theta_1 z_3 r - k_3 \theta_1 z_3^2 + \tilde{\theta}^T \Gamma^{-1}(\dot{\hat{\theta}} - \Gamma \tau) \quad (4.55)$$

运用式(4.36)中的性质 P2 可得

$$\dot{V} \leqslant -z^T \Lambda z \quad (4.56)$$

由于式(4.53)所定义的矩阵 Λ 是正定矩阵，则有

$$\dot{V} \leqslant -\lambda_{\min}(\Lambda)(z_1^2 + z_2^2 + r^2 + z_3^2) \overset{\text{def}}{=\!=\!=} -W \quad (4.57)$$

式中，$\lambda_{\min}(\Lambda)$ 是矩阵 Λ 的最小特征值，所以信号 z 是有界的。因此，所有状态都是有界的。再从式(4.35)中的性质 P1 可知，所有参数估计都是有界的，因此控制输入 u 也是有界的。基于假设 4.3 可知，W 对时间的导数有界，因此 W 是一致连续的函数。运用 Barbalat 引理可得，当 $t \to \infty$ 时，$W \to 0$，即可推得定理 4.2 的结论：当 $t \to \infty$ 时，$z_1 \to 0$。

◆

4.2.3　对比实验验证

1. 实验装置

为验证以上设计的控制器性能及学习与电液伺服系统高精度跟踪控制相关的基本问题，与第 2 章相同，本书利用了如图 4.10 所示的实验验证平台。该平台详细的硬件组件列于表 4.1 中。

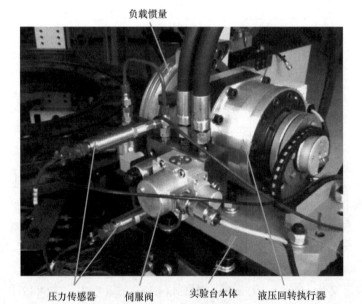

图 4.10　液压马达的实验平台

表 4.1　液压系统元器件规格

组件		规格
油源	供油压力	100bar
	回油压力	3bar
伺服阀	类型	D765-38lpm-HR
	额定流量	38L/min
	频宽	≥150Hz
液压马达	转角范围	−55°～55°
	排量	$1.2 \times 10^{-4} \text{m}^3/\text{rad}$
惯性负载	惯量	0.327kg·m^2
角度传感器	类型	Heidenhain ERA4481C
	精度	<10″
压力传感器	类型	MEAS US175-C00002-200BG
	精度	1bar
A/D 卡	类型	Advantech PCI-1716
D/A 卡	类型	Advantech PCI-1723
计数器卡	类型	Heidenhain IK-220
工控机	类型	IEI WS-855GS

注：$1\text{bar}=10^5\text{Pa}$。

为了对设计的控制器(4.46)进行实际执行，必须获得速度与加速信号。尽管速度信号可从高精度的旋转编码器通过位置信号的反向差分获得，但是由于高频测量噪声的存在，加速度信号不能再通过两次的位置信号的反向差分获得。为此，使用了一个截止频率为50Hz的二阶巴特沃思滤波器来获得所需要的加速度信号，其 z 域的传递函数为

$$G_{\text{filter}} = \frac{0.005521z^{-2} + 0.01104z^{-1} + 0.005521}{0.8012z^{-2} - 1.779z^{-1} + 1} \tag{4.58}$$

2. 系统辨识

尽管图 4.11 所示的系统静态摩擦曲线已由摩擦辨识实验获得，但是非线性摩擦的动态行为却仍未知，因此应将其他复杂的难以建模的摩擦效应归入建模不确定性中以检验本节所提出的鲁棒控制律。执行器的物理参数和初始估计参数列于表 4.2 中。在一般的工作条件下，未知参数向量 θ 的上下界给定如下：$\theta_{\min}$=[26.5, 7×10^8, -2×10^{-10}, -1×10^{-2}, -3.5×10^4]^T；$\theta_{\max}$=[35, 1.8×10^9, 4×10^{-10}, 1×10^{-2}, 3.5×10^4]^T。

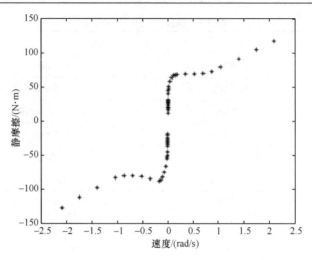

图 4.11　液压旋转执行器的静态摩擦曲线

表 4.2　液压系统参数

物理参数	取值	参数初估	取值
$A/(m^3/rad)$	$1.2×10^{-4}$	$k_t/(m^3/s/V/\sqrt{Pa})$	$2.16×10^{-8}$
$m/(kg·m^2)$	0.327	β_e/Pa	$1.25×10^9$
$B/(N·m·s/rad)$	40	$c_1/(m^3/s/Pa^2)$	$-7.6952×10^{-20}$
$V_{01}=V_{02}/m^3$	$1.15×10^{-4}$	$c_2/(m^3/s/Pa)$	$2.7594×10^{-12}$
P_s/bar	100	$c_3/(m^3/s)$	$-2.0×10^{-5}$
P_r/bar	3		

3. 控制器简化

为便于本节设计的自适应积分鲁棒控制器的实际执行，进行了如下合理的简化。首先，由于所用的是标准的工业伺服阀，其带宽高达 150Hz，这在很大程度上给考虑伺服阀动态的先进控制律的实际执行增加了难度。而且，采用式(4.58)中的巴特沃思滤波器获得的加速度信号将会丢失一些加速度信息而降低理论结果的说服力。为解决上述实际问题，采取如下实用的方法：忽略伺服阀的动态，假设在控制器设计阶段的滤波后加速度信号是理想的，因此系统闭环的稳定性可通过配置控制器的闭环带宽低于阀的带宽和巴特沃思滤波器的截止频率而获得。

第二个简化是针对鲁棒控制增益 k_1, k_2, k_3, k_r 和 β 进行的。由上述理论结果，可以采取如下两种方法来选择鲁棒控制增益。第一种方法是选择一组参数值 k_1, k_2, k_3, k_r 并计算矩阵 Λ 各阶顺序主子式来保证对于在其范围 θ_{1min} 至 θ_{1max} 间任意的 θ_1 该矩阵是正定的。此外，$\dot{d}$ 和 $\ddot{d}$ 的严格上界即 δ_1 和 δ_2 的值必须确定，才能确定合适的鲁棒增益 β 的值。因此，定理 4.2 的所有前提条件必须满足以确保全局的稳定性和控制精度。这种方法是一种严格的理论方法，大量的研究工作将会增加控制器实际执行的复杂性，因此一种实用的方法是将鲁棒控制增益 k_1, k_2, k_3, k_r 和 β 取得足够大以满足具体的前提条件。本节采用第二种方法来调节鲁棒控制增益，不仅大大减小了离线工作量，也有助于实际执行时增益的在线调节。

由于测量噪声的存在，最后一个简化是为了保证系统的稳定性。因为最后获得的控制器 u 中含有不连续的符号函数，测量噪声在最终的跟踪误差降到测量噪声水平时将会引起系统的颤振。因此，用带死区的修正的符号函数来代替标准的符号函数：

$$\text{sign}_M(z_2) = \begin{cases} 1, & z_2 \geqslant \varepsilon \\ 0, & -\varepsilon < z_2 < \varepsilon \\ -1, & z_2 \leqslant -\varepsilon \end{cases} \tag{4.59}$$

式中，ε 为正的容许值。

4. 对比实验结果

对比如下的控制器：

(1) ARISE：本节提出的自适应积分鲁棒控制器，并经过前面的简化。取控制器参数为 $k_1=1500$, $k_2=400$, $k_3=110$, $k_r=110$, $\beta=200$。基于表 4.2，θ 估计的初始值取为 $\hat{\theta}(0)=[27,\ 1.25\times10^9,\ -9.619\times10^{-11},\ 3.45\times10^{-3},\ -3.05\times10^4]^T$，参数自适应增益 $\Gamma=\text{diag}\{1\times10^{-7},\ 1.2\times10^8,\ 8\times10^{-28},\ 3\times10^{-12},\ 1\times10^{-2}\}$，容许值 $\varepsilon=0.03$。

(2) PID：比例积分微分控制器。控制器增益为 $k_P=4$, $k_I=400$, $k_D=0$。

(3) ARC：前面介绍的自适应鲁棒控制器。对于系统方程(4.28)，所设计的 ARC 控制器如下，且自适应函数 $\tau=\varphi z_3$。

$$u = \frac{1}{\hat{\theta}_1 f_1}(\hat{\theta}_2 f_2 + \hat{\theta}_3 f_3 + \hat{\theta}_4 f_4 + \hat{\theta}_5 f_5 + \dot{v}_2) - \frac{k_3 z_3}{f_1} \tag{4.60}$$

式中，v_2 为虚拟控制律且有

$$v_2 = \dot{x}_{2eq} + bx_2 - k_2 z_2 \tag{4.61}$$

z_3 为输入偏差即 $z_3 = x_3 - v_2$。ARC 的控制器参数的选取与 ARISE 对应的参数相同。

为考核以上三种控制器的性能，考虑如下三种不同的工况。首先考虑一般工况：给定系统的期望指令为类正弦轨迹 $x_{1d}=10\sin(3.14t)[1-\exp(-0.01t^3)]$°。ARISE 的跟踪性能如图 4.12 所示，ARC 和 PID 的跟踪性能如图 4.13 所示。从图中可以看出，本节所提出的 ARISE 和 ARC 无论在瞬态还是稳态的跟踪性能都要好于PID。这是因为 ARISE 和 ARC 运用了基于模型的自适应律来补偿液压系统中的参数不确定性，而 PID 只对不确定性有一些鲁棒性。通过运用图 4.14 所示的参数自适应和式(4.39)中的积分鲁棒项，ARISE 的稳态跟踪误差几乎降到了位置测量噪声水平(约为 0.002°)，ARC 的稳态跟踪误差却由于不确定性非线性的存在而要大一些。这说明 ARISE 中的参数自适应和积分鲁棒项可以分别有效地处理参数不确定性和不确定性非线性。图 4.15 是 ARISE 的两腔压力随时间变化的曲线，从图中可以看出，两腔压力的变化是有规律的且如假设一样是有界的。三个控制器的控制输入如图 4.16 所示，控制输入都呈规律性变化。

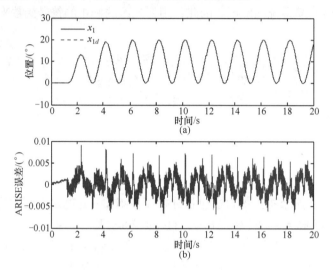

图 4.12　一般工况下 ARISE 的跟踪性能

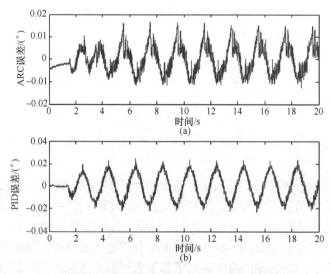

图 4.13　一般工况下 ARC 和 PID 的跟踪性能

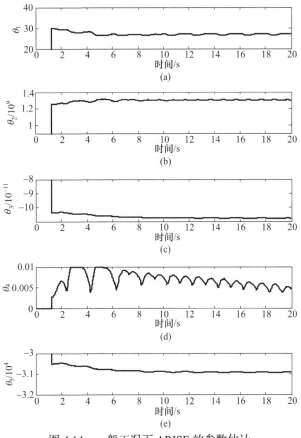

图 4.14   一般工况下 ARISE 的参数估计

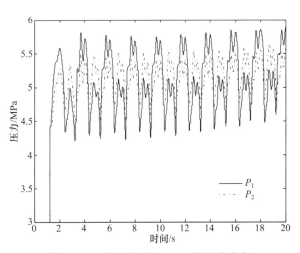

图 4.15   一般工况下 ARISE 的压力变化

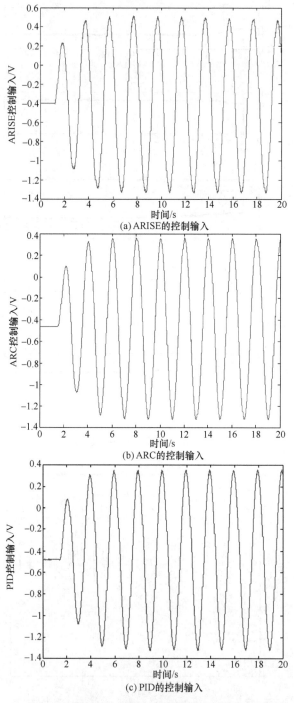

(a) ARISE的控制输入

(b) ARC的控制输入

(c) PID的控制输入

图 4.16　一般工况下的控制输入

为进一步考核所提出的控制方法对不确定非线性的鲁棒性，给定如下低速的运动轨迹：$x_{1d}=0.1\sin(0.628t)[1-\exp(-0.01t^3)]°$。在这个测试阶段，未建模摩擦是影响跟踪性能的主要因素，因此可以用于检验 ARISE 的鲁棒性。ARISE 的跟踪性能如图 4.17 所示。图 4.18 是 ARC 和 PID 的跟踪性能。从图中可以看出，尽管在如此低速的工况下有很强的非线性摩擦干扰，ARISE 仍展现出了优异的鲁棒能力，获得比 ARC 和 PID 更好的性能。ARISE 的参数估计、压力变化和控制输入分别如图 4.19、图 4.20 和图 4.21(c)所示。尽管 ARISE 的控制输入有轻微的抖振，但是可以通过增大修正后的符号函数(4.59)中的容许值来缓和。

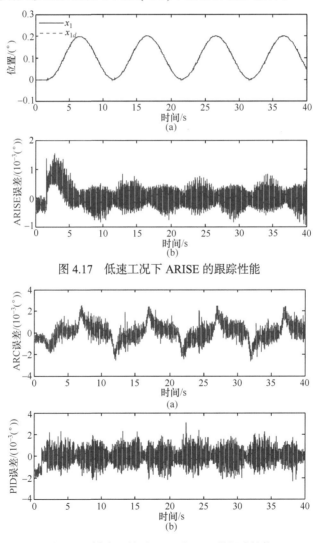

图 4.17 低速工况下 ARISE 的跟踪性能

图 4.18 低速工况下 ARC 和 PID 的跟踪性能

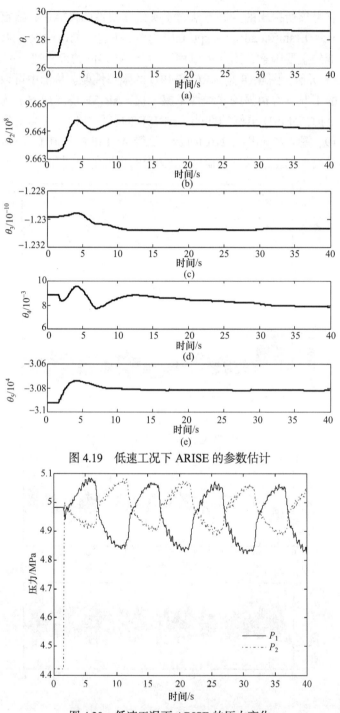

图 4.19 低速工况下 ARISE 的参数估计

图 4.20 低速工况下 ARISE 的压力变化

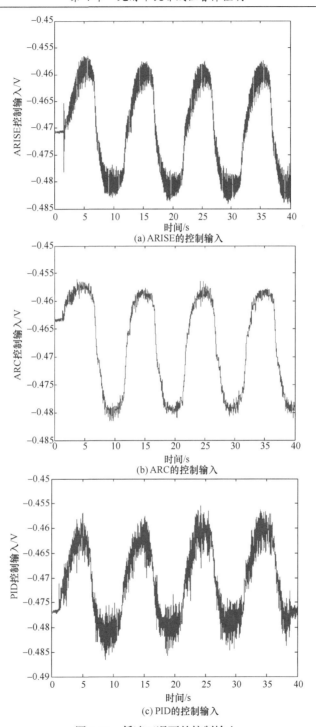

(a) ARISE的控制输入

(b) ARC的控制输入

(c) PID的控制输入

图 4.21　低速工况下的控制输入

有趣的是，PID 在这种工况下展现出比 ARC 更好的控制性能。其中的原因可解释如下：PID 在 s 域内有如下特性：

$$z_1 = \frac{sP(s)}{k_{\mathrm{p}}s + k_{\mathrm{I}}} \tag{4.62}$$

式中，$P(s)$ 代表整个系统的动态。

在低速跟踪的工况，液压系统的影响相当小，因此 $sP(s)$ 这一项总是保持在一个很小的水平，故可以当成一个干扰。这就意味着 PID 大的积分增益可以抑制这部分干扰。但是大的积分增益在快速跟踪的工况将会恶化控制性能。

最后考虑快速工况。给定快速运动轨迹：$x_{1d}=10\sin(12.56t)[1-\exp(-0.01t^3)]°$。最大速度为 125.6°/s。ARISE 的跟踪性能如图 4.22 所示。图 4.23 是 ARC 和 PID 的跟踪性能。从图中可以看出，PID 不能处理这样一种快速的运动，因此其有一个比较大的跟踪误差，约为 0.3°。然而，ARISE 的跟踪误差在整个运行阶段都保持在 0.03°以内，ARC 保持在 0.2°以内，这说明所提出的基于模型的 ARISE 的有效性。

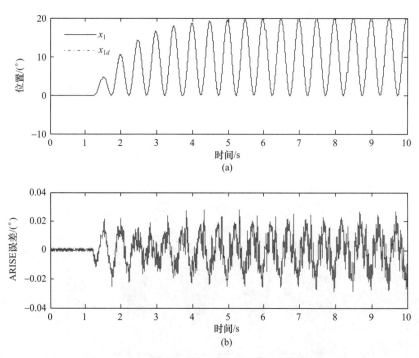

图 4.22　快速工况下 ARISE 的跟踪性能

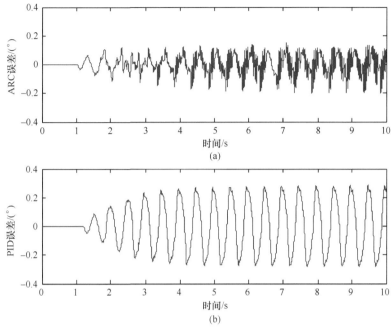

图 4.23　快速工况下 ARC 和 PID 的跟踪性能

4.3　电液伺服系统自适应误差符号积分鲁棒控制

4.2 节所设计的控制器可以有效地解决所建系统数学模型第二个通道的建模不确定性和第三个通道的参数不确定性，使得系统获得渐近跟踪的性能。但是考究其数学模型：①只考虑了液压相关的参数不确定性，假设与惯性负载相关的参数如转动惯量和阻尼系数等均为已知，而实际的电液伺服系统的这些参数都是变化或不容易确定的；②通过内泄漏实验获得内泄漏结构模型，从而假设模型第三个通道不存在建模不确定性，但是无论建立的系统模型多么精确，总会存在一定的建模误差，若考虑这部分建模误差，所设计的控制器将不能再使系统获得渐近跟踪的性能；③所设计的控制器是不连续的，因而在实际工程应用中不利于执行。基于上述分析，本节考虑电液伺服系统所有的未知参数和建模不确定性，通过设计自适应律处理系统的参数不确定性，误差符号积分鲁棒控制律处理系统建模不确定性。所设计的自适应误差符号积分鲁棒控制器可以使系统获得渐近跟踪的性能，且控制器是连续可微的，更利于实际执行。

4.3.1　系统模型与问题描述

本节考虑的液压马达位置伺服系统同 4.2 节，如图 4.8 所示。对于摩擦的建模

也只考虑黏性摩擦，其他未建模摩擦以及外干扰等不确定性非线性都归入未建模动态 $f(t)$ 中。压力动态的建模为[5]

$$\frac{V_t}{4\beta_e}\dot{P}_L = -A\dot{y} - C_t P_L - q(t) + Q_L \tag{4.63}$$

式中，P_L 为液压马达两腔压力差；V_t 为液压马达两腔总控制容积；β_e 为有效油液弹性模量；C_t 为内泄漏系数；$q(t)$ 为压力动态建模误差；Q_L 为负载流量。

伺服阀负载流量方程为[5]

$$Q_L = k_t u\sqrt{P_s - \text{sign}(u)P_L} \tag{4.64}$$

为了进行本节的自适应误差符号积分鲁棒控制器设计，将系统模型建成积分串联形式，故定义状态变量为

$$x = [x_1, x_2, x_3]^T = [y, \dot{y}, \ddot{y}]^T \tag{4.65}$$

则系统非线性模型的状态空间形式为

$$\begin{aligned}
\dot{x}_1 &= x_2 \\
\dot{x}_2 &= x_3 \\
\frac{mV_t}{4A\beta_e k_t}\dot{x}_3 &= U - \left(\frac{A}{k_t} + \frac{C_t B}{Ak_t}\right)x_2 - \left(\frac{C_t m}{Ak_t} + \frac{V_t B}{4A\beta_e k_t}\right)x_3 - \tilde{\Delta}(t)
\end{aligned} \tag{4.66}$$

式中

$$U \overset{\text{def}}{=} u\sqrt{P_s - \text{sign}(u)P_L}, \quad \tilde{\Delta}(t) \overset{\text{def}}{=} \frac{1}{k_t}q(t) + \frac{C_t}{Ak_t}f(t) + \frac{V_t}{4A\beta_e k_t}\dot{f}(t) \tag{4.67}$$

在式(4.66)中，定义了一个新的变量 U 代表系统的控制输入。由于在电液伺服系统中安装了压力传感器，$(P_s - \text{sign}(u)P_L)^{1/2}$ 的值是可以实时计算的。也就是说，只要 U 确定了，系统实际控制输入 u 就可以通过 $U/(P_s - \text{sign}(u)P_L)^{1/2}$ 计算得到。因此，接下来的控制器设计任务是设计自适应误差符号积分鲁棒控制器 U，同时处理系统的参数不确定性和建模不确定性。

由于电液伺服系统的参数 m, B, β_e, k_t 和 C_t 随工作条件变化很大，所以需要考虑这些参数不确定性。定义系统未知参数向量 $\theta = [\theta_1, \theta_2, \theta_3]^T$，$\theta_1 = mV_t/(4A\beta_e k_t)$，$\theta_2 = A/k_t + C_t B/(Ak_t)$，$\theta_3 = C_t m/(Ak_t) + V_t B/(4A\beta_e k_t)$。因此，式(4.66)可写为

$$\begin{aligned}
\dot{x}_1 &= x_2 \\
\dot{x}_2 &= x_3 \\
\theta_1 \dot{x}_3 &= U - \theta_2 x_2 - \theta_3 x_3 + \tilde{\Delta}(t)
\end{aligned} \tag{4.68}$$

系统控制器的设计目标为给定系统参考信号 $y_d(t) = x_{1d}(t)$，设计一个有界的控制输入 u 使系统输出 $y = x_1$ 尽可能地跟踪系统的参考信号。

在设计控制器之前，先给出如下假设。

假设 4.4　系统参考指令信号 $x_{1d}(t)$ 是五阶连续的，且各阶导数都是有界的。实际的液压系统在一般的工况下工作，即液压马达负载压力 P_L 满足 $0 < P_L < P_s$[6]。

假设 4.5　式(4.68)中的时变建模不确定性 $\tilde{\Delta}(t)$ 足够光滑且满足如下条件：

$$|\dot{\tilde{\Delta}}(t)| \leqslant \delta_1, \quad |\ddot{\tilde{\Delta}}(t)| \leqslant \delta_2 \tag{4.69}$$

式中，δ_1 和 δ_2 都是已知正数。

尽管对于摩擦的建模一般为不连续的函数，但是依然存在一些利于基于模型的控制器设计的连续摩擦模型，因为在实际中不存在物理执行器可以提供不连续的力以补偿非线性摩擦的影响。

4.3.2　自适应误差符号积分鲁棒控制器的设计

定义如下的误差变量：

$$z_1 = x_1 - x_{1d}, \quad z_2 = \dot{z}_1 + k_1 z_1, \quad z_3 = \dot{z}_2 + k_2 z_2, \quad r = \dot{z}_3 + k_3 z_3 \tag{4.70}$$

式中，k_1, k_2, k_3 为正的反馈增益。定义了一个辅助误差信号 r 以获得一个额外的设计自由度。由于 r 中含有加速度导数的信号，所以在实际中认为是不可测量的，即 r 仅为辅助设计所用，并不具体出现在所设计的控制器中。根据式(4.70)有如下 r 的展开式：

$$r = \dot{x}_3 - \dddot{x}_{1d} + (k_1 + k_2 + k_3)z_3 - (k_2^2 + k_1^2 + k_1 k_2)z_2 + k_1^3 z_1 \tag{4.71}$$

由系统模型(4.68)有

$$
\begin{aligned}
\theta_1 r = {} & U - \theta_1 \dddot{x}_{1d} - \theta_2 \dot{x}_{1d} - \theta_3 \ddot{x}_{1d} + \tilde{\Delta}(t) \\
& + (\theta_1 k_1 + \theta_1 k_2 + \theta_1 k_3 - \theta_3)z_3 \\
& - [(\theta_1 k_2^2 + \theta_1 k_1^2 + \theta_1 k_1 k_2 + \theta_2) - \theta_3(k_1 + k_2)]z_2 \\
& + \theta_1 k_1^3 z_1 + k_1 \theta_2 z_1 - \theta_3 k_1^2 z_1
\end{aligned}
\tag{4.72}
$$

由式(4.72)，基于模型的控制器可设计为[6]

$$U = U_a + U_s, \quad U_a = \hat{\theta}^{\mathrm{T}} Y_d, \quad U_s = -\mu$$

$$\mu = k_r z_3 + \int_0^t [k_r k_3 z_3 + \beta \mathrm{sign}(z_3)]\mathrm{d}v \tag{4.73}$$

$$\dot{\hat{\theta}} = -\Gamma \dot{Y}_d r, \quad Y_d = [\dddot{x}_{1d}, \dot{x}_{1d}, \ddot{x}_{1d}]$$

式中，$\hat{\theta}$ 表示未知参数 θ 的估计值，令 $\tilde{\theta} \overset{\text{def}}{=} \hat{\theta} - \theta$ 表示参数估计误差；k_r 为正的反馈增益；$\Gamma > 0$ 为自适应律对角矩阵。

从式(4.73)中的自适应律表达式可知其含有不可测量的信号 $r(t)$，但是基于参考指令信号的 $\dot{Y}_d$ 与其对时间的导数都是已知的，因此上述自适应律可写成如下的分部积分的形式：

$$\hat{\theta}(t) = \hat{\theta}(0) - \Gamma \dot{Y}_d z_3(t) + \Gamma \int_0^t \ddot{Y}_d z_3 \mathrm{d}v - \Gamma \int_0^t k_3 \dot{Y}_d z_3 \mathrm{d}v \tag{4.74}$$

式(4.74)中的自适应律不再含有需要通过对加速度信号进行反向差分方法获得的信号 $r(t)$，因此可以大大减小测量噪声的影响。

式(4.73)中，U_a 是可通过参数自适应律调节的为获得高精度跟踪性能的模型补偿项，U_s 是为处理时变建模不确定性 $\tilde{\Delta}(t)$ 的鲁棒控制律。此外，所设计的控制器有如下优点：①由于 Y_d 与其时间导数只与系统参考指令有关，如果需要，可以对其进行离线计算以节省在线运算时间，而且采用与指令相关的信号 Y_d 进行控制器设计可以减小测量噪声的影响；②控制器增益调节变得简单，这是由于 U_a 和 U_s 之间互不影响；③所获得的控制输入是连续可微的，因此相比 4.2 节中的控制器更利于实际执行。

将式(4.73)代入式(4.72)可得

$$\begin{aligned}
\theta_1 r = {} & \tilde{\theta}^{\mathrm{T}} Y_d - k_r z_3 - \int_0^t [k_r k_3 z_3 + \beta \mathrm{sign}(z_3)] \mathrm{d}v + \tilde{\Delta}(t) \\
& + (\theta_1 k_1 + \theta_1 k_2 + \theta_1 k_3 - \theta_3) z_3 - [(\theta_1 k_2^2 + \theta_1 k_1^2 + \theta_1 k_1 k_2 + \theta_2) \\
& - \theta_3 (k_1 + k_2)] z_2 + (\theta_1 k_1^3 + k_1 \theta_2 - \theta_3 k_1^2) z_1
\end{aligned} \tag{4.75}$$

对式(4.75)求导可得

$$\begin{aligned}
\theta_1 \dot{r} = {} & \dot{\tilde{\theta}}^{\mathrm{T}} Y_d + \tilde{\theta}^{\mathrm{T}} \dot{Y}_d - k_r r - \beta \mathrm{sign}(z_3) + \dot{\tilde{\Delta}}(t) \\
& + (\theta_1 k_1 + \theta_1 k_2 + \theta_1 k_3 - \theta_3) r - (\theta_1 k_1 + \theta_1 k_2 + \theta_1 k_3 - \theta_3) k_3 z_3 \\
& - [(\theta_1 k_2^2 + \theta_1 k_1^2 + \theta_1 k_1 k_2 + \theta_2) - \theta_3 (k_1 + k_2)] z_3 \\
& + k_2 [(\theta_1 k_2^2 + \theta_1 k_1^2 + \theta_1 k_1 k_2 + \theta_2) - \theta_3 (k_1 + k_2)] z_2 \\
& + (\theta_1 k_1^3 + k_1 \theta_2 - \theta_3 k_1^2) z_2 - k_1 (\theta_1 k_1^3 + k_1 \theta_2 - \theta_3 k_1^2) z_1
\end{aligned} \tag{4.76}$$

运用式(4.73)中的参数自适应律，式(4.76)可写为

$$\begin{aligned}
\theta_1 \dot{r} = {} & -Y_d^{\mathrm{T}} \Gamma \dot{Y}_d r + \tilde{\theta}^{\mathrm{T}} \dot{Y}_d - k_r r - \beta \mathrm{sign}(z_3) + \dot{\tilde{\Delta}}(t) \\
& + (\theta_1 k_1 + \theta_1 k_2 + \theta_1 k_3 - \theta_3) r - [(\theta_1 k_1 + \theta_1 k_2 + \theta_1 k_3 - \theta_3) k_3 \\
& + (\theta_1 k_2^2 + \theta_1 k_1^2 + \theta_1 k_1 k_2 + \theta_2) - \theta_3 (k_1 + k_2)] z_3 \\
& + [k_2 (\theta_1 k_2^2 + \theta_1 k_1^2 + \theta_1 k_1 k_2 + \theta_2) - k_2 \theta_3 (k_1 + k_2) \\
& + \theta_1 k_1^3 + k_1 \theta_2 - \theta_3 k_1^2] z_2 - k_1 (\theta_1 k_1^3 + k_1 \theta_2 - \theta_3 k_1^2) z_1
\end{aligned} \tag{4.77}$$

4.3.3　自适应误差符号积分鲁棒控制器的性能及分析

引理 4.3　定义变量 $L(t)$ 为

$$L(t) = r[\dot{\tilde{\Delta}}(t) - \beta \mathrm{sign}(z_3)] \tag{4.78}$$

如果鲁棒增益 β 满足如下不等式：

$$\beta \geqslant \delta_1 + \frac{1}{k_3}\delta_2 \tag{4.79}$$

则如下定义的辅助函数 $P(t)$ 恒为正值：

$$P(t) = \beta\,|\,z_3(0)\,| - z_3(0)\dot{\tilde{\Delta}}(0) - \int_0^t L(v)\mathrm{d}v \tag{4.80}$$

◆

定理 4.3　使用参数自适应律(4.74)，鲁棒增益 β 满足不等式(4.48)且其反馈增益 k_1, k_2, k_3 和 k_r 足够大使得如下定义的矩阵 $\varLambda$ 为正定矩阵：

$$\varLambda = \begin{bmatrix} k_1 & -\dfrac{1}{2} & 0 & -\dfrac{1}{2}c_3 \\[2mm] -\dfrac{1}{2} & k_2 & -\dfrac{1}{2} & \dfrac{1}{2}c_2 \\[2mm] 0 & -\dfrac{1}{2} & k_3 & -\dfrac{1-c_1}{2} \\[2mm] -\dfrac{1}{2}c_3 & \dfrac{1}{2}c_2 & -\dfrac{1-c_1}{2} & k_4 \end{bmatrix} \tag{4.81}$$

式中

$$\begin{aligned}
k_4 &\stackrel{\text{def}}{=} k_r - \max\{|\,Y_d^{\mathrm{T}}\varGamma\dot{Y}_d\,|\} - \theta_1(k_1 + k_2 + k_3) + \theta_3 \\
c_1 &\stackrel{\text{def}}{=} [(k_1 + k_2 + k_3)(\theta_1 k_3 - \theta_3) + \theta_1(k_2^2 + k_1 k_2 + k_1^2) + \theta_2] \\
c_2 &\stackrel{\text{def}}{=} [\theta_1 k_2(k_2^2 + k_1 k_2 + k_1^2) + k_2\theta_2 - k_2\theta_3(k_1 + k_2) + k_1(\theta_1 k_1^2 + \theta_2 - \theta_3 k_1)] \\
c_3 &\stackrel{\text{def}}{=} k_1^2(\theta_1 k_1^2 + \theta_2 - \theta_3 k_1)
\end{aligned} \tag{4.82}$$

式中，$\max\{\cdot\}$ 表示矩阵 $\cdot$ 的最大值。则设计的自适应误差符号积分鲁棒控制器(4.73)可使闭环系统中所有信号均有界，且系统获得渐近输出跟踪性能，即当 $t\to\infty$ 时，$z_1\to 0$。

证明　定义李雅普诺夫函数为

$$V = \frac{1}{2}z_1^2 + \frac{1}{2}z_2^2 + \frac{1}{2}z_3^2 + \frac{1}{2}\theta_1 r^2 + \frac{1}{2}\tilde{\theta}^{\mathrm{T}}\varGamma^{-1}\tilde{\theta} + P \tag{4.83}$$

根据式(4.70)、式(4.77)和式(4.80)有

$$\begin{aligned}
\dot{V} = & \; z_1(z_2 - k_1 z_1) + z_2(z_3 - k_2 z_2) + z_3(r - k_3 z_3) \\
& + r\{-Y_d^{\mathrm{T}}\varGamma\dot{Y}_d r + \tilde{\theta}^{\mathrm{T}}\dot{Y}_d - k_r r - \beta\operatorname{sign}(z_3) + \dot{\tilde{\Delta}}(t) \\
& + (\theta_1 k_1 + \theta_1 k_2 + \theta_1 k_3 - \theta_3)r - (\theta_1 k_1 + \theta_1 k_2 + \theta_1 k_3 - \theta_3)k_3 z_3 \\
& - [(\theta_1 k_2^2 + \theta_1 k_1^2 + \theta_1 k_1 k_2 + \theta_2) - \theta_3(k_1 + k_2)]z_3 \\
& + k_2[(\theta_1 k_2^2 + \theta_1 k_1^2 + \theta_1 k_1 k_2 + \theta_2) - \theta_3(k_1 + k_2)]z_2 \\
& + (\theta_1 k_1^3 + k_1\theta_2 - \theta_3 k_1^2)z_2 - k_1(\theta_1 k_1^3 + k_1\theta_2 - \theta_3 k_1^2)z_1\} \\
& + \tilde{\theta}^{\mathrm{T}}\varGamma^{-1}\dot{\tilde{\theta}} - r[\dot{\tilde{\Delta}}(t) - \beta\operatorname{sign}(z_3)]
\end{aligned} \tag{4.84}$$

根据式(4.82)中 c_1, c_2, c_3 的定义以及式(4.73)中的自适应律有

$$
\begin{aligned}
\dot{V} =& -k_1 z_1^2 - k_2 z_2^2 - k_3 z_3^2 - Y_d^{\mathrm{T}} \Gamma \dot{Y}_d r^2 \\
& -k_r r^2 + (\theta_1 k_1 + \theta_1 k_2 + \theta_1 k_3 - \theta_3) r^2 \\
& +z_1 z_2 + z_2 z_3 + z_3 r - c_1 z_3 r + c_2 z_2 r - c_3 z_1 r \\
\leqslant& -k_1 z_1^2 - k_2 z_2^2 - k_3 z_3^2 \\
& -[k_r - \max\{| Y_d^{\mathrm{T}} \Gamma \dot{Y}_d |\} - (\theta_1 k_1 + \theta_1 k_2 + \theta_1 k_3 - \theta_3)] r^2 \\
& +z_1 z_2 + z_2 z_3 + z_3 r - c_1 z_3 r + c_2 z_2 r - c_3 z_1 r
\end{aligned}
\tag{4.85}
$$

由于式(4.81)中所定义的矩阵 Λ 是正定矩阵,则有

$$
\dot{V} \leqslant -z^{\mathrm{T}} \Lambda z \leqslant -\lambda_{\min}(\Lambda)(z_1^2 + z_2^2 + z_3^2 + r^2) \overset{\text{def}}{=\!=\!=} -W
\tag{4.86}
$$

式中,z 的定义为 $z=[z_1, z_2, z_3, r]^{\mathrm{T}}$,$\lambda_{\min}(\Lambda)$ 是矩阵 Λ 的最小特征值。因此,$V \in L_\infty$ 且 $W \in L_2$,故信号 z 和参数估计值都是有界的。根据假设 4.4 可知,系统所有状态都是有界的,控制输入 U 也是有界的,因此实际的控制输入 u 有界。由式(4.70) 和式(4.77)可知,W 的时间导数有界,因此 W 一致连续。运用 Barbalat 引理可得,当 $t \to \infty$ 时,$W \to 0$,即可推得定理 4.3 的结论:当 $t \to \infty$ 时,$z_1 \to 0$。

◆

4.3.4　对比实验验证

1. 实验装置

为验证以上设计的控制器性能及学习与电液伺服系统高精度跟踪控制相关的基本问题,本节所采用的实验验证平台同 4.2 节中图 4.10 所示的实验平台。详细的硬件列表如表 4.1 所示。

2. 跟踪微分器

为执行所设计的控制器(4.73),必须采取一定的措施获得减弱测量噪声的速度和加速度信号。因此,所需要的速度和加速度信号通过文献[7]提出的如下跟踪微分器获得:

$$
\begin{cases}
d = Rh \\
d_0 = hd \\
Y = X_1 - v + h X_2 \\
a_0 = \sqrt{d^2 + 8R|Y|}
\end{cases}
$$

$$
\begin{cases}
a = \begin{cases}
X_2 + \dfrac{1}{2}(a_0 - d)\operatorname{sign}(Y), & |Y| > d_0 \\
X_2 + \dfrac{Y}{h}, & |Y| \leqslant d_0
\end{cases} \\
\text{fhan} = \begin{cases}
-R\operatorname{sign}(a), & |a| > d \\
-R\dfrac{a}{d}, & |a| \leqslant d
\end{cases} \\
X_1(i+1) = X_1(i) + TX_2 \\
X_2(i+1) = X_2(i) + T\text{fhan}
\end{cases} \tag{4.87}
$$

式中，R 是速度限制参数，可通过调节 R 相应地加快或减慢；h 为采样周期，调节其可减弱离散化过程中的噪声；v 是跟踪微分器的输入信号；X_1 和 X_2 是跟踪微分器的输出信号。理论结果分析表明，输出信号 X_1 可渐近跟踪输入信号 v，输出信号 X_2 可最佳地跟踪输入信号 v 的时间导数。这就是式(4.87)被称为跟踪微分器的原因。

在下面的实验中，式(4.87)中的参数取为 $R=1000$，$h=0.001$。运用上述跟踪微分器，将系统的输出信号 x_1 输入跟踪微分器以获得其时间导数信号 x_2，同样地，将 x_2 输入跟踪微分器以获得 x_3。如此，便获得了所需要的系统状态 x_1，x_2 和 x_3。所提出的控制器的总体示意图如图 4.24 所示。

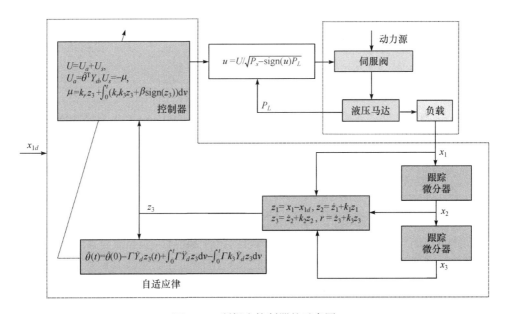

图 4.24　所提出控制器的示意图

3. 对比实验结果

为验证所提出的控制器的有效性，对比如下四种不同的控制器。

(1) ARISE：本节所提出的自适应误差符号积分鲁棒控制器。与 4.2 节一样，将反馈增益 $k_1, k_2, k_3, k_r, \beta$ 取得足够大以保证系统的稳定性。控制器增益选为 $k_1=1000$, $k_2=110$, $k_3=43$, $k_r=0.001$, $\beta=0.02$。为验证参数自适应律的有效性和 ARISE 的鲁棒性，将所有参数估计的初始值取为 0。参数自适应律取为 $\Gamma= \mathrm{diag}\{5\times10^{-3}, 1\times10^{-3}, 5\times10^{-3}\}$。

(2) AC：自适应反步控制器。取系统位置输出、速度输出和负载压力作为系统的状态：$w=[w_1, w_2, w_3]^\mathrm{T} \overset{\mathrm{def}}{=} [y, \dot{y}, P_L]^\mathrm{T}$，因此系统模型为

$$
\begin{aligned}
\dot{w}_1 &= w_2 \\
\vartheta_1 \dot{w}_2 &= A w_3 - \vartheta_2 w_2 - \vartheta_3 - \tilde{f}(t) \\
\vartheta_4 \dot{w}_3 &= u\sqrt{P_s - \mathrm{sign}(u)w_3} - \vartheta_5 w_2 - \vartheta_6 w_3 - \vartheta_7 - \frac{\tilde{q}(t)}{k_t}
\end{aligned}
\tag{4.88}
$$

式中，$\vartheta=[\vartheta_1, \vartheta_2, \vartheta_3, \vartheta_4, \vartheta_5, \vartheta_6, \vartheta_7]^\mathrm{T}$ 是可通过自适应律估计的未知常值参数向量，其中 $\vartheta_1=m$, $\vartheta_2=B$, $\vartheta_3=d_n$, $\vartheta_4=V_t/(4k_t\beta_e)$, $\vartheta_5=A/k_t$, $\vartheta_6=C_t/k_t$, $\vartheta_7=q_n/k_t$；d_n 和 q_n 分别为 $f(t)$ 和 $q(t)$ 的名义常值分量，即 $d_n = f(t) - \tilde{f}(t)$, $q_n = q(t) - \tilde{q}(t)$。

忽略时变干扰 $\tilde{f}(t)$ 和 $\tilde{q}(t)$，参照文献[2]中的步骤，AC 可设计为

$$
\begin{aligned}
u &= \frac{1}{\sqrt{P_s - \mathrm{sign}(u)w_3}}(\hat{\vartheta}_4\dot{\alpha}_2 + \hat{\vartheta}_5 w_2 + \hat{\vartheta}_6 w_3 + \hat{\vartheta}_7 - k_3 z_3) \\
\alpha_2 &= \frac{1}{A}(\hat{\vartheta}_1 \dot{x}_{2eq} + \hat{\vartheta}_2 w_2 + \hat{\vartheta}_3 - k_2 z_2) \\
z_1 &= w_1 - x_{1d}, \quad z_2 = \dot{z}_1 + k_1 z_1, \quad x_{2eq} = \dot{x}_{1d} - k_1 z_1, \quad z_3 = w_3 - \alpha_2
\end{aligned}
\tag{4.89}
$$

式中，x_{1d} 为系统期望跟踪的位置指令；$k_1=1500$, $k_2=400$, $k_3=100$ 为反馈增益；α_2 为虚拟控制律；$\hat{\vartheta}$ 是参数 ϑ 的估计值，参数自适应律为

$$
\begin{aligned}
\dot{\hat{\vartheta}} &= \Gamma\tau, \quad \tau = \phi_2 z_2 + \phi_3 z_3 \\
\phi_2 &= [\dot{x}_{2eq}, w_2, 1, 0, 0, 0, 0]^\mathrm{T}, \quad \phi_3 = [0, 0, 0, \dot{\alpha}_2, w_2, w_3, 1]^\mathrm{T}
\end{aligned}
\tag{4.90}
$$

式中，Γ 为自适应增益矩阵，ϕ_2 和 ϕ_3 是参数自适应回归器。

(3) RISE：这是与 ARISE 相同的非线性鲁棒控制器，但是没有参数自适应。考虑该控制器是为了验证本节提出的参数自适应律的有效性，RISE 所有系统参数和控制器参数都与 ARISE 相应的参数相同。

(4) PID：比例积分微分控制器。控制器增益为 $k_P=250$, $k_I=20000$, $k_D=0$。

为评估以上四种控制器的性能，采用如下指标：最大跟踪误差 M_e，平均跟踪

误差 μ, 跟踪误差的标准差 σ。

(1) 跟踪误差的绝对值的最大值定义为

$$M_e = \max_{i=1,\cdots,N}\{|z_1(i)|\} \tag{4.91}$$

式中, N 是记录的数字信号的数量; M_e 是用于评价跟踪精度的指标。

(2) 平均跟踪误差的定义为

$$\mu = \frac{1}{N}\sum_{i=1}^{N}|z_1(i)| \tag{4.92}$$

用于客观评价平均跟踪性能。

(3) 跟踪误差的标准差定义为

$$\sigma = \sqrt{\frac{1}{N}\sum_{i=1}^{N}[|z_1(i)|-\mu]^2} \tag{4.93}$$

用于评价跟踪误差的偏差水平。

为考核以上四种控制器的性能, 考虑如下三种不同的工况。首先考虑一般工况: 给定系统的期望指令为正弦轨迹 $x_{1d}=10\sin(3.14t)°$, 轨迹的最大速度为 31.4°/s。ARISE 的跟踪性能如图 4.25 所示, 四种控制器的对比跟踪误差如图 4.26 所示, 最后两个周期的性能指标见表 4.3。所有的结果表明, 本节所提出的 ARISE 的暂态和稳态性能都优于其他三种控制器。比较 ARISE 和 AC 的性能可知, 本节所提出的 ARISE 中的 RISE 反馈项可以有效地抑制液压伺服系统建模不确定性的影响。在 ARISE 的跟踪误差中只有一些轻微的、通常由非线性摩擦引起的突刺现象, 而在 AC 的跟踪误差中要大很多。采用 ARISE 的液压马达两腔压力变化曲线如图 4.27 所示。从图 4.28 中可以看出, ARISE 的参数估计收敛得相当好, 由此证明了所提出的非线性系统模型的有效性。从表 4.3 可知, 尽管 ARISE 和 RISE 的最大跟踪误差几乎是相同的, 但是由于参数自适应的作用, ARISE 的平均跟踪误差和跟踪误差的标准差指标都保持在很小的水平, 约为 RISE 的一半。这说明参数自适应律可以有效地克服液压系统中的参数不确定性。在四种控制器中, 传统的线性 PID 控制器的性能是最差的, 由此证明了基于模型的非线性控制器设计的优点。ARISE 的控制输入如图 4.29 所示, 从图中可以看出其控制输入规律性变化且有界。

表 4.3 最后两个周期的性能指标

控制器	M_e	μ	σ
PID	0.0179	0.0056	0.0031
AC	0.0156	0.0037	0.0030
RISE	0.0098	0.0037	0.0023
ARISE	0.0093	0.0016	0.0014

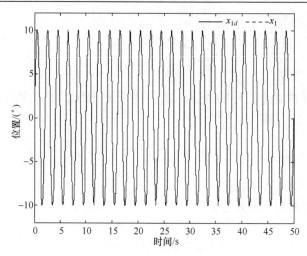

图 4.25　一般工况下 ARISE 的跟踪性能

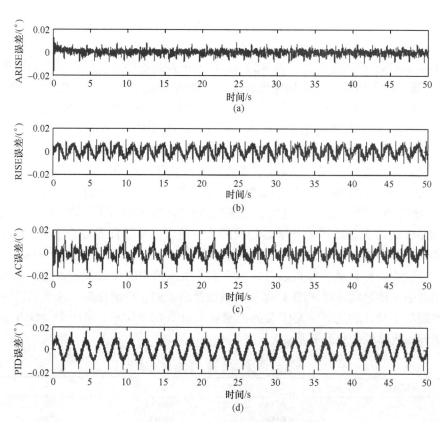

图 4.26　一般工况下四种控制器的跟踪性能

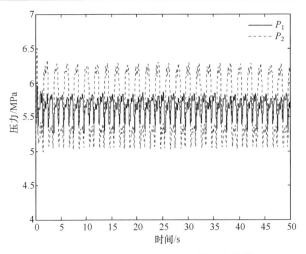

图 4.27 一般工况下 ARISE 的压力变化

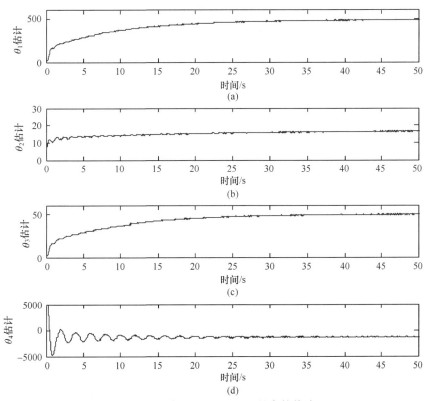

图 4.28 一般工况下 ARISE 的参数估计

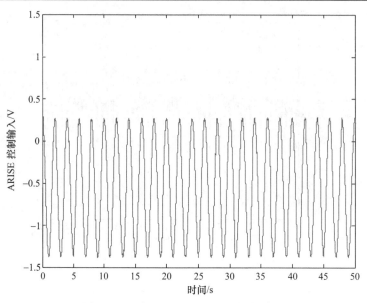

图 4.29　一般工况下 ARISE 的控制输入

　　为进一步考核所提出的控制方法对不确定非线性的鲁棒性，给定如下低速的期望运动轨迹：$x_{1d}=10\sin(0.628t)°$。由于这种期望轨迹的速度相当小，非线性摩擦力集中在 Stribeck 效应部分，所以通常的液压伺服控制很难对其进行跟踪。也就是说，在这个测试阶段，非线性摩擦是影响跟踪性能的主导因素，因此低速跟踪测试可以用来检验所提出的 ARISE 中的非线性鲁棒项的鲁棒性。ARISE 的跟踪性能如图 4.30 所示。四种控制器的对比跟踪误差如图 4.31 所示。最后一个周期的性能指标见表 4.4。由图 4.31 可见，甚至对于强非线性摩擦干扰下的低速跟踪测试，ARISE 中的非线性鲁棒项依然可以补偿非线性摩擦造成的干扰影响，获得比其他三种控制器更为优异的性能。因 ARISE 的参数估计、压力变化、控制输入都是正常的，故在此省略。在表 4.4 中，传统线性 PID 控制器的所有性能指标都差于 ARISE 但好于 AC。在低速跟踪下，液压系统动态的影响相当小，因此可当做一个小的干扰，这意味着可以通过 PID 中大的积分增益来抑制这部分干扰。因此，非线性自适应控制器的性能在某些情况会差于传统线性 PID 控制器，特别是在强干扰的情况下。然而，将参数自适应和非线性鲁棒反馈恰当地结合可以改善跟踪性能，ARISE 就是如此。

　　对比表 4.4 中 PID 和 RISE 的结果可知，两种控制器各有优缺点。在最大跟踪误差 M_e 和跟踪误差的标准差 σ 上，PID 要稍微优于 RISE，这意味着 PID 中的反馈增益要强于 RISE 和 ARISE。然而,PID 的所有性能指标都要差于 ARISE，这就是说本节所提出的 ARISE 通过最小的反馈增益获得了最好的跟踪性能,因此更倾向于实际应用。

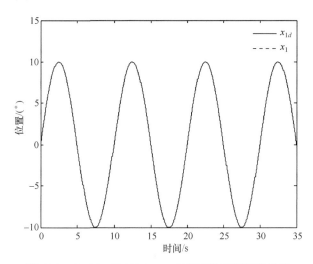

图 4.30　ARISE 对 10°-0.1Hz 的正弦轨迹的跟踪性能

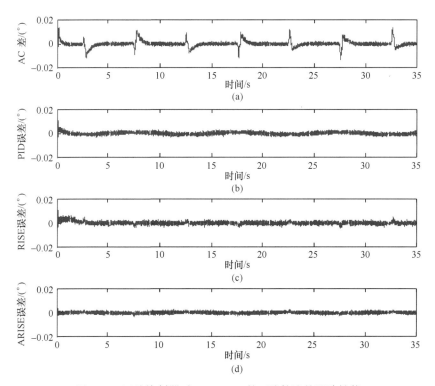

图 4.31　四种控制器对 10°-0.1Hz 的正弦轨迹的跟踪性能

表 4.4 最后一个周期的性能指标

控制器	M_e	μ	σ
PID	0.0037	0.00086	0.00061
AC	0.0142	0.00130	0.00180
RISE	0.0041	0.00077	0.00062
ARISE	0.0028	0.00069	0.00048

为进一步检验 ARISE 的低速跟踪性能，给定一个更为低速的运动轨迹：$x_{1d}=0.1\sin(0.628t)°$。ARISE 的跟踪性能如图 4.32 所示。四种控制器的跟踪误差和最后一个周期的性能指标分别如图 4.33 和表 4.5 所示。从这些结果可知，在四种控制器中，ARISE 获得了最好的跟踪性能。在这种测试情况下，PID 的跟踪误差变得颤振起来，而 ARISE 的跟踪误差相当平滑。对比 AC、RISE 和 ARISE 的结果可知，建模不确定性的影响主要是通过非线性鲁棒反馈的作用减弱的。根据 RISE 和 ARISE 的性能指标 σ 可知，参数自适应可以帮助优化跟踪误差中的颤振问题。

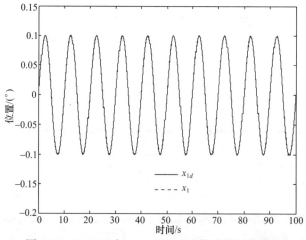

图 4.32 ARISE 对 0.1°-0.1Hz 正弦轨迹的跟踪性能

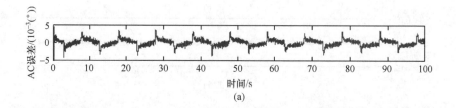

(a)

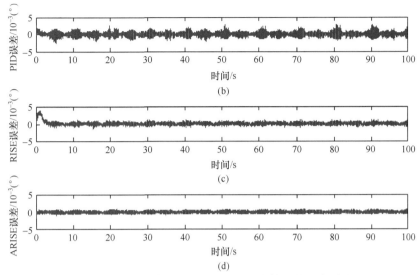

图 4.33　四种控制器对 0.1°-0.1Hz 正弦轨迹的跟踪误差

表 4.5　最后一个周期的性能指标

控制器	M_e	μ	σ
PID	0.0028	0.00046	0.00039
AC	0.0029	0.00065	0.00053
RISE	0.0012	0.00023	0.00017
ARISE	0.0008	0.00016	0.00013

最后考虑快速工况。给定快速运动轨迹：x_{1d}=10sin(12.56t)°。PID、AC 和 RISE 尽管有一些价值，但是很难精确跟踪这种富有侵略性的轨迹，因此忽略它们的跟踪误差。ARISE 的跟踪性能如图 4.34 所示。从图中可以看出，甚至对于如此快速的测试实验，本节所提出的 ARISE(最大跟踪误差约为 0.1°)仍可以减弱干扰的影响并保持跟踪误差在一个满意的水平(约为 1%)。

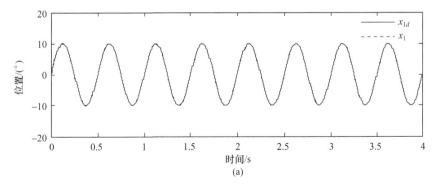

(a)

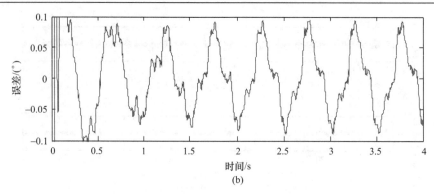

图 4.34　快速工况下 ARISE 的跟踪性能

4.4　本　章　小　结

　　本章针对基于动态模型的控制器的缺点，即该控制器的强假设条件，提出了非模型的鲁棒控制器，结合一个新型的连续可微的摩擦模型，设计了一种针对电液伺服系统不确定性非线性的控制器 RISE，并给出了其性能定理。仿真数据表明，该控制器具有优异的鲁棒能力，且可对系统真实摩擦水平进行辨识。给出了降低系统控制输入颤振的新的符号函数的定义，改善了鲁棒控制器的颤振问题。同时，针对系统方程第二个通道的建模不确定性以及第三个通道的参数不确定性，通过反演设计的方法将 RISE 设计和自适应控制器设计相结合。RISE 控制律用于克服建模不确定性的影响，增强系统的鲁棒性，自适应控制律使得所设计的基于模型的 ARISE 模型补偿更为精准。实验结果表明，无论在正常、低速还是快速的工况下，ARISE 都获得了比 ARC、PID 更好的跟踪性能。最后，在 4.2 节的基础上，考虑电液伺服系统所有的参数不确定性和建模不确定性，设计了另一种 RISE 和自适应控制相结合的 ARISE，实验结果表明，所设计的 ARISE 在保证渐近跟踪性能的同时还具有良好的参数收敛性，而且无论在正常、低速还是快速的工况下其性能都优于同条件下对比的 RISE、AC 和 PID。

参 考 文 献

[1] Xian B, Dawson D M, de Queiroz M S, et al. A continuous asymptotic tracking control strategy for uncertain multi-input nonlinear systems. IEEE Transactions on Automatic Control, 2004, 49(7): 1206-1211.

[2] Krstic M, Kanellakopoulos I, Kokotovic P V. Nonlinear and Adaptive Control Design. New York: Wiley, 1995.

[3] Yao J, Jiao Z, Ma D, et al. High-accuracy tracking control of hydraulic rotary actuators with modelling uncertainties. IEEE/ASME Transactions on Mechatronics, 2014, 19(2): 633-641.

[4] Yao B, Bu F, Reedy J, et al. Adaptive robust motion control of single rod hydraulic actuators: Theory and experiments. IEEE/ASME Transactions on Mechatronics, 2000, 5(2): 79-91.

[5] Merritt H E. Hydraulic Control Systems. New York: Wiley, 1967.

[6] Yao J, Deng W, Jiao Z. RISE-based adaptive control of hydraulic systems with asymptotic tracking. IEEE Transactions on Automation Science and Engineering, 2016, DOI: 10.1109/TASE.2015.2434393.

[7] 韩京清. 自抗扰控制技术: 估计补偿不确定因素的控制技术. 北京: 国防工业出版社, 2008.

第 5 章　基于模型的非线性摩擦补偿与低速伺服控制

摩擦广泛存在于机械伺服系统，是伺服系统阻尼的主要来源之一，对系统性能有重要影响，尤其是低速伺服性能。摩擦是两个接触表面间产生的切向作用力，且与很多因素有关，如相对滑移速度、加速度、位移、润滑状况、表面粗糙度、几何形状等，最早关于摩擦的研究可追溯到 16 世纪(1519 年)，400 多年来，无数的实验研究逐渐揭示了摩擦丰富的行为特性，如库伦摩擦(Coulomb friction)、黏性摩擦(viscous friction)、静摩擦(stiction)、Stribeck 效应(1902 年)[1]、预滑移(pre-sliding)、可变静摩擦(varying stiction)、摩擦记忆(frictional lag)等。

对重要的摩擦现象进行精确的数学建模，长久以来一直是摩擦学、机械工程和控制等领域研究的一项重要课题。一个合适的摩擦模型不仅有助于正确理解摩擦产生的机理和有效的预测摩擦行为，而且在含有摩擦的机械系统设计、分析、控制和补偿中都起到了关键的作用。目前许多研究者提出了各种不同的摩擦模型，重要的摩擦模型就达几十种之多。在这些模型中，根据摩擦现象是否由微分方程来描述，大体上可将摩擦模型分为两类：静态摩擦模型和动态摩擦模型。静态摩擦模型将摩擦力描述为相对速度的函数，而动态摩擦模型将摩擦力描述为相对速度和位移的函数。对于高精度的机械伺服系统，摩擦的存在引起了黏滑运动、极限环振动以及跟踪误差等不利因素，随着对机械系统的伺服精度要求不断提高，如何在最大程度上消除摩擦的影响成为一项挑战性的工作。摩擦预测、辨识与补偿是目前研究的热点之一，每年有大量研究文献被发表。

相比于电机伺服系统，电液伺服系统的摩擦问题更为严重，由于工作机理的不同，电液伺服系统的执行机构的动子与定子直接接触，且为了具有良好的密封效果，通常在动子与定子之间预压缩一些密封元件。因此，其执行元件本身的摩擦问题就非常突出，尤其对电液伺服转台等高精度的测试设备，低速性能是其核心指标之一，而恰恰在低速阶段，摩擦现象最丰富，对伺服系统的影响也最明显，因此对于高性能电液伺服控制，摩擦补偿是不可回避、非常棘手的问题。

针对摩擦的补偿控制，大体可以分为两类，即基于模型的摩擦补偿和非模型的摩擦补偿。基于摩擦模型的补偿由于具有一定的摩擦预测能力，对摩擦补偿的效果更为明显，本章主要介绍基于模型的摩擦补偿。

本章首先介绍一些主要的摩擦模型,并基于 LuGre 摩擦模型提出自适应鲁棒摩擦补偿控制策略。考虑到 LuGre 摩擦模型不连续,本章由新型连续可微的静态摩擦模型,提出一种改进型 LuGre 摩擦模型,并进行基于改进型 LuGre 模型的自适应摩擦补偿控制器的设计。

5.1　常用的摩擦模型

5.1.1　静态摩擦模型

静态摩擦模型主要包括静摩擦模型、库伦摩擦模型、黏性摩擦模型以及指数摩擦模型。令 f_m 表示摩擦力,则上述模型可分别表述为

$$f_m = \begin{cases} F, & |F| < f_s \\ f_s\delta(\dot{x})\text{sign}(F), & |F| \geqslant f_s \end{cases} \tag{5.1}$$

$$f_m = f_C\text{sign}(\dot{x}) \tag{5.2}$$

$$f_m = f_v\dot{x} \tag{5.3}$$

$$f_m(\dot{x}) = \text{sign}(\dot{x})\left[f_C + (f_s - f_C)\exp\left(-\left(\frac{\dot{x}}{\dot{x}_s}\right)^\lambda\right)\right] + f_v\dot{x} \tag{5.4}$$

式中, $\delta(\cdot)$, $\text{sign}(\cdot)$ 分别定义为

$$\delta(\cdot) = \begin{cases} 1, & \cdot = 0 \\ 0, & \cdot \neq 0 \end{cases} \tag{5.5}$$

$$\text{sign}(\cdot) = \begin{cases} +1, & \cdot > 0 \\ 0, & \cdot = 0 \\ -1, & \cdot < 0 \end{cases} \tag{5.6}$$

且 $F, x, f_s, f_C, f_v, \lambda$ 分别表示外作用力、摩擦面相对运动位移、最大静摩擦力、动摩擦力、黏性摩擦系数和描述 Stribeck 效应的指数系数; $\dot{x}$ 为 Stribeck 速度。

式(5.1)为静态摩擦模型,式(5.2)为库伦摩擦模型,式(5.3)为黏性摩擦模型,式(5.4)为指数摩擦模型,它综合了摩擦的主要静态现象,如静摩擦、动摩擦及 Stribeck 效应等,在指数模型中指数系数和 Stribeck 速度均为经验系数,需要针对不同的系统做大量的研究实验总结得到,通过选择不同的系数,可以得到不同的摩擦模型[1]。

当 $\lambda=2$ 时的指数模型称为高斯指数模型:

$$f_m(\dot{x}) = \text{sign}(\dot{x})\left[f_C + (f_s - f_C)\exp\left(-\left(\frac{\dot{x}}{\dot{x}_s}\right)^2\right)\right] + f_v\dot{x} \tag{5.7}$$

当 $\lambda=1$ 时则为 Tustin 模型：

$$f_m(\dot{x}) = \text{sign}(\dot{x})\left[f_C + (f_s - f_C)\exp\left(-\frac{\dot{x}}{\dot{x}_s}\right) \right] + f_v\dot{x} \tag{5.8}$$

Tustin 模型是描述在接近于零速时的摩擦现象较好的模型之一，它包含较好的指数衰减项，更加准确地描述了系统低速时的 Stribeck 现象。实验表明，在低速段，它近似真实摩擦的精度高达 90%[2]。

指数模型虽然较好地表征了摩擦的静态行为，但是由于包含非线性参数，如指数系数 λ 和 Stribeck 速度，且这些非线性参数又难以准确获知，因此为了将模型参数线性化，de Wit 等针对 Tustin 模型提出了简化模型[3]：

$$f_m(\dot{x}) = \text{sign}(\dot{x})[f_C + f_r\sqrt{|\dot{x}|}] + f_v\dot{x} \tag{5.9}$$

式中，$f_r = f_s - f_C$。这种简化的参数线性化模型有如下的优点：

(1) 可以表征摩擦的负斜率特性，即在低速段随速度增加而摩擦力减小的现象；

(2) 未知参数都是线性化的，因此适用于自适应控制；

(3) 允许未知参数可随环境缓慢变化；

(4) 该模型较库伦摩擦模型与黏性摩擦模型，降低了摩擦过补偿的可能性。

另外，高斯指数模型与下面定义的 Lorentzian 模型非常接近[4]：

$$f_m(\dot{x}) = \text{sign}(\dot{x})\left[f_C + (f_s - f_C)\frac{1}{1+(\dot{x}/\dot{x}_s)^2} \right] + f_v\dot{x} \tag{5.10}$$

5.1.2　动态摩擦模型

静态模型描述了摩擦力与速度之间的静态关系，很好地表征了摩擦力的宏观特性，但是对于摩擦力的微观特性，如预滑移、可变的静摩擦力、摩擦记忆等则无能为力。为了更加准确地描述摩擦的宏微观行为，许多研究者提出了动态的摩擦模型，如 Dahl 模型[5, 6]、鬃毛模型[7]等。1995 年，在瑞典兰德工学院和法国格勒诺布尔实验室的共同努力下，法国学者 de Wit 等在 Dahl 模型的基础上提出了 LuGre 模型[8]，同时采纳了鬃毛模型的思想，基于鬃毛的平均变形来建模。毫不夸张地说，LuGre 模型在动态摩擦模型中具有里程碑式的意义，它不仅预测了摩擦行为的主要行为，更为难得的一点是该模型相对简单，因此受到了控制学界的高度重视，大量的研究者基于 LuGre 摩擦模型提出了各种控制策略，取得了很好的工程效果。然而，任何模型都只能是对真实摩擦的近似，对摩擦完全准确地建模是几乎不可能的。后续很多研究者针对 LuGre 模型提出了各种改进[9-11]。基于 LuGre 摩擦模型的重要地位，本节只以 LuGre 模型为例介绍动态摩擦模型。

LuGre 模型假设相对运动的两个刚性体在微观上通过弹性鬃毛相接触。模型的建立基于鬃毛的平均变形行为：

$$\frac{\mathrm{d}z}{\mathrm{d}t} = \dot{x} - \frac{|\dot{x}|}{g(\dot{x})}z \tag{5.11}$$

式中，z, $g(\cdot)$ 分别表示鬃毛的平均变形、描述摩擦静态行为的摩擦模型。稳态的鬃毛平均变形 z_{ss} 可表述为

$$z_{ss} = g(\dot{x})\mathrm{sign}(\dot{x}) \tag{5.12}$$

此时，LuGre 模型描述的摩擦力为

$$f_m = \sigma_0 z + \sigma_1 \frac{\mathrm{d}z}{\mathrm{d}t} + \sigma_2 \dot{x} \tag{5.13}$$

式中，σ_0, σ_1, σ_2 分别表示鬃毛刚度、阻尼及系统黏性阻尼系数。其中表征静态摩擦行为的函数 $g(\cdot)$ 常使用指数模型，即

$$g(\dot{x}) = \alpha_0 + \alpha_1 \mathrm{e}^{-(\dot{x}/\dot{x}_s)^\lambda} \tag{5.14}$$

式中，$\sigma_0\alpha_0$, $\sigma_0(\alpha_0+\alpha_1)$ 分别表征了宏观的库伦摩擦 f_C 及静摩擦 f_s，即

$$\sigma_0 g(\dot{x}) = f_C + (f_s - f_C)\mathrm{e}^{-(\dot{x}/\dot{x}_s)^\lambda} \tag{5.15}$$

LuGre 模型描述了摩擦现象中的静摩擦、动摩擦、Stribeck 效应、预滑移、摩擦记忆、可变的静摩擦力、黏滑运动等多种主要的摩擦现象，因此 LuGre 模型可以认为是摩擦力的主要表征，并在后续的仿真模型中代表真实的摩擦力。

5.2　基于 LuGre 模型的摩擦补偿控制策略

5.2.1　系统模型与问题描述

由于摩擦模型可以较准确地预测各种摩擦现象，所以基于模型的摩擦补偿可以较准确地预测摩擦力，进而提升系统的伺服性能。由于 LuGre 模型能够描述摩擦的主要行为，本节基于 LuGre 摩擦模型，结合第 3 章中讨论的自适应鲁棒控制，设计基于模型的摩擦补偿控制策略，以提升电液伺服系统的低速性能。由式(5.14)可知，模型中包含非线性参数，如果非线性参数未知，则对控制造成极大的困难，因此对于基于模型的摩擦补偿控制策略，做出以下假设。

假设 5.1　LuGre 摩擦模型中不包含未知的非线性参数，即 λ, v_s 精确已知，另外非线性函数 $g(x_2)$ 也精确已知。

在此假设的基础上可知，摩擦模型(5.13)中所有的参数均为线性参数，因此即使这些参数未知，也可以设计合适的自适应控制策略以估计这些未知的摩擦参数。

结合 LuGre 摩擦模型(5.13)，定义状态变量 $x=[x_1, x_2, x_3]^T=[y, \dot{y}, A_1P_1-A_2P_2]^T$，则单出杆液压缸伺服系统的非线性方程可以写为

$$\dot{z} = x_2 - \frac{|x_2|}{g(x_2)}z$$

$$\dot{x}_1 = x_2$$

$$m\dot{x}_2 = x_3 - \sigma_0 z + \sigma_1 \frac{|x_2|}{g(x_2)}z - (\sigma_1 + \sigma_2)x_2 - d_n - \tilde{d}(x_1, x_2, t) \qquad (5.16)$$

$$\dot{x}_3 = \left(\frac{A_1}{V_1}R_1 + \frac{A_2}{V_2}R_2\right)g\beta_e u - \left(\frac{A_1^2}{V_1} + \frac{A_2^2}{V_2}\right)\beta_e x_2 - \left(\frac{A_1}{V_1} + \frac{A_2}{V_2}\right)\beta_e C_t P_L$$

式中，m, y, P_L, β_e, C_t 分别为系统负载质量、输出位移、液压缸两腔压差、液压油弹性模量、执行器泄漏系数，其中 $P_L=P_1-P_2$，P_1, P_2 分别为液压缸左右两腔油压；A_1, A_2 分别为液压缸左右两腔的有效活塞面积；V_1, V_2 分别为液压缸左右两腔的容积；R_1, R_2 的定义见前面所述；g 为伺服阀增益；d_n 为未建模动态及外干扰的集中名义值；$\tilde{d}(x_1, x_2, t) = f(x_1, x_2, t) - d_n$。

本节主要讨论基于 LuGre 模型的摩擦补偿，简化起见，假设系统模型(5.16)的第四个动态方程不含未知参数。当然，如果所面临的系统的动态方程中确实含有未知参数，则可由第 3 章及本节讨论的方法很方便地处理。基于此，定义如下的非线性函数：

$$g_3(x) = \left(\frac{A_1}{V_1}R_1 + \frac{A_2}{V_2}R_2\right)g\beta_e > 0, \quad \forall x$$

$$f_3(x) = \left(\frac{A_1^2}{V_1} + \frac{A_2^2}{V_2}\right)\beta_e x_2 + \left(\frac{A_1}{V_1} + \frac{A_2}{V_2}\right)\beta_e C_t P_L \qquad (5.17)$$

并定义系统未知参数 $\theta=[\theta_1, \theta_2, \theta_3, \theta_4]^T=[\sigma_0, \sigma_1, \sigma_1+\sigma_2, d_n]^T$，则方程(5.16)可化为

$$\dot{z} = x_2 - \frac{|x_2|}{g(x_2)}z$$

$$\dot{x}_1 = x_2$$

$$m\dot{x}_2 = x_3 - \theta_1 z + \theta_2 \frac{|x_2|}{g(x_2)}z - \theta_3 x_2 - \theta_4 - \tilde{d}(x_1, x_2, t) \qquad (5.18)$$

$$\dot{x}_3 = g_3(x)u - f_3(x)$$

虽然系统未知参数 θ 的精确值未知，但是其参数的大致范围还是可以轻易获取的，因此有如下假设。

假设 5.2　参数不确定性参数 θ 及不确定性非线性 $\tilde{d}$ 的大小范围已知，即

$$\theta \in \Omega_\theta \overset{\text{def}}{=\!=} \{ \theta : \theta_{\min} \leqslant \theta \leqslant \theta_{\max} \}$$

$$|\tilde{d}(x_1, x_2, t)| \leqslant \delta_d(x_1, x_2, t) \tag{5.19}$$

式中，$\theta_{\max} = [\theta_{1\max}, \cdots, \theta_{4\max}]^{\mathrm{T}}$，$\theta_{\min} = [\theta_{1\min}, \cdots, \theta_{4\min}]^{\mathrm{T}}$ 分别为未知参数向量 θ 的上下界。

对系统(5.18)基于 LuGre 模型的摩擦补偿控制器的设计，面临着如下困难：

(1) 不可测量的系统状态 z。由 LuGre 模型可知，系统状态 z 表征了鬃毛的平均变形行为，为接触面间的微观度量，属于不可测量的状态，因此只能通过设计适当的观测器来估计系统不可测量的状态 z。

(2) 不可测量状态 z 具有多种特性。观察系统方程(5.18)可知，不可测量状态 z 与两种不同的特性耦合，即 z 不仅与 θ_1 有关，还与 $\theta_1 |x_2|/g(x_2)$ 有关，而 θ_1，θ_2 又是未知参数，此对观测器的设计造成了困难，不论以哪一个回归器对 z 进行估计都只能反映 z 特性的一个侧面，而不能表达 z 全部的非线性行为。因此，在本节的观测器设计中，将针对 z 的不同特性，设计两个观测器。

(3) 不可测量的系统状态 z 估计的有界性。有文献研究表明，当系统经历从低速到高速的大范围变化时，对系统不可测量状态 z 的估计有可能不稳定。因此，在对系统状态 z 估计时，需要确保 z 是有界的。

面对这些困难，系统控制器的设计目标为给定系统参考信号 $y_d(t) = x_{1d}(t)$，设计一个有界的控制输入 u 使得系统输出 $y = x_1$ 尽可能跟踪系统的参考信号，且对参考信号有如下假设。

假设 5.3　系统参考指令信号 $x_{1d}(t)$ 是三阶连续的，且系统期望位置指令、速度指令、加速度指令以及加加速度指令都是有界的。

5.2.2　基于 LuGre 模型的自适应鲁棒摩擦补偿控制器的设计

由于系统方程具有不匹配的参数不确定性，必须使用反演设计方法。

第一步：由系统方程(5.18)，定义如下的误差变量：

$$e_1 = x_1 - x_{1d}$$
$$e_2 = \dot{e}_1 + k_1 e_1 = x_2 - x_{2eq}, \quad x_{2eq} \overset{\text{def}}{=\!=} \dot{x}_{1d} - k_1 e_1 \tag{5.20}$$

式中，k_1 为正的反馈增益。

在接下来的控制器设计中，将以使 e_2 趋于 0 为主要设计目标。由式(5.20)可知

$$m\dot{e}_2 = m\dot{x}_2 - m\dot{x}_{2eq} = x_3 - \theta_1 z + \theta_2 \frac{|x_2|}{g(x_2)} z - \theta_3 x_2 - \theta_4 - m\dot{x}_{2eq} - \tilde{d} \tag{5.21}$$

在此步的控制器设计中，使用双观测器结构以估计状态 z 的不同特性，同时为了保证观测器是稳定的，使用映射函数以保证观测器的估计是受控的。

$$\dot{z}_1 = \mathrm{Proj}_{\hat{z}_1}(\iota_1), \quad z_{\min} \leqslant z_1(0) \leqslant z_{\max}$$

$$\dot{z}_2 = \mathrm{Proj}_{\hat{z}_2}(\iota_2), \quad z_{\min} \leqslant z_2(0) \leqslant z_{\max} \tag{5.22}$$

式中，ι_1，ι_2 分别为 z_1，z_2 观测器的调节函数，并在后续的设计中给定。对于状态 z 的不同估计 z_1，z_2，分别给定其上下界为 $z_{1\max}=z_{2\max}=z_{\max}=\alpha_0+\alpha_1$，$z_{1\min}=z_{2\min}=z_{\min}=-(\alpha_0+\alpha_1)$。式(5.22)中映射函数定义为

$$\mathrm{Proj}_{\hat{\zeta}}(\bullet) = \begin{cases} 0, & \hat{\zeta} = \zeta_{\max} \ \text{且} \ \bullet > 0 \\ 0, & \hat{\zeta} = \zeta_{\min} \ \text{且} \ \bullet < 0 \\ \bullet, & \text{其他} \end{cases} \tag{5.23}$$

式中，ζ 可以是未知参数 θ，也可以是系统状态 z。对于未知参数 θ，则定义如下的参数自适应律：

$$\dot{\hat{\theta}} = \mathrm{Proj}_{\hat{\theta}}(\Gamma\tau), \quad \theta_{\min} \leqslant \hat{\theta}(0) \leqslant \theta_{\max} \tag{5.24}$$

式中，$\hat{\theta}$ 表示对系统未知参数 θ 的估计，令 $\tilde{\theta}=\hat{\theta}-\theta$ 为参数估计误差；$\Gamma>0$ 为正定对角矩阵，表示为自适应增益；τ 为参数自适应函数，并在后续的控制器设计中给出其具体的形式。

基于以上的受控的参数及状态估计，有如下的引理。

引理 5.1　对于任意的自适应函数 τ，观测器的调节函数 ι_1，ι_2，不连续映射式(5.23)具有如下性质：

$$\theta_{\min} \leqslant \hat{\theta} \leqslant \theta_{\max} \tag{5.25}$$

$$z_{\min} \leqslant \hat{z}_1 \leqslant z_{\max} \tag{5.26}$$

$$z_{\min} \leqslant \hat{z}_2 \leqslant z_{\max}$$

$$\tilde{\theta}^{\mathrm{T}}[\Gamma^{-1}\dot{\hat{\theta}}-\tau] \leqslant 0, \quad \forall\tau \tag{5.27}$$

$$\tilde{z}_1\{\dot{\hat{z}}_1 - \iota_1\} \leqslant 0 \tag{5.28}$$

$$\tilde{z}_2\{\dot{\hat{z}}_2 - \iota_2\} \leqslant 0 \tag{5.29}$$

式中，$\tilde{z}_1 \overset{\text{def}}{=\!=} \hat{z}_1 - z, \tilde{z}_2 \overset{\text{def}}{=\!=} \hat{z}_2 - z$ 分别代表了不同状态估计的偏差，且有如下的动态：

$$\frac{\mathrm{d}\tilde{z}_1}{\mathrm{d}t} = \dot{\hat{z}}_1 - \dot{z} = \mathrm{Proj}_{\hat{z}_1}(\iota_1) - \left(x_2 - \frac{|x_2|}{g(x_2)}z\right) \tag{5.30}$$

$$\frac{\mathrm{d}\tilde{z}_2}{\mathrm{d}t} = \dot{\hat{z}}_2 - \dot{z} = \mathrm{Proj}_{\hat{z}_2}(\iota_2) - \left(x_2 - \frac{|x_2|}{g(x_2)}z\right) \tag{5.31}$$

◆

对动态方程(5.21)的控制函数 $\alpha_2(x_1,x_2,\hat{\theta},\hat{z}_1,\hat{z}_2,t)$ 具有如下的结构形式：

$$\alpha_2(x_1,x_2,\hat\theta,t)=\alpha_{2a}+\alpha_{2s}$$

$$\alpha_{2a}=\hat\theta_1\hat z_1-\hat\theta_2\frac{|x_2|}{g(x_2)}\hat z_2+\hat\theta_3 x_2+\hat\theta_4+m\dot x_{2eq}$$

$$\alpha_{2s}=\alpha_{2s1}+\alpha_{2s2}$$

$$\alpha_{2s1}=-k_{2s1}e_2$$

(5.32)

式中，$k_{2s1}>0$ 为控制器设计参数，且综合设计反馈增益 k_1 及 k_{2s1} 足够大以使如下定义的矩阵 Λ_2 为正定矩阵：

$$\Lambda_2=\begin{bmatrix} k_1^3 & -\dfrac{1}{2}k_1^3 \\[2mm] -\dfrac{1}{2}k_1^3 & k_{2s1} \end{bmatrix}$$

(5.33)

定义控制函数 α_2 与虚拟控制输入 x_3 之间的偏差为 $e_3=x_3-\alpha_2$，并将式(5.32)代入式(5.21)可得

$$m\dot e_2=e_3-k_{2s1}e_2+\alpha_{2s2}-\varphi_2^{\mathrm T}\tilde\theta+\theta_1\tilde z_1-\theta_2\frac{|x_2|}{g(x_2)}\tilde z_2-\tilde d$$

(5.34)

式中

$$\varphi_2^{\mathrm T}\overset{\text{def}}{=}[-\hat z_1,\frac{|x_2|}{g(x_2)}\hat z_2,-x_2,-1]$$

(5.35)

由式(5.34)可设计 α_{2s2} 满足如下的镇定条件：

$$e_2\left\{\alpha_{2s2}-\varphi_2^{\mathrm T}\tilde\theta+\theta_1\tilde z_1-\theta_2\frac{|x_2|}{g(x_2)}\tilde z_2-\tilde d\right\}\leqslant\varepsilon_2$$

(5.36)

$$e_2\alpha_{2s2}\leqslant 0$$

(5.37)

式中，ε_2 为可任意小的正的控制器设计参数。由式(5.36)可知，设计的 α_{2s2} 为一个鲁棒控制器。

定义如下的李雅普诺夫函数：

$$V_2=\frac{1}{2}me_2^2+\frac{1}{2}k_1^2e_1^2$$

(5.38)

其时间微分为

$$\begin{aligned}\dot V_2&=m\dot e_2e_2+k_1^2e_1\dot e_1\\&=e_2e_3-k_1^3e_1^2+k_1^2e_1e_2-k_{2s1}e_2^2+e_2\left\{\alpha_{2s2}-\varphi_2^{\mathrm T}\tilde\theta+\theta_1\tilde z_1-\theta_2\frac{|x_2|}{g(x_2)}\tilde z_2-\tilde d\right\}\end{aligned}$$

(5.39)

第二步：由系统的第三个方程，且根据 e_3 的定义可知

$$\dot e_3=g_3u-f_3-\dot\alpha_2$$

(5.40)

式中

$$\dot{\alpha}_2 = \dot{\alpha}_{2c} - \dot{\alpha}_{2u}$$

$$\dot{\alpha}_{2c} = \frac{\partial\alpha_2}{\partial t} + \frac{\partial\alpha_2}{\partial x_1}x_2 + \frac{\partial\alpha_2}{\partial x_2}\hat{\dot{x}}_2 + \frac{\partial\alpha_2}{\partial\hat{\theta}}\dot{\hat{\theta}} + \frac{\partial\alpha_2}{\partial\hat{z}_1}\dot{\hat{z}}_1 + \frac{\partial\alpha_2}{\partial\hat{z}_2}\dot{\hat{z}}_2 \qquad (5.41)$$

$$\dot{\alpha}_{2u} = \frac{\partial\alpha_2}{\partial x_2}\tilde{\dot{x}}_2$$

其中

$$\hat{\dot{x}}_2 \overset{\text{def}}{=\!=} \frac{x_3 - \hat{\theta}_1\hat{z}_1 + \hat{\theta}_2\dfrac{|x_2|}{g(x_2)}\hat{z}_2 - \hat{\theta}_3 x_2 - \hat{\theta}_4}{m}$$

$$\tilde{\dot{x}}_2 \overset{\text{def}}{=\!=} \frac{\varphi_2^{\mathrm{T}}\tilde{\theta} - \theta_1\tilde{z}_1 + \theta_2\dfrac{|x_2|}{g(x_2)}\tilde{z}_2 + \tilde{d}}{m} \qquad (5.42)$$

式(5.41)中，$\dot{\alpha}_{2c}$ 为 $\dot{\alpha}_2$ 中可计算的偏微分部分，因此可以用于实际控制器 u 的设计；而 $\dot{\alpha}_{2u}$ 为 $\dot{\alpha}_2$ 中不可计算的部分，将设计鲁棒控制器以镇定此不确定性。虽然 α_2 对 x_2 求偏导时有 x_2 的不连续函数 $|x_2|$，但是其在 $x_2=0$ 的偏导的极限均有界。

据式(5.40)和式(5.41)，并由式(5.17)中的不等式，则可设计自适应鲁棒控制器 u 具有如下的结构：

$$u = u_a + u_s$$

$$u_a = \frac{1}{g_3}(f_3 + \dot{\alpha}_{2c})$$

$$u_s = \frac{1}{g_3}(u_{s1} + u_{s2}) \qquad (5.43)$$

$$u_{s1} = -k_{3s1}z_3$$

式中，$k_{3s1}>0$ 为控制器设计参数，且综合设计反馈增益 k_1，k_{2s1}，k_{3s1} 足够大以使如下定义的矩阵 $\varLambda_3$ 为正定矩阵：

$$\varLambda_3 = \begin{bmatrix} k_1^3 & -\dfrac{1}{2}k_1^3 & 0 \\[2mm] -\dfrac{1}{2}k_1^3 & k_{2s1} & -\dfrac{1}{2} \\[2mm] 0 & -\dfrac{1}{2} & k_{3s1} \end{bmatrix} \qquad (5.44)$$

将控制器(5.43)代入式(5.40)可得

$$\dot{e}_3 = -k_{3s1}e_3 + u_{s2} - \varphi_3^{\mathrm{T}}\tilde{\theta} - \frac{1}{m}\frac{\partial\alpha_2}{\partial x_2}\theta_1\tilde{z}_1 + \frac{1}{m}\frac{\partial\alpha_2}{\partial x_2}\theta_2\frac{|x_2|}{g(x_2)}\tilde{z}_2 + \frac{1}{m}\frac{\partial\alpha_2}{\partial x_2}\tilde{d} \qquad (5.45)$$

式中

$$\varphi_3^{\mathrm{T}} \overset{\mathrm{def}}{=\!=\!=} -\frac{1}{m}\frac{\partial \alpha_2}{\partial x_2}\varphi_2^{\mathrm{T}} \tag{5.46}$$

由式(5.45)可设计 u_{s2} 满足如下的镇定条件：

$$e_3\left\{u_{s2}-\varphi_3^{\mathrm{T}}\tilde{\theta}-\frac{1}{m}\frac{\partial \alpha_2}{\partial x_2}\theta_1\tilde{z}_1+\frac{1}{m}\frac{\partial \alpha_2}{\partial x_2}\theta_2\frac{|x_2|}{g(x_2)}\tilde{z}_2+\frac{1}{m}\frac{\partial \alpha_2}{\partial x_2}\tilde{d}\right\}\leqslant \varepsilon_3 \tag{5.47}$$

$$e_3 u_{s2}\leqslant 0 \tag{5.48}$$

式中，ε_3 为可任意小的正的控制器设计参数。

由式(5.47)可知，设计的 u_{s2} 为鲁棒控制器。

5.2.3　自适应鲁棒控制器的性能

定理 5.1　使用不连续映射自适应律(5.24)，并令 $\tau=\varphi_2 e_2+\varphi_3 e_3$，定义式(5.22)中观测器的调节函数为

$$\begin{aligned}
\iota_1 &= x_2 -\frac{|x_2|}{g(x_2)}\hat{z}_1 -\gamma_1\left(e_2 -\frac{1}{m}\frac{\partial \alpha_2}{\partial x_2}e_3\right)\\
\iota_2 &= x_2 -\frac{|x_2|}{g(x_2)}\hat{z}_2 +\gamma_2\frac{|x_2|}{g(x_2)}\left(e_2 -\frac{1}{m}\frac{\partial \alpha_2}{\partial x_2}e_3\right)
\end{aligned} \tag{5.49}$$

式中，$\gamma_1>0$，$\gamma_2>0$ 为观测器的增益，则设计的自适应鲁棒控制器(5.43)具有如下性质。

A. 闭环控制器中所有信号都是有界的，且定义如下的李雅普诺夫函数：

$$V_3=V_2+\frac{1}{2}e_3^2 \tag{5.50}$$

满足如下的不等式：

$$V_3\leqslant \exp(-\mu t)V_3(0)+\frac{\varepsilon}{\mu}[1-\exp(-\mu t)] \tag{5.51}$$

式中，$\mu=2\lambda_{\min}(\varLambda_3)\min\{1/k_1^2,1/m,1\}$，$\lambda_{\min}(\varLambda_3)$ 为正定矩阵 $\varLambda_3$ 的最小特征值；$\varepsilon=\varepsilon_2+\varepsilon_3$。

B. 如果在某一时刻 t_0 之后，系统只存在参数不确定性，即 $\tilde{d}=0$，那么此时除了结论 A，控制器(5.43)还可以获得渐近跟踪性能，即当 $t\to\infty$ 时，$e\to0$，其中 e 定义为 $e=[e_1,\ e_2,\ e_3]^{\mathrm{T}}$。

证明　由式(5.39)及式(5.45)，并由条件(5.36)和(5.47)，则 V_3 的时间微分为

$$\begin{aligned}
\dot{V}_3 &= \dot{V}_2+z_3\dot{z}_3\\
&\leqslant -k_1^3 e_1^2+k_1^2 e_1 e_2 -k_{2s1}e_2^2+e_2 e_3 -k_{3s1}e_3^2+\varepsilon_2+\varepsilon_3
\end{aligned} \tag{5.52}$$

由条件(5.44)可知

$$\dot{V}_3 \leqslant -e^{\mathrm{T}} \Lambda_3 e + \varepsilon$$
$$\leqslant -\lambda_{\min}(\Lambda_3)(e_1^2 + e_2^2 + e_3^2) + \varepsilon \tag{5.53}$$
$$\leqslant \varepsilon - \mu V_3$$

由对比原理可知

$$V_3 \leqslant \exp(-\mu t) V_3(0) + \frac{\varepsilon}{\mu}[1 - \exp(-\mu t)] \tag{5.54}$$

由此可知 V_3 全局有界，即 e_1, e_2, e_3 有界，由系统的位置指令、速度指令以及加速度指令均有界，又由引理 5.1 未知参数的估计及状态 z 的估计也有界，可轻易推导出闭环系统所有信号均有界。由此证明了结论 A。

下面考虑结论 B，由于此时系统只存在参数不确定性，定义如下的李雅普诺夫函数：

$$V_s = V_3 + \frac{1}{2}\tilde{\theta}^{\mathrm{T}} \Gamma^{-1} \tilde{\theta} + \frac{1}{2}\gamma_1^{-1}\theta_1\tilde{z}_1^2 + \frac{1}{2}\gamma_2^{-1}\theta_2\tilde{z}_2^2 \tag{5.55}$$

由式(5.39)及式(5.45)，知其时间微分为

$$\dot{V}_s = \dot{V}_3 + \tilde{\theta}^{\mathrm{T}} \Gamma^{-1} \dot{\tilde{\theta}} + \gamma_1^{-1}\theta_1\tilde{z}_1\dot{\tilde{z}}_1 + \gamma_2^{-1}\theta_2\tilde{z}_2\dot{\tilde{z}}_2$$
$$= -k_1^3 e_1^2 + k_1^2 e_1 e_2 - k_{2s1}e_2^2 + e_2 e_3 - k_{3s1}e_3^2 + e_2\left\{\alpha_{2s2} - \varphi_2^{\mathrm{T}}\tilde{\theta} + \theta_1\tilde{z}_1 - \theta_2\frac{|x_2|}{g(x_2)}\tilde{z}_2\right\}$$
$$+ e_3\left\{u_{s2} - \varphi_3^{\mathrm{T}}\tilde{\theta} - \frac{1}{m}\frac{\partial\alpha_2}{\partial x_2}\theta_1\tilde{z}_1 + \frac{1}{m}\frac{\partial\alpha_2}{\partial x_2}\theta_2\frac{|x_2|}{g(x_2)}\tilde{z}_2\right\} \tag{5.56}$$
$$+ \tilde{\theta}^{\mathrm{T}} \Gamma^{-1} \dot{\tilde{\theta}} + \gamma_1^{-1}\theta_1\tilde{z}_1\dot{\tilde{z}}_1 + \gamma_2^{-1}\theta_2\tilde{z}_2\dot{\tilde{z}}_2$$

由条件(5.37)及(5.48)得

$$\dot{V}_s \leqslant -\lambda_{\min}(\Lambda_3)(e_1^2 + e_2^2 + e_3^2) + \tilde{\theta}^{\mathrm{T}} \Gamma^{-1} \dot{\tilde{\theta}} - \varphi_2^{\mathrm{T}}\tilde{\theta}e_2 - \varphi_3^{\mathrm{T}}\tilde{\theta}e_3$$
$$+ \theta_1\tilde{z}_1\left\{\gamma_1^{-1}\dot{\tilde{z}}_1 - \gamma_1^{-1}\left[x_2 - \frac{|x_2|}{g(x_2)}(\hat{z}_1 - \tilde{z}_1)\right] + e_2 - e_3\frac{1}{m}\frac{\partial\alpha_2}{\partial x_2}\right\} \tag{5.57}$$
$$+ \theta_2\tilde{z}_2\left\{\gamma_2^{-1}\dot{\tilde{z}}_2 - \gamma_2^{-1}\left[x_2 - \frac{|x_2|}{g(x_2)}(\hat{z}_2 - \tilde{z}_2)\right] - \frac{|x_2|}{g(x_2)}e_2 + \frac{1}{m}\frac{\partial\alpha_2}{\partial x_2}\frac{|x_2|}{g(x_2)}e_3\right\}$$

由自适应律(5.24)及 τ 的定义，状态观测器(5.22)及调节函数 ι_1, ι_2 的定义知

$$\dot{V}_s \leqslant -\lambda_{\min}(\Lambda_3)(e_1^2 + e_2^2 + e_3^2) - \gamma_1^{-1}\frac{|x_2|}{g(x_2)}\theta_1\tilde{z}_1^2 - \gamma_2^{-1}\frac{|x_2|}{g(x_2)}\theta_2\tilde{z}_2^2$$
$$+ \tilde{\theta}^{\mathrm{T}}[\Gamma^{-1}\dot{\hat{\theta}} - \tau] + \theta_1\tilde{z}_1\{\gamma_1^{-1}[\dot{\hat{z}}_1 - \iota_1]\} + \theta_2\tilde{z}_2\{\gamma_2^{-1}[\dot{\hat{z}}_2 - \iota_2]\} \tag{5.58}$$

由引理 5.1 的性质(5.27)~(5.29)有

$$\dot{V}_s \leqslant -\lambda_{\min}(\Lambda_3)(e_1^2 + e_2^2 + e_3^2) - \gamma_1^{-1}\frac{|x_2|}{g(x_2)}\theta_1\tilde{z}_1^2 - \gamma_2^{-1}\frac{|x_2|}{g(x_2)}\theta_2\tilde{z}_2^2 \tag{5.59}$$

因此 $V_s<V_s(0)$，进而 $e,\tilde\theta,\tilde z_1,\tilde z_2\in L_\infty$，$e\in L_2$，又由式(5.20)、式(5.34)和式(5.45)可知，$\dot e\in L_\infty$，因此 e 一致连续，由引理 5.1(Barbalat 引理)可知，当 $t\to\infty$时，$e\to0$，由此证明了结论 B。

◆

5.2.4　仿真验证

本节考核所设计的控制器的性能。在仿真中取如下参数对系统进行建模：$P_s=7\times10^6$Pa，$P_r=0$Pa，$V_{01}=V_{02}=1\times10^{-3}$m^3，$A_1=A_2=2\times10^{-4}$m^2，$m=40$kg，$C_t=7\times10^{-12}$m^5/(N·s)，$g=4\times10^{-8}$m^4/(s·V·$\sqrt{\text N}$)，$\beta_e=2\times10^8$Pa，$d_n=0$N，$\tilde d=0$。取 LuGre 模型参数为 $\sigma_0=1\times10^5$N/m，$\sigma_1=(1\times10^5)^{1/2}$N·s/m，$\sigma_2=80$N·s/m，$f_C=42$N，$f_s=30$N，Stribeck 速度 $x_{2s}=0.01$m/s。

取如下的控制器以做对比。

ARCm：本节提出的基于 LuGre 模型的摩擦自适应鲁棒补偿控制器。取控制器参数为 $k_1=1000$，$k_2=k_{2s1}+k_{2s2}=800$，$k_3=k_{3s1}+k_{3s2}=1$；$\theta_{\min}=[0.8\times10^5,\ 0.8\times(1\times10^5)^{1/2},\ 60,\ -50]^{\text T}$，$\theta_{\max}=[1.2\times10^5,\ 1.2\times(1\times10^5)^{1/2},\ 80,\ 50]^{\text T}$，$\theta(0)=[0.8\times10^5,\ 0.8\times(1\times10^5)^{1/2},\ 60,\ 0]^{\text T}$，$\Gamma=\text{diag}\{3\times10^8,\ 1\times10^4,\ 200,\ 50\}$。观测器增益为 $\gamma_1=1\times10^{-5}$，$\gamma_2=1\times10^{-5}$。所选取的 $\theta(0)$ 远离于参数的真值，以考核自适应控制律的效果。

ARCd：在 3.1 节中设计的自适应鲁棒控制器，其基于一个简单的近似摩擦模型，仅补偿了黏性摩擦及部分的库伦摩擦，与 ARCm 取相同的反馈增益，其考虑的参数仅有 $B=80$，$A_f=30$，$d_n=0$，并取 $\theta_{\min}=[60,\ -40,\ -50]^{\text T}$，$\theta_{\max}=[100,\ 40,\ 50]^{\text T}$，$\theta(0)=[60,\ 0,\ 0]^{\text T}$，$\Gamma=\text{diag}\{50,\ 20,\ 80\}$。

给定系统低速指令 $x_{1d}=0.002\sin(2t)[1-\exp(-0.01t^3)]$。

ARCm 的跟踪误差、控制输入、摩擦力辨识及鬃毛刚度参数 θ_1 的估计分别如图 5.1～图 5.4 所示。

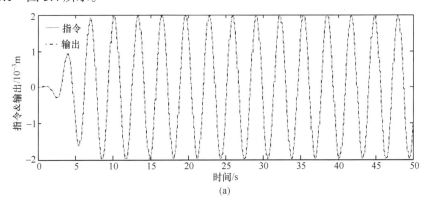

(a)

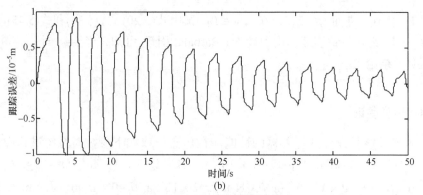

(b)

图 5.1　ARCm 低速跟踪性能

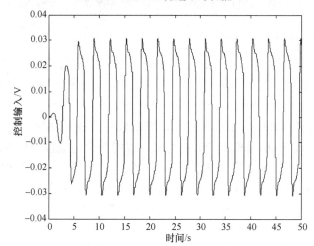

图 5.2　ARCm 低速跟踪控制输入

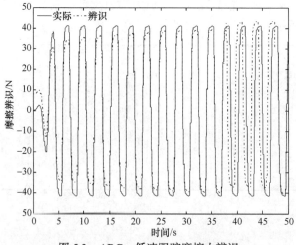

图 5.3　ARCm 低速跟踪摩擦力辨识

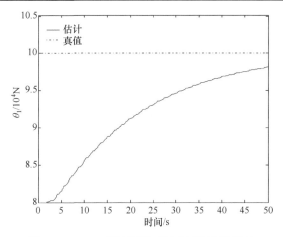

图 5.4　ARCm 低速跟踪时鬃毛刚度参数估计

　　ARCd 的跟踪误差、控制输入则分别如图 5.5 和图 5.6 所示。对比这些仿真数据可知，由于本节提出的 ARCm 控制策略准确包含了系统摩擦的结构信息，无论是跟踪误差、自适应效果，还是摩擦力辨识及参数估计，都远好于只是近似了部分摩擦结构的 ARCd 控制策略。由于 ARCd 仅是对摩擦的近似估计，不包含真实的摩擦模型的结构信息，其自适应及参数估计收敛性较差，在此不再给出。

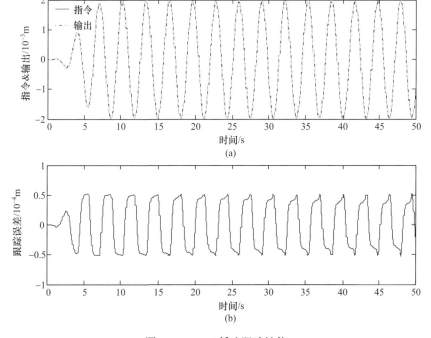

图 5.5　ARCd 低速跟踪性能

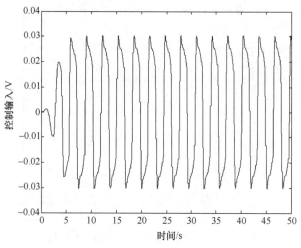

图 5.6　ARCd 低速跟踪控制输入

由图 5.5 可知，ARCd 的跟踪误差也尚能满足系统的低速伺服需求，但是要认识到，此时的性能是以高反馈增益为代价的，也就是说，此性能的获得更多的是依赖于控制器的鲁棒能力。但是过高的反馈增益在实际运用时有可能会激励系统的高频动态，稳定裕度较差，因此其可实现性不强。为说明这一点，下面考核两个控制器在低反馈增益下的低速伺服性能。

将两个控制器的反馈增益重新给定为 $k_1=100$，$k_2=80$，$k_3=1$。ARCm 及 ARCd 的跟踪误差分别如图 5.7 和图 5.8 所示。

对比图 5.7 与图 5.8 可知，在弱反馈增益条件下，尽管 ARCm 的跟踪误差有所增大，但跟踪性能仍然很好，最大稳态跟踪误差仅为指令的 5%。反观 ARCd，其跟踪性能非常差，已不能满足系统低速伺服的需求，由此也证明了 ARCd 在进行低速跟随时，主要依靠其鲁棒控制器，因为其模型补偿部分不含有精确的摩擦结构信息，所以作用甚微。

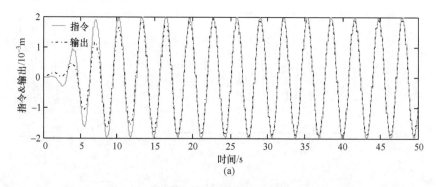

(a)

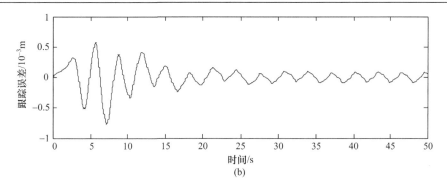

图 5.7　ARCm 在低反馈增益下的低速跟踪性能

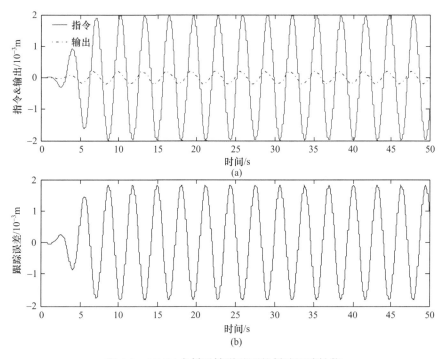

图 5.8　ARCd 在低反馈增益下的低速跟踪性能

　　另外，ARCm 的参数估计、摩擦力辨识等性能与强参数下的性能相比有所变差，但尚在可接受的范围内。由于篇幅限制，不再一一给出其仿真曲线。如果想获得更好的参数收敛性，以辨识摩擦模型的参数，可使用间接自适应鲁棒控制与本章的摩擦模型相结合，在此不再详细讨论。

　　本节基于动态摩擦模型设计了性能优良的自适应鲁棒控制器，但应该注意的是其前提假设，即假设摩擦模型不存在非线性参数，另外非线性函数 $g(x_2)$ 精确已知。仔细分析可知，这个假设对于实际工程实现，是一个不弱的假设，因为对于电液伺服系统，准确辨识系统的 Stribeck 速度并非易事，由于 Stribeck 速度本身较低，低速下的信号噪声、其他未建模非线性干扰等因素，往往使得辨识 Stribeck 速度非常困难，且辨识精度也不高。另外，非线性函数 $g(x_2)$ 精确已知是一个更强的假设。由式(5.14)可知，非线性函数 $g(x_2)$ 是摩擦力水平的微观度量，辨识 $g(x_2)$ 无疑是一项巨大的挑战，通常只能通过辨识摩擦力的宏观物理量来推算 $g(x_2)$，即通过辨识 f_s, f_C 以及鬃毛刚度参数 σ_0。但是这些宏观量的辨识也比较困难，尤其是鬃毛刚度参数 σ_0 的辨识难度更大，系统摩擦力对参数 σ_0 异常敏感，这无疑加大了其辨识的难度。

另外，LuGre 模型还包含不连续的函数，即 $\text{sign}(x_2)$，这对电液伺服系统这类需要借助反演设计以处理不确定性的系统，往往会造成最终控制律的实现困难，因为其最终控制律的求解必然要处理不连续函数的求导问题。

鉴于此，下面设计一个改进型 LuGre 模型，它连续可微分并可结合反步法进行自适应控制器的设计。

5.3　基于改进型 LuGre 模型的摩擦补偿控制策略

LuGre 摩擦模型能够代表大多数摩擦行为，同时对于控制器设计比较简单，因此被广泛应用于伺服控制领域。然而，LuGre 摩擦模型是分段连续的，导致其不可微分，但是在反步法设计处理液压系统的不匹配非线性摩擦中往往需要用到 LuGre 摩擦项的微分。因此，在液压反步法设计中如何结合 LuGre 摩擦模型来提高其跟踪性能和对摩擦扰动的鲁棒性仍是研究的焦点。

文献[12]提出了一个新的基于光滑双曲正切函数的静态摩擦模型来反映实际系统中的 Stribeck 效应。大量的实验验证结果表明，这个摩擦模型能够很好地描述实际液压系统。这个摩擦模型的主要优势在于光滑并且可微，本节通过利用这个连续可微的性质改进了传统的 LuGre 摩擦模型，并在液压旋转马达上验证了其有效性。结合这种改进的 LuGre 摩擦模型建立了液压旋转马达的模型，还考虑了伺服阀压力/流量非线性特性以及阀芯的零漂。液压旋转马达的内部泄漏比较复杂，本节通过结合矩形横截面和球形叶片密封提出了一个具有实际意义的与负载压力相关的孔口类型的内部泄漏模型。在这个发展的非线性液压系统模型的基础上，提出了一个基于改进型 LuGre 模型的自适应摩擦补偿控制器，并对 LuGre 模型中的未知参数和不可测内部状态进行了估计。该控制器在同时存在参数不确定性和非线性摩擦的情况下能够理论上获得渐近跟踪性能，同时对系统存在包括外部扰动在内的未建模不确定性有一定的鲁棒性。

5.3.1　系统模型与问题描述

本节所研究的液压系统如图 5.9 所示,图 5.9(a)中惯性负载由伺服阀控制的双叶片液压马达驱动,图 5.9(b)为伺服阀控制的双叶片液压马达的结构形式。在此液压系统中,通过安全阀和蓄能器来保证供油压力 P_s 不变,回油压力 P_r 因直接连接油箱而比较小。通过在系统中安装高精度编码器来产生位置和速度信号,安装的压力传感器用来测量液压马达两个腔室中的压力信号 P_1 及 P_2。控制目标为使惯性负载尽可能地跟踪任意光滑的位置指令,惯性负载的动态方程为

$$m\ddot{y} = P_L A - f(t) \tag{5.60}$$

式中,m 和 y 分别代表惯性力矩和负载的角位移;$P_L = P_1 - P_2$ 为负载压力;A 为液压马达的排量;$f(t) = f_r(t) + f_e(t)$,其中 $f_r(t)$ 为非线性摩擦,$f_e(t)$ 为包括外部扰动的未建模动态。

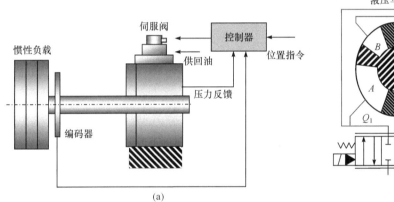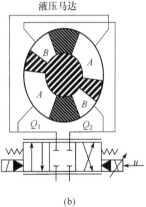

图 5.9　液压马达系统的结构

考虑油的压缩性,液压马达腔室的压力动态可写为

$$\dot{P}_1 = \frac{\beta_e}{V_1}[-A\dot{y} - q_L(P_L) + q_1(t) + Q_1]$$
$$\dot{P}_2 = \frac{\beta_e}{V_2}[A\dot{y} + q_L(P_L) - q_2(t) - Q_2] \tag{5.61}$$

式中,$V_1 = V_{01} + Ay$, $V_2 = V_{02} - Ay$ 为液压执行器两个容腔的控制体积,V_{01} 和 V_{02} 为液压马达两个容腔的初始体积;β_e 为液压油的有效容积模量;q_L 为与负载压力 P_L 相关的总的内部泄漏量;$q_1(t)$ 和 $q_2(t)$ 分别为 P_1 和 P_2 动态的建模误差;Q_1 为进入液压马达容腔的供油流量,Q_2 为由液压马达容腔出来的回油流量。由于这里用的是高速响应的伺服阀,假设应用于伺服阀的控制输入与阀芯位移成比例,Q_1 和 Q_2 可以建模为

$$Q_1 = k_t u \left[s(u) \sqrt{P_s - P_1} + s(-u) \sqrt{P_1 - P_r} \right]$$
$$Q_2 = k_t u \left[s(u) \sqrt{P_2 - P_r} + s(-u) \sqrt{P_s - P_2} \right] \tag{5.62}$$

式中，k_t 为与控制输入 u 相关的总的流量增益，定义 $s(u)$ 为

$$s(u) = \begin{cases} 1, & u \geqslant 0 \\ 0, & u < 0 \end{cases} \tag{5.63}$$

虽然这里考虑的液压旋转执行器的状态变量包括 y，$\dot{y}$，P_1，P_2，但是只需要控制变量 y，$\dot{y}$，P_L 即可。定义状态变量为 $x=[x_1, x_2, x_3]^T=[y, \dot{y}, P_L]^T$，则系统可以写为状态空间形式：

$$\dot{x}_1 = x_2$$
$$m\dot{x}_2 = Ax_3 - f_r(t) - f_e(t) \tag{5.64}$$
$$\dot{x}_3 = \beta_e k_t \left(\frac{R_1}{V_1} + \frac{R_2}{V_2} \right) u - \beta_e \left(\frac{1}{V_1} + \frac{1}{V_2} \right)(Ax_2 + q_L) + q(t)$$

式中

$$R_1 = s(u) \sqrt{P_s - P_1} + s(-u) \sqrt{P_1 - P_r}$$
$$R_2 = s(u) \sqrt{P_2 - P_r} + s(-u) \sqrt{P_s - P_2} \tag{5.65}$$
$$q(t) = \beta_e \left[\frac{q_1(t)}{V_1} + \frac{q_2(t)}{V_2} \right]$$

为了精确建立式(5.64)中的内部泄漏模型，需要对其进一步研究。由于液压马达中存在很多球形和横截面为矩形的密封，其内部泄漏比传统线性液压缸更复杂，所以与负载压力 P_L 成比例的内部泄漏模型将不适用于液压马达中。为了提高跟踪精度，假设内部泄漏由液压马达中圆形和狭槽类型的密封引起，从而可以看成层流结合孔流的类型，因此内部泄漏模型为

$$q_L = C_t P_L + C_s \sqrt{|P_L|} \, \text{sign}(P_L) \tag{5.66}$$

式中，C_t 和 C_s 分别为圆形和狭槽类型的孔口压缩系数。

5.3.2 新型连续可微的静态摩擦模型

为了克服前文介绍的静态摩擦模型含有不连续的 sign 函数，许多研究者提出了各种连续近似的策略，如第 2 章中使用的反正切函数以逼近静摩擦的近似，另外基于双曲正切也可以很好地逼近 sign 函数，基于双曲正切近似的连续可微的新型的摩擦模型可描述为[12]

$$f_m = \theta_1[\tanh(c_1 x_2) - \tanh(c_2 x_2)] + \theta_2 \tanh(c_3 x_2) + \theta_3 x_2 \tag{5.67}$$

式中，$\theta_1, \theta_2, \theta_3$ 分别表示不同摩擦特性的幅值水平；c_1, c_2, c_3 则表征了摩擦特性的

形状系数。

式(5.67)描述的静态摩擦模型具有如下的性质:

(1) 摩擦模型是连续可微的,且至少 C^3 连续;

(2) 摩擦模型关于原点对称;

(3) $\theta_2\tanh(c_3x_2)$ 近似表征了库伦摩擦;

(4) $\theta_1+\theta_2$ 近似表征了最大静摩擦;

(5) $\tanh(c_1x_2)-\tanh(c_2x_2)$ 表征了摩擦的 Stribeck 效应;

(6) 模型包含黏性摩擦项,即 θ_3x_2;

(7) 模型关于速度 x_2 是耗散的,即

$$\int_0^t x_2(\upsilon)f_m(x_2(\upsilon))\mathrm{d}\upsilon \geqslant -c^2, \quad \forall t$$

式中,c 为正的常数。

此静态模型关于速度的曲线特性如图 5.10 所示。取参数 $\theta_1=150, \theta_2=30, \theta_3=0$, $c_1=200, c_2=160, c_3=200$;取高斯指数模型(5.7)参数分别为 $f_s=42, f_C=30, f_v=0$。

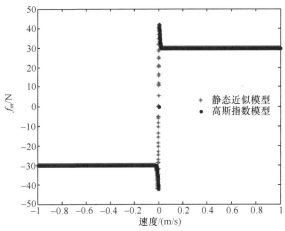

图 5.10　新型静态模型与指数模型对比

定义摩擦模型参数 $\theta=[\theta_1, \theta_2, \theta_3]^T$,其相应的回归器 $\varphi=[\tanh(c_1x_2)-\tanh(c_2x_2)$, $\tanh(c_3x_2), x_2]^T$,则摩擦模型(5.67)可参数线性化为

$$f_m = \varphi^T(x_2)\theta \tag{5.68}$$

5.3.3　改进型 LuGre 摩擦模型及系统重构

5.3.2 节中描述的静态摩擦模型的主要优势在于光滑并且可微,本节通过利用这个连续可微的性质改进传统的 LuGre 摩擦模型。

为了精确建模非线性模型(5.64)中的摩擦项 $f_r(t)$,本节改进了 LuGre 模型,摩

擦力 $f_r(t)$ 可以描述为

$$f_r(t) = \sigma_0 z + \sigma_1 \dot{z} + \sigma_2 \omega \tag{5.69}$$

式中，σ_0, σ_1, σ_2 分别表示鬃毛刚度、阻尼及系统黏性阻尼系数；ω 为相对运动速度。

为了便于改进，需要对式(5.11)进行变形，变形后 LuGre 模型中鬃毛的平均变形行为：

$$\dot{z} = \omega \left[1 - \frac{1}{g(\omega)} z \right] \tag{5.70}$$

式中，z, $g(\omega)$ 分别表示鬃毛的平均变形、描述摩擦静态行为的摩擦模型。通常情况下，非线性函数 $g(\omega)$ 可以建模为

$$g(\omega) = [f_C + (f_s - f_C)\mathrm{e}^{-(\omega/\omega_s)^2}]\mathrm{sign}(\omega) \tag{5.71}$$

式中，f_C, f_s 分别表征库伦摩擦力和静摩擦力；ω_s 为 Stribeck 速度；$\mathrm{sign}(\cdot)$ 为标准符号函数。

值得注意的是，在许多文献中普遍存在着通过在 Stribeck 函数 $g(\omega)$ 中利用不连续符号函数来描述在零速附近切换方向的力的情况，这将导致 LuGre 模型不可微，从而不能结合反步法进行控制器的设计。因此，有必要重新构造 LuGre 模型中的静态 Stribeck 函数 $g(\omega)$ 用于反步法的设计。从式(5.60)可以看出，在速度为常值且没有外部扰动力 $f_e(t)$ 的情况下惯性力为零，此时液压马达输出力 AP_L 等于静态摩擦力。因此，为了获取速度和静态摩擦力之间的关系，可以先通过实验记录下一系列常值速度输出及其相应的压力信号。常值速度和通过实验辨识获得的摩擦力之间的关系如图 5.11 所示，从图中可以明显观察到 Stribeck 效应。在不利用符号函数的情况下这个静态力近似为

$$F(\omega) = l_1[\tanh(c_1\omega) - \tanh(c_2\omega)] + l_2\tanh(c_3\omega) + l_3\omega \tag{5.72}$$

式中，F 表示静态摩擦力；l_1, l_2 和 l_3 分别表示不同摩擦特性的幅值水平；c_1, c_2, c_3 则表征了摩擦特性的形状系数。图 5.11 中用 $l_1=50$, $l_2=35$, $l_3=45$, $c_1=15$, $c_2=1.5$, $c_3=900$ 来拟合实验数据。

研究表明，摩擦模型(5.72)可以精确近似静态摩擦力并在实际中表征静态摩擦的所有行为。因此，可以利用连续可微的双曲正切函数来改造非线性函数 $g(\omega)$：

$$g(\omega) = (f_s - f_C)[\tanh(c_1\omega) - \tanh(c_2\omega)] + f_C\tanh(c_3\omega) \tag{5.73}$$

定义正函数 $N(\omega) = \omega/g(\omega)$ 用来在实验中优化离散的控制器，改进的 LuGre 模型为

$$\dot{z} = \omega - N(\omega)z$$
$$f_r(t) = \sigma_0 z + \sigma_1 \dot{z} + \sigma_2 \omega \tag{5.74}$$

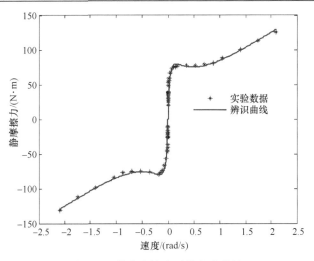

图 5.11 静态摩擦力及其拟合曲线

式中，利用了式(5.73)中改造的连续可微函数 $g(\omega)$，并且对任意常数 ω，令 $\dot{z}=0$ 可得稳态摩擦力 f_{ss} 为

$$
\begin{aligned}
f_{ss} &= \sigma_0 g(\omega) + \sigma_2 \omega \\
&= \sigma_0 (f_s - f_C)[\tanh(c_1\omega) - \tanh(c_2\omega)] \\
&\quad + \sigma_0 f_C \tanh(c_3\omega) + \sigma_2 \omega
\end{aligned}
\tag{5.75}
$$

比较实际静态摩擦力(5.72)和本节提出的源自于改进 LuGre 模型(5.74)的静态摩擦力(5.75)可得以下关系：$l_1 = \sigma_0(f_s - f_C)$，$l_2 = \sigma_0 f_C$，$l_3 = \sigma_2$。

结合改进的内部泄漏和摩擦模型，整个系统的动态方程为

$$
\begin{aligned}
\dot{z} &= x_2 - N(x_2)z \\
\dot{x}_1 &= x_2 \\
m\dot{x}_2 &= Ax_3 - \sigma_0 z + \sigma_1 N(x_2)z - (\sigma_1 + \sigma_2)x_2 - f_e(t) \\
\dot{x}_3 &= \beta_e k_t f_1 u - \beta_e f_2 - \beta_e C_t f_3 - \beta_e C_s f_4 - q(t)
\end{aligned}
\tag{5.76}
$$

式中，f_1, f_2, f_3 和 f_4 均为已知的非线性函数，其定义为

$$
f_1 = \frac{R_1}{V_1} + \frac{R_2}{V_2}, \quad f_2 = \left(\frac{1}{V_1} + \frac{1}{V_2}\right)Ax_2
$$

$$
f_3 = \left(\frac{1}{V_1} + \frac{1}{V_2}\right)x_3, \quad f_4 = \left(\frac{1}{V_1} + \frac{1}{V_2}\right)\sqrt{|x_3|}\,\mathrm{sign}(x_3)
\tag{5.77}
$$

虽然建立了液压马达的非线性系统模型，但是要精确控制这个系统依然没那么简单。一般来说，由于液压参数 $m, \sigma_0, \sigma_1, \sigma_2, \beta_e, k_t, C_t, C_s$ 可能会发生大的变化而存在参数不确定性。同时，建模误差 $f_e(t)$ 和 $q(t)$ 中可能各自存在着未知常值 d_n 和

q_n，并且在实际中伺服阀芯的位置存在未知零漂，虽然伺服阀动态可以忽视，但应该考虑伺服阀的零漂。为此，定义 u_0 为零漂，则 $u-u_0$ 为应用于伺服阀的实际控制电压。为了简化状态空间方程，定义未知参数集 $\theta=[\theta_1, \theta_2, \theta_3, \theta_4, \theta_5, \theta_6, \theta_7, \theta_8, \theta_9, \theta_{10}]^{\mathrm{T}}$，其中 $\theta_1=\sigma_0$，$\theta_2=\sigma_1$，$\theta_3=\sigma_1+\sigma_2$，$\theta_4=d_n$，$\theta_5=\beta_e k_t$，$\theta_6=\beta_e$，$\theta_7=\beta_e C_t$，$\theta_8=\beta_e k_t u_0$，$\theta_9=q_n$，$\theta_{10}=\beta_e C_s$。因此，状态空间可写为

$$\dot{z} = x_2 - N(x_2)z$$
$$\dot{x}_1 = x_2$$
$$m\dot{x}_2 = Ax_3 - \theta_1 z + \theta_2 N(x_2)z - \theta_3 x_2 - \theta_4 + \tilde{d}(t) \tag{5.78}$$
$$\dot{x}_3 = \theta_5 f_1 u - \theta_6 f_2 - \theta_7 f_3 - \theta_8 f_1 - \theta_9 - \theta_{10} f_4 + \tilde{q}(t)$$

式中，$\tilde{d}(t) \overset{\text{def}}{=\!=} d_n - f_e(t)$ 和 $\tilde{q}(t) \overset{\text{def}}{=\!=} q_n - q(t)$ 分别为第三个和第四个等式中的时变建模误差。由于惯量参数 m 为实验设备的设计值，这里假设它已知。在 m 未知的情况下也可以通过同样的参数自适应方式来处理。

假设 5.4 期望跟踪的位置指令 $y_d \in C_3$ 并且有界；当实际液压系统在正常条件下工作时，因 P_r 和 P_s 有界而使得 P_1 和 P_2 有界，即 $0 \leqslant P_r < P_1 < P_s$，$0 \leqslant P_r < P_2 < P_s$。

假设 5.5 定义的参数集 θ 满足：

$$\theta \in \Omega_\theta \overset{\text{def}}{=\!=} \{\theta : \theta_{\min} \leqslant \theta \leqslant \theta_{\max}\} \tag{5.79}$$

式中，$\theta_{\min}=[\theta_{1\min}, \cdots, \theta_{10\min}]^{\mathrm{T}}$，$\theta_{\max}=[\theta_{1\max}, \cdots, \theta_{10\max}]^{\mathrm{T}}$ 均已知；建模不确定性有界即

$$|\tilde{d}(t)| \leqslant \delta_1(t), \quad |\tilde{q}(t)| \leqslant \delta_2(t) \tag{5.80}$$

式中，$\delta_1(t)$ 和 $\delta_2(t)$ 为正的有界函数。

5.3.4 基于改进型 LuGre 模型的自适应摩擦补偿控制器的设计

由于系统方程具有不匹配的参数不确定性，需要结合反演方法进行控制器的设计。

第一步：由系统方程(5.78)定义如下的误差变量：

$$e_1 = x_1 - x_{1d}$$
$$e_2 = \dot{e}_1 + k_1 e_1 = x_2 - x_{2eq}, \quad x_{2eq} \overset{\text{def}}{=\!=} \dot{x}_{1d} - k_1 e_1 \tag{5.81}$$

式中，k_1 为正的反馈增益。

在接下来的控制器设计中，将以使 e_2 趋于 0 为主要设计目标。由式(5.81)可知

$$m\dot{e}_2 = Ax_3 - m\dot{x}_{2eq} - \theta_1 z + \theta_2 N(x_2)z - \theta_3 x_2 - \theta_4 + \tilde{d}(t) \tag{5.82}$$

在此步的控制器设计中，使用双观测器结构以估计状态 z 的不同特性，同时为了保证观测器是稳定的，使用映射函数以保证观测器的估计是受控的。

$$\dot{\hat{z}}_1 = \text{Proj}_{\hat{z}_1}(\eta_1), \quad z_{\min} \leqslant z_1(0) \leqslant z_{\max}$$
$$\dot{\hat{z}}_2 = \text{Proj}_{\hat{z}_2}(\eta_2), \quad z_{\min} \leqslant z_2(0) \leqslant z_{\max}$$

(5.83)

式中，η_1, η_2 分别为 z_1, z_2 观测器的调节函数，并在后续的设计中给定。对于状态 z 的不同估计 z_1, z_2，分别给定其上下界为 $z_{1\max}=z_{2\max}=z_{\max}=f_s$, $z_{1\min}=z_{2\min}=z_{\min}=-f_s$。式(5.83)中映射函数定义为

$$\text{Proj}_{\hat{\zeta}}(\bullet) = \begin{cases} 0, & \hat{\zeta} = \zeta_{\max} \text{ 且 } \bullet > 0 \\ 0, & \hat{\zeta} = \zeta_{\min} \text{ 且 } \bullet < 0 \\ \bullet, & \text{其他} \end{cases}$$

(5.84)

式中，ζ 可以是未知参数 θ，也可以是系统状态 z。对于未知参数 θ，则定义如下的参数自适应律：

$$\dot{\hat{\theta}} = \text{Proj}_{\hat{\theta}}(\Gamma\tau), \quad \theta_{\min} \leqslant \hat{\theta}(0) \leqslant \theta_{\max}$$

(5.85)

式中，$\hat{\theta}$ 表示对系统未知参数 θ 的估计，令 $\tilde{\theta} = \hat{\theta} - \theta$ 为参数估计误差；$\Gamma > 0$ 为正定对角矩阵，表示自适应增益；τ 为参数自适应函数，并在后续的控制器设计中给出其具体的形式。

基于以上受控的参数及状态估计，有如下的引理。

引理 5.2　对于任意的自适应函数 τ，观测器的调节函数 η_1, η_2，不连续映射 (5.84)具有如下性质：

$$\theta_{\min} \leqslant \hat{\theta} \leqslant \theta_{\max}$$

(5.86)

$$z_{\min} \leqslant \hat{z}_1 \leqslant z_{\max}$$
$$z_{\min} \leqslant \hat{z}_2 \leqslant z_{\max}$$

(5.87)

$$\tilde{\theta}^{\mathrm{T}}[\Gamma^{-1}\dot{\hat{\theta}} - \tau] \leqslant 0, \quad \forall \tau$$

(5.88)

$$\tilde{z}_1[\dot{\hat{z}}_1 - \eta_1] \leqslant 0$$

(5.89)

$$\tilde{z}_2[\dot{\hat{z}}_2 - \eta_2] \leqslant 0$$

(5.90)

式中，$\tilde{z}_1 \overset{\text{def}}{=} \hat{z}_1 - z, \tilde{z}_2 \overset{\text{def}}{=} \hat{z}_2 - z$ 分别代表不同状态估计的偏差，且有如下的动态：

$$\frac{\mathrm{d}\tilde{z}_1}{\mathrm{d}t} = \dot{\hat{z}}_1 - \dot{z} = \text{Proj}_{\hat{z}_1}(\eta_1) - [x_2 - N(x_2)z]$$

(5.91)

$$\frac{\mathrm{d}\tilde{z}_2}{\mathrm{d}t} = \dot{\hat{z}}_2 - \dot{z} = \text{Proj}_{\hat{z}_2}(\eta_2) - [x_2 - N(x_2)z]$$

(5.92)

◆

对动态方程(5.82)的控制函数 α_2 具有如下的结构形式：

$$\alpha_2 = \frac{1}{A}(\alpha_{2a} + \alpha_{2s})$$
$$\alpha_{2a} = m\dot{x}_{2eq} + \hat{\theta}_1\hat{z}_1 - \hat{\theta}_2 N(x_2)\hat{z}_2 + \hat{\theta}_3 x_2 + \hat{\theta}_4 \quad (5.93)$$
$$\alpha_{2s} = \alpha_{2s1} + \alpha_{2s2}$$
$$\alpha_{2s1} = -k_2 e_2$$

式中，$k_2 > 0$ 为控制器设计参数。综合设计反馈增益 k_1 及 k_2 足够大以使如下定义的矩阵 Λ_2 为正定矩阵：

$$\Lambda_2 = \begin{bmatrix} k_1 & -\dfrac{1}{2} \\ -\dfrac{1}{2} & k_2 \end{bmatrix} \quad (5.94)$$

定义控制函数 α_2 与虚拟控制输入 x_3 之间的偏差为 $e_3 = x_3 - \alpha_2$，并将式(5.93)代入式(5.82)可得

$$m\dot{e}_2 = Ae_3 - k_2 e_2 + \alpha_{2s2} - \tilde{\theta}^{\mathrm{T}}\varphi_2 + \theta_1\tilde{z}_1 - \theta_2 N(x_2)\tilde{z}_2 + \tilde{d}(t) \quad (5.95)$$

式中

$$\varphi_2 \overset{\text{def}}{=\!=} [-\hat{z}_1, N(x_2)\hat{z}_2, -x_2, -1, 0, 0, 0, 0, 0, 0]^{\mathrm{T}} \quad (5.96)$$

由式(5.95)可设计 α_{2s2} 满足如下的镇定条件：

$$e_2\{\alpha_{2s2} - \tilde{\theta}^{\mathrm{T}}\varphi_2 + \theta_1\tilde{z}_1 - \theta_2 N(x_2)\tilde{z}_2 + \tilde{d}(t)\} \leqslant \varepsilon_2 \quad (5.97)$$
$$e_2\alpha_{2s2} \leqslant 0 \quad (5.98)$$

式中，ε_2 为可任意小的正的控制器设计参数。由式(5.97)可知，设计的 α_{2s2} 为一个鲁棒控制器，这里 α_{2s2} 设计为

$$\alpha_{2s2} = -k_{s2}e_2 \overset{\text{def}}{=\!=} -\frac{h_2 + 1}{4\varepsilon_2}e_2 \quad (5.99)$$

式中，h_2 为任意小的函数并且满足以下条件：

$$h_2 \geqslant [\|\theta_M\|\|\varphi_2\| + \theta_{1M}z_M + \theta_{2M}N(x_2)z_M]^2 \quad (5.100)$$

式中，$\theta_M = \theta_{\max} - \theta_{\min}$，$\theta_{1M} = \theta_{1\max} - \theta_{1\min}$，$\theta_{2M} = \theta_{2\max} - \theta_{2\min}$，$z_M = z_{\max} - z_{\min}$。

定义如下的李雅普诺夫函数：

$$V_2 = \frac{1}{2}me_2^2 + \frac{1}{2}e_1^2 \quad (5.101)$$

其时间微分为

$$\begin{aligned}\dot{V}_2 &= m\dot{e}_2 e_2 + e_1\dot{e}_1 \\ &= e_2 e_3 - k_1 e_1^2 + e_1 e_2 - k_2 e_2^2 + e_2\{\alpha_{2s2} - \tilde{\theta}^{\mathrm{T}}\varphi_2 + \theta_1\tilde{z}_1 - \theta_2 N(x_2)\tilde{z}_2 + \tilde{d}(t)\}\end{aligned} \quad (5.102)$$

第二步：由系统的第三个方程，且根据 e_3 的定义可知

$$\dot{e}_3 = \theta_5 f_1 u - \theta_6 f_2 - \theta_7 f_3 - \theta_8 f_1 - \theta_9 - \theta_{10} f_4 - \dot{\alpha}_2 + \tilde{q}(t) \quad (5.103)$$

为了简化，需要利用 α_2 的导数，也就是需要知道负载的加速度。对于未知参数 θ，采用如前所述的参数自适应律，与 α_2 的设计相似，实际控制律 u 设计为[13]

$$u = u_a + u_s$$

$$u_a = \frac{1}{\hat{\theta}_5 f_1}(\hat{\theta}_6 f_2 + \hat{\theta}_7 f_3 + \hat{\theta}_8 f_1 + \hat{\theta}_9 + \hat{\theta}_{10} f_4 + \dot{\alpha}_2) \quad (5.104)$$

$$u_s = \frac{1}{\theta_{5\min} f_1}(u_{s1} + u_{s2}), \quad u_{s1} = -k_3 e_3$$

式中，$k_3 > 0$ 为反馈增益，u_a 为具有在线参数自适应功能的可调整的模型补偿项，u_{s1} 为线性负定反馈项，用来稳定系统的名义模型，u_{s2} 为提高的非线性鲁棒反馈项，用来处理建模不确定性。综合设计反馈增益 k_1, k_2, k_3 足够大以使如下定义的矩阵 Λ_3 为正定矩阵：

$$\Lambda_3 = \begin{bmatrix} k_1 & -\dfrac{1}{2} & 0 \\ -\dfrac{1}{2} & k_2 & -\dfrac{1}{2}A \\ 0 & -\dfrac{1}{2}A & k_3 \end{bmatrix} \quad (5.105)$$

将控制器(5.104)代入式(5.103)，则 e_3 的动态变为

$$\dot{e}_3 = -\frac{\theta_5}{\theta_{5\min}}k_3 e_3 + \frac{\theta_5}{\theta_{5\min}}u_{s2} - \tilde{\theta}^{\mathrm{T}}\varphi_3 + \tilde{q}(t) \quad (5.106)$$

式中

$$\varphi_3 \overset{\text{def}}{=} [0,0,0,0,f_1 u_a, -f_2, -f_3, -f_1, -1, -f_4]^{\mathrm{T}} \quad (5.107)$$

由式(5.106)可设计 u_{s2} 满足如下的镇定条件：

$$e_3\{u_{s2} - \tilde{\theta}^{\mathrm{T}}\varphi_3 + \tilde{q}(t)\} \leqslant \varepsilon_3 \quad (5.108)$$

$$e_3 u_{s2} \leqslant 0 \quad (5.109)$$

式中，ε_3 为可任意小的正的控制器设计参数。

由式(5.108)可知，设计的 u_{s2} 为鲁棒控制器，这里鲁棒项 u_{s2} 设计为

$$u_{s2} = -k_{s3}e_3 \overset{\text{def}}{=} -\frac{h_3 + 1}{4\varepsilon_3}e_3 \quad (5.110)$$

式中，h_3 为任意小的函数并且满足以下条件：

$$h_3 \geqslant \|\theta_M\|^2 \|\varphi_3\|^2 \quad (5.111)$$

5.3.5　自适应控制器的性能

定理 5.2　如果时变建模误差 $\tilde{d} = \tilde{q} = 0$，即系统只存在参数不确定性和非线性摩擦，利用投影类型的自适应律(5.85)，自适应函数 $\tau = \varphi_2 e_2 + \varphi_3 e_3$，投影类型的状态观测器(5.83)和如下学习函数：

$$\eta_1 = x_2 - N(x_2)\hat{z}_1 - \gamma_1 e_2$$

$$\eta_2 = x_2 - N(x_2)\hat{z}_2 + \gamma_2 N(x_2)e_2 \tag{5.112}$$

式中，γ_1 和 γ_2 为学习增益。选择足够大的反馈增益 k_1, k_2 和 k_3 使矩阵 Λ 为正定矩阵：

$$\Lambda = \begin{bmatrix} k_1 & -\dfrac{1}{2} & 0 \\[2mm] -\dfrac{1}{2} & k_2 & -\dfrac{1}{2}A \\[2mm] 0 & -\dfrac{1}{2}A & k_3 \end{bmatrix} \tag{5.113}$$

此时提出的控制律(5.104)能够确保整个闭环系统的信号有界同时能够获得渐近输出跟踪性能，即当 $t \to \infty$ 时，$e_1 \to 0$。

证明　定义一个李雅普诺夫函数为

$$\begin{aligned} V_o &= \frac{1}{2}e_1^2 + \frac{1}{2}me_2^2 + \frac{1}{2}e_3^2 \\ &\quad + \frac{1}{2}\tilde{\theta}^{\mathrm{T}}\Gamma^{-1}\tilde{\theta} + \frac{1}{2}\theta_1\gamma_1^{-1}\tilde{z}_1^2 + \frac{1}{2}\theta_2\gamma_2^{-1}\tilde{z}_2^2 \end{aligned} \tag{5.114}$$

其导数为

$$\begin{aligned} \dot{V}_o &= e_1\dot{e}_1 + me_2\dot{e}_2 + e_3\dot{e}_3 \\ &\quad + \tilde{\theta}^{\mathrm{T}}\Gamma^{-1}\dot{\hat{\theta}} + \gamma_1^{-1}\theta_1\tilde{z}_1\dot{\tilde{z}}_1 + \gamma_2^{-1}\theta_2\tilde{z}_2\dot{\tilde{z}}_2 \end{aligned} \tag{5.115}$$

基于式(5.81)、式(5.95)和式(5.106)，以及条件 $\tilde{d}(t) = \tilde{q}(t) = 0$，则

$$\begin{aligned} \dot{V}_o &= -k_1 e_1^2 + e_1 e_2 - (k_2 + k_{s2})e_2^2 + Ae_2 e_3 - \frac{\theta_5}{\theta_{5\min}}(k_3 + k_{s3})e_3^2 \\ &\quad + \tilde{\theta}^{\mathrm{T}}\Gamma^{-1}\dot{\hat{\theta}} - \tilde{\theta}^{\mathrm{T}}\varphi_2 e_2 - \tilde{\theta}^{\mathrm{T}}\varphi_3 e_3 \\ &\quad + \gamma_1^{-1}\theta_1\tilde{z}_1\dot{\tilde{z}}_1 + \gamma_2^{-1}\theta_2\tilde{z}_2\dot{\tilde{z}}_2 + \theta_1\tilde{z}_1 e_2 - \theta_2 N(x_2)\tilde{z}_2 e_2 \end{aligned} \tag{5.116}$$

结合 τ 的定义，以及非线性增益 k_{s2} 和 k_{s3} 为正常数，可以给出以上等式的前两项的上界为

$$\begin{aligned} \dot{V}_o &\leqslant -k_1 e_1^2 + e_1 e_2 - k_2 e_2^2 + Ae_2 e_3 - k_3 e_3^2 \\ &\quad + \gamma_1^{-1}\theta_1\tilde{z}_1\dot{\tilde{z}}_1 + \gamma_2^{-1}\theta_2\tilde{z}_2\dot{\tilde{z}}_2 + \theta_1\tilde{z}_1 e_2 - \theta_2 N(x_2)\tilde{z}_2 e_2 \end{aligned} \tag{5.117}$$

由于式(5.113)中定义的矩阵 Λ 为正定的, 同时结合式(5.91)和式(5.92)给出的动态, 可得

$$
\begin{aligned}
\dot{V}_o \leqslant & -e^{\mathrm{T}} \Lambda e + \gamma_1^{-1} \theta_1 \tilde{z}_1 \{\dot{\tilde{z}}_1 - [x_2 - N(x_2)(\hat{z}_1 - \tilde{z}_1)]\} \\
& + \gamma_2^{-1} \theta_2 \tilde{z}_2 \{\dot{\tilde{z}}_2 - [x_2 - N(x_2)(\hat{z}_2 - \tilde{z}_2)]\} \\
& + \theta_1 \tilde{z}_1 e_2 - \theta_2 N(x_2) \tilde{z}_2 e_2
\end{aligned} \tag{5.118}
$$

式中, $e = [e_1, e_2, e_3]^{\mathrm{T}}$, 重新整理以上的不等式得

$$
\begin{aligned}
\dot{V}_o \leqslant & -e^{\mathrm{T}} \Lambda e + \gamma_1^{-1} \theta_1 \tilde{z}_1 [\dot{\hat{z}}_1 - x_2 + N(x_2)\hat{z}_1 + \gamma_1 e_2] \\
& + \gamma_2^{-1} \theta_2 \tilde{z}_2 [\dot{\hat{z}}_2 - x_2 + N(x_2)\hat{z}_2 - \gamma_2 N(x_2) e_2] \\
& - \gamma_1^{-1} \theta_1 N(x_2) \tilde{z}_1^2 - \gamma_2^{-1} \theta_2 N(x_2) \tilde{z}_2^2
\end{aligned} \tag{5.119}
$$

结合 η_1, η_2 的定义以及性质(5.89)和(5.90), 则以上等式的上界为

$$
\dot{V}_o \leqslant -e^{\mathrm{T}} \Lambda e - \gamma_1^{-1} \theta_1 N(x_2) \tilde{z}_1^2 - \gamma_2^{-1} \theta_2 N(x_2) \tilde{z}_2^2 \tag{5.120}
$$

由于 $N(x_2)$ 对于 x_2 恒为正, 则

$$
\dot{V}_o \leqslant -e^{\mathrm{T}} \Lambda e \leqslant -\lambda_{\min}(\Lambda)(e_1^2 + e_2^2 + e_3^2) \stackrel{\text{def}}{=\!=} -W \tag{5.121}
$$

式中, $\lambda_{\min}(\Lambda)$ 为矩阵 Λ 的最小特征值。从式(5.121)可以看出, $V_o \in L_\infty$, $W \in L_2$ 并且信号 e 有界。基于假设 5.1 可以推断 x 有界并且所有的非线性函数 f_1, f_2, f_3, f_4 有界。从式(5.86)可以看出, 投影类型的自适应律确保所有的估计参数有界。如文献[8]所述, 内部状态 z 始终有界, 也就意味着 z 的估计有界。因此, α_2 有界。从式(5.95)可以推断出, 负载的加速度有界, 进而 α_2 的导数有界。因此, 控制输入 u 有界。基于 e_1, e_2, e_3 的动态很容易推出的 W 导数有界, 因此 W 一致连续。根据 Barbalat 引理可得, 当 $t \to \infty$ 时 $W \to 0$, 进而证明了定理 5.2。

◆

定理 5.3　如果系统确实存在时变建模误差, 即 $\tilde{d} \neq \tilde{q} \neq 0$, 那么提出的控制律(5.104)能够保证闭环系统的所有信号有界, 正定李雅普诺夫函数:

$$
V(t) = \frac{1}{2} e_1^2 + \frac{1}{2} m e_2^2 + \frac{1}{2} e_3^2 \tag{5.122}
$$

有界, 且其界为

$$
V(t) \leqslant V(0) \exp(-\kappa t) + \varepsilon \frac{1 + \|\delta(t)\|_\infty}{\kappa} [1 - \exp(-\kappa t)] \tag{5.123}
$$

式中, $\varepsilon = \varepsilon_2 + \varepsilon_3$, 并且

$$
\begin{aligned}
& \kappa \stackrel{\text{def}}{=\!=} 2\lambda_{\min}(\Lambda) \min\{1, 1/m, 1\} \\
& \delta(t) \stackrel{\text{def}}{=\!=} \max\{\delta_1^2(t), \delta_2^2(t)\}
\end{aligned} \tag{5.124}
$$

证明　若系统存在时变建模误差，对式(5.122)定义的 V 求导得

$$
\begin{aligned}
\dot{V} = &-k_1 e_1^2 + e_1 e_2 - (k_2 + k_{s2})e_2^2 + A e_2 e_3 - \frac{\theta_5}{\theta_{5\min}}(k_3 + k_{s3})e_3^2 \\
&-\tilde{\theta}^{\mathrm{T}}\varphi_2 e_2 + \theta_1 \tilde{z}_1 e_2 - \theta_2 N(x_2)\tilde{z}_2 e_2 + \tilde{d}(t)e_2 - \tilde{\theta}^{\mathrm{T}}\varphi_3 e_3 + \tilde{q}(t)e_3
\end{aligned}
\tag{5.125}
$$

注意到 $\theta_5/\theta_{5\min}>1$，则

$$
\begin{aligned}
\dot{V} \leqslant &-k_1 e_1^2 + e_1 e_2 - k_2 e_2^2 + A e_2 e_3 - k_3 e_3^2 \\
&-\frac{h_2}{4\varepsilon_2}e_2^2 - e_2[\tilde{\theta}^{\mathrm{T}}\varphi_2 - \theta_1 \tilde{z}_1 + \theta_2 N(x_2)\tilde{z}_2] - \frac{1}{4\varepsilon_2}e_2^2 + \tilde{d}(t)e_2 \\
&-\frac{h_3}{4\varepsilon_3}e_3^2 - \tilde{\theta}^{\mathrm{T}}\varphi_3 e_3 - \frac{1}{4\varepsilon_3}e_3^2 + \tilde{q}(t)e_3
\end{aligned}
\tag{5.126}
$$

结合 h_2 的条件，则以上等式的第二项的上界为

$$
\begin{aligned}
&-\frac{h_2 e_2^2}{4\varepsilon_2} - e_2[\tilde{\theta}^{\mathrm{T}}\varphi_2 - \theta_1 \tilde{z}_1 + \theta_2 N(x_2)\tilde{z}_2] - \frac{e_2^2}{4\varepsilon_2} + e_2 \tilde{d}(t) \\
&\leqslant \varepsilon_2 + \varepsilon_2 \delta_1^2(t)
\end{aligned}
\tag{5.127}
$$

因此 $\dot{V}$ 变为

$$
\begin{aligned}
\dot{V} \leqslant &-e^{\mathrm{T}}\Lambda e + \varepsilon + \varepsilon_2 \delta_1^2(t) + \varepsilon_3 \delta_2^2(t) \\
\leqslant &-\lambda_{\min}(\Lambda)(e_1^2 + e_2^2 + e_3^2) + \varepsilon + \varepsilon\delta(t) \leqslant -\kappa V + \varepsilon + \varepsilon\delta(t)
\end{aligned}
\tag{5.128}
$$

可得式(5.123)，因此信号 e 有界。与定理 5.2 的证明相似，可以很容易证明 u 的有界性。

◆

5.3.6　对比实验验证

为了考核所设计的控制器的性能和研究结合非线性摩擦补偿的液压系统高精度跟踪控制的重要问题，本节利用图 5.12 所示的实验平台加以验证。控制器的简化及参数选取可以参见文献[13]。所需的速度信号由安装于系统的高精度旋转编码器所测的位置信号向后差分所得，加速度信号由位置信号两次向后差分并经过二阶巴特沃思滤波器滤波所得。

为了考核所提出的控制器的性能，进行了以下四个控制器的比较。

(1) ALuGre：本节提出的基于改进型 LuGre 模型的自适应摩擦补偿控制器。为了简化，非线性控制函数 $\alpha_{2s}=-(k_2+k_{s2})e_2$ 和 $u_s=-(k_3+k_{s3})e_3$ 可以改为 $\alpha_{2s}=-K_2 e_2$ 和 $u_s=-K_3 e_3$，通过选取足够大的反馈增益 K_2，K_3 来保证系统稳定，至少能保证在将要跟踪的理想轨迹附近局部稳定。实验中，液压系统参数为 $m=0.327\mathrm{kg}$，$A=1.2\times10^{-4}\mathrm{m}^2$，

图 5.12　液压马达实验平台

$V_{01}=V_{02}=1.15\times10^{-4}\text{m}^3$, P_s=10MPa, P_r=0MPa, 控制器增益为 k_1=1500, K_2=200, K_3=25。式(5.73)中定义的非线性函数 $g(x_2)$ 选取为 $g(x_2)$=5×10^{-4}×[tanh(15x_2)−tanh(1.5x_2)]+3.5×10^{-4}×tanh(900x_2)。θ 的初始估计值为 $\hat{\theta}(0)$ = [0, 250, 140, 0, 27.53, 1.15×10^9, 2.7×10^{-3}, 0, 0, 0]^{T}。z 的初始估计值为 $\hat{z}_1(0)=\hat{z}_2(0)=0$。$\theta$ 的界限选为 $\theta_{\max}$=[1×10^7, 1000, 1000, 100, 35, 1.4×10^9, 0.07, 2, 4×10^8, 0.025]^{T}, $\theta_{\min}$=[0, 0, 0, −100, 25, 7×10^8, 0, −4, −4×10^8, −0.025]^{T}。z 的估计的界限选为 $z_{\max}$=4×10^{-3}, $z_{\min}=-4\times10^{-3}$。对角自适应律矩阵选为 Γ=diag{1×10^8, 1×10^4, 1000, 600, 0.01, 230, 1×10^{-17}, 1.3×10^{-12}, 13, 1.3×10^{-15}}。γ_1, γ_2 取为 γ_1=1×10^{-5}, γ_2=1×10^{-5}。

(2) AC：自适应反步控制器，类似于提出的 ALuGre 控制器，但是没有摩擦补偿。为了验证提出的摩擦补偿方法的有效性，令 $\hat{z}_1(0)=\hat{z}_2(0)=0$ 以及 $\gamma_1=\gamma_2$=0。AC 中其他的控制器参数值和 ALuGre 中相应的控制器参数值一样，基于所提出的非线性模型(5.78)进行设计。

(3) FLC：反馈线性化控制器，与 AC 类似，但是没有参数的自适应，这是为了验证提出的非线性模型和参数自适应的有效性。其中 $\hat{\theta}=\hat{\theta}(0)$, Γ=0，FLC 中的其他控制器参数和 AC 中相应的控制器参数一样。

(4) PIVF：基于速度前馈补偿的 PI 控制器，其中 P 增益为 k_P=250、I 增益为 k_I=2000，基于开环辨识方法选取速度前馈增益 k_v 为 0.67V·s/rad。

为了评估控制算法的性能，利用文献[13]中的最大跟踪误差 M_e、平均跟踪误差 μ 以及跟踪误差的标准差 σ 作为性能指标。

选取光滑运动指令：x_{1d}=10[1−cos(3.14t)][1−exp(−t)]°，指令的最大速度为 31.4°/s。通过图 5.11 所示的静态摩擦曲线可以看出，这个期望跟踪的指令完全符合系统的非线性摩擦行为，因此可以有效地评估所提出的控制器的性能。

下面对这四个控制器跟踪上述光滑运动指令时的性能进行对比分析。

ALuGre 及其他三个控制器的跟踪性能如图 5.13 和图 5.14 所示，其最后两个周期的性能指标如表 5.1 所示。所有结果表明，所提出的 ALuGre 在瞬态和稳态跟踪性能方面优于其他三个控制器。通过比较 ALuGre 和 AC 的性能可以看出，基于改进 LuGre 模型的自适应摩擦补偿控制器能有效镇压非线性摩擦的影响，通常由非线性摩擦引起的爬坡现象出现在 AC 的跟踪误差中而没有出现在 ALuGre 的跟踪误差中。图 5.15 为 ALuGre 作用下系统的压力曲线。通过图 5.16 可以看出，ALuGre 的参数估计的趋近性比较好，从而可以验证所提出的非线性系统模型尤

表 5.1　最后两个周期的性能指标

控制器	M_e	μ	σ
PIVF	0.0903	0.0531	0.0274
FLC	0.0663	0.0200	0.0132
AC	0.0123	0.0030	0.0024
ALuGre	0.0081	0.0019	0.0015

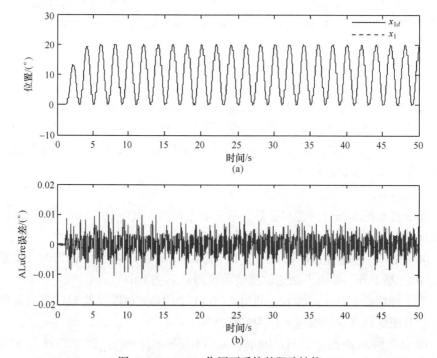

图 5.13　ALuGre 作用下系统的跟踪性能

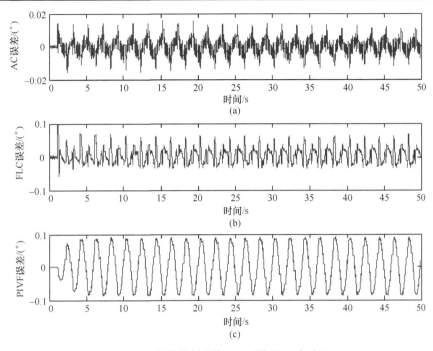

图 5.14　其他控制器作用下系统的跟踪误差

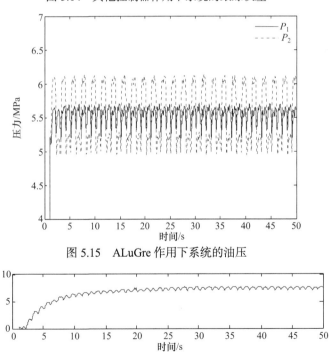

图 5.15　ALuGre 作用下系统的油压

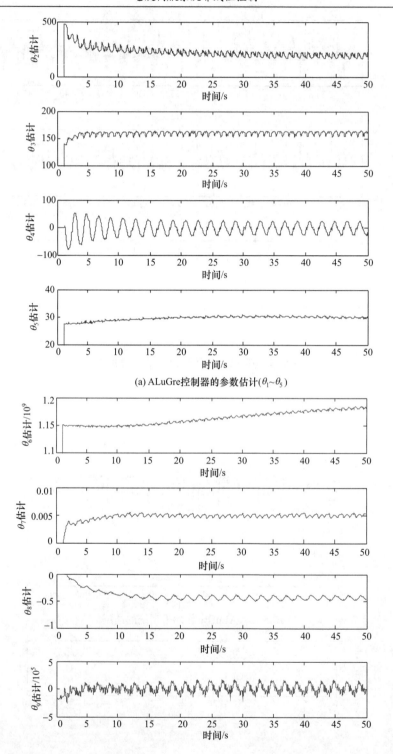

(a) ALuGre控制器的参数估计($\theta_1 \sim \theta_5$)

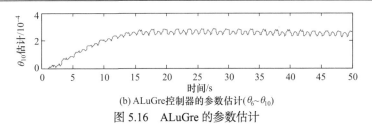

(b) ALuGre控制器的参数估计($\theta_6 \sim \theta_{10}$)

图 5.16　ALuGre 的参数估计

其是所利用的孔口类型的内部摩擦模型的有效性。通过参数估计的不断收敛，系统的跟踪性能逐步提高，这表明系统中参数自适应在处理参数不确定方面的有效性。传统线性的 PIVF 的跟踪性能比简单的基于非线性模型的 FLC 的跟踪性能还要差，从而可以验证基于非线性模型设计控制器的优势。所提出的 ALuGre 的控制输入如图 5.17 所示，从图中可以看出，它是有规律并且有界的。

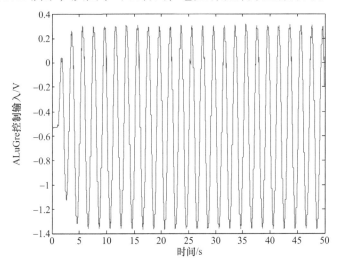

图 5.17　ALuGre 的控制输入

为了进一步验证所提出的基于改进型 LuGre 模型的自适应摩擦补偿控制器的低速跟踪性能，在实验中采用低速运动轨迹 $x_{1d}=10[1-\cos(0.628t)][1-\exp(-t)]°$。这种指令因速度很慢而使得非线性摩擦力主要集中在 Stribeck 效应区域，从而使一般的液压伺服系统很难跟踪。因此，在这个环节，非线性摩擦为影响跟踪性能的主导因素，从而能够验证基于所提出的摩擦补偿的控制器的有效性。

下面对这四个控制器跟踪低速指令时的性能进行对比分析。

ALuGre 及其他三个控制器 AC、FLC 和 PIVF 的低速跟踪性能如图 5.18 和图 5.19 所示，其最后一个周期的性能指标如表 5.2 所示。即使对这样一个强非线性影响下的低速指令，所提出的 ALuGre 中的摩擦补偿仍能够补偿未知影响，相比于 AC，其稳态误差因参数自适应的作用而比较小，而 AC 中大的爬坡现象恶化了最大跟踪误差的性能指标 M_e。由于 ALuGre 中的参数估计、压力和控制输入是正常的，在这里忽略了对它们的进一步描述。从表 5.2 可以看出，传统线性 PIVF 的所有性能指标均比 AC 差，但是比非线性 FLC 好。在低速跟踪过程中，液压动态的影响比较小，可以看成一个扰动，因而在 PIVF 中增大 I 增益就能够镇压这个扰动。在一些情况下，基于名义参数的非线性 FLC 的性能可能会弱于传统线性控制器 PIVF。但是，如 AC 和 ALuGre 中所采用的参数自适应方法可以提高其跟踪性能。

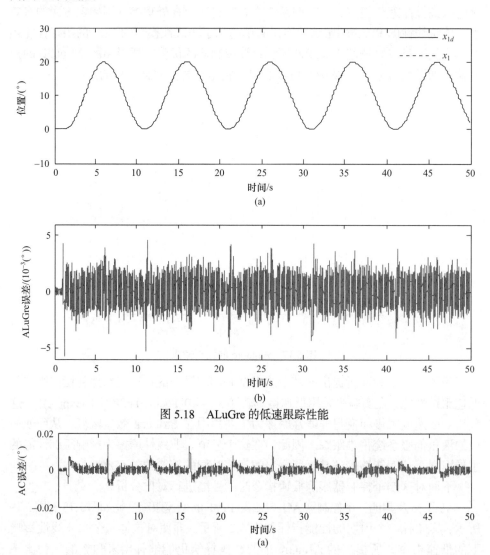

图 5.18　ALuGre 的低速跟踪性能

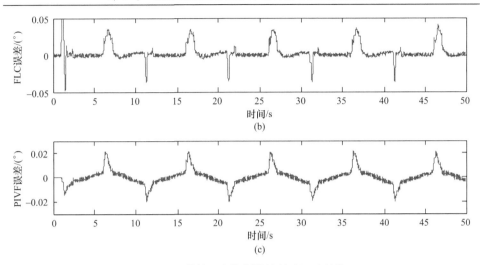

图 5.19　其他三个控制器的低速跟踪性能

表 5.2　最后一个周期的性能指标

控制器	M_e	μ	σ
PIVF	0.0213	0.0044	0.0047
FLC	0.0414	0.0050	0.0092
AC	0.0125	0.0013	0.0016
ALuGre	0.0041	0.0008	0.0006

5.4　本章小结

本章分析了摩擦对电液伺服系统低速性能的影响，介绍了几种常见的静态及动态摩擦模型。基于最常用的动态摩擦模型，提出了基于 LuGre 模型的自适应鲁棒控制器，针对系统的不可测量状态，设计了基于不同特性的双观测器以估计系统不可测量状态，并给出了该摩擦模型补偿控制器的性能定理。仿真结果表明，该控制器具有优良的低速伺服性能。针对基于动态模型的控制器的缺点，即该控制器的强假设条件，结合新型连续可微的静态摩擦模型提出了改进型 LuGre 模型，其 Stribeck 效应由连续可微函数所代替，进行了基于改进型 LuGre 模型的自适应摩擦补偿控制器的设计，并给出了其性能定理。实验结果表明，所提出的控制器能有效补偿动态摩擦行为，并提高其低速跟踪性能。在实际中，所提出的控制器可以方便地应用于其他液压系统中。

参 考 文 献

[1] Armstrong-Helouvry B, Dupont P, de Wit C C. A survey of models, analysis tools and compensation methods for the control of machines with friction. Automatica, 1994, 30(7): 1083-1138.

[2] de Wit C C, Carillo J. A modified EW-RLS algorithm for systems with bounded disturbance. Automatica, 1990, 26(3): 599-606.

[3] de Wit C C, Noerö L P, Auban A, et al. Adaptive friction compensation in robot manipulators: Low velocities. International Journal of Robotics Research, 1991, 10(3): 189-199.

[4] Hess D P, Soom A. Friction at a lubricated line contact operating at oscillating sliding velocity. Journal of Tribology, 1990, 112(1): 147-152.

[5] Dahl P R. Solid friction damping of spacecraft vibrations. Proceedings of AIAA Guidance and Control Conference, Boston, 1975: 75-1104.

[6] Dahl P R. Solid friction damping of mechanical vibrations. AIAA Journal, 1976, 14(12): 1675-1682.

[7] Haessig D A, Friedland B. On the modeling and simulation of friction. ASME Journal of Dynamic Systems, Measurement, and Control, 1991, 113(3): 354-362.

[8] de Wit C C, Olsson H, Åström K J, et al. A new model for control of systems with friction. IEEE Transactions on Automatic Control, 1995, 117(1): 8-14.

[9] Swevers J, Al-Bencer F, Ganseman C G, et al. An integrated friction model structure with improved presliding behavior for accurate friction compensation. IEEE Transactions on Automatic Control, 2000, 45(4): 675-686.

[10] Lu L, Yao B, Wang Q, et al. Adaptive robust control of linear motors with dynamic friction compensation using modified LuGre model. Automatica, 2009, 45(12): 2890-2896.

[11] Yanada H, Sekikawa Y. Modeling of dynamic behaviors of friction. Mechatronics, 2008, 18(7): 330-339.

[12] Makkar C, Dixon W E, Sawyer W G, et al. A new continuously differentiable friction model for control systems design. Proceedings of IEEE/ASME International Conference on Advanced Intelligent Mechatronics, Monterey, 2005: 600-605.

[13] Yao J, Deng W, Jiao Z. Adaptive control of hydraulic actuators with LuGre model based friction compensation. IEEE Transactions on Industrial Electronics, 2015, 62(10): 6469-6477.

第 6 章　电液伺服系统重复控制

本章讨论电液伺服系统的重复控制问题。对于电液伺服系统执行重复性工作时，其期望的跟踪信号往往具有周期性，典型的周期信号如三角函数等。因此，对于此类电液伺服系统，重复控制是最理想的控制策略之一。正是基于期望信号的周期性，重复控制器经由上一个控制周期的学习，进而在下一个周期的控制中通过适当地调整控制输入，以补偿在上一周期中学习到的系统的周期性干扰，依此循环递推，逐步减小系统的跟踪误差，提升系统的伺服性能。

6.1　传统的重复控制策略

当系统的非线性模型精确已知时，各种基于模型的非线性控制策略已被广泛研究，并获得了良好的控制性能，如反演设计[1]等。但是对于实际系统，其非线性模型精确已知往往是不现实的，系统存在诸多不确定性，当仅含有参数不确定性时，自适应控制成为首选解决方案。但不可避免地，任何建模都存在建模误差，因此系统必然还存在大量的不确定性非线性。基于此，各种鲁棒控制器被广泛提出，然而不可回避的一点是，鲁棒控制器的设计都是保守性设计，其控制律是激进的，且具有较强的侵略性，可能会造成系统的高增益反馈激励高频动态，对系统的稳定性不利。当系统跟踪周期信号时，系统的状态也将呈现周期性，此时在系统的不确定非线性中，仅与系统状态有关的不确定性非线性必然也具有周期性，如果基于此设计合理的重复控制器，学习这类周期性的不确定性非线性，进而在下一个控制周期中补偿该周期性干扰，依此循环，则必然可以进一步提升系统的性能。

重复控制器[2-9]正是为处理这些周期性不确定而提出的。该控制器最大的优势在于对系统模型的依赖性很低，已大量成功应用于具有周期性任务的场景，尤其是测试设备中。其核心思想是：基于上一周期的误差信号调整当前输入进而提升当前周期内的跟踪性能，并以此迭代循环。由此看来，重复控制与迭代控制[5, 10]非常类似。传统的重复控制缺乏有效的稳定性分析，因此在其提出之初更多的只是用于线性系统或可线性化的系统。Sadegh 等首先严格分析了非线性重复控制的稳定性问题[4]，但仅针对于周期性干扰。Xu 等结合滑模控制器，提出了一种鲁棒的迭代学习控制策略，解决了非线性重复控制的稳定性问题[11]。但是该策略丧失了系统的暂态性能，且为了获得渐近稳定性，该控制器中包含了切换函数，可能引发系统颤振。

由第 3 章设计的自适应鲁棒控制器的过程可知，该策略可以通过受控的学习过程以保证参数自适应是稳定的，同时可针对不确定性非线性设计鲁棒控制器以保证系统全局稳定。因此，可以将自适应鲁棒控制与重复控制相结合[12, 13]，提出针对电液伺服系统的自适应鲁棒重复控制器，同时解决传统重复控制对系统硬件占用率高、噪声敏感等问题。

以下以一个简单的非线性系统为例，分析重复控制器的设计流程及其存在的问题。考虑如下的非线性系统：

$$\dot{x} = u - \varphi(x) + d(x,t) \tag{6.1}$$

式中，$\varphi(x)$代表只与状态 x 有关的未知的非线性函数(不可参数线性化的)，且连续可微；$d(x,t)$代表集中的建模误差及外干扰。并假设 $\varphi(x)$ 及 $d(x,t)$有界，并描述为

$$\varphi(x) \in \Omega_\varphi \stackrel{\text{def}}{=} \{\varphi(x) : \varphi_{\min} \leqslant \varphi \leqslant \varphi_{\max}\}$$
$$d(x,t) \in \Omega_d \stackrel{\text{def}}{=} \{d(x,t) : |d(x,t)| \leqslant d_{\max}(x,t)\} \tag{6.2}$$

式中，$\varphi_{\min}$, $\varphi_{\max}$ 分别表示非线性函数 $\varphi(x)$的确定界；$d_{\max}(x,t)$表示 $d(x,t)$的确定界。

对于重复控制，假设期望的指令信号 $x_d(t)$是周期性的，即

$$x_d(t-T) = x_d(t) \tag{6.3}$$

式中，T 为信号周期。

基于此可知，函数 $\varphi(x_d)$也是周期性的，并记为 $\varphi_d(t)$，即

$$\varphi_d(t-T) = \varphi_d(t) \tag{6.4}$$

令 $\hat{\varphi}_d$ 代表对非线性函数 $\varphi_d(t)$的估计，$\tilde{\varphi}_d$ 为估计误差，给定如下受控的估计过程：

$$\hat{\varphi}_d = \text{Proj}(\hat{\varphi}_d(t-T) - \Gamma z) \tag{6.5}$$

式中，$\Gamma > 0$ 为估计增益，$z = x - x_d$ 为跟踪误差，映射函数定义为

$$\text{Proj}_{\hat{\varphi}}(\bullet) = \begin{cases} \varphi_{\max}(t), & \bullet > \varphi_{\max}(t) \\ \varphi_{\min}(t), & \bullet < \varphi_{\min}(t) \\ \bullet, & \text{其他} \end{cases} \tag{6.6}$$

使用此映射函数可使非线性函数的估计过程是受控的，且有如下的引理。

引理 6.1   不连续映射(6.6)具有如下性质：

$$\hat{\varphi}_d \in \Omega_\varphi = \{\hat{\varphi}_d(t) : \varphi_{\min}(t) \leqslant \hat{\varphi}_d \leqslant \varphi_{\max}(t)\} \tag{6.7}$$

$$\tilde{\varphi}_d(t)\{\Gamma^{-1}[\text{Proj}_{\hat{\varphi}}(\hat{\varphi}_d(t-T) - \Gamma z) - \hat{\varphi}_d(t-T)] + z\} \leqslant 0 \tag{6.8}$$

证明   此证明过程与引理 3.1 的证明相同，在此省略。

♦

针对非线性系统(6.1)，使用非线性估计(6.5)，借鉴自适应鲁棒控制器的结构，则可设计如下的自适应鲁棒重复控制器：

$$u = u_a + u_s, \quad u_a = \hat{\varphi}_d + \dot{x}_d \tag{6.9}$$

使用此控制器，则系统的误差动态为

$$\dot{z} = \dot{x} - \dot{x}_d = u_s + \hat{\varphi}_d - \varphi_d + \varphi_d - \varphi(x) + d(x,t)$$
$$= u_s + \tilde{\varphi}_d + \Delta\varphi + d(x,t) \tag{6.10}$$

式中

$$\Delta\varphi \stackrel{\text{def}}{=\!=} \varphi_d - \varphi(x) \tag{6.11}$$

又由于非线性函数 φ 为连续可微的函数，所以由中值定理(mean value theorem)可知

$$|\Delta\varphi| = |\varphi_d - \varphi| \leqslant \rho(x,t)|z| \tag{6.12}$$

式中，ρ 为已知函数。

因此，可设计鲁棒控制器 u_s 有如下结构：

$$u_s = u_{s1} + u_{s2}, \quad u_{s1} = -k_s z \tag{6.13}$$

式中，$k_s > 0$ 为控制器反馈增益，且满足如下不等式：

$$k_{s1} \geqslant k + \rho(x,t), \quad \forall x,t \tag{6.14}$$

式中，$k > 0$ 为控制器增益。

令 u_{s2} 满足如下条件：

$$z[\tilde{\varphi}_d + d(x,t) + u_{s2}] \leqslant \varepsilon \tag{6.15}$$

$$zu_{s2} \leqslant 0 \tag{6.16}$$

式中，ε 为任意小的正数。由式(6.15)可知，设计的 u_{s2} 为鲁棒控制器，其设计实例可参照引理 3.3 给出。

在介绍自适应鲁棒重复控制器的性能定理之前，先给出如下引理。

引理 6.2　定义如下的函数 $P(t)$：

$$P(t) = \int_{t-T}^{t} \tilde{\varphi}_d^2(\tau) \mathrm{d}\tau \tag{6.17}$$

则该函数恒为正，且其时间微分为

$$\frac{\mathrm{d}P(t)}{\mathrm{d}t} = 2[\hat{\varphi}_d(t) - \hat{\varphi}_d(t-T)]\tilde{\varphi}_d(t) - [\hat{\varphi}_d(t) - \hat{\varphi}_d(t-T)]^2 \tag{6.18}$$

证明　函数(6.17)恒为正是显然的，下面证明其时间微分等式。

$$\frac{\mathrm{d}P(t)}{\mathrm{d}t} = \tilde{\varphi}_d^2(t)\Big|_{t-T}^{t} = \tilde{\varphi}_d^2(t) - \tilde{\varphi}_d^2(t-T) = [\tilde{\varphi}_d(t) - \tilde{\varphi}_d(t-T)][\tilde{\varphi}_d(t) + \tilde{\varphi}_d(t-T)]$$
$$= [\hat{\varphi}_d(t) - \varphi_d(t) - \hat{\varphi}_d(t-T) + \varphi_d(t-T)][\tilde{\varphi}_d(t) + \tilde{\varphi}_d(t-T)] \tag{6.19}$$

又由式(6.4)可得

$$\frac{\mathrm{d}P(t)}{\mathrm{d}t} = [\hat{\varphi}_d(t) - \hat{\varphi}_d(t-T)][\tilde{\varphi}_d(t) + \tilde{\varphi}_d(t-T)]$$

$$= [\hat{\varphi}_d(t) - \hat{\varphi}_d(t-T)][2\tilde{\varphi}_d(t) - \tilde{\varphi}_d(t) + \tilde{\varphi}_d(t-T)]$$

$$= 2\tilde{\varphi}_d(t)[\hat{\varphi}_d(t) - \hat{\varphi}_d(t-T)] + [\hat{\varphi}_d(t) - \hat{\varphi}_d(t-T)][\tilde{\varphi}_d(t-T) - \tilde{\varphi}_d(t)] \qquad (6.20)$$

$$= 2\tilde{\varphi}_d(t)[\hat{\varphi}_d(t) - \hat{\varphi}_d(t-T)]$$

$$\quad + [\hat{\varphi}_d(t) - \hat{\varphi}_d(t-T)][\hat{\varphi}_d(t-T) - \varphi_d(t-T) - \hat{\varphi}_d(t) + \varphi_d(t)]$$

进一步可得

$$\frac{\mathrm{d}P(t)}{\mathrm{d}t} = 2\tilde{\varphi}_d(t)[\hat{\varphi}_d(t) - \hat{\varphi}_d(t-T)] - [\hat{\varphi}_d(t) - \hat{\varphi}_d(t-T)]^2 \qquad (6.21)$$

由此证明了引理 6.2。

◆

基于此引理，可得如下的自适应鲁棒重复控制器的性能定理。

定理 6.1 使用学习策略(6.5)，则自适应鲁棒重复控制器(6.9)有如下性质。

A. 闭环控制器中所有信号都是有界的，且定义如下的李雅普诺夫函数：

$$V_s = \frac{1}{2}z^2 \qquad (6.22)$$

满足如下的不等式：

$$V_s \leqslant \exp(-2kt)V_s(0) + \frac{\varepsilon}{2k}[1 - \exp(-2kt)] \qquad (6.23)$$

B. 如果在某一时刻 t_0 之后，系统只存在周期性不确定性，即 $\tilde{d} = 0$，那么此时除了结论 A，控制器(6.9)还可以获得渐近跟踪性能，即当 $t \to \infty$ 时，$z \to 0$。

证明 由式(6.10)，并由条件(6.14)和(6.15)，可得 V_s 的时间微分为

$$\dot{V}_s \leqslant z\dot{z} = z[-k_{s1}z + \Delta\varphi + u_{s2} + \tilde{\varphi}_d + d(x,t)]$$

$$= z[\tilde{\varphi}_d + d(x,t) + u_{s2}] + z[-k_{s1}z + \Delta\varphi]$$

$$\leqslant \varepsilon - kz^2 - \rho z^2 + \Delta\varphi z \qquad (6.24)$$

$$\leqslant \varepsilon - 2kV_s$$

由此可得不等式(6.23)，因此 z 是有界的，且系统期望的位置及速度指令也是有界的，进而可得闭环控制器所有信号都是有界的。由此证明了结论 A。

下面考虑结论 B 的证明。定义如下的函数：

$$V_a = V_s + \frac{1}{2}\Gamma^{-1}P \qquad (6.25)$$

由引理 6.2 可知，函数 V_a 是一个有效的李雅普诺夫函数，并结合式(6.18)及式(6.10)，可得 V_a 的时间微分为

$$\dot{V}_a = \dot{V}_s + \frac{1}{2}\Gamma^{-1}\dot{P}$$

$$= z(u_{s2} - k_s z + \tilde{\varphi}_d + \Delta\varphi) + \tilde{\varphi}_d(t)\Gamma^{-1}[\hat{\varphi}_d(t) - \hat{\varphi}_d(t-T)] \qquad (6.26)$$

$$- \frac{1}{2}\Gamma^{-1}[\hat{\varphi}_d(t) - \hat{\varphi}_d(t-T)]^2$$

由式(6.14)及式(6.16)，则有

$$\dot{V}_a \leqslant -kz^2 + \tilde{\varphi}_d\{\Gamma^{-1}[\hat{\varphi}_d(t) - \hat{\varphi}_d(t-T)] + z\} - \frac{1}{2}\Gamma^{-1}[\hat{\varphi}_d(t) - \hat{\varphi}_d(t-T)]^2$$
$$\leqslant -kz^2 + \tilde{\varphi}_d\{\Gamma^{-1}[\hat{\varphi}_d(t) - \hat{\varphi}_d(t-T)] + z\} \qquad (6.27)$$

由引理 6.1 可知

$$\dot{V}_a \leqslant -kz^2 \qquad (6.28)$$

因此 $z \in L_2$，又由式(6.10)可知，$\dot{z} \in L_\infty$，所以 z 一致连续，由 Barbalat 引理[1]可知，当 $t \to \infty$ 时，$z \to 0$，由此证明了结论 B。

◆

由性能定理 6.1 可知，将第 3 章设计的自适应鲁棒控制与重复控制相结合，可得到较好的控制性能，既保证了重复控制器是稳定的，同时又保证了系统的暂态性能，当系统只存在周期性不确定性非线性时，还可以获得渐近稳定性。但是该自适应鲁棒控制器存在如下的执行问题。

(1) 由式(6.5)给出的学习过程可知，在执行该重复控制器时，需要保存上一个周期 T 内的非线性函数 φ 的全部信息。对于工业应用，由于其采样频率较低，所以保存这些信息尚不是难事，但是对于高频宽的电液伺服系统，其系统的采样频率一般都较高，采样周期一般都在 1ms 以下，如果全部保存这些信息，则对系统的内存、计算量提出了严峻的挑战。这也是重复控制在高频伺服系统使用较少的原因之一。

(2) 重复控制也对系统噪声过于敏感。由定理 6.1 的结论 B 可知，随着时间的推移，系统的跟踪误差越来越小，在实际操作中，当跟踪误差小到一定程度后，将被噪声湮没。在此之后，重复控制器学习的将是系统噪声，并在下一周期内补偿系统噪声，即学习随机信号以补偿随机信号，此种学习机制可能会引起系统的颤振。

(3) 重复控制基于非线性函数 φ 的结构形式已知。

因此，需要进一步优化设计的自适应鲁棒重复控制器，以达到易于执行且对噪声不敏感的目的。

由控制器的设计过程可知，重复实质上是对一个周期内的不确定性进行学习，从这点上来看，其与自适应控制有些类似，都是学习系统的某些信息，进而设计控制器以提升系统性能。文献[13]对重复控制进行了详细的分析，并从理论上证明了重复控制本质就是对周期性的不确定性非线性进行无穷多个参数化后的自适应控制。基于此思想，可以进一步优化设计的自适应鲁棒重复控制器。

6.2　电液伺服系统自适应鲁棒重复控制

基于周期信号的特性(6.3)，定义状态变量 x 如式(3.1)，则电液伺服系统非线性方程(3.2)可化为

$$
\begin{aligned}
\dot{x}_1 &= x_2 \\
m\dot{x}_2 &= x_3 - Bx_2 - \varphi(x_1, x_2) + d(x_1, x_2, t) \\
\dot{x}_3 &= \left(\frac{A_1}{V_1}R_1 + \frac{A_2}{V_2}R_2\right)g\beta_e u - \left(\frac{A_1^2}{V_1} + \frac{A_2^2}{V_2}\right)\beta_e x_2 - \left(\frac{A_1}{V_1} + \frac{A_2}{V_2}\right)\beta_e C_t P_L
\end{aligned}
\tag{6.29}
$$

为简化控制器的设计，更加清楚地阐述自适应鲁棒重复控制器的设计思想，假设系统的参数均已知，系统仅存在只与状态 x 有关的连续可微的不确定性非线性函数 φ 以及建模误差 $d(x, t)$。当然，如果所面临的系统的动态方程中确实含有未知参数，则可由第 3 章及本节讨论的方法很方便地处理。基于此，定义如下的非线性函数：

$$
\begin{aligned}
g_3(x) &= \left(\frac{A_1}{V_1}R_1 + \frac{A_2}{V_2}R_2\right)g\beta_e > 0, \quad \forall x \\
f_3(x) &= \left(\frac{A_1^2}{V_1} + \frac{A_2^2}{V_2}\right)\beta_e x_2 + \left(\frac{A_1}{V_1} + \frac{A_2}{V_2}\right)\beta_e C_t P_L
\end{aligned}
\tag{6.30}
$$

由此并结合定义式(6.11)，则方程(6.29)可化为

$$
\begin{aligned}
\dot{x}_1 &= x_2 \\
m\dot{x}_2 &= x_3 - Bx_2 - \varphi_d(x) + \Delta\varphi + d(x_1, x_2, t) \\
\dot{x}_3 &= g_3(x)u - f_3(x)
\end{aligned}
\tag{6.31}
$$

式中，$\Delta\varphi$ 仍据均值定理满足不等式(6.12)，即 $|\Delta\varphi| = |\varphi_d - \varphi| \leqslant \rho(x_1, x_2, t)|z_2|$。

又由式(6.4)可知，$\varphi_d(t)$ 也是周期性的，对于确定性的周期 T，运用傅里叶展开可知

$$
\varphi_d(t) = \frac{A_0}{2} + \sum_{n=1}^{\infty}[A_n \cos(n\omega t) + B_n \sin(n\omega t)]
\tag{6.32}
$$

式中，$A_n, B_n(n=0,1,2,\cdots)$ 分别为其傅里叶三角展开的幅值；$\omega = 2\pi/T$。考虑到实际物理机械系统本身的动态就是一个低通滤波器，因此不失一般性地，式(6.32)可由有限个三角函数表示，即

$$\varphi_d(t) = \frac{A_0}{2} + \sum_{n=1}^{m} [A_n \cos(n\omega t) + B_n \sin(n\omega t)], \quad m < \infty \tag{6.33}$$

定义如下的基函数(basis function)：

$$\Phi = [1, \cos(\omega t), \sin(\omega t), \cos(2\omega t), \sin(2\omega t), \cdots, \cos(m\omega t), \sin(m\omega t)]^T \tag{6.34}$$

由此，可将式(6.33)参数线性化为

$$\varphi_d = \Phi^T \theta \tag{6.35}$$

式中，$\theta = [A_0/2, A_1, B_1, \cdots, A_m, B_m]^T$ 代表未知的傅里叶三角函数的幅值。

基于式(6.35)，则系统方程(6.31)可化为

$$\begin{aligned}
\dot{x}_1 &= x_2 \\
m\dot{x}_2 &= x_3 - Bx_2 - \Phi^T\theta + \Delta\varphi + d(x_1, x_2, t) \\
\dot{x}_3 &= g_3(x)u - f_3(x)
\end{aligned} \tag{6.36}$$

由此可知，重复控制问题经由基函数的引入而转化成自适应控制问题，因此基于第 3 章介绍的自适应鲁棒控制器的设计流程，很容易得到基于基函数的自适应鲁棒重复控制器，并克服了传统重复控制存在的执行困难问题。

此时，定义如下的误差变量：

$$\begin{aligned}
z_1 &= x - x_{1d} \\
z_2 &= \dot{z}_1 + k_1 z_1 = x_2 - x_{2eq}, \quad x_{2eq} = \dot{x}_{1d} - k_1 z_1 \\
z_3 &= x_3 - \alpha_2
\end{aligned} \tag{6.37}$$

式中，z_1 为跟踪误差，$k_1 > 0$ 为反馈增益，α_2 为系统第二个方程的虚拟控制律。

由此可得

$$m\dot{z}_2 = z_3 + \alpha_2 - Bx_2 - \Phi^T\theta + \Delta\varphi + d(x_1, x_2, t) \tag{6.38}$$

设计 α_2 为

$$\begin{aligned}
\alpha_2 &= \alpha_{2a} + \alpha_{2s} \\
\alpha_{2a} &= Bx_2 + \Phi^T\hat{\theta} \\
\alpha_{2s} &= \alpha_{2s1} + \alpha_{2s2} \\
\alpha_{2s1} &= -k_{2s1}z_2
\end{aligned} \tag{6.39}$$

式中，$k_{2s1} > 1 + k_2 + \rho(x_1, x_2, t)$，$k_2 > 0$ 为反馈增益；$\hat{\theta}$ 为参数 θ 的估计，并定义 $\tilde{\theta} = \hat{\theta} - \theta$ 为估计误差。给定如下的参数自适应律：

$$\dot{\hat{\theta}} = \mathrm{Proj}_{\hat{\theta}}(\Gamma\tau), \quad \theta_{\min} \leqslant \hat{\theta}(0) \leqslant \theta_{\max} \tag{6.40}$$

式中，$\Gamma > 0$ 为自适应增益；τ 为自适应函数，并在后续的设计中给定；映射函数

定义为

$$\mathrm{Proj}_{\hat{\theta}_i}(\bullet_i) = \begin{cases} 0, & \hat{\theta}_i = \theta_{i\max} \ \text{且} \ \bullet_i > 0 \\ 0, & \hat{\theta}_i = \theta_{i\min} \ \text{且} \ \bullet_i < 0 \\ \bullet_i, & \text{其他} \end{cases} \tag{6.41}$$

式中，$\theta_{\max}$，$\theta_{\min}$ 分别为未知参数向量 θ 的上下界。

将式(6.39)代入式(6.38)，则有

$$m\dot{z}_2 = z_3 - k_{2s1}z_2 + \Delta\varphi + \alpha_{2s2} + \varPhi^{\mathrm{T}}\tilde{\theta} + d(x_1, x_2, t) \tag{6.42}$$

据此设计鲁棒控制器 α_{2s2} 满足如下条件：

$$z_2\{\alpha_{2s2} + \varPhi^{\mathrm{T}}\tilde{\theta} + d\} \leqslant \varepsilon_2 \tag{6.43}$$

$$z_2\alpha_{2s2} \leqslant 0 \tag{6.44}$$

式中，ε_2 为任意小的正数。

由 z_3 的定义可知

$$\dot{z}_3 = \dot{x}_3 - \dot{\alpha}_2 = g_3(x)u - f_3(x) - \dot{\alpha}_2 \tag{6.45}$$

定义 α_2 的微分为

$$\begin{aligned}
\dot{\alpha}_2 &= \dot{\alpha}_{2c} + \dot{\alpha}_{2u} \\
\dot{\alpha}_{2c} &\overset{\text{def}}{=} \frac{\partial \alpha_2}{\partial t} + \frac{\partial \alpha_2}{\partial x_1}x_2 + \frac{\partial \alpha_2}{\partial x_2}\hat{x}_2 + \frac{\partial \alpha_2}{\partial \hat{\theta}}\dot{\hat{\theta}} \\
\dot{\alpha}_{2u} &= \frac{\partial \alpha_2}{\partial x_2}\tilde{x}_2
\end{aligned} \tag{6.46}$$

$$\hat{x}_2 \overset{\text{def}}{=} \frac{x_3 - Bx_2 - \varPhi^{\mathrm{T}}\hat{\theta}}{m}$$

$$\tilde{x}_2 \overset{\text{def}}{=} \dot{x}_2 - \hat{x}_2 = \frac{\varPhi^{\mathrm{T}}\tilde{\theta} + \Delta\varphi + d(x_1, x_2, t)}{m}$$

因此式(6.45)可化为

$$\dot{z}_3 = \dot{x}_3 - \dot{\alpha}_2 = g_3(x)u - f_3(x) - \dot{\alpha}_{2c} - \dot{\alpha}_{2u} \tag{6.47}$$

据此设计自适应鲁棒重复控制器为

$$\begin{aligned}
u &= u_a + u_s \\
u_a &= \frac{1}{g_3(x)}[f_3(x) + \dot{\alpha}_{2c}] \\
u_s &= u_{s1} + u_{s2} \\
u_{s1} &= -k_{3s1}z_3
\end{aligned} \tag{6.48}$$

式中，k_{3s1} 满足

$$k_{3s1} \geqslant k_3 + \frac{1}{4}\left(\frac{\partial \alpha_2}{\partial x_2}\frac{\rho}{m}\right)^2 \tag{6.49}$$

式中，$k_3 > 0$ 为反馈增益。

代入式(6.47)有

$$\dot{z}_3 = -k_{3s1}z_3 + u_{s2} - \dot{\alpha}_{2u} \tag{6.50}$$

设计鲁棒控制器 u_{s2} 满足如下条件：

$$z_3\{u_{s2} - \dot{\alpha}_{2u}\} \leqslant \varepsilon_3 \tag{6.51}$$

$$z_3 u_{s2} \leqslant 0 \tag{6.52}$$

并综合系统的反馈增益 k_1, k_2, k_3 使得如下定义的矩阵 Λ_3 正定：

$$\Lambda_3 = \begin{bmatrix} k_1^3 & -\dfrac{1}{2}k_1^3 & 0 \\ -\dfrac{1}{2}k_1^3 & k_2 & -\dfrac{1}{2} \\ 0 & -\dfrac{1}{2} & k_3 \end{bmatrix} \tag{6.53}$$

基于以上的设计，有如下的性能定理。

定理 6.2　基于自适应律(6.40)，并给定 $\tau = -\Phi z_2 - \dfrac{\partial \alpha_2}{\partial x_2}\dfrac{1}{m}\Phi z_3$，则自适应重复控制器具有如下性能。

A. 闭环控制器中所有信号都是有界的，且定义如下的李雅普诺夫函数：

$$V_3 = \frac{1}{2}k_1^2 z_1^2 + \frac{1}{2}m z_2^2 + \frac{1}{2}z_3^2 \tag{6.54}$$

满足如下的不等式：

$$V_3 \leqslant \exp(-\mu t)V_3(0) + \frac{\varepsilon}{\mu}[1 - \exp(-\mu t)] \tag{6.55}$$

式中，$\mu = 2\lambda_{\min}(\Lambda_3)\min\{1/k_1^2, 1/m, 1\}$，$\lambda_{\min}(\Lambda_3)$ 为正定矩阵 Λ_3 的最小特征值；$\varepsilon = \varepsilon_2 + \varepsilon_3$。

B. 如果在某一时刻 t_0 之后，系统只存在周期性不确定性，即 $d=0$，那么此时除了结论 A，控制器(6.48)还可以获得渐近跟踪性能，即当 $t \to \infty$ 时，$z \to 0$，其中 z 定义为 $z = [z_1, z_2, z_3]^{\mathrm{T}}$。

限于篇幅，在此省略其证明过程。

◆

为验证上述设计的控制器的性能，在仿真中取如下参数对系统进行建模：$P_s=7 \times 10^6$Pa，$P_r=0$Pa，$V_{01}=V_{02}=1 \times 10^{-3}$m^3，$A_1=A_2=2 \times 10^{-4}$m^2，$m=40$kg，$C_t=7 \times 10^{-12}$ m^5/(N·s)，$g=4 \times 10^{-8}$m^4/(s·V·$\sqrt{\text{N}}$)，$\beta_e=2 \times 10^8$Pa，$B=80$N·s/m，$d_n=0$N，$\tilde{d}=0$。在仿真模型中添加 $20\sin(\omega t)$，$\omega=2$rad/s 的正弦干扰，模拟系统受到周期性干扰，并在 $t=15$s 时加入 step(20)的干扰。取控制器参数 $k_1=500$，$k_{2s1}+k_{2s2}=400$，$k_{3s1}+k_{3s2}=200$；$\Phi=[\cos(\omega t)$，$\sin(\omega t)$，$1]^T$，$\theta_{\min}=[-25, -25, -50]^T$，$\theta_{\max}=[25, 25, 50]^T$，$\theta(0)=[0, 0, 0]^T$，$\Gamma=\text{diag}\{100, 100, 100\}$。所选取的 $\theta(0)$远离参数的真值，以考核自适应控制律的效果。

给定系统指令 $x_{1d}=0.2\sin(2t)[1-\exp(-0.01t^3)]$。

自适应鲁棒重复控制器(ARRC)的跟踪误差、控制输入及参数 θ 的估计分别如图 6.1～图 6.3 所示。由仿真数据可知，本节提出的 ARRC 控制策略对周期性的不

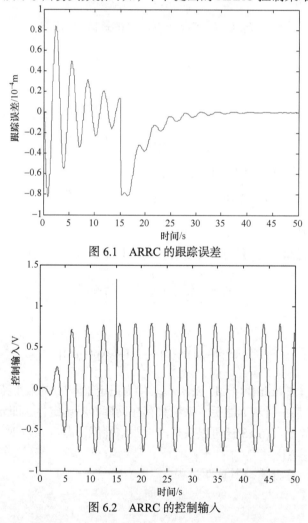

图 6.1　ARRC 的跟踪误差

图 6.2　ARRC 的控制输入

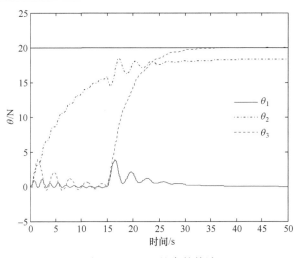

图 6.3　ARRC 的参数估计

确定性具有良好的学习能力，并随着周期的推移，跟踪误差越来越小。同时，由于在设计重复控制器时充分考虑了系统的鲁棒性，所设计的控制器对突发干扰也有良好的滤波效果。由参数估计可知，相应参数的收敛性也较好，验证了提出的基函数的概念的正确性。

6.3　电液伺服系统非线性自适应重复控制

由 6.2 节自适应鲁棒重复控制器的设计过程可知，对于执行周期性任务的电液伺服系统，其建模不确定性在一定时间之后也会呈现出一定的周期性，从而利用有限项的傅里叶级数对其进行近似，进而利用参数自适应的方法学习并补偿系统建模不确定性。所得到的自适应基函数都是可离线计算的无噪声污染的信号，因此非常有利于提升重复控制的学习能力。尽管自适应鲁棒重复控制器可以有效地处理此类周期性的建模不确定性，但传统的自适应控制对于处理参数不确定性也是行之有效的方法，基于此思想，本节对于液压系统的未建模干扰考虑得更为全面，设计非线性自适应重复控制器。同时，也在理论上证明存在非周期性的建模不确定性时，所设计的非线性自适应控制器的鲁棒性。

6.3.1　系统模型与问题描述

针对 4.2 节中考虑的液压马达位置伺服系统，先建立其数学模型。
系统运动学方程为

$$J\ddot{y} = P_L A - B\dot{y} - A_f S_f(\dot{y}) - f(y, \dot{y}) \tag{6.56}$$

式中，J 和 y 分别为负载转动惯量和负载位移；$P_L = P_1 - P_2$ 为马达两腔的压差，P_1 和 P_2 分别为马达进油腔和回油腔的油液压力；A 为马达的排量；B 为黏性摩擦系数；A_f, S_f, f 分别为可建模的库伦摩擦幅值、连续的近似库伦摩擦形状函数、系统外干扰及未建模动态，如未建模的非线性摩擦等，且只与负载的位移和速度有关。

忽略马达腔室的外泄漏，马达两腔压力动态方程为

$$\dot{P}_1 = \frac{\beta_e}{V_1}(-A\dot{y} - C_t P_L + Q_1)$$
$$\dot{P}_2 = \frac{\beta_e}{V_2}(A\dot{y} + C_t P_L - Q_2) \tag{6.57}$$

式中，$V_1 = V_{01} + Ay$, $V_2 = V_{02} - Ay$ 分别为马达两腔室的控制容积，V_{01} 和 V_{02} 分别为马达两腔室的初始容积；C_t 为马达的内泄漏系数；β_e 为油液有效弹性模量；Q_1 和 Q_2 分别为进油腔和回油腔的流量。

伺服阀流量方程为

$$Q_1 = k_q x_v \left[s(x_v)\sqrt{P_s - P_1} + s(-x_v)\sqrt{P_1 - P_r} \right]$$
$$Q_2 = k_q x_v \left[s(x_v)\sqrt{P_2 - P_r} + s(-x_v)\sqrt{P_s - P_2} \right] \tag{6.58}$$

式中

$$k_q = C_d w\sqrt{2/\rho} \tag{6.59}$$

其中 C_d 为流量系数，w 为滑阀的面积梯度，ρ 为油液密度；P_s 和 P_r 分别为供油压力和回油压力；函数 $s(x_v)$ 定义为

$$s(x_v) = \begin{cases} 1, & x_v \geq 0 \\ 0, & x_v < 0 \end{cases} \tag{6.60}$$

由于伺服阀频宽远高于系统频宽，可将伺服阀动态近似为比例环节，即 $x_v = k_i u$，此时有 $s(x_v) = s(u)$，所以式(6.58)可化为

$$Q_1 = k_t u \left[s(u)\sqrt{P_s - P_1} + s(-u)\sqrt{P_1 - P_r} \right]$$
$$Q_2 = k_t u \left[s(u)\sqrt{P_2 - P_r} + s(-u)\sqrt{P_s - P_2} \right] \tag{6.61}$$

式中，$k_t = k_q k_i$ 是总的流量增益。

定义系统状态变量为 $x = [x_1, x_2, x_3]^T = [y, \dot{y}, P_L]^T$，则系统非线性模型的状态空间形式为

$$\dot{x}_1 = x_2$$
$$J\dot{x}_2 = Ax_3 - Bx_2 - A_f S_f(x_2) - f(x_1, x_2)$$
$$\dot{x}_3 = \left(\frac{R_1}{V_1} + \frac{R_2}{V_2}\right)\beta_e k_t u - \beta_e\left(\frac{1}{V_1} + \frac{1}{V_2}\right)(Ax_2 + C_t x_3) \tag{6.62}$$
$$y = x_1$$

式中

$$R_1 = s(u)\sqrt{P_s - P_1} + s(-u)\sqrt{P_1 - P_r}$$
$$R_2 = s(u)\sqrt{P_2 - P_r} + s(-u)\sqrt{P_s - P_2} \tag{6.63}$$

在设计控制器之前，先给出如下假设。

假设 6.1　系统参考指令信号 $x_{1d}(t)$ 是三阶连续的，且系统期望位置指令、速度指令、加速度指令及加加速度指令都是有界的。实际的液压系统在一般的工况下工作，即执行器两腔压力满足 $0<P_r<P_1<P_s$，$0<P_r<P_2<P_s$。

6.3.2　非线性自适应重复控制器的设计

1. 设计模型和待解决的问题

为简化控制器的设计和执行，假设系统所有参数(包括 J, A, B, A_f, V_{01}, V_{02}, β_e, k_t, C_t)的名义值均已知并可用于控制器的设计。然而，由于受到温度变化或组件磨损等的影响，实际的系统必然存在参数不确定性，所以控制器的设计模型可写为

$$\dot{x}_1 = x_2$$
$$J\dot{x}_2 = Ax_3 - Bx_2 - A_f S_f(x_2) - d_1(x_1, x_2) \tag{6.64}$$
$$\dot{x}_3 = f_1 u - f_2 - d_2(x_1, x_2)$$

式中

$$f_1 = \left(\frac{R_1}{V_1} + \frac{R_2}{V_2}\right)\beta_e k_t, \quad f_2 = \beta_e\left(\frac{1}{V_1} + \frac{1}{V_2}\right)(Ax_2 + C_t x_3) \tag{6.65}$$

在式(6.64)中添加了两个附加项 $d_1(x_1, x_2)$ 和 $d_2(x_1, x_2)$ 以表征所有的建模不确定性，并且假设这两项对各自的自变量都是连续可微的。与 6.2 节的处理方法一样，可将式(6.64)写成如下形式：

$$\dot{x}_1 = x_2$$
$$J\dot{x}_2 = Ax_3 - Bx_2 - A_f S_f(x_2) - d_1(x_{1d}, \dot{x}_{1d}) - \Delta_1 \tag{6.66}$$
$$\dot{x}_3 = f_1 u - f_2 - d_2(x_{1d}, \dot{x}_{1d}) - \Delta_2$$

式中，Δ_1 和 Δ_2 为近似误差且定义为

$$\Delta_1 \overset{\text{def}}{=\!=} d_1(x_1, x_2) - d_1(x_{1d}, \dot{x}_{1d}), \quad \Delta_2 \overset{\text{def}}{=\!=} d_2(x_1, x_2) - d_2(x_{1d}, \dot{x}_{1d}) \tag{6.67}$$

由于期望跟踪的信号是周期性的，即

$$x_{1d}(t - T) = x_{1d}(t) \tag{6.68}$$

则定义 $D_{1d}(t) = d_1(x_{1d}, \dot{x}_{1d})$, $D_{2d}(t) = d_2(x_{1d}, \dot{x}_{1d})$ 也都是周期性的，同 6.2 节，可用有限项傅里叶级数近似为[14]

$$D_{1d}(t) = \frac{A_0}{2} + \sum_{n=1}^{m} [A_n \cos(n\omega t) + B_n \sin(n\omega t)], \quad m < \infty$$
$$\tag{6.69}$$
$$D_{2d}(t) = \frac{C_0}{2} + \sum_{n=1}^{m} [C_n \cos(n\omega t) + D_n \sin(n\omega t)], \quad m < \infty$$

式中, $\omega = 2\pi / T$。为简化系统方程,定义未知常值参数矢量 $\theta = [A_0/2, A_1, B_1, \cdots, A_m, B_m, C_0/2, C_1, D_1, \cdots, C_m, D_m]^{\text{T}}$, 因此系统模型可化为

$$\dot{x}_1 = x_2$$
$$J\dot{x}_2 = Ax_3 - Bx_2 - A_f S_f(x_2) - \Phi_1^{\text{T}} \theta - \Delta_1 \tag{6.70}$$
$$\dot{x}_3 = f_1 u - f_2 - \Phi_2^{\text{T}} \theta - \Delta_2$$

式中

$$\Phi_1 = [1, \cos(\omega t), \sin(\omega t), \cdots, \cos(m\omega t), \sin(m\omega t), 0, \cdots, 0]^{\text{T}}$$
$$\Phi_2 = [0, \cdots, 0, 1, \cos(\omega t), \sin(\omega t), \cdots, \cos(m\omega t), \sin(m\omega t)]^{\text{T}} \tag{6.71}$$

尽管未知参数 θ 的精确值未知，但是其参数的变化范围一般是已知的，因此有如下假设。

假设 6.2　参数不确定性满足:

$$\theta \in \Omega_\theta \overset{\text{def}}{=\!=} \{\theta : \theta_{\min} \leqslant \theta \leqslant \theta_{\max}\} \tag{6.72}$$

式中, $\theta_{\max} = [\theta_{1\max}, \cdots, \theta_{2(m+1)\max}]^{\text{T}}$, $\theta_{\min} = [\theta_{1\min}, \cdots, \theta_{2(m+1)\min}]^{\text{T}}$ 为已知的上下界。

2. 不连续的参数映射

令 $\hat{\theta}$ 表示对系统未知参数 θ 的估计, $\tilde{\theta}$ 为参数估计误差, 即 $\tilde{\theta} = \hat{\theta} - \theta$, 为确保自适应控制律的稳定性, 基于系统的参数不确定性是有界的, 定义如下的参数自适应不连续映射:

$$\text{Proj}_{\hat{\theta}_i}(\tau_i) = \begin{cases} 0, & \hat{\theta}_i = \theta_{i\max} \text{ 且 } \tau_i > 0 \\ 0, & \hat{\theta}_i = \theta_{i\min} \text{ 且 } \tau_i < 0 \\ \tau_i, & \text{其他} \end{cases} \tag{6.73}$$

式中, $i=1,\cdots,2(2m+1)$; τ 为参数自适应函数, 并在后续的控制器设计中给出其具体的形式。

给定如下参数自适应律:

$$\dot{\hat{\theta}} = \mathrm{Proj}_{\hat{\theta}}(\Gamma\tau), \quad \theta_{\min} \leqslant \hat{\theta}(0) \leqslant \theta_{\max} \tag{6.74}$$

式中, $\Gamma > 0$ 为正定对角矩阵。

对于任意的自适应函数 τ, 不连续映射具有如下性质:

$$\textbf{(P1)} \quad \hat{\theta} \in \Omega_{\hat{\theta}} \stackrel{\mathrm{def}}{=\!=} \left\{ \hat{\theta} : \theta_{\min} \leqslant \hat{\theta} \leqslant \theta_{\max} \right\} \tag{6.75}$$

$$\textbf{(P2)} \quad \tilde{\theta}^{\mathrm{T}}[\Gamma^{-1}\mathrm{Proj}_{\hat{\theta}}(\Gamma\tau) - \tau] \leqslant 0, \quad \forall\tau \tag{6.76}$$

3. 控制器设计

由于系统模型存在不匹配不确定性, 控制器的设计采取反步设计[1]的方法。

第一步: 首先定义如下的状态变量:

$$z_2 = \dot{z}_1 + k_1 z_1 = x_2 - x_{2eq}, \quad x_{2eq} \stackrel{\mathrm{def}}{=\!=} \dot{x}_{1d} - k_1 z_1 \tag{6.77}$$

式中, $z_1 = x_1 - x_{1d}(t)$ 为输出跟踪误差; k_1 是正的反馈增益。因 $G_s(s) = z_1(s)/z_2(s) = 1/(s+k_1)$ 是一个稳定的传递函数, 所以当 z_2 趋于 0 时, z_1 必然也趋于 0。在接下来的设计中, 将以使 z_2 趋于 0 为主要设计目标。对式(6.77)中的 z_2 求导并结合式(6.70)可得

$$J\dot{z}_2 = Ax_3 - J\dot{x}_{2eq} - Bx_2 - A_f S_f(x_2) - \Phi_1^{\mathrm{T}}\theta - \Delta_1 \tag{6.78}$$

在这一步的设计中, 把 x_3 当做虚拟控制输入, 构造自适应重复控制器 α_2 为

$$\begin{aligned} \alpha_2 &= \frac{1}{A}(\alpha_{2a} + \alpha_{2s}) \\ \alpha_{2a} &= J\dot{x}_{2eq} + Bx_2 + A_f S_f(x_2) + \Phi_1^{\mathrm{T}}\hat{\theta} \\ \alpha_{2s} &= -\left(k_2 + \frac{1}{2}\right)z_2 \end{aligned} \tag{6.79}$$

式中, $k_2 > 0$ 为反馈增益; α_{2a} 为可通过参数自适应律(6.74)调节的基于模型的前馈控制律; α_{2s} 为鲁棒控制律。为便于控制器的执行, 这里采用简单的线性鲁棒项来稳定液压系统的名义模型。将式(6.79)代入式(6.78)得

$$J\dot{z}_2 = Az_3 - \left(k_2 + \frac{1}{2}\right)z_2 + \Phi_1^{\mathrm{T}}\tilde{\theta} - \Delta_1 \tag{6.80}$$

式中, $z_3 = x_3 - \alpha_2$ 表示输入的偏差。

第二步: 由式(6.80)可以看出, 若 $z_3 = 0$, 则期望的跟踪性能将由后续的理论证明获得。因此, 第二步的设计目标是设计实际的控制输入 u 以使 z_3 尽可能小。对

z_3 求导可得

$$\dot{z}_3 = \dot{x}_3 - \dot{\alpha}_2 = f_1 u - f_2 - \Phi_2^{\mathrm{T}} \theta - \Delta_2 - \dot{\alpha}_2 \tag{6.81}$$

式中

$$\dot{\alpha}_2 = \frac{\partial \alpha_2}{\partial t} + \frac{\partial \alpha_2}{\partial x_1} x_2 + \frac{\partial \alpha_2}{\partial x_2} \dot{x}_2 + \frac{\partial \alpha_2}{\partial \hat{\theta}} \dot{\hat{\theta}} \tag{6.82}$$

由式(6.82)可知,由于存在与 $\dot{x}_2$ 相关的项,所以 $\dot{\alpha}_2$ 是不可计算的。于是可以将 $\dot{\alpha}_2$ 分成两部分,即

$$\dot{\alpha}_2 = \dot{\alpha}_{2c} + \dot{\alpha}_{2u} \tag{6.83}$$

式中

$$\dot{\alpha}_{2c} = \frac{\partial \alpha_2}{\partial t} + \frac{\partial \alpha_2}{\partial x_1} x_2$$
$$+ \frac{\partial \alpha_2}{\partial x_2} \frac{1}{J} [Ax_3 - Bx_2 - A_f S_f(x_2) - \Phi_1^{\mathrm{T}} \hat{\theta}] + \frac{\partial \alpha_2}{\partial \hat{\theta}} \dot{\hat{\theta}} \tag{6.84}$$

$$\dot{\alpha}_{2u} = \frac{\partial \alpha_2}{\partial x_2} \frac{1}{J} (\Phi_1^{\mathrm{T}} \tilde{\theta} - \Delta_1)$$

式中, $\dot{\alpha}_{2c}$ 代表 $\dot{\alpha}_2$ 中已知可计算部分并可用于控制器的设计; $\dot{\alpha}_{2u}$ 是 $\dot{\alpha}_2$ 中未知的部分,因此必须通过鲁棒控制律加以抑制。

基于式(6.81)和式(6.83),设计实际的控制输入为[14]

$$u = \frac{1}{f_1} (u_a + u_s)$$
$$u_a = f_2 + \Phi_2^{\mathrm{T}} \hat{\theta} + \dot{\alpha}_{2c} \tag{6.85}$$
$$u_s = -\left(k_3 + \frac{1}{2} \right) z_3$$

式中, k_3 为正的反馈增益; u_a 为可通过参数自适应律调节的为获得高精度跟踪性能的模型补偿项; u_s 为线性鲁棒控制律。将式(6.85)代入式(6.81)可得

$$\dot{z}_3 = -\left(k_3 + \frac{1}{2} \right) z_3 + \left(\Phi_2^{\mathrm{T}} - \frac{\partial \alpha_2}{\partial x_2} \frac{1}{J} \Phi_1^{\mathrm{T}} \right) \tilde{\theta} - \Delta_2 + \frac{\partial \alpha_2}{\partial x_2} \frac{\Delta_1}{J} \tag{6.86}$$

4. 性能定理及稳定性分析

对于近似误差 Δ_1 和 Δ_2,运用均值定理,有以下的不等式成立:

$$|\Delta_1| \leqslant \rho_1(\|z\|) \|z\|$$
$$|\Delta_2| \leqslant \rho_2(\|z\|) \|z\| \tag{6.87}$$

式中, $z = [z_1, z_2, z_3]^{\mathrm{T}}$ 是跟踪误差矢量; ρ_1 和 ρ_2 都是正的有界不减函数。

定理 6.3　使用参数自适应律(6.74)和自适应函数：

$$\tau = -\Phi_1 z_2 - \left(\Phi_2 - \frac{\partial \alpha_2}{\partial x_2} \frac{1}{J} \Phi_1 \right) z_3 \tag{6.88}$$

且控制器增益 k_1，k_2 和 k_3 相对于系统初始条件选取得足够大，同时如下定义的矩阵是正定的：

$$\Lambda = \begin{bmatrix} k_1 & -\dfrac{1}{2} & 0 \\[2mm] -\dfrac{1}{2} & k_2 & -\dfrac{A}{2} \\[2mm] 0 & -\dfrac{A}{2} & k_3 \end{bmatrix} \tag{6.89}$$

则所设计的控制律(6.85)可以保证闭环系统所有信号都是有界的，此外还可获得渐近输出跟踪的性能，即当 $t \to \infty$ 时，$z_1 \to 0$。

证明　定义矢量 $\xi = [z^\mathrm{T}, \tilde{\theta}^\mathrm{T}]^\mathrm{T}$，以及李雅普诺夫函数：

$$V_\theta = \frac{1}{2} z_1^2 + \frac{1}{2} J z_2^2 + \frac{1}{2} z_3^2 + \frac{1}{2} \tilde{\theta}^\mathrm{T} \Gamma^{-1} \tilde{\theta} \tag{6.90}$$

此李雅普诺夫函数满足如下性质：

$$W_1(\xi) \leqslant V_\theta \leqslant W_2(\xi) \tag{6.91}$$

式中

$$W_1 \overset{\mathrm{def}}{=\!=} v_1 \| \xi \|^2, \quad W_2 \overset{\mathrm{def}}{=\!=} v_2 \| \xi \|^2 \tag{6.92}$$

$$v_1 \overset{\mathrm{def}}{=\!=} \frac{1}{2} \min\{1, J, \lambda_{\min}(\Gamma^{-1})\}, \quad v_2 \overset{\mathrm{def}}{=\!=} \frac{1}{2} \max\{1, J, \lambda_{\max}(\Gamma^{-1})\} \tag{6.93}$$

式中，$\lambda_{\min}(\cdot)$ 和 $\lambda_{\max}(\cdot)$ 表示矩阵的最小和最大特征值。

结合式(6.77)、式(6.80)和式(6.86)，可得

$$\begin{aligned} \dot{V}_\theta = {}& -k_1 z_1^2 + z_1 z_2 - k_2 z_2^2 + A z_2 z_3 - k_3 z_3^2 - \Delta_1 z_2 - \frac{1}{2} z_2^2 - \Delta_2 z_3 + \frac{\partial \alpha_2}{\partial x_2} \frac{1}{J} \Delta_1 z_3 \\ & -\frac{1}{2} z_3^2 + \Phi_1^\mathrm{T} \tilde{\theta} z_2 + \left(\Phi_2^\mathrm{T} - \frac{\partial \alpha_2}{\partial x_2} \frac{1}{J} \Phi_1^\mathrm{T} \right) \tilde{\theta} z_3 + \tilde{\theta}^\mathrm{T} \Gamma^{-1} \dot{\tilde{\theta}} \end{aligned} \tag{6.94}$$

运用式(6.88)定义的自适应函数 τ 以及式(6.76)中的性质，可得

$$\begin{aligned} \dot{V}_\theta \leqslant {}& -k_1 z_1^2 + z_1 z_2 - k_2 z_2^2 + A z_2 z_3 - k_3 z_3^2 - \Delta_1 z_2 - \frac{1}{2} z_2^2 \\ & -\Delta_2 z_3 + \frac{\partial \alpha_2}{\partial x_2} \frac{1}{J} \Delta_2 z_3 - \frac{1}{2} z_3^2 \end{aligned} \tag{6.95}$$

由于式(6.89)定义的矩阵 Λ 是正定的，所以有

$$\dot{V}_\theta \leqslant -\lambda_{\min}(\Lambda)\|z\|^2 - \Delta_1 z_2 - \frac{z_2^2}{2} - \Delta_2 z_3 + \frac{\partial \alpha_2}{\partial x_2}\frac{\Delta_1 z_3}{J} - \frac{z_3^2}{2} \tag{6.96}$$

式中，$\lambda_{\min}(\Lambda)$ 是矩阵 Λ 的最小特征值。继续对式(6.96)进行放缩可得

$$\dot{V}_\theta \leqslant -\lambda_{\min}(\Lambda)\|z\|^2 + |\Delta_1||z_2| - \frac{1}{2}z_2^2 + \left(|\Delta_2| + \frac{1}{J}\left|\frac{\partial \alpha_2}{\partial x_2}\right||\Delta_1|\right)|z_3| - \frac{1}{2}z_3^2 \tag{6.97}$$

结合式(6.87)，式(6.97)可化为

$$\begin{aligned}
\dot{V}_\theta \leqslant &-\lambda_{\min}(\Lambda)\|z\|^2 + \rho_1(\|z\|)\|z\||z_2| - \frac{1}{2}z_2^2 \\
&+ \left[\rho_2(\|z\|) + \frac{1}{J}\left|\frac{\partial \alpha_2}{\partial x_2}\right|\rho_1(\|z\|)\right]\|z\||z_3| - \frac{1}{2}z_3^2
\end{aligned} \tag{6.98}$$

令

$$\rho(\|z\|) \overset{\text{def}}{=\!=} \max\left\{\rho_1(\|z\|), \rho_2(\|z\|) + \frac{1}{J}\left|\frac{\partial \alpha_2}{\partial x_2}\right|\rho_1(\|z\|)\right\} \tag{6.99}$$

则式(6.98)可写为

$$\dot{V}_\theta \leqslant -\lambda_{\min}(\Lambda)\|z\|^2 + \rho(\|z\|)\|z\||z_2| - \frac{1}{2}z_2^2 + \rho(\|z\|)\|z\||z_3| - \frac{1}{2}z_3^2 \tag{6.100}$$

利用如下的不等式性质：

$$\begin{aligned}
\rho(\|z\|)\|z\||z_2| &\leqslant \frac{1}{2}\rho^2(\|z\|)\|z\|^2 + \frac{1}{2}z_2^2 \\
\rho(\|z\|)\|z\||z_3| &\leqslant \frac{1}{2}\rho^2(\|z\|)\|z\|^2 + \frac{1}{2}z_3^2
\end{aligned} \tag{6.101}$$

因此有

$$\begin{aligned}
\dot{V}_\theta &\leqslant -\lambda_{\min}(\Lambda)\|z\|^2 + \rho^2(\|z\|)\|z\|^2 \\
&\overset{\text{def}}{=\!=} -[\lambda_{\min}(\Lambda) - \rho^2(\|z\|)]\|z\|^2
\end{aligned} \tag{6.102}$$

根据式(6.102)，可得

$$\dot{V}_\theta \leqslant -\gamma\|z\|^2 \overset{\text{def}}{=\!=} W(\xi), \quad \|z\| < \rho^{-1}(\sqrt{\lambda_{\min}(\Lambda)}) \tag{6.103}$$

式中，γ 是正数。

基于式(6.91)和式(6.103)可知，对于如下定义的集合，有 $V_\theta \in L_\infty$ 成立：

$$\gamma \overset{\text{def}}{=\!=} \{\xi \in \mathbf{R}^{3+4m+2} \mid \|\xi\| \leqslant \rho^{-1}(\sqrt{\lambda_{\min}(\Lambda)})\} \tag{6.104}$$

因此在集合 γ 内，z 也是有界的；根据式(6.68)可知，$\tilde{\theta}$ 是有界的；再由假设 6.1 可知，Φ_1 和 Φ_2 都是有界的，因此对于集合 γ，x_1, x_2 和 α_2 是有界的。基于式(6.85)可知，实际的控制输入 u 是有界的。

基于以上的有界性分析，并结合式(6.77)、式(6.80)和式(6.86)可知 $\dot{z}$ 有界，即

$\dot{W} \in L_\infty$。因此，可以得出 $W(\xi)$ 是一致连续的。利用文献[15]中的定理 8.4 可以证明定理 6.3 的结论，即在初始条件 $\xi(0) \in S$，且

$$S \stackrel{\text{def}}{=} \{\xi(t) \in \gamma \mid W(\xi) < v_1 \rho^{-1}(\sqrt{\lambda_{\min}(\Lambda)})\} \tag{6.105}$$

满足时，当 $t \to \infty$，有 $\|z\| \to 0$。

$\blacklozenge$

由以上的稳定性证明过程可知，系统虽然获得的是半全局稳定的结果，但是所限定的域的大小可以通过控制增益进行调节，即增大控制器增益可使域 S 任意大从而包含任意初始条件。此外，系统还可获得渐近跟踪的性能，且跟踪误差的收敛速率还可通过增大控制增益 k_1，k_2 和 k_3 进行调节。

尽管对于由模型(6.64)表征的电液伺服系统，定理 6.3 已得到非常好的结果，但是实际的电液伺服系统模型可能与式(6.64)存在差别，即在电液伺服系统执行周期性任务时还可能存在非周期性的干扰。因此，下面证明在系统模型中存在这类时变非周期性干扰时，所设计的非线性自适应重复控制器作用下系统的稳定性。

考虑时变非周期性干扰，系统模型(6.64)可写为

$$\begin{aligned}
\dot{x}_1 &= x_2 \\
J\dot{x}_2 &= Ax_3 - Bx_2 - A_f S_f(x_2) - d_1(x_1, x_2) - \eta_1(t) \\
\dot{x}_3 &= f_1 u - f_2 - d_2(x_1, x_2) - \eta_1(t)
\end{aligned} \tag{6.106}$$

式中，未知非线性函数 $d_1(x_1, x_2)$ 和 $d_2(x_1, x_2)$ 是系统状态相关的干扰项，表征周期性的干扰；$\eta_1(t)$ 和 $\eta_2(t)$ 是未知非周期性干扰。

同前面的处理方法，控制器的设计模型(6.70)则变为

$$\begin{aligned}
\dot{x}_1 &= x_2 \\
J\dot{x}_2 &= Ax_3 - Bx_2 - A_f S_f(x_2) - \Phi_1^{\mathrm{T}}\theta - \tilde{\Delta}_1(t) \\
\dot{x}_3 &= f_1 u - f_2 - \Phi_2^{\mathrm{T}}\theta - \tilde{\Delta}_2(t)
\end{aligned} \tag{6.107}$$

式中，$\tilde{\Delta}_1$ 和 $\tilde{\Delta}_2$ 是集中的不确定性非线性，且定义为

$$\begin{aligned}
\tilde{\Delta}_1(t) &\stackrel{\text{def}}{=} \Delta_1 + \eta_1(t) \\
\tilde{\Delta}_2(t) &\stackrel{\text{def}}{=} \Delta_2 + \eta_2(t)
\end{aligned} \tag{6.108}$$

在给出控制器性能定理之前，先有如下假设。

假设 6.3　集中的不确定性非线性 $\tilde{\Delta}_1$ 和 $\tilde{\Delta}_2$ 天然有界，即

$$\begin{aligned}
|\tilde{\Delta}_1(t)| &\leqslant \delta_1(t) \\
|\tilde{\Delta}_2(t)| &\leqslant \delta_2(t)
\end{aligned} \tag{6.109}$$

式中，$\delta_1(t)$ 和 $\delta_2(t)$ 是未知但是有界的函数。

运用式(6.75)中的性质 P1 可得

$$\parallel \tilde{\theta} \parallel \leqslant \parallel \theta_M \parallel \tag{6.110}$$

式中，$\theta_M = \theta_{\max} - \theta_{\min}$。

另外，由 $\varPhi_1$ 和 $\varPhi_2$ 的定义可知，$\parallel\varPhi_1\parallel$ 和 $\parallel\varPhi_2\parallel$ 有界。结合 $\delta_1(t)$ 和 $\delta_2(t)$ 的有界性，必然存在未知有界函数 $\delta(t)$ 满足：

$$\delta(t) \geqslant \max\left\{\parallel\varPhi_1\parallel\parallel\theta_M\parallel + \delta_1(t), \left\|\varPhi_2 - \frac{\partial\alpha_2}{\partial x_2}\frac{\varPhi_1}{J}\right\|\parallel\theta_M\parallel + \delta_2(t) + \frac{\delta_1(t)}{J}\left|\frac{\partial\alpha_2}{\partial x_2}\right|\right\} \tag{6.111}$$

针对由式(6.106)描述的电液伺服系统，基于以上的有界性分析，所提出的自适应重复控制器具有如下的性能定理。

定理 6.4 选取控制器增益 k_1，k_2 和 k_3 以使式(6.89)定义的矩阵 $\varLambda$ 正定，结合假设 6.3，所设计的控制器(6.85)可保证如下结论。

A. 闭环系统所有信号都是有界的，且定义如下的李雅普诺夫函数：

$$V = \frac{1}{2}z_1^2 + \frac{1}{2}Jz_2^2 + \frac{1}{2}z_3^2 \tag{6.112}$$

满足如下的不等式：

$$V(t) \leqslant \exp(-\kappa t)V(0) + \frac{\parallel\delta(t)\parallel_\infty^2}{\kappa}[1 - \exp(-\kappa t)] \tag{6.113}$$

式中，$\kappa = 2\min\{\lambda_{\min}(\varLambda), \lambda_{\min}(\varLambda)/J\}$ 是指数渐近收敛速率；$\lambda_{\min}(\varLambda)$ 表示矩阵 $\varLambda$ 的最小特征值。

B. 如果在某一有限时间 t_0 之后，$\tilde{\varDelta}_1 = \tilde{\varDelta}_2 = 0$，则除了结论 A，控制器(6.85)还可获得渐近跟踪性能，即当 $t \to \infty$ 时，$z_1 \to 0$。

证明 对式(6.112)中的 V 求导可得

$$\dot{V} = z_1\dot{z}_1 + Jz_2\dot{z}_2 + z_3\dot{z}_3 \tag{6.114}$$

基于系统模型(6.106)，并且结合自适应重复控制器的设计过程，运用式(6.79)中的虚拟控制 α_2 和式(6.85)中的实际的控制输入 u，可得误差动态为

$$J\dot{z}_2 = Az_3 - \left(k_2 + \frac{1}{2}\right)z_2 + \varPhi_1^{\mathrm{T}}\tilde{\theta} - \tilde{\varDelta}_1 \tag{6.115}$$

$$\dot{z}_3 = -\left(k_3 + \frac{1}{2}\right)z_3 + \left(\varPhi_2^{\mathrm{T}} - \frac{\partial\alpha_2}{\partial x_2}\frac{1}{J}\varPhi_1^{\mathrm{T}}\right)\tilde{\theta} - \tilde{\varDelta}_2 + \frac{\partial\alpha_2}{\partial x_2}\frac{\tilde{\varDelta}_1}{J} \tag{6.116}$$

将式(6.115)和式(6.116)代入式(6.114)可得

$$\dot{V} = -k_1z_1^2 + z_1z_2 - k_2z_2^2 + Az_2z_3 - k_3z_3^2 - \frac{1}{2}z_2^2 + z_2[\varPhi_1^{\mathrm{T}}\tilde{\theta} - \tilde{\varDelta}_1]$$
$$-\frac{1}{2}z_3^2 + z_3\left[\left(\varPhi_2^{\mathrm{T}} - \frac{\partial\alpha_2}{\partial x_2}\frac{1}{J}\varPhi_1^{\mathrm{T}}\right)\tilde{\theta} - \tilde{\varDelta}_2 + \frac{\partial\alpha_2}{\partial x_2}\frac{\tilde{\varDelta}_1}{J}\right] \tag{6.117}$$

结合式(6.109)和式(6.110)，式(6.117)可变为

$$
\begin{aligned}
\dot{V} \leqslant &-k_1 z_1^2 + z_1 z_2 - k_2 z_2^2 + A z_2 z_3 - k_3 z_3^2 - \frac{1}{2} z_2^2 + |z_2| \left[\| \Phi_1 \| \| \theta_M \| + \delta_1(t)\right] \\
&-\frac{1}{2} z_3^2 + |z_3| \left[\left\| \Phi_2 - \frac{\partial \alpha_2}{\partial x_2} \frac{\Phi_1}{J} \right\| \| \theta_M \| + \delta_2(t) + \frac{\delta_1(t)}{J} \left| \frac{\partial \alpha_2}{\partial x_2} \right| \right]
\end{aligned}
\tag{6.118}
$$

运用不等式(6.111)可知

$$
\dot{V} \leqslant -k_1 z_1^2 + z_1 z_2 - k_2 z_2^2 + A z_2 z_3 - k_3 z_3^2 - \frac{1}{2} z_2^2 + |z_2| \delta(t) - \frac{1}{2} z_3^2 + |z_3| \delta(t) \tag{6.119}
$$

由于式(6.89)定义的矩阵 Λ 为正定，且有如下的不等式性质：

$$
\begin{aligned}
|z_2| \delta(t) &\leqslant \frac{1}{2} z_2^2 + \frac{1}{2} \delta^2(t) \\
|z_3| \delta(t) &\leqslant \frac{1}{2} z_3^2 + \frac{1}{2} \delta^2(t)
\end{aligned}
\tag{6.120}
$$

可得

$$
\dot{V} \leqslant -\lambda_{\min}(\Lambda)(z_1^2 + z_2^2 + z_3^2) + \delta^2(t) \tag{6.121}
$$

结合 κ 的定义，式(6.121)可写成如下形式：

$$
\dot{V} \leqslant -\kappa V + \delta^2(t) \tag{6.122}
$$

因此可以得到式(6.113)所示的结论。类似于定理 6.3 证明过程中的信号有界性分析，控制输入 u 和闭环系统所有信号都是有界的，因此结论 A 证毕。

下面考虑定理 6.4 的结论 B 部分的证明。选取式(6.83)所示的李雅普诺夫函数，结合式误差动态式(6.77)、式(6.115)和式(6.116)以及前提条件 $\tilde{\Delta}_1 = \tilde{\Delta}_2 = 0$，可得 V_θ 的导数为

$$
\begin{aligned}
\dot{V}_\theta = &z_1(z_2 - k_1 z_1) + z_2 \left[A z_3 - \left(k_2 + \frac{1}{2}\right) z_2 + \Phi_1^{\mathrm{T}} \tilde{\theta}\right] \\
&+ z_3 \left[-k_3\left(z_3 + \frac{1}{2}\right) + \left(\Phi_2^{\mathrm{T}} - \frac{\partial \alpha_2}{\partial x_2} \frac{1}{J} \Phi_1^{\mathrm{T}}\right) \tilde{\theta}\right] + \tilde{\theta}^{\mathrm{T}} \Gamma^{-1} \dot{\tilde{\theta}} \\
= &-k_1 z_1^2 + z_1 z_2 - k_2 z_2^2 + A z_2 z_3 - k_3 z_3^2 \\
&-\frac{1}{2} z_2^2 - \frac{1}{2} z_3^2 + \Phi_1^{\mathrm{T}} \tilde{\theta} z_2 + \left(\Phi_2^{\mathrm{T}} - \frac{\partial \alpha_2}{\partial x_2} \frac{1}{J} \Phi_1^{\mathrm{T}}\right) \tilde{\theta} z_3 + \tilde{\theta}^{\mathrm{T}} \Gamma^{-1} \dot{\tilde{\theta}}
\end{aligned}
\tag{6.123}
$$

结合式(6.88)定义的自适应函数 τ 以及式(6.76)中的性质 P2，可得

$$
\dot{V}_\theta \leqslant -k_1 z_1^2 + z_1 z_2 - k_2 z_2^2 + A z_2 z_3 - k_3 z_3^2 - \frac{1}{2} z_2^2 - \frac{1}{2} z_3^2 \tag{6.124}
$$

由于式(6.89)定义的矩阵 Λ 为正定，所以有

$$\dot{V}_\theta \leqslant -\lambda_{\min}(\varLambda)(z_1^2 + z_2^2 + z_3^2) - \frac{1}{2}z_2^2 - \frac{1}{2}z_3^2 \overset{\text{def}}{=\!=\!=} -\varXi \tag{6.125}$$

这意味着 $V_\theta \leqslant V_\theta(0)$，因此 $\varXi \in L_2$ 以及 $V_\theta \in L_\infty$。由于闭环系统所有信号都是有界的，且根据式(6.70)、式(6.108)和式(6.109)，易知 $\varXi$ 的导数是有界的，因此函数 $\varXi$ 是一致连续的。利用 Barbalat 引理可知，当 $t \to \infty$ 时，$\varXi \to 0$，进而可以得到结论 B 成立。

◆

6.3.3　对比实验验证

对比如下四种控制器[14]。

(1) APC：本节所提出的经简化的非线性自适应重复控制器。为尽量地简化控制器以及节省内存，这里只自适应小部分的未知参数，即取 $m=2$。控制器增益为 $k_1=2000$，$k_2=250$，$k_3=40$。系统的物理参数值取为 $J=0.327\text{kg·m}^2$，$B=36\text{N·m·s/rad}$，$\beta_e=700\text{MPa}$，$C_t=2.336\times10^{-12}\text{m}^3/(\text{s·Pa})$，$V_{01}=V_{02}=1.15\times10^{-4}\text{m}^3$，$k_t=2.36\times10^{-8}\text{m}^3/(\text{s·V·Pa}^{1/2})$，$A=1.2\times10^{-4}\text{m}^3/\text{rad}$，$P_s=10\text{MPa}$，$P_r=0.3\text{MPa}$。近似的库伦摩擦参数取为 $A_f=70\text{N·m}$，$S_f(x_2)=\arctan(900x_2)$。未知参数 θ 的上下界为 $\theta_{\max}=[100, 500, 500, 500, 500, 3\times10^9,$ $4\times10^9, 1\times10^9, 2\times10^9, 2\times10^9]^\text{T}$；$\theta_{\min}=[-100, -500, -500, -500, -500, -3\times10^9, -4\times10^9,$ $-1\times10^9, -2\times10^9, -2\times10^9]^\text{T}$。自适应律取为 $\varGamma=\text{diag}\{100, 1000, 1000, 1000, 1000, 500,$ $500, 300, 500, 500\}$。

(2) PID：比例积分微分控制器。控制器增益为 $k_P=240$，$k_I=5700$，$k_D=0$。

(3) ARC：自适应鲁棒控制器。首先将系统模型写成如下形式，即

$$\dot{x}_1 = x_2$$
$$\vartheta_1 \dot{x}_2 = Ax_3 - \vartheta_2 x_2 - \vartheta_3 S_f(x_2) - \vartheta_4 - \tilde{d}_1(t) \tag{6.126}$$
$$\dot{x}_3 = \vartheta_5\left(\frac{R_1}{V_1} + \frac{R_2}{V_2}\right)u - \left(\frac{1}{V_1} + \frac{1}{V_2}\right)(\vartheta_6 Ax_2 + \vartheta_7 x_3) - \vartheta_8 - \tilde{d}_2(t)$$

式中，$\vartheta_1=J$，$\vartheta_2=B$，$\vartheta_3=A_f$，$\vartheta_4=d_{1n}$，$\vartheta_5=\beta_e k_t$，$\vartheta_6=\beta_e$，$\vartheta_7=\beta_e C_t$，$\vartheta_8=d_{2n}$ 代表未知常值参数，并将由 ARC 进行更新。d_{1n} 和 d_{2n} 分别代表未建模干扰 $\tilde{d}_1(t)$ 和 $\tilde{d}_2(t)$ 的名义值。

定义未知参数矢量 $\vartheta=[\vartheta_1, \vartheta_2, \vartheta_3, \vartheta_4, \vartheta_5, \vartheta_6, \vartheta_7, \vartheta_8]^\text{T}$，令 $\hat{\vartheta}$ 表示参数 ϑ 的在线参数估计，自适应律同式(6.74)，自适应函数 τ 将在后面给出。按照前文中的设计步骤，可得到 ARC 为

$$u = \frac{1}{\hat{\vartheta}_5\left(\dfrac{R_1}{V_1} + \dfrac{R_2}{V_2}\right)}\left[\left(\frac{1}{V_1} + \frac{1}{V_2}\right)(\hat{\vartheta}_6 Ax_2 + \hat{\vartheta}_7 x_3) + \hat{\vartheta}_8 + \dot{v}_2 - k_3 z_3\right] \tag{6.127}$$

式中，z_3 表示输入的偏差，即 $z_3=x_3-v_2$；v_2 是虚拟控制律且有

$$v_2 = \frac{1}{A}(\hat{\vartheta}_1 \dot{x}_{2eq} + \hat{\vartheta}_2 x_2 + \hat{\vartheta}_3 S_f(x_2) + \hat{\vartheta}_4 - k_2 z_2) \tag{6.128}$$

参数自适应函数 $\tau = -(\varphi_2 z_2 + \varphi_3 z_3)$，其中：

$$\varphi_2 = [\dot{x}_{2eq}, x_2, S_f(x_2), 1]^{\mathrm{T}}$$

$$\varphi_3 = \left[-\left(\frac{R_1}{V_1} + \frac{R_2}{V_2}\right)u, \left(\frac{A}{V_1} + \frac{A}{V_2}\right)x_2, \left(\frac{1}{V_1} + \frac{1}{V_2}\right)x_3, 1\right]^{\mathrm{T}} \tag{6.129}$$

ARC 参数选取如下：$k_1=2000$，$k_2=250$，$k_3=40$；未知参数 ϑ 的上下界取为 $\vartheta_{\max}=[0.5,$ $250, 60, 150, 35, 1.4\times10^9, 7\times10^{-2}, 4\times10^8]^{\mathrm{T}}$；$\vartheta_{\min}=[0.05, 0, 0, -150, 20, 2\times10^8, 0, -4\times10^8]^{\mathrm{T}}$。自适应律设置为 $\varGamma=\mathrm{diag}\{2, 2000, 100, 600, 1\times10^{-12}, 500, 1\times10^{-19}, 400\}$。

(4) FD：针对模型(6.64)设计的基于反步法[1]的反馈线性化控制器。FD 设计为

$$u = \frac{1}{f_1}[f_2 + \dot{v}_2 - k_3 z_3] \tag{6.130}$$

式中，虚拟控制律 v_2 为

$$v_2 = (J\dot{x}_{2eq} + Bx_2 + A_f S_f(x_2) - k_2 z_2)/A \tag{6.131}$$

FD 的参数和 ARC 对应的参数取为一样。

此外，跟踪误差绝对值的最大值 M_e、平均跟踪误差 μ 以及跟踪误差的标准差 σ 将被用来评估四种控制器的性能，即最大跟踪误差、平均跟踪误差和跟踪误差的标准差。

为考核以上四种控制器的性能，考虑如下两种不同的工况。首先考虑正常工况：给定系统的周期性类正弦期望轨迹 $x_{1d}=10[1-\cos(3.14t)][1-\exp(-t)]°$，如图 6.4 所示。四种控制器的对比跟踪误差如图 6.5 所示。为研究对于执行周期性任务非常重要的稳态跟踪精度，表 6.1 给出了最后三个周期内四种控制器性能指标的数据对比。图 6.6 是放大的 APC 和 ARC 跟踪性能对比图。从这些实验结果可以看出，APC 在所有性能指标上都优于其他三种控制器。这说明基于基函数的自适应重复控制律可以有效地补偿液压系统中的周期性不确定性。尽管 ARC 也含有参数自适应，但是其不能处理未建模的干扰，尤其是与系统状态相关的干扰。因此，这些未建模的干扰会严重恶化传统自适应控制器的跟踪性能。然而，在实际的实验过程中是不存在外部干扰的，因此所有的未建模干扰都是与状态相关的内部干扰，这与所设计的自适应重复控制器的设计思想相符合，故采用 APC 将获得更好的跟踪性能。FD 和 PID 仅仅对不确定性有一些鲁棒性，因此呈现比较大的跟踪误差。

此外，如表 6.1 所示，APC 跟踪误差的标准差比其他控制器小得多，说明 APC 的颤振问题最小。这得益于 APC 中的回归函数 $\varPhi_1$ 和 $\varPhi_2$ 都是干净的基函数，使得

APC 中可调节的补偿部分以及参数自适应相比于 ARC 对噪声更不敏感，因此可优化自适应过程，如图 6.7 所示。由于基函数 Φ_1 和 Φ_2 都是已知的，所以有必要可以进行离线计算从而减轻计算机的运算负担。APC 的压力变化过程如图 6.8 所示，控制输入如图 6.9 所示。

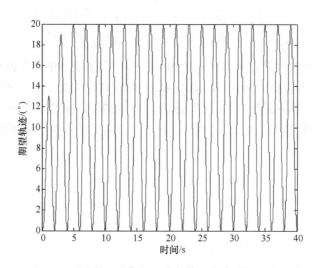

图 6.4　期望跟踪的位置指令

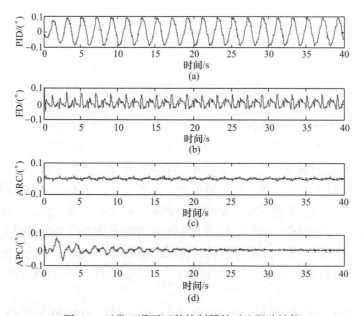

图 6.5　正常工况下四种控制器的对比跟踪性能

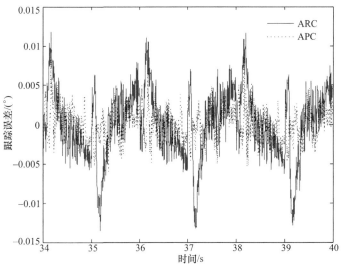

图 6.6 放大的 ARC 和 APC 的跟踪误差对比

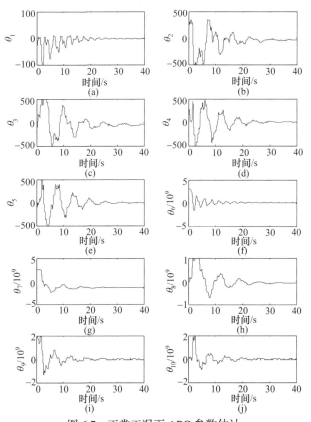

图 6.7 正常工况下 APC 参数估计

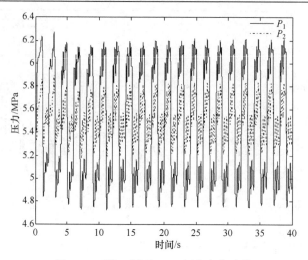

图 6.8　正常工况下 APC 压力变化过程

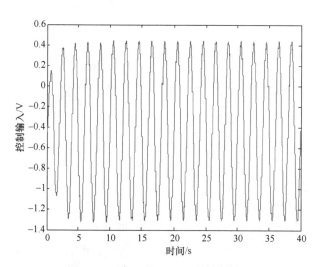

图 6.9　正常工况下 APC 的控制输入

表 6.1　正常工况下最后三个周期内的性能指标

控制器	M_e	μ	σ
PID	0.0896	0.0532	0.0274
FD	0.0637	0.0198	0.0125
ARC	0.0136	0.0035	0.0026
APC	0.0089	0.0016	0.0012

值得注意的是，如图 6.5 所示，在起始阶段 ARC 的跟踪性能要好于 APC。这种现象的原因是 APC 的初始参数估计值比较偏离其最优值，特别是对于参数 θ_2,

θ_6，θ_7 和 θ_9 的初始值估计(图 6.7)，这恶化了 APC 的瞬态跟踪性能，而 ARC 中的初始参数估计值取得比较接近最优值。但正是由于 APC 的初始参数估计不好，恰好可以检验其自适应律的有效性。此外，图 6.4 中的期望值在初始阶段也不是周期性的，这与 APC 设计的前提假设不符，从而也对跟踪性能造成了一定的影响。幸运的是，过了初始阶段以后，所设计的 APC 中的自适应律可以有效地修正这些影响，并获得很好的跟踪性能。

　　为进一步考核所设计的控制器对快速变化的不确定性的学习能力，给定期望跟踪的快速运动轨迹 $x_{1d}=10[1-\cos(12.56t)][1-\exp(-t)]°$，其最大速度为 125.6°/s。在这种考核情况下，快速变化的非线性是影响跟踪性能的主导因素，因此可用于证明所提出的 APC 的学习能力。PID 和 FD 不能处理此类工况，因此在此省略。APC 和 ARC 的跟踪性能对比如图 6.10 所示，图中包含了整个过程和最后 2s 的跟踪误差。其对应的性能指标如表 6.2 所示。可以看出，即使在如此快速的工况下，APC 的学习能力依然可以削弱不利的影响，相较于 ARC 有大约 50%的性能提升。值得注意的是，ARC 已呈现出很大的抖动，这说明 ARC 的性能已经到了极限。

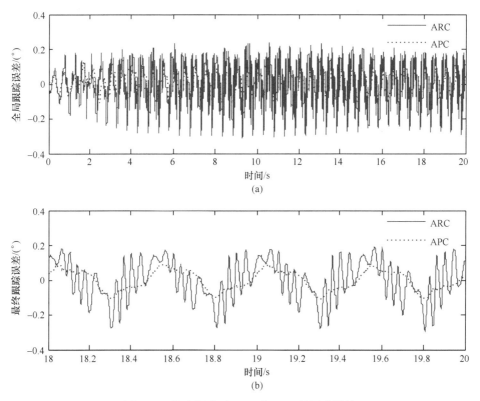

图 6.10　快速跟踪下 ARC 和 APC 的跟踪误差

表 6.2　快速跟踪下的性能指标

控制器	M_e	μ	σ
ARC	0.2899	0.0935	0.0623
APC	0.1084	0.0517	0.0244

6.4　本章小结

　　本章针对执行周期性任务的电液伺服系统控制问题，研究了进一步提升其伺服性能的重复控制策略。首先设计了基于重复控制的自适应鲁棒重复控制器，并给出了其性能定理，性能定理描述了该重复控制器的优异性能。但该自适应鲁棒重复控制器存在着诸如内存需求大、对噪声敏感等缺点，为解决此问题，本章基于确定性周期函数傅里叶展开法，提出基于基函数的自适应鲁棒重复控制策略。该策略不但结构简单，易于实现，且避免了传统重复控制器的缺点，适合于高性能电液伺服系统周期性指令的跟踪控制。而且，基于确定性周期函数傅里叶展开法提出了非线性自适应重复控制器，获得了和自适应鲁棒重复控制器相似的性能。仿真结果验证了提出的基于基函数的自适应鲁棒重复控制策略和非线性自适应重复控制策略的优异性能。

参 考 文 献

[1] Krstic M, Kanellakopoulos I, Kokotovic P V. Nonlinear and Adaptive Control Design. New York: Wiley, 1995.

[2] Hara S, Yamamoto Y, Omata T, et al. Repetitive control system: A new type servo system for periodic exogenous signals. IEEE Transactions on Automatica Control, 1988, 33(7): 659-668.

[3] Tomizuka M, Tsao T C, Chew K K. Analysis and synthesis of discrete time repetitive controllers. ASME Journal of Dynamic Systems, Measurement and Control, 1989, 111(3): 353-358.

[4] Sadegh N, Horowitz R, Kao W W, et al. A unified approach to the design of adaptive and repetitive controllers for robotic manipulators. ASME Journal of Dynamic Systems, Measurement, and Control, 1990, 112(4): 618-629.

[5] Horowitz R. Learning control of robot manipulators. ASME Journal of Dynamic Systems, Measurement, and Control, 1993, 115(2B): 402-411.

[6] Longman R W. Iterative learning control and repetitive control for engineering practice. International Journal of Control, 2000, 73(10): 930-954.

[7] Bristow D A, Tharayil M, Alleyne A G. A survey of iterative learning control. IEEE Control Systems Magazine, 2006, 26(3): 96-114.

[8]　Tsao T C, Tomizuka M. Robust adaptive and repetitive digital tracking control and application to a hydraulic servo for noncircular machining. ASEM Journal of Dynamic Systems, Measurement, and Control, 1994, 116(1): 24-32.

[9]　Steinbuch M. Repetitive control for systems with uncertain period-time. Automatica, 2002, 38(12): 2103-2109.

[10] Moore K L, Dahleh M, Bhattacharyya S P. Iterative learning control: A survey and new results. Journal of Robotic Systems, 1992, 9(5): 563-594.

[11] Xu J X, Viswanathan B, Qu Z. Robust learning control for robotic manipulators with an extension to a class of nonlinear systems. International Journal of Control, 2000, 73(10): 858-870.

[12] Xu L, Yao B. Adaptive robust repetitive control of a class of nonlinear systems in normal form with applications to motion control of linear motors. Proceedings of IEEE/ASME International Conference on Advanced Intelligent Mechantronics, Como, 2001: 527-532.

[13] Yao B, Xu L. On the design of adaptive robust repetitive controllers. ASME International Mechanical Engineering Congress and Exposition, New York, 2001: 1-9.

[14] Yao J, Jiao Z, Ma D. A practical nonlinear adaptive control of hydraulic servomechanisms with periodic-like disturbances. IEEE/ASME Transactions on Mechatronics, 2015, 20(6): 2752-2760.

[15] Khalil H K. Nonlinear Systems. Upper Saddle River: Prentice-Hall, 2002.

第 7 章　电液伺服系统非线性参数自适应及运动约束控制

非线性参数自适应及运动约束是电液伺服系统面临的一类特殊问题，在本章中将研究分母非线性参数自适应、加速度约束和输出约束等控制问题。

(1) 分母非线性参数自适应：在以往的控制器设计中，都无一例外地假设处于分母上的参数 V_{01}, V_{02} 是确定且已知的，正是基于此假设，系统的未知参数是线性的，即未知参数都是可参数线性化的，这是设计控制器的基础。通常这个假设对电液伺服系统并不强。但对于某些特殊工况下的系统，其初始位置并不固定，这就危及之前的前提假设，即此时分母上的参数 V_{01}, V_{02} 也是未知的，参数 V_{01}, V_{02} 以未知的非线性参数进入系统动态方程。对于此类非线性参数，如何设计非线性自适应控制器是其难点所在。目前，非线性参数自适应的控制问题也是国际控制学界研究的热点内容之一。

(2) 运动约束控制：运动约束需求广泛存在于各类测试系统。这主要是因为测试系统的设计往往保守性很大，也就意味着测试系统相对于其测试对象能力足、功率大，且可能还面临多种对象的测试任务，而不同的测试对象所期望测试的运动参数范围不尽相同，这就要求一套测试系统能够在克服各类不确定性的前提下实现对运动参数的合理约束。由此可见，约束控制对于电液伺服测试设备是非常重要的，它涉及测试的首要前提，即安全性问题。

本章正是针对这些电液伺服测试设备经常会遇到的问题，研究其控制策略，以提升电液伺服系统的性能或保证其运行的安全性。

7.1　含分母非线性参数的自适应鲁棒控制

7.1.1　系统模型与问题描述

由前面可知，电液伺服系统非线性方程可写为

$$\dot{x}_1 = x_2$$

$$\dot{x}_2 = \frac{1}{m}x_3 - \frac{B}{m}x_2 - \frac{\tilde{f}(t, x_1, x_2)}{m} \tag{7.1}$$

$$\dot{x}_3 = \frac{\beta_e A_1}{V_{01} + A_1 x_1}[-A_1 x_2 - C_t P_L + guR_1] - \frac{\beta_e A_2}{V_{02} - A_2 x_1}[A_2 x_2 + C_t P_L - guR_2]$$

通常电液伺服系统存在诸多参数不确定性，如 m, B, d_n, β_e, A_1, V_{01}, C_t, g, V_{02}, A_2 等，若 V_{01}, V_{02} 确定且已知，则系统方程(7.1)只存在线性参数，其自适应鲁棒控制器的设计可参照 3.1 节。若 V_{01}, V_{02} 未知，则系统方程(7.1)存在分母非线性参数。参照文献[1]，定义未知参数 $\xi_1 = 1/m$, $\xi_2 = B/m$, $d = \tilde{f}(t, x_1, x_2)/m$, $\tilde{d} = d_n - d$, $\xi_3 = d_n$, $\xi_4 = \beta_e A_1$, $\xi_5 = \beta_e C_t$, $\xi_6 = \beta_e g$, $\xi_7 = \beta_e A_2$, $\gamma_1 = V_{01}/A_1$, $\gamma_2 = V_{02}/A_2$，则系统方程(7.1)可化为

$$\dot{x}_1 = x_2$$
$$\dot{x}_2 = \xi_1 x_3 - \xi_2 x_2 - \xi_3 + \tilde{d} \tag{7.2}$$
$$\dot{x}_3 = \frac{1}{\gamma_1 + x_1}[-\xi_4 x_2 - \xi_5 P_L + \xi_6 u R_1] - \frac{1}{\gamma_2 - x_1}[\xi_7 x_2 + \xi_5 P_L - \xi_6 u R_2]$$

为简化问题描述，定义未知参数向量 $\xi = [\xi_1, \xi_2, \xi_3]^T$, $\kappa = [\kappa_1, \kappa_2, 1]^T$, $\kappa_1 = \gamma_1 \gamma_2$, $\kappa_2 = \gamma_2 - \gamma_1$, $\theta = [\theta_1, \theta_2, \theta_3, \theta_4, \theta_5, \theta_6]^T$, $\theta_1 = \xi_6 \gamma_2$, $\theta_2 = \xi_6$, $\theta_3 = \xi_6 \gamma_1$, $\theta_4 = \xi_4 \gamma_2 + \xi_7 \gamma_1$, $\theta_5 = \xi_7 - \xi_4$, $\theta_6 = \xi_5(\gamma_2 + \gamma_1)$，代入方程(7.2)有

$$\dot{x}_1 = x_2$$
$$\dot{x}_2 = \xi_1 x_3 - \xi_2 x_2 - \xi_3 + \tilde{d} \tag{7.3}$$
$$\dot{x}_3 = \frac{[\theta_1 R_1 + \theta_2(R_2 - R_1)x_1 + \theta_3 R_2]u - \theta_4 x_2 - \theta_5 x_1 x_2 - \theta_6 P_L}{\kappa_1 + \kappa_2 x_1 - x_1^2}$$

由系统方程(7.2)及(7.3)可知，电液伺服系统是典型的非线性系统，且未知参数 ξ 和 θ 都是系统线性化的未知参数，$\tilde{d}$ 为系统不确定非线性，代表建模误差及外干扰。方程(7.2)中的未知参数 γ_1, γ_2 或方程(7.3)中的未知参数 κ_1, κ_2 以分母的形式进入系统，因此是系统的非线性参数。

在以往的研究中，通常都是假设系统控制腔初始值已知，即 V_{01}, V_{02} 确定且已知，因此系统并不存在非线性参数，这简化了自适应控制器的设计。但当 V_{01}, V_{02} 确实未知时，系统必然存在非线性参数。针对此类非线性参数，文献[1]提出了一个新型的李雅普诺夫函数以处理该类分母非线性参数，但是由于系统(7.3)不属于级联匹配的非线性系统，存在不匹配的不确定，又由于不同动态方程之间的耦合，文献[1]只能得到系统的有界稳定条件，即使当系统不存在不确定性非线性时，也不再能获得渐近稳定的结果，且其控制器的暂态性能是没有保证的，其动态跟踪误差取决于参数估计误差及不确定性非线性的上界。为了获得更好的跟踪性能，即不存在不确定性非线性时的渐近稳定性，且其暂态性能是可设计的，在设计控制器之前，先做如下假设。

假设 7.1　参数不确定性及不确定性非线性的大小范围已知，即

$$\xi \in \varOmega_\xi \overset{\text{def}}{=\!=} \{\xi : \xi_{\min} < \xi < \xi_{\max}\}$$
$$\theta \in \varOmega_\theta \overset{\text{def}}{=\!=} \{\theta : \theta_{\min} < \theta < \theta_{\max}\}$$
$$\kappa \in \varOmega_\kappa \overset{\text{def}}{=\!=} \{\kappa : \kappa_{\min} < \kappa < \kappa_{\max}\} \tag{7.4}$$
$$|\tilde{d}(t, x_1, x_2)| \leqslant \delta_d(t, x_1, x_2)$$

式中，$\xi_{\max} = [\xi_{1\max}, \xi_{2\max}, \xi_{3\max}]^{\text{T}}$，$\xi_{\min} = [\xi_{1\min}, \xi_{2\min}, \xi_{3\min}]^{\text{T}}$；$\theta_{\max} = [\theta_{1\max}, \cdots, \theta_{6\max}]^{\text{T}}$，$\theta_{\min} = [\theta_{1\min}, \cdots, \theta_{6\min}]^{\text{T}}$；$\kappa_{\max} = [\kappa_{1\max}, \kappa_{2\max}, 1]^{\text{T}}$ 和 $\delta_d(t, x_1, x_2)$ 为未知不确定性的上下界。

由于 $y = x_1$ 为液压缸的位置输出，对于实际物理系统，假设两腔压力不超过油源压力，则下述不等式恒成立：

$$\frac{V_{01}}{A} + y > 0, \quad \frac{V_{02}}{A} - y > 0$$
$$\xi_6 = \beta_e g > 0 \tag{7.5}$$
$$R_1 > 0, \quad R_2 > 0$$

并定义如下的非线性函数及未知向量：

$$\sigma_0 = [\kappa_1, \kappa_2, 1]^{\text{T}}, \quad \sigma_1 = [\theta_1, \theta_2, \theta_3]^{\text{T}}, \quad \sigma_2 = [\theta_4, \theta_5, \theta_6]^{\text{T}}$$
$$f_0^{\text{T}}(x) = [1, x_1, -x_1^2]$$
$$f_1^{\text{T}}(x) = [R_1, (R_2 - R_1)x_1, R_2] \tag{7.6}$$
$$f_2^{\text{T}}(x) = [-x_2, -x_1 x_2, -P_L]$$

由此系统动态方程(7.3)可化为

$$\dot{x}_1 = x_2$$
$$\dot{x}_2 = \xi_1 \bar{x}_3 - \xi_2 x_2 - \xi_3 + \tilde{d} \tag{7.7}$$
$$\dot{x}_3 = \frac{f_1^{\text{T}}(x)\sigma_1 u + f_2^{\text{T}}(x)\sigma_2}{f_0^{\text{T}}(x)\sigma_0}$$

其中基于不等式(7.5)有如下的不等式：

$$f_0^{\text{T}}(x)\sigma_0 = \left(\frac{V_{01}}{A_1} + x_1\right)\left(\frac{V_{02}}{A_2} - x_1\right) > 0$$
$$\tag{7.8}$$
$$f_1^{\text{T}}(x)\sigma_1 = \xi_6 R_1 \left(\frac{V_{02}}{A_2} - x_1\right) + \xi_6 R_2 \left(\frac{V_{01}}{A_1} + x_1\right) > 0$$

式(7.8)是电液伺服系统重要的不等式性质，在后续的设计中，将使用该性质设计自适应鲁棒控制器。

系统控制器的设计目标为：给定系统参考信号 $y_d(t) = x_{1d}(t)$，设计一个有界的控制输入 u 使得系统输出 $y = x_1$ 尽可能跟踪系统的参考信号，且对参考信号有如下假设。

假设 7.2　系统参考指令信号 $x_{1d}(t)$ 是三阶连续的，且系统期望位置指令、速度指令 $x_{2d}(t)$、加速度指令 $x_{3d}(t)$ 及加加速度指令都是有界的。

7.1.2　符号定义及不连续映射

令 $\hat{v}$ 代表对任意未知参数 v 的估计，而 $\tilde{v}$ 代表估计误差，即 $\tilde{v} = \hat{v} - v$。如未知参数 v 可以是 $\xi, \theta, \kappa, \sigma$ 或是其他的未知参数。由此及假设 7.1，定义如下的不连续映射：

$$\mathrm{Proj}_{\hat{v}_i}(\bullet_i) = \begin{cases} 0, & \hat{v}_i = v_{i\max} \text{且} \bullet_i > 0 \\ 0, & \hat{v}_i = v_{i\min} \text{且} \bullet_i < 0 \\ \bullet_i, & \text{其他} \end{cases} \tag{7.9}$$

式中，$v_{\max}, v_{\min}$ 分别代表未知参数 v 的上下界。

基于此，给定如下受控的参数自适应律：

$$\dot{\hat{v}} = \mathrm{Proj}_{\hat{v}}(\Gamma_v \tau) \tag{7.10}$$

式中，Γ_v 为自适应增益；τ 为任意的自适应函数，并在后续设计中给定。

基于此受控的参数自适应律，有如下的引理。

引理 7.1　对于任意的自适应函数 τ，不连续映射(7.9)具有如下性质：

$$\hat{v} \in \Omega_v \stackrel{\mathrm{def}}{=} \{\hat{v} : v_{\min} < \hat{v} < v_{\max}\} \tag{7.11}$$

$$\tilde{v}^{\mathrm{T}}(\Gamma^{-1}\mathrm{Proj}_{\hat{v}}(\Gamma_v \tau) - \tau) \leqslant 0, \quad \forall \tau \tag{7.12}$$

◆

式(7.11)表明参数自适应过程是受控的，保证估计的参数始终在给定的范围内。式(7.12)则表明基于映射的自适应过程与传统自适应相比仍具有良好的学习能力。

7.1.3　自适应鲁棒控制器的设计

由于系统具有不匹配的不确定性，必须使用基于 Backstepping 的自适应鲁棒控制器设计流程。

第一步：系统(7.7)的第一个方程不具有任何不确定性，因此将系统(7.7)的前两个方程合并一步设计，定义如下的误差变量：

$$z_2 = \dot{z}_1 + k_1 z_1 = x_2 - x_{2eq}, \quad x_{2eq} \stackrel{\mathrm{def}}{=} \dot{x}_{1d} - k_1 z_1 \tag{7.13}$$

式中，$k_1 > 0$ 为控制器反馈增益。在以下的控制器设计中，将使 z_2 尽可能小为控制目标。

对式(7.13)求导有

$$\dot{z}_2 = \dot{x}_2 - \dot{x}_{2eq} = \xi_1 x_3 - \xi_2 x_2 - \xi_3 + \tilde{d} - \dot{x}_{2eq} \tag{7.14}$$

因此可设计此步的虚拟控制律 α_2 为

$$\alpha_2(x_1, x_2, \hat{\xi}, t) = \alpha_{2a} + \alpha_{2s}$$

$$\alpha_{2a}(x_1, x_2, \hat{\xi}, t) = \frac{1}{\hat{\xi}_1}(\hat{\xi}_2 x_2 + \hat{\xi}_3 + \dot{x}_{2eq})$$

$$\alpha_{2s} = \alpha_{2s1} + \alpha_{2s2}, \quad \alpha_{2s1} = -k_{2s1} z_2 \tag{7.15}$$

$$\tau_2 = \phi_2 z_2$$

式中，τ_2 为参数 ξ 的自适应函数，且回归器 ϕ_2 定义为

$$\phi_2 = [\alpha_{2a}, -x_2, -1]^{\mathrm{T}} \tag{7.16}$$

式(7.15)中，α_{2a} 为自适应模型补偿项；α_{2s} 为鲁棒项；反馈增益 $k_{2s1} > 0$，并足够大使得如下定义的矩阵 Λ_2 正定：

$$\Lambda_2 = \begin{bmatrix} k_1^3 & -\dfrac{1}{2} k_1^2 \\[2mm] -\dfrac{1}{2} k_1^2 & \xi_1 k_{2s1} \end{bmatrix} \tag{7.17}$$

式(7.15)中，α_{2s2} 满足如下的条件：

$$z_2[\xi_1 \alpha_{2s2} - \phi_2^{\mathrm{T}} \tilde{\xi} + \tilde{d}] \leqslant \varepsilon_2 \tag{7.18}$$

$$z_2 \xi_1 \alpha_{2s2} \leqslant 0 \tag{7.19}$$

式中，ε_2 为任意小的正数。

引理 7.2 定义恒正的连续的非线性函数 h_2 满足如下条件：

$$h_2 \geqslant \| \xi_M \|^2 \| \phi_2 \|^2 + \delta_d^2 \tag{7.20}$$

式中，$\xi_M = \xi_{\max} - \xi_{\min}$，选择 α_{2s2} 为

$$\alpha_{2s2} = -k_{2s2} z_2 = -\frac{h_2}{2\xi_{1\min} \varepsilon_2} z_2 \tag{7.21}$$

则此 α_{2s2} 满足条件(7.18)及(7.19)。　　　　　　　　　　　　　　　　　　◆

定义虚拟控制律 α_2 与 x_3 之间的偏差为 $z_3 = x_3 - \alpha_2$，定义如下的李雅普诺夫函数 V_2：

$$V_2 = \frac{1}{2} z_2^2 + \frac{1}{2} k_1^2 z_1^2 \tag{7.22}$$

其时间微分为

$$\dot{V}_2 = z_2(\xi_1 z_3 + \xi_1 \alpha_2 - \xi_2 x_2 - \xi_3 + \tilde{d} - \dot{x}_{2eq}) + k_1^2 z_1(z_2 - k_1 z_1) \tag{7.23}$$

由虚拟控制律(7.15)，则有

$$\dot{V}_2 = \xi_1 z_2 z_3 + z_2[\xi_1 \alpha_{2s2} - \phi_2^{\mathrm{T}} \tilde{\xi} + \tilde{d}] - \xi_1 k_{2s1} z_2^2 + k_1^2 z_1 z_2 - k_1^3 z_1^2 \tag{7.24}$$

第二步：此步设计实际控制输入 u 使得 z_3 尽可能小。由系统方程及 z_3 的定义可知

$$\dot{z}_3 = \dot{x}_3 - \dot{\alpha}_2 = \frac{f_1^{\mathrm{T}}(x)\sigma_1 u + f_2^{\mathrm{T}}(x)\sigma_2}{f_0^{\mathrm{T}}(x)\sigma_0} - \dot{\alpha}_2 \tag{7.25}$$

式中

$$\dot{\alpha}_2 = \dot{\alpha}_{2c} + \dot{\alpha}_{2u} + \dot{\alpha}_{2d} \tag{7.26}$$

其中各函数定义为

$$
\begin{aligned}
\dot{\alpha}_{2c} &= \frac{\partial \alpha_2}{\partial t} + \frac{\partial \alpha_2}{\partial x_1} x_2 \\
\dot{\alpha}_{2u} &= \frac{\partial \alpha_2}{\partial x_2}(\xi_1 x_3 - \xi_2 x_2 - \xi_3) \\
\dot{\alpha}_{2d} &= \frac{\partial \alpha_2}{\partial x_2} \tilde{d} + \frac{\partial \alpha_2}{\partial \hat{\xi}} \dot{\hat{\xi}}
\end{aligned}
\tag{7.27}
$$

式中，$\dot{\alpha}_{2c}$ 为可计算部分，$\dot{\alpha}_{2u}$ 存在参数不确定性，$\dot{\alpha}_{2d}$ 含有不确定性非线性 $\tilde{d}$ 及不连续函数 $\dot{\hat{\xi}}$。

第三个方程由于含有非线性参数，为了设计非线性参数的自适应律，定义如下的函数，以消除非线性参数的影响：

$$V = V_2 + \frac{1}{2} f_0^{\mathrm{T}}(x)\sigma_0 z_3^2 \tag{7.28}$$

由不等式(7.8)可知，定义的函数 V 为一个有效的李雅普诺夫函数。但是如果使用此函数，由其时间微分并结合式(7.25)可知，第三个方程不确定性函数 $f_0^{\mathrm{T}}(x)\sigma_0$ 必然与第二个方程的参数不确定性 $\dot{\alpha}_{2u}$ 耦合，即会有 $\sigma_0^{\mathrm{T}} \tilde{\xi}$ 项出现于误差动态方程中，对于此不确定性参数的耦合，即使不存在不确定性非线性，也无法设计自适应鲁棒控制器使其获得渐近稳定性。为克服此问题，将系统第三个方程重构为

$$\dot{x}_3 = \frac{F_1^{\mathrm{T}}(x)\chi_1 u + F_2^{\mathrm{T}}(x)\chi_2 + F_0^{\mathrm{T}}(x)\chi_0 \dot{\alpha}_{2u}}{F_0^{\mathrm{T}}(x)\chi_0} \tag{7.29}$$

式中

$$F_0^{\mathrm{T}}(x) = f_0^{\mathrm{T}}(x),\ \chi_0 = \sigma_0,\ F_1^{\mathrm{T}}(x) = f_1^{\mathrm{T}}(x),\ \chi_1 = \sigma_1$$

$$F_2^{\mathrm{T}}(x)\chi_2 = f_2^{\mathrm{T}}(x)\sigma_2 - F_0^{\mathrm{T}}(x)\chi_0\dot{\alpha}_{2u}$$

$$F_2^{\mathrm{T}}(x) = [x_1, x_2, -\overline{x}_3, -(x_3 - x_4), x_1 x_2, -x_1\overline{x}_3, -x_1^2, -x_1^2 x_2, x_1^2\overline{x}_3, 1] \tag{7.30}$$

$$\chi_2 = \left[\frac{\partial\alpha_2}{\partial x_2}\xi_3\kappa_2,\ \frac{\partial\alpha_2}{\partial x_2}\xi_2\kappa_1 - \theta_4,\ \frac{\partial\alpha_2}{\partial x_2}\xi_1\kappa_1,\ \theta_6,\ \frac{\partial\alpha_2}{\partial x_2}\xi_2\kappa_2 - \theta_5,\ \frac{\partial\alpha_2}{\partial x_2}\xi_1\kappa_2,\right.$$

$$\left.\frac{\partial\alpha_2}{\partial x_2}\xi_3,\ \frac{\partial\alpha_2}{\partial x_2}\xi_2,\ \frac{\partial\alpha_2}{\partial x_2}\xi_1,\ \frac{\partial\alpha_2}{\partial x_2}\xi_3\kappa_1\right]^{\mathrm{T}}$$

由假设 7.1，对于重新定义的未知参数 $\chi=[\chi_1, \chi_2, \chi_3]^{\mathrm{T}}$ 有如下的参数范围假设：

$$\chi \in \Omega_{\chi} \stackrel{\mathrm{def}}{=\!=} \{\chi : \chi_{\min} < \chi < \chi_{\max}\} \tag{7.31}$$

式中，$\chi_{\min} = [\chi_{0\min}, \chi_{1\min}, \chi_{2\min}]^{\mathrm{T}}$，$\chi_{\max} = [\chi_{0\max}, \chi_{1\max}, \chi_{2\max}]^{\mathrm{T}}$ 已知。

令 $\hat{\chi}$ 代表未知参数向量 χ 的估计，$\tilde{\chi}$ 为估计误差，即 $\tilde{\chi} = \hat{\chi} - \chi$。因此，参数向量 χ 也适用于不连续映射(7.9)及参数自适应律(7.10)。

定义新型李雅普诺夫函数为

$$V_3 = V_2 + \frac{1}{2}F_0^{\mathrm{T}}(x)\chi_0 z_3^2 \tag{7.32}$$

其时间微分为

$$\dot{V}_3 = \dot{V}_2 + \frac{1}{2}\overline{F}(x)\chi_0 z_3^2$$

$$+ F_0^{\mathrm{T}}(x)\chi_0 z_3\left[\frac{F_1^{\mathrm{T}}(x)\chi_1 u + F_2^{\mathrm{T}}(x)\chi_2 + F_0^{\mathrm{T}}(x)\chi_0\dot{\alpha}_{2u}}{F_0^{\mathrm{T}}(x)\chi_0} - \dot{\alpha}_{2c} - \dot{\alpha}_{2u} - \dot{\alpha}_{2d}\right]$$

$$= \dot{V}_2\Big|_{z_3=0} + z_3\left[F_1^{\mathrm{T}}(x)\chi_1 u + F_2^{\mathrm{T}}(x)\chi_2 - F_0^{\mathrm{T}}(x)\chi_0\dot{\alpha}_{2c} - F_0^{\mathrm{T}}(x)\chi_0\dot{\alpha}_{2d} + \xi_1 z_2 + \frac{1}{2}\overline{F}(x)\chi_0 z_3\right] \tag{7.33}$$

式中，$\overline{F}(x)$ 定义为

$$\overline{F}(x) = \frac{\mathrm{d}F_0^{\mathrm{T}}(x)}{\mathrm{d}t} \tag{7.34}$$

设计自适应鲁棒控制器为[2]

$$u = u_a + u_s$$

$$u_a = \frac{F_0^{\mathrm{T}}(x)\hat{\chi}_0\dot{\alpha}_{2c} - F_2^{\mathrm{T}}(x)\hat{\chi}_2}{F_1^{\mathrm{T}}(x)\hat{\chi}_1} \tag{7.35}$$

$$\tau_3 = \varphi_3 z_3$$

式中，τ_3 为参数自适应函数；φ_3 为参数 χ 的回归器，并定义为

$$\varphi_3^{\mathrm{T}} = [-F_0^{\mathrm{T}}(x)\dot{\alpha}_{2c}, F_1^{\mathrm{T}}(x)u_a, F_2^{\mathrm{T}}(x)] \tag{7.36}$$

控制器(7.35)中，u_a 为模型自适应补偿项，u_s 为鲁棒控制器且具有如下的结构：

$$u_s = u_{s1} + u_{s2}, \quad u_{s1} = -k_{3s1}z_3 \tag{7.37}$$

式中，$k_{3s1}>0$ 为控制器反馈增益，且足够大以使如下定义的矩阵 Λ_3 正定。在不连续映射(7.9)的内部，矩阵 Λ_3 定义为

$$\Lambda_3 = \begin{bmatrix} k_1^3 & -\dfrac{1}{2}k_1^2 & 0 \\[2mm] -\dfrac{1}{2}k_1^2 & \xi_1 k_{2s1} & -\dfrac{1}{2}\left[\xi_1 - F_0^{\mathrm{T}}(x)\chi_0\dfrac{\partial\alpha_2}{\partial\hat{\xi}}\Gamma_\xi\phi_2\right] \\[4mm] 0 & -\dfrac{1}{2}\left[\xi_1 - F_0^{\mathrm{T}}(x)\chi_0\dfrac{\partial\alpha_2}{\partial\hat{\xi}}\Gamma_\xi\phi_2\right] & F_1^{\mathrm{T}}(x)\chi_1 k_{3s1} - \dfrac{1}{2}\bar{F}(x)\chi_0 \end{bmatrix} \tag{7.38}$$

在不连续映射(7.9)的边界，矩阵 Λ_3 定义为

$$\Lambda_3 = \begin{bmatrix} k_1^3 & -\dfrac{1}{2}k_1^2 & 0 \\[2mm] -\dfrac{1}{2}k_1^2 & \xi_1 k_{2s1} & -\dfrac{1}{2}\xi_1 \\[2mm] 0 & -\dfrac{1}{2}\xi_1 & F_1^{\mathrm{T}}(x)\chi_1 k_{3s1} - \dfrac{1}{2}\bar{F}(x)\chi_0 \end{bmatrix} \tag{7.39}$$

鲁棒控制器 u_{s2} 满足如下的条件：

$$z_3\left\{F_1^{\mathrm{T}}(x)\chi_1 u_{s2} - \varphi_3^{\mathrm{T}}\tilde{\chi} - F_0^{\mathrm{T}}(x)\chi_0\dfrac{\partial\alpha_2}{\partial x_2}\tilde{d}\right\} \leqslant \varepsilon_3 \tag{7.40}$$

$$z_3 F_1^{\mathrm{T}}(x)\chi_1 u_{s2} \leqslant 0 \tag{7.41}$$

式中，ε_3 为任意小的正数。

式(7.40)表明，鲁棒控制器 u_{s2} 用于支配参数不确定性及传播而来的不确定性非线性。式(7.41)表明，鲁棒控制器 u_{s2} 为自然耗散的，即当模型补偿项 u_a 控制效果很好时，鲁棒项 u_{s2} 的控制输入很小。

满足条件(7.40)及(7.41)的鲁棒控制器 u_{s2} 可参照引理 7.2 设计。

7.1.4　性能定理

定理 7.1　使用自适应律(7.10)及自适应函数 τ_2 和 τ_3，则自适应鲁棒控制器(7.35)有如下性能。

A. 闭环控制器中所有信号都是有界的，且正定函数 V_3 满足如下不等式：

$$V_3 \leqslant \exp(-\lambda t)V_3(0) + \frac{\varepsilon}{\lambda}[1 - \exp(-\lambda t)] \tag{7.42}$$

式中

$$\lambda = 2\lambda_{\min}(R_3)\min\left\{\frac{1}{k_1^2}, 1, \frac{1}{(F_0^{\mathrm{T}}(x)\chi_0)_{\max}}\right\} \tag{7.43}$$

$$\varepsilon = \varepsilon_2 + \varepsilon_3$$

B. 如果在某一时刻 t_0 之后，系统只存在参数不确定性，那么此时除了结论 A，控制器(7.35)还可以获得渐近跟踪性能，即当 $t\to\infty$ 时，$z\to0$，其中 z 定义为 $z=[z_1, z_2, z_3]^{\mathrm{T}}$。

证明　由式(7.24)、式(7.33)、式(7.35)、式(7.18)和式(7.40)可知

$$\dot{V}_3 \leqslant \varepsilon_2 + \varepsilon_3 - k_1^3 z_1^2 - \xi_1 k_{2s1} z_2^2 - \left(F_1^{\mathrm{T}}(x)\chi_1 k_{3s1} - \frac{1}{2}\overline{F}(x)\chi_0\right)z_3^2$$

$$+ k_1^2 z_1 z_2 + \xi_1 z_2 z_3 - z_3 F_0^{\mathrm{T}}(x)\chi_0 \frac{\partial\alpha_2}{\partial\hat{\xi}}\mathrm{Proj}(\Gamma_\xi\phi_2 z_2) \tag{7.44}$$

由 Λ_3 正定，则有

$$\dot{V}_3 \leqslant \varepsilon - z^{\mathrm{T}}R_3 z \leqslant \varepsilon - \lambda_{\min}(R_3)(z_1^2 + z_2^2 + z_3^2) \tag{7.45}$$

由定义(7.43)有

$$\dot{V}_3 \leqslant -\lambda V_3 + \varepsilon \tag{7.46}$$

由此可得不等式(7.42)，进而可得 z 有界，由系统位置指令、速度指令、加速度指令及加加速度指令均有界，又由参数估计也有界，可得闭环控制器中所有信号均有界。由此证明了结论 A。

对于结论 B，定义如下的李雅普诺夫函数：

$$V_s = V_3 + \frac{1}{2}\tilde{\xi}^{\mathrm{T}}\Gamma_\xi^{-1}\tilde{\xi} + \frac{1}{2}\tilde{\chi}^{\mathrm{T}}\Gamma_\chi^{-1}\tilde{\chi} \tag{7.47}$$

由式(7.24)、式(7.33)及条件式(7.19)和式(7.41)，可得 V_s 的时间微分为

$$\dot{V}_s \leqslant -\lambda_{\min}(R_3)(z_1^2 + z_2^2 + z_3^2) + \tilde{\xi}^{\mathrm{T}}(\Gamma_\xi^{-1}\dot{\hat{\xi}} - \tau_2) + \tilde{\chi}^{\mathrm{T}}(\Gamma_\chi^{-1}\dot{\hat{\chi}} - \tau_3) \leqslant -W \tag{7.48}$$

因此 $V_s < V_s(0)$，则 $W\in L_2$，又因 $\dot{W}\in L_\infty$，所以 W 一致连续，由 Barbalat 引理[2]可知，当 $t\to\infty$ 时，$z\to0$，由此证明了结论 B。

本节算法的仿真验证见文献[2]。

◆

7.2　电液伺服系统加速度约束控制

加速度约束与被测对象可承受的过载能力相关，因此本节重点研究电液位置

伺服系统的加速度约束控制问题。

7.2.1　系统模型与问题描述

既然讨论加速度约束问题，首先假设系统加速度信息可测量。由此可重新定义系统状态为

$$x = [x_1, x_2, x_3]^{\mathrm{T}} = [y, \dot{y}, \ddot{y}]^{\mathrm{T}} \tag{7.49}$$

则据前文讨论的电液伺服系统非线性方程，可得如下的系统状态方程为

$$\dot{x}_1 = x_2$$
$$\dot{x}_2 = x_3 \tag{7.50}$$
$$\dot{x}_3 = g_3(x, P_1, P_2)u + f_3(x, P_1, P_2) - \frac{B}{m}x_3 - \frac{A_f}{m}\dot{S}_f(x_2)$$

式中，非线性函数定义为

$$f_3(x, P_1, P_2) = -\left[\frac{\beta_e A_1}{mV_1}(A_1 x_2 + C_t P_L) + \frac{\beta_e A_2}{mV_2}(A_2 x_2 + C_t P_L) \right] \tag{7.51}$$
$$g_3(x, P_1, P_2) = \frac{\beta_e A_1}{mV_1}gR_1 + \frac{\beta_e A_2}{mV_2}gR_2$$

控制目标为：在保证系统安全性的前提下，使得系统输出 $y = x_1$ 尽可能跟踪系统指令 $y_d = x_{1d}$。系统的安全性可描述为系统的速度输出幅值及加速度幅值满足如下的不等式关系：

$$|x_2| \leqslant \Delta_v, \quad |x_3| \leqslant \Delta_a \tag{7.52}$$

式中，Δ_v，Δ_a 为预设的系统速度及加速度约束。

假设 7.3　系统参考指令信号 $x_{1d}(t)$ 是三阶连续的，且系统期望位置指令、速度指令 $x_{2d}(t)$、加速度指令 $x_{3d}(t)$ 及加加速度指令都是有界的。

需要注意的是，仅仅希望对系统输出的速度及加速度进行约束，而释放对系统位置的限制，也就是说，尽管要求系统的速度初值及加速度初值满足约束条件 (7.52)，却对位置初始条件不加约束。速度及加速度是局部的，而位置则是全局的。之所以这样做，主要是因为基于系统的初始位置往往由被测试单元决定，所以其初始值可能是任意的。

为了保证在系统运行过程中，速度及加速度输出不侵犯给定的约束值，需要使用障碍李雅普诺夫函数(barrier Lyapunov function, BLF)。文献[3]给出了障碍李雅普诺夫函数较好的定义。

定义 7.1[3]　障碍李雅普诺夫函数 $V(s)$ 为方程 $\dot{x} = f(x)$ 在包含原点的开区间 Θ 上定义的连续的、正定的且一阶连续可微的函数，并当 x 趋于开区间 Θ 的边界时，

$V(x) \rightarrow \infty$，对任一方程的解满足 $V(x(t)) \leqslant c$，其中 c 为正常数。

由上述的定义可知，障碍李雅普诺夫函数具有一个非常优异的性质，即当状态 x 趋于开区间的边界时，$V(x) \rightarrow \infty$，正是基于此属性，设计合适的控制器以保证系统的速度及加速度输出不冒犯限制值。

7.2.2 符号定义及不连续映射

为简化控制器的设计，更加清晰地介绍具有状态约束功能的控制器的设计流程，仅考虑系统参数 B, A_f 未知，若方程确实含有其他的未知参数，可按照 3.1 节介绍的自适应控制器设计流程及本节讲述的控制器设计方法设计相应的控制器。定义未知参数向量 $\theta=[\theta_1, \theta_2]^T$，$\theta_1= B/m$，$\theta_2 =A_f/m$，则式(7.50)可化为

$$
\begin{aligned}
\dot{x}_1 &= x_2 \\
\dot{x}_2 &= x_3 \\
\dot{x}_3 &= g_3(x,P_1,P_2)u + f_3(x,P_1,P_2) - \theta_1 x_3 - \theta_2 \dot{S}_f(x_2)
\end{aligned}
\tag{7.53}
$$

对于未知参数，有如下参数范围假设。

假设 7.4　系统未知参数 θ 的界已知，即

$$
\theta \in \Omega_\theta \overset{\text{def}}{=\!=} \{\theta : \theta_{\min} < \theta < \theta_{\max}\}
\tag{7.54}
$$

式中，$\theta_{\min} = [\theta_{1\min}, \theta_{2\min}]^T$ 和 $\theta_{\max} = [\theta_{1\max}, \theta_{2\max}]^T$ 为参数 θ 的已知界。

又由电液伺服系统的性质，有如下不等式：

$$
g_3(x,P_1,P_2) > 0, \quad \forall x
\tag{7.55}
$$

令 $\hat{\theta}$ 为参数 θ 的估计，$\tilde{\theta} = \hat{\theta} - \theta$ 为参数估计误差，基于假设 7.4 定义如下的不连续映射：

$$
\text{Proj}_{\hat{\theta}_i}(\bullet_i) = \begin{cases} 0, & \hat{\theta}_i = \theta_{i\max} \text{且} \bullet_i > 0 \\ 0, & \hat{\theta}_i = \theta_{i\min} \text{且} \bullet_i < 0 \\ \bullet_i, & \text{其他} \end{cases}
\tag{7.56}
$$

式中，$i=1, 2$。

基于此不连续映射，有如下受控的参数自适应过程：

$$
\dot{\hat{\theta}} = \text{Proj}_{\hat{\theta}}(\Gamma\tau)
\tag{7.57}
$$

式中，$\Gamma>0$ 为自适应增益；τ 为自适应函数，并在后续设计中给定。

由此不连续映射定义的参数自适应过程有如下的性质，对于任意的自适应函数 τ 有

$$(\textbf{P1})\quad \hat{\theta} \in \Omega_{\theta} \overset{\text{def}}{=\!=\!=} \left\{ \hat{\theta} : \theta_{\min} < \hat{\theta} < \theta_{\max} \right\}$$

$$(\textbf{P2})\quad \tilde{\theta}^{\text{T}} \left(\Gamma^{-1} \text{Proj}_{\hat{\theta}}(\Gamma_{\theta}\tau) - \tau \right) \leqslant 0, \quad \forall \tau \tag{7.58}$$

7.2.3　控制器的设计

对于级联的匹配的系统(7.51)，本可经由滑模控制器的思想一步设计自适应鲁棒控制器。但是当需要对系统速度及加速度输出加以约束时，就必须使用反演设计法以逐步约束系统的动态行为。

第一步：对于系统(7.51)的第一个方程，尽管不存在任何的不确定性，也不存在任何的约束，但还是必须针对此方程设计虚拟控制律，这样做的唯一目的就是使系统可能很大的位置初始误差不至于传播影响到系统速度及加速度的输出，即必须保证由第一个方程传播到第二个方程的误差是有界的。定义位置跟踪误差 $z_1 = x_1 - x_{1d}$，$z_2 = x_2 - \alpha_1$，式中 α_1 为第一个方程的虚拟控制律。

定义如下的函数：

$$V_1 = b_1 z_1 \arctan(z_1) \tag{7.59}$$

式中，b_1 为正值常数。

由于 $\arctan(z_1)$ 是关于 z_1 的奇函数，所以式(7.59)定义的 V_1 是一个有效的李雅普诺夫函数。之所以定义这样的李雅普诺夫函数主要是为了将该函数的增长限定为线性的。既然要约束系统的速度输出，则稳定函数 α_1 首先必须是有界的。给定如下的稳定函数 α_1 为

$$\alpha_1 = x_{2d} - c_1 \arctan(z_1) \tag{7.60}$$

式中，$c_1 > 0$ 为控制器增益。

因此，稳定函数 α_1 是有界的，即

$$|\alpha_1| < \frac{\pi}{2} c_1 + |x_{2d}| \tag{7.61}$$

此时函数 V_1 的时间微分为

$$\dot{V}_1 = -W_1 + b_1 z_2 \left[\arctan(z_1) + \frac{z_1}{1 + z_1^2} \right] \tag{7.62}$$

式中，W_1 定义为

$$W_1 = b_1 c_1 \arctan(z_1) \left[\arctan(z_1) + \frac{z_1}{1 + z_1^2} \right] \tag{7.63}$$

由其构成可知，W_1 恒为正。因此，由式(7.62)可知，若 $z_2 = 0$，则 $\dot{V}_1 \leqslant 0$。

由式(7.62)可知，这里定义的李雅普诺夫函数(7.59)保证了向第二方程传播的

误差项是有界的，即

$$b_1 \left| \arctan(z_1) + \frac{z_1}{1+z_1^2} \right| \le b_1 \left| \arctan(z_1) \right| + b_1 \left| \frac{z_1}{1+z_1^2} \right| \le b_1 \left(\frac{\pi}{2} + \frac{1}{2} \right) \tag{7.64}$$

第二步：对于系统方程(7.50)第二个方程的控制，由于要确保速度输出满足约束 Δ_v，由 $z_2 = x_2 - \alpha_1$ 可知，已经约束了稳定函数 α_1，因此只要再确保 z_2 在一个给定的范围 $(-L_2, L_2)$ 内，即可约束状态 x_2。为此定义如下的障碍李雅普诺夫函数：

$$V_2 = V_1 + \frac{1}{2} b_2 \log \frac{L_2^2}{L_2^2 - z_2^2} \tag{7.65}$$

式中，b_2 为正值常数。

需要说明的是，式(7.65)中的对数函数以任意正实数为底均可，故此处以 log 表示，本章下面对数函数的表达均类似。

为了对障碍李雅普诺夫函数有更加直观的认识，其函数图形如图 7.1 所示。

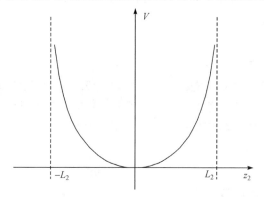

图 7.1　障碍李雅普诺夫函数示意图

由式(7.65)可知，V_2 在开区间 $(-L_2, L_2)$ 内是关于 z_2 有效的李雅普诺夫函数。函数 V_2 的时间微分为

$$\dot{V}_2 = \dot{V}_1 + \frac{b_2 z_2 \dot{z}_2}{L_2^2 - z_2^2} = -W_1 + b_1 z_2 \left[\arctan(z_1) + \frac{z_1}{1+z_1^2} \right] + \frac{b_2 z_2 (x_3 - \dot{\alpha}_1)}{L_2^2 - z_2^2} \tag{7.66}$$

定义 $z_3 = x_3 - \alpha_2$，α_2 为第二步的虚拟控制律，给定为

$$\alpha_2 = \dot{\alpha}_1 - c_2 z_2 - \frac{b_1}{b_2}(L_2^2 - z_2^2) \left[\arctan(z_1) + \frac{z_1}{1+z_1^2} \right] \tag{7.67}$$

式中，$c_2 > 0$ 为控制器增益，且式中

$$\dot{\alpha}_1 = x_{3d} - \frac{c_1 \dot{z}_1}{1 + z_1^2} \tag{7.68}$$

由此则式(7.66)可化为

$$\dot{V_2} = -W_2 + \frac{b_2 z_2 z_3}{L_2^2 - z_2^2} \tag{7.69}$$

式中，W_2 定义为

$$W_2 = W_1 + \frac{b_2 v_2 z_2^2}{L_2^2 - z_2^2} \tag{7.70}$$

由式(7.69)可知，若 $z_3=0$，则可以确保 z_2 恒在$(-L_2, L_2)$范围内，即确保了 x_2 有界，进而有(7.68)有界，因此第二步虚拟控制律(7.67)有界，即 α_2 有界。

第三步：对于系统第三个状态方程，为了约束系统的加速度输出 x_3，类似于第二步，已经约束住了 α_2，只要再约束住 z_3 即可。为此，需要设计实际的控制输入 u，以保证 z_3 不侵犯预设的范围$(-L_3, L_3)$。

另外，由于第三个方程存在参数不确定性，所以必须为参数不确定性设计合适的参数自适应律，为此定义如下的障碍李雅普诺夫函数：

$$V_3 = V_2 + \frac{1}{2} b_3 \log \frac{L_3^2}{L_3^2 - z_3^2} + \frac{1}{2} \tilde{\theta}^T \Gamma^{-1} \tilde{\theta} \tag{7.71}$$

式中，b_3 为正值常数。因此，V_3 在开区间$(-L_3, L_3)$内是关于 z_3 有效的李雅普诺夫函数。

函数 V_3 的时间微分为

$$\begin{aligned}
\dot{V_3} &= \dot{V_2} + b_3 \frac{z_3 \dot{z_3}}{L_3^2 - z_3^2} + \tilde{\theta}^T \Gamma^{-1} \dot{\tilde{\theta}} \\
&= -W_2 + \frac{b_2 z_2 z_3}{L_2^2 - z_2^2} + b_3 \frac{z_3 [g_3 u + f_3 - \theta_1 x_3 - \theta_2 \dot{S}_f(x_2) - \dot{\alpha}_2]}{L_3^2 - z_3^2} + \tilde{\theta}^T \Gamma^{-1} \dot{\tilde{\theta}}
\end{aligned} \tag{7.72}$$

式中

$$\begin{aligned}
\dot{\alpha}_2 &= \dot{x}_{3d} - \frac{c_1 \ddot{z_1}}{1 + z_1^2} + \frac{2 v_1 z_1 \dot{z_1}^2}{(1 + z_1^2)^2} - c_2 \dot{z_2} \\
&+ \frac{2 b_1}{b_2} z_2 \dot{z_2} \left[\arctan(z_1) + \frac{z_1}{1 + z_1^2} \right] - \frac{b_1}{b_2} \frac{2 \dot{z_1}}{1 + z_1^2} (L_2^2 - z_2^2) \left(1 - \frac{z_1^2}{1 + z_1^2} \right)
\end{aligned} \tag{7.73}$$

因此，可设计如下的控制律[4]：

$$u = \frac{1}{g_3(x, P_1, P_2)} \left[-f_3(x, P_1, P_2) + \hat{\theta}_1 x_3 + \hat{\theta}_2 \dot{S}_f(x_2) + \dot{\alpha}_2 - \frac{b_2}{b_3} \frac{L_3^2 - z_3^2}{L_2^2 - z_2^2} z_2 - c_3 z_3 \right] \tag{7.74}$$

式中，$c_3 > 0$ 为控制器增益。并给定如下的参数自适应函数：

$$\tau = \varphi z_3 \tag{7.75}$$

式中，回归器 φ 的定义为

$$\varphi = \left[-\frac{b_3 x_3}{L_3^2 - z_3^2}, -\frac{b_3 \dot{S}_f(x_2)}{L_3^2 - z_3^2} \right]^{\mathrm{T}} \tag{7.76}$$

将控制器(7.74)及参数自适应函数(7.75)代入式(7.72)有

$$\dot{V}_3 = -W_3 \tag{7.77}$$

式中，W_3定义为

$$W_3 = W_2 + \frac{b_3 v_2 z_3^2}{L_3^2 - z_3^2} \tag{7.78}$$

由式(7.78)可知，W_3关于$z = [z_1, z_2, z_3]^{\mathrm{T}}$是正定的，因此$\dot{V}_3 \leqslant 0$，由此确保了$z_3$始终在范围$(-L_3, L_3)$内，由此也成功约束住了系统加速度输出$z_3$。由此可通过设定控制各参数进而约束系统的速度及加速度输出。

7.2.4 性能定理

定理 7.2 如果系统初值$z(0)$满足如下条件：

$$z(0) \in \Omega_{z_0} \overset{\text{def}}{=\!=} \{|z_2(0)| < L_2, |z_3(0)| < L_3\} \tag{7.79}$$

则基于不连续映射自适应律(7.57)及自适应函数(7.75)，控制器(7.74)具有如下性能。

A. 闭环控制器中所有信号都是有界的，且误差信号z_2, z_3满足如下不等式：

$$z_2 < L_2 \sqrt{1 - \mathrm{e}^{-2V_3(0)/b_2}}$$
$$z_3 < L_3 \sqrt{1 - \mathrm{e}^{-2V_3(0)/b_3}} \tag{7.80}$$

B. 除结论 A，控制器还可获得渐近稳定性，即当$t \to \infty$时，$z_1 \to 0$。

证明 由式(7.77)可得，$V_3 \leqslant V_3(0)$，且是不增的函数，因此可确保$|z_2(t)| < L_2$，$|z_3(t)| < L_3$。由此可推导出

$$\frac{1}{2} b_2 \log \frac{L_2^2}{L_2^2 - z_2^2} \leqslant V_2 \leqslant V_3 \leqslant V_3(0)$$
$$\frac{1}{2} b_3 \log \frac{L_3^2}{L_3^2 - z_3^2} \leqslant V_2 \leqslant V_3 \leqslant V_3(0) \tag{7.81}$$

因此可得不等式(7.81)。又由V_3有界，进而z有界；由系统位置指令、速度指令、加速度指令及加加速度指令均有界，进而可得系统状态x有界；又由不连续映射的参数估计可知，参数估计有界，据此可轻易证明闭环系统中所有信号均有界。由此证明了结论 A。

下面考虑结论 B 的证明。由式(7.78)，$W_3 \in L_2$及$V_3 \in L_\infty$，又由闭环系统所有信号均有界，很容易证明W_3的时间微分也有界，即W_3一致连续，由 Barbalat 引理[2]可知，当$t \to \infty$时，有$W_3 \to 0$，由此证明了结论 B。

◆

7.2.5　系统速度、加速度约束及控制器参数整定

为了不破坏系统速度及加速度的约束，必须根据其预设的限制值，整定系统的控制参数 $\{b_i, v_i\}(i=1, 2, 3)$ 以及 L_2, L_3。对于 3.1 节设计的自适应鲁棒控制器，由于设计时并没有考虑系统速度及加速度约束，在系统运行时，为了一味追求系统跟踪误差最小，系统当然有可能以最大的能力，即最大的速度和/或加速度输出，所以这种类型的控制器并不能保证系统速度及加速度的约束。因此，必须合理地选择所设计的约束控制器的参数。

为了确保全局 (z_1)/半全局 (z_2, z_3) 的系统性能及约束控制，必须考虑最糟糕的情况，由此根据控制器的设计流程，有如下的约束不等式：

$$|x_2|=|z_2+\alpha_1| \leqslant L_2 + \frac{\pi}{2}c_1 + |x_{2d}| =: \Delta_v$$

$$|x_3|=|z_3+\alpha_2| \leqslant L_3 + c_1\Delta_v + c_1|x_{2d}| + c_2 L_2 + \frac{b_1}{2b_2}L_2^2(\pi+1) + |x_{3d}| =: \Delta_a \tag{7.82}$$

由不等式(7.82)可根据系统约束要求及系统工况，综合设计控制器参数。

应注意的是，实际上式(7.82)考虑了系统最糟糕的情况，但通常系统出现这种情况的概率极低，且随着时间的推移，系统跟踪误差 $z\to 0$，此时系统速度及加速度输出完全取决于系统的速度及加速度指令，而与控制器参数关系甚微，这些控制器参数主要在系统的状态不匹配段起约束控制的作用。因此，不等式(7.82)仅为人们提供参数选择的参考，不一定完全遵守。在整定系统参数时，需要综合考虑系统的跟踪性能及约束控制。

7.2.6　仿真验证

本节考核设计的约束控制器的性能。在仿真模型中，系统参数为 $m=4\text{kg}$, $A_1=A_2=2\times10^{-4}\text{m}^2$, $B=45\text{N·s/m}$, $A_f=4\text{N}$, $\beta_e=2\times10^8\text{Pa}$, $C_t=9\times10^{-12}\text{m}^5/(\text{N·s})$, $P_s=7\times10^6\text{Pa}$, $P_r=0\text{Pa}$, $g=4\times10^{-8}\text{m}^4/(\text{s·V·}\sqrt{\text{N}})$, $V_{01}=V_{02}=1\times10^{-3}\text{m}^3$。近似库伦摩擦的连续函数 $S_f(x_2)$ 选为 $2\arctan(900x_2)/\pi$。未知参数 θ 的实际值为 $\theta=[11.25, 1]^T$。未知参数的上下界取为 $\theta_{max}=[14, 1.2]^T$, $\theta_{min}=[9, 0.8]^T$。参数的初始估计值取为 $\hat{\theta}(0) = [10, 0.8]^T$。

系统期望的速度及加速度约束分别为 $\Delta_v=5\text{m/s}$ 和 $\Delta_a=100\text{m/s}^2$。

对比如下的控制器[4]：

(1) ABC：本节提出的自适应约束控制器。取控制器参数为 $c_1=0.2/\pi$, $c_2=400$, $c_3=1.25$, $b_1=0.8$, $b_2=0.01$, $b_3=0.48$, $L_2=5$, $L_3=50$。参数自适应增益 $\Gamma=\text{diag}\{1\times10^2, 1\times10^4\}$。

(2) ARC：3.1 节提出的自适应鲁棒控制器。取控制器参数为 $k_1=400$, $k_2=40$, $k_3=10$, $\Gamma=\text{diag}\{20, 100\}$。其控制器结构如下：

$$\alpha_1 = x_{2d} - k_1 z_1$$

$$\alpha_2 = \dot{\alpha}_1 - z_1 - k_2 z_2$$

$$u = \frac{1}{g_3(x,P_1,P_2)}[\dot{\alpha}_2 - f_3(x,P_1,P_2) - z_2 + \hat{\theta}_1 x_3 + \hat{\theta}_2 \dot{S}_f(x_2)] \tag{7.83}$$

$$\varphi^{\mathrm{T}} = [-x_3, -\dot{S}_f(x_2)]$$

$$\tau = \varphi z_3$$

　　为测试控制器的性能，首先给定理想情况，即 $V_3(0)=0$。给定系统指令为 $x_{1d} = \sin(t)$，并经由六阶滤波器以匹配系统初始时刻的状态，即使 $V_3(0)=0$。此时系统的跟踪误差对比及控制输入对比分别如图 7.2 和图 7.3 所示。由图 7.2 可知，两个控制器的跟踪误差都很小，在起始段，ABC 的跟踪误差比 ARC 稍大，在此之后两个控制器的跟踪性能基本相同。由图 7.3 可知，ARC 在起始段的控制输入更大，更具侵略性。由系统速度及加速度输出对比图 7.4 和图 7.5 可知，尽管在此

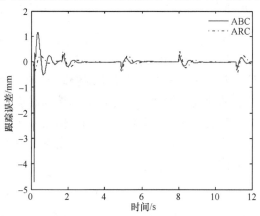

图 7.2　理想情况下跟踪性能对比

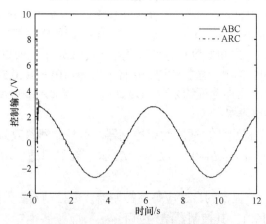

图 7.3　理想情况下控制输入对比

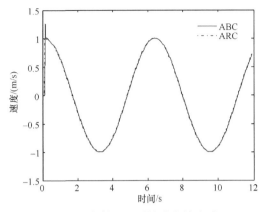

图 7.4　理想情况下系统速度输出对比

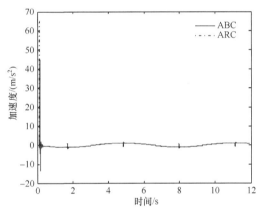

图 7.5　理想情况下系统加速度输出对比

理想情况下系统的速度及加速度约束均未被侵犯，但在起始段 ARC 的加速度输出更大。

　　为测试初始条件对系统约束的影响，给定如下初始条件：$z_1(0)=-1$, $z_2(0)=0$ 和 $z_3(0)=0$。此情况下两个控制器的跟踪性能对比如图 7.6 所示，控制输入如图 7.7 所示，速度输出如图 7.8 所示及加速度输出如图 7.9 所示。由对比曲线可知，除起始段，ABC 与 ARC 的跟踪性能基本相同，但由于 ABC 存在约束控制设计，系统的速度及加速度约束均得到了满足，而由于 ARC 具有更强的侵略性，此时系统最大速度输出达到了 7m/s，加速度输出达到了 150m/s²，冒犯了系统的速度及加速度约束，而此时 ABC 下的最大速度输出及加速度输出分别为 4m/s 和 15m/s²。由此也验证了 ABC 能克服初始条件对系统造成的不利影响，满足系统的速度及加速度约束。

　　初始条件 $z_1(0)=1$, $z_2(0)=0$ 和 $z_3(0)=0$ 时的仿真结果如图 7.10～图 7.13 所示。此仿真结果再一次验证了 ABC 提供的速度及加速度约束功能。

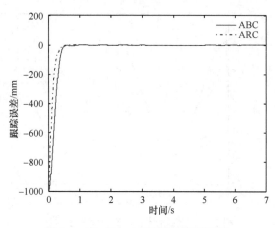

图 7.6　当 $z(0)=-1$ 时的跟踪性能对比

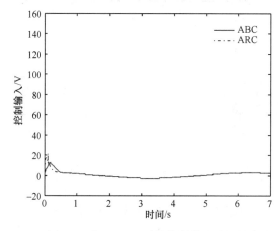

图 7.7　当 $z(0)=-1$ 时的控制输入对比

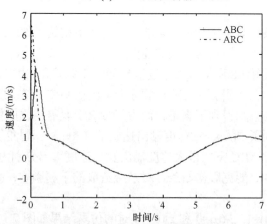

图 7.8　当 $z(0)=-1$ 时的速度输出对比

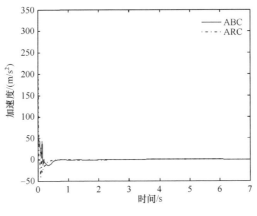

图 7.9　当 $z(0)=-1$ 时的加速度输出对比

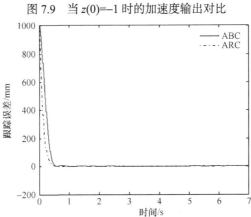

图 7.10　当 $z(0)=1$ 时的跟踪性能对比

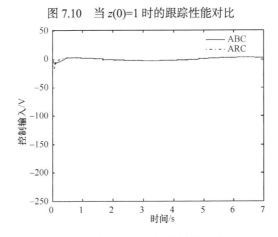

图 7.11　当 $z(0)=1$ 时的控制输入对比

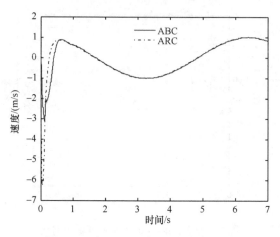

图 7.12　当 $z(0)=1$ 时的速度输出对比

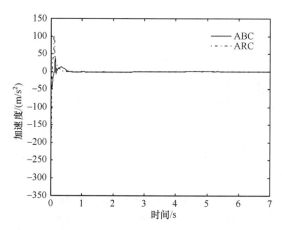

图 7.13　当 $z(0)=1$ 时的加速度输出对比

7.3　电液伺服系统输出约束控制

本节重点研究电液位置伺服系统的输出约束控制问题。

7.3.1　系统模型与问题描述

定义系统状态变量如式(3.1)所示，则电液伺服系统非线性方程为

$$\dot{x}_1 = x_2$$

$$m\dot{x} = x_3 - Bx_2 - A_f S_f(x_2) + d(x_1, x_2, t)$$

$$\dot{x}_3 = \left(\frac{A_1}{V_1}R_1 + \frac{A_2}{V_2}R_2\right)g\beta_e u - \left(\frac{A_1^2}{V_1} + \frac{A_2^2}{V_2}\right)\beta_e x_2 - \left(\frac{A_1}{V_1} + \frac{A_2}{V_2}\right)\beta_e C_t P_L \tag{7.84}$$

$$y = x_1$$

控制目标为：在保证系统安全性的前提下，使系统输出 $y=x_1$ 尽可能跟踪系统指令 $y_d=x_{1d}$。系统的安全性可描述为系统的位置输出幅值满足如下不等式：

$$|y| \leqslant \varDelta_s \tag{7.85}$$

式中，$\varDelta_s$ 为预设的系统位置输出约束。

假设 7.5　系统参考指令信号 $x_{1d}(t)$ 是三阶连续的，且系统期望位置指令、速度指令 $x_{2d}(t)$、加速度指令 $x_{3d}(t)$ 及加加速度指令都是有界的，即存在正数 $\zeta_i, i=1,2,3$，使得 $|x_{id}(t)| \leqslant \zeta_i$，且存在正数 A_0 使得 $\zeta_1 \leqslant A_0 < \varDelta_s$。

7.3.2　符号定义

定义系统未知参数向量 $\theta=[\theta_1, \theta_2, \theta_3]^{\mathrm{T}}$，$\theta_1=B$，$\theta_2=A_f$，$\theta_3=C_t$，由此则式(7.84)可写为

$$\dot{x}_1 = x_2$$

$$m\dot{x} = x_3 - \theta_1 x_2 - \theta_2 S_f(x_2) + d(x_1, x_2, t) \tag{7.86}$$

$$\dot{x}_3 = f_1 u - f_2 - \theta_3 f_3$$

式中，非线性函数的定义为

$$f_1 = \left(\frac{A_1}{V_1}R_1 + \frac{A_2}{V_2}R_2\right)g\beta_e$$

$$f_2 = \left(\frac{A_1^2}{V_1} + \frac{A_2^2}{V_2}\right)\beta_e x_2 \tag{7.87}$$

$$f_3 = \left(\frac{A_1}{V_1} + \frac{A_2}{V_2}\right)\beta_e P_L$$

假设 7.6　系统建模不确定性 $d(x_1, x_2, t)$ 有界，即

$$|d(x_1, x_2, t)| \leqslant D \tag{7.88}$$

式中，D 为未知的正数。

令 $\hat{\theta}$ 为参数 θ 的估计，$\tilde{\theta}=\hat{\theta}-\theta$ 为参数 θ 的估计误差，$\hat{D}$ 为参数 D 的估计，$\tilde{D}=\hat{D}-D$ 为参数 D 的估计误差。

引理 7.3[5]　对于任意的 $\varepsilon>0$ 及 $\eta \in \mathbf{R}$，有如下的不等式成立：

$$0 \leqslant |\eta| - \eta \tanh\left(\frac{\eta}{\varepsilon}\right) \leqslant \kappa\varepsilon \tag{7.89}$$

式中，$\kappa=0.2758$。

◆

7.3.3 控制器的设计

由于式(7.86)中的电液伺服系统方程含有不匹配建模不确定性，控制器的设计按照反演设计法的步骤进行。

第一步：定义误差变量

$$z_1 = x_1 - x_{1d}, \quad z_2 = x_2 - \alpha_1 \tag{7.90}$$

式中，z_1 为系统跟踪误差，z_2 为控制函数 α_1 与 x_2 之间的偏差。

系统参考指令信号是有界的，因此为确保位置输出满足约束 Δ_s，由式(7.89)可知，只要再确保 z_1 在一个给定的范围$(-L_1, L_1)$内，即可约束住状态 x_1。为此定义满足定义 7.1 的障碍李雅普诺夫函数为

$$V_1 = \frac{1}{2} \log \frac{L_1^2}{L_1^2 - z_1^2} \tag{7.91}$$

式中，$L_1=\Delta_s-A_0$。函数 V_1 的时间微分为

$$\dot{V}_1 = \frac{z_1 \dot{z}_1}{L_1^2 - z_1^2} = \frac{z_1(z_2 + \alpha_1 - \dot{x}_{1d})}{L_1^2 - z_1^2} \tag{7.92}$$

设计虚拟控制律 α_1 为

$$\alpha_1 = \dot{x}_{1d} - k_1 z_1 \tag{7.93}$$

式中，$k_1>0$ 为反馈增益。

将式(7.92)代入式(7.91)可得

$$\dot{V}_1 = -\frac{k_1 z_1^2}{L_1^2 - z_1^2} + \frac{z_1 z_2}{L_1^2 - z_1^2} \tag{7.94}$$

第二步：定义 $z_3=x_3-\alpha_2$ 为虚拟控制律 α_2 与 x_3 之间的偏差。由于本节只考虑输出约束，取如下的李雅普诺夫函数：

$$V_2 = V_1 + \frac{1}{2} m z_2^2 \tag{7.95}$$

函数 V_2 的时间微分为

$$\dot{V}_2 = -\frac{k_1 z_1^2}{L_1^2 - z_1^2} + \frac{z_1 z_2}{L_1^2 - z_1^2} + z_2 [z_3 + \alpha_2 - \theta_1 x_2 - \theta_2 S_f(x_2) + d(x_1, x_2, t) - m\dot{\alpha}_1]$$

$$\leqslant -\frac{k_1 z_1^2}{L_1^2 - z_1^2} + \frac{z_1 z_2}{L_1^2 - z_1^2} + z_2 [z_3 + \alpha_2 - \theta_1 x_2 - \theta_2 S_f(x_2) - m\dot{\alpha}_1] + |z_2| D \tag{7.96}$$

运用引理 7.3 可知

$$\dot{V}_2 \leqslant -\frac{k_1 z_1^2}{L_1^2 - z_1^2} + \frac{z_1 z_2}{L_1^2 - z_1^2} + z_2 [z_3 + \alpha_2 - \theta_1 x_2 - \theta_2 S_f(x_2) - m\dot{\alpha}_1]$$

$$+ z_2 \tanh\left(\frac{z_2}{\varepsilon}\right) D + \kappa \varepsilon D \tag{7.97}$$

设计虚拟控制律 α_2 为

$$\alpha_2 = \hat{\theta}_1 x_2 + \hat{\theta}_2 S_f(x_2) + m\dot{\alpha}_1 - k_2 z_2 - \frac{z_1}{L_1^2 - z_1^2} - \hat{D} \tanh\left(\frac{z_2}{\varepsilon}\right) \tag{7.98}$$

式中，$k_2 > 0$ 为反馈增益。

将式(7.96)代入式(7.95)可得

$$\dot{V}_2 \leqslant -\frac{k_1 z_1^2}{L_1^2 - z_1^2} - k_2 z_2^2 + z_2 z_3 + \tilde{\theta}_1 x_2 z_2 + \tilde{\theta}_2 S_f(x_2) z_2 - z_2 \tanh\left(\frac{z_2}{\varepsilon}\right) \tilde{D}$$

$$+ \kappa \varepsilon D \tag{7.99}$$

第三步：由于式(7.86)中第二个和第三个方程都含有参数不确定性，必须设计合适的参数自适应律，取李雅普诺夫函数为

$$V_3 = V_2 + \frac{1}{2} z_3^2 + \frac{1}{2} \tilde{\theta}^{\mathrm{T}} \Gamma^{-1} \tilde{\theta} + \frac{1}{2\gamma} \tilde{D}^2 \tag{7.100}$$

函数 V_3 的时间微分为

$$\dot{V}_3 \leqslant -\frac{k_1 z_1^2}{L_1^2 - z_1^2} - k_2 z_2^2 + z_2 z_3 + \tilde{\theta}_1 x_2 z_2 + \tilde{\theta}_2 S_f(x_2) z_2 - z_2 \tanh\left(\frac{z_2}{\varepsilon}\right) \tilde{D}$$

$$+ \kappa \varepsilon D + z_3 (f_1 u - f_2 - \theta_3 f_3 - \dot{\alpha}_2) + \tilde{\theta}^{\mathrm{T}} \Gamma^{-1} \dot{\hat{\theta}} + \frac{1}{\gamma} \tilde{D} \dot{\hat{D}} \tag{7.101}$$

设计控制输入 u 为

$$u = \frac{1}{f_1} (f_2 + \hat{\theta}_3 f_3 + \dot{\alpha}_2 - z_2 - k_3 z_3) \tag{7.102}$$

式中，$k_3 > 0$ 为反馈增益。

将式(7.102)代入式(7.101)可得

$$\dot{V}_3 \leqslant -\frac{k_1 z_1^2}{L_1^2 - z_1^2} - k_2 z_2^2 - k_3 z_3^2 - \tilde{\theta}^{\mathrm{T}}(\varphi_2 z_2 + \varphi_3 z_3) - z_2 \tanh\left(\frac{z_2}{\varepsilon}\right)\tilde{D}$$
$$+ \kappa\varepsilon D + \tilde{\theta}^{\mathrm{T}} \Gamma^{-1}\dot{\hat{\theta}} + \frac{1}{\gamma}\tilde{D}\dot{\hat{D}} \tag{7.103}$$

给定如下的参数自适应律:

$$\dot{\hat{\theta}} = \Gamma[\varphi_2 z_2 + \varphi_3 z_3 - \beta_1 \hat{\theta}] \tag{7.104}$$

式中,回归函数 φ_2 和 φ_3 定义为

$$\varphi_2 = [-x_2, -S_f(x_2), 0]^{\mathrm{T}}, \quad \varphi_3 = [0, 0, -f_3]^{\mathrm{T}} \tag{7.105}$$

建模不确定性上界自适应律:

$$\dot{\hat{D}} = \gamma\left[z_2 \tanh\left(\frac{z_2}{\varepsilon}\right) - \beta_2 \hat{D}\right] \tag{7.106}$$

将自适应函数(7.104)及自适应律(7.106)代入式(7.103)可得

$$\dot{V}_3 \leqslant -\frac{k_1 z_1^2}{L_1^2 - z_1^2} - k_2 z_2^2 - k_3 z_3^2 + \kappa\varepsilon D - \beta_1\tilde{\theta}^{\mathrm{T}}\hat{\theta} - \beta_2\tilde{D}\hat{D} \tag{7.107}$$

由于有以下的不等式成立:

$$\log\frac{L_1^2}{L_1^2 - z_1^2} \leqslant \frac{z_1^2}{L_1^2 - z_1^2} \tag{7.108}$$

$$-\tilde{\theta}^{\mathrm{T}}\hat{\theta} \leqslant -\frac{\|\tilde{\theta}\|^2}{2} + \frac{\|\theta\|^2}{2} \tag{7.109}$$

$$-\tilde{D}\hat{D} \leqslant -\frac{\tilde{D}^2}{2} + \frac{D^2}{2} \tag{7.110}$$

因此

$$\dot{V}_3 \leqslant -k_1 \log\frac{L_1^2}{L_1^2 - z_1^2} - k_2 z_2^2 - k_3 z_3^2 + \kappa\varepsilon D - \frac{\beta_1\|\tilde{\theta}\|^2}{2} + \frac{\beta_1\|\theta\|^2}{2}$$
$$-\frac{\beta_2\tilde{D}^2}{2} + \frac{\beta_2 D^2}{2} \tag{7.111}$$
$$\leqslant -\lambda V_3 + c$$

式中

$$\lambda = 2\min\left\{k_1, \frac{k_2}{m}, k_3, \frac{\beta_1}{\lambda_{\max}(\Gamma^{-1})}, \beta_2\gamma\right\} \tag{7.112}$$
$$c = \kappa\varepsilon D + \frac{\beta_1\|\theta\|^2}{2} + \frac{\beta_2 D^2}{2}$$

7.3.4　性能定理

定理 7.3　如果系统初值 $z_1(0)$ 满足如下条件：

$$|z_1(0)| \leqslant L_1 \tag{7.113}$$

则运用自适应律(7.104)和式(7.106)，所设计的控制器(7.102)具有如下性能：①闭环控制器中所有信号都是有界的；②误差信号 z_1 满足如下不等式：

$$z_1 \leqslant L_1 \sqrt{1 - \exp\{-2[\mu + (V_3(0) - \mu)\mathrm{e}^{-\lambda t}]\}} \tag{7.114}$$

证明　令 $\mu = c/\lambda$，对式(7.111)在 $[0, t]$ 区间积分可得

$$0 \leqslant V_3 \leqslant \mu + (V_3(0) - \mu)\mathrm{e}^{-\lambda t} \tag{7.115}$$

根据式(7.100)中 V_3 的定义可知

$$\frac{1}{2}\log\frac{L_1^2}{L_1^2 - z_1^2} \leqslant \mu + (V_3(0) - \mu)\mathrm{e}^{-\lambda t} \tag{7.116}$$

化简式(7.116)即可得到式(7.114)中的结论。

由式(7.115)可知 V_3 有界，进而信号 $z_1, z_2, z_3, \tilde{\theta}, \tilde{D}$ 都是有界的。又由跟踪误差和参数估计误差的定义以及假设 7.5 可知，状态 x 和参数估计 $\hat{\theta}$ 和 $\hat{D}$ 是有界的，据此可以容易证明系统所有信号都是有界的，因此证明了定理 7.3 中的结论。

♦

7.3.5　仿真验证

为考核本节所设计的自适应输出约束控制器的性能，在仿真模型中，取系统参数为 $m = 4\mathrm{kg}$，$A_1 = A_2 = 2 \times 10^{-4}\mathrm{m}^2$，$B = 45\mathrm{N \cdot s/m}$，$A_f = 4\mathrm{N}$，$\beta_e = 2 \times 10^8\mathrm{Pa}$，$C_t = 9 \times 10^{-12}\mathrm{m}^5/(\mathrm{N \cdot s})$，$g = 4 \times 10^{-8}\mathrm{m}^4/(\mathrm{s \cdot V} \cdot \sqrt{\mathrm{N}})$，$P_s = 7 \times 10^6\mathrm{Pa}$，$P_r = 0\mathrm{Pa}$，$V_{01} = V_{02} = 1 \times 10^{-3}\mathrm{m}^3$。近似库伦摩擦的连续函数 $S_f(x_2)$ 选为 $2\arctan(900x_2)/\pi$。未知参数的实际值为 $\theta = [45, 4, 9 \times 10^{-12}]^{\mathrm{T}}$。参数估计的初值取为 $\hat{\theta}(0) = [0, 0, 0]^{\mathrm{T}}$。仿真采样时间为 $T_s = 0.2\mathrm{ms}$。

给定系统指令为 $x_{1d}(t) = \sin(t)[1 - \exp(-0.01t^3)]$，系统期望的位置输出约束为 $\Delta_s = 1.05\mathrm{m}$。由于指令的幅值为 $A_0 = 1\mathrm{m}$，取 $L_1 = 0.05\mathrm{m}$，则约束控制的目标转化为使跟踪误差 $|z_1| \leqslant 0.05\mathrm{m}$。

对比如下的控制器：

(1) ABC：本节提出的自适应输出约束控制器。取控制器参数为 $k_1 = 300$，$k_2 = 50$，$k_3 = 10$。参数自适应增益为 $\Gamma = \mathrm{diag}\{1000, 500, 1 \times 10^{-25}\}$，$\gamma = 150$ 且 $\beta_1 = [1 \times 10^{-5}, 5 \times 10^{-3}, 1 \times 10^{-3}]^{\mathrm{T}}$，$\beta_2 = 1 \times 10^{-3}$，$\varepsilon = 1$。

(2) ARC：3.1 节中提出的自适应鲁棒控制器。取控制器参数为 $k_1 = 300$，$k_2 = 50$，$k_3 = 10$。参数自适应增益为 $\Gamma = \mathrm{diag}\{1000, 500, 1 \times 10^{-25}\}$。其控制器结构如下：

$$\alpha_1 = \dot{x}_{1d} - k_1 z_1$$

$$\alpha_2 = \hat{\theta}_1 x_2 + \hat{\theta}_2 S_f(x_2) + m\dot{\alpha}_1 - k_2 z_2 \tag{7.117}$$

$$u = \frac{1}{f_1}(f_2 + \hat{\theta}_3 f_3 - k_3 z_3 + \dot{\alpha}_2)$$

参数自适应律为

$$\dot{\hat{\theta}} = \Gamma(\varphi_2 z_2 + \varphi_3 z_3)$$

$$\varphi_2 = [-x_2, -S_f(x_2), 0]^{\mathrm{T}}, \ \varphi_3 = [0, 0, -f_3] \tag{7.118}$$

为测试控制器的性能，首先考虑初始条件匹配的情况，即 $V_3(0)=0$。此时系统的跟踪误差对比及控制输入对比分别如图 7.14 和图 7.15 所示。由图 7.14 可知，ABC 的瞬态和稳态跟踪性能都优于 ARC，且两者都没有侵犯系统的输出约束。由图 7.15 可知，在理想的初始条件匹配的条件下两种控制器的控制输入基本相同。

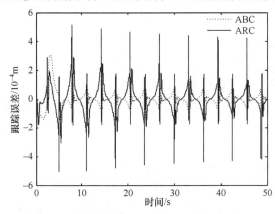

图 7.14　初始条件匹配时跟踪性能对比

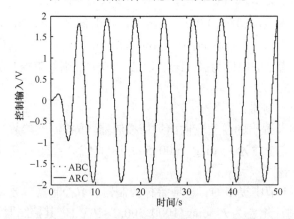

图 7.15　初始条件匹配时控制输入对比

为测试初始条件对系统输出约束的影响，给定如下的初始条件 $z_1(0)=-0.03$。此情况下的两种控制器的跟踪性能对比如图 7.16 所示，控制输入如图 7.17 所示。由图 7.16 可知，ARC 的瞬态跟踪误差受初始条件的影响很大，呈现出比较大的跟踪误差，而 ABC 的瞬态跟踪误差则明显小得多，且稳态跟踪性能也优于 ARC。而从图 7.17 中可以看出，在初始阶段，ARC 的控制输入相较于 ABC 要大，之后两者基本相同，故尽管 ARC 付出了更大的控制量，却没有获得更好的跟踪性能。

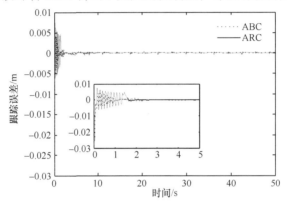

图 7.16　当 $z_1(0)=-0.03$ 时的跟踪性能对比

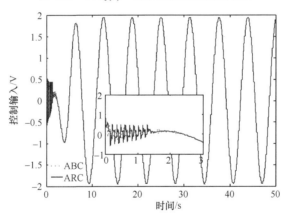

图 7.17　当 $z_1(0)=-0.03$ 时的控制输入对比

7.4　本 章 小 结

本章分别针对电液伺服测试系统的非线性参数自适应及状态约束问题进行了控制器设计。对于电液伺服测试系统，可能经常由于测试对象或测试条件的不同，导致系统存在非线性参数及状态约束控制问题。

对于非线性参数自适应的控制，本章首先建立了电液伺服测试系统的非线性参数自适应模型，并推导出电液伺服系统具有的重要不等式属性，基于一个新型的李雅普诺夫函数，消除了非线性参数对控制器设计的影响；同时，为了避免不匹配不确定性间的耦合，提出了系统状态方程重构的控制策略，并设计了自适应鲁棒控制器，给出了其性能定理，并取得当系统只存在参数不确定性时的渐近稳定性。仿真对比结果表明，本章设计的自适应鲁棒控制器较确定性鲁棒控制器及自适应滑模控制器，有更加优异的性能，克服了非线性参数对系统性能的影响。

对于系统状态约束，本章基于级联匹配的系统状态方程，提出了基于障碍李雅普诺夫函数的控制器设计流程，并针对系统不确定性参数，设计了适当的自适应控制器，提升了系统性能。仿真结果表明，基于障碍李雅普诺夫函数设计的自适应约束控制器具有优异的控制性能，不但跟踪性能较好，而且在初始条件极端不匹配的情况下，仍可保证系统的速度及加速度约束不被破坏，为电液伺服测试系统的安全测试提供了保障。同时，考虑电液伺服测试系统的参数不确定性和不确定性非线性同时存在时，提出了基于障碍李雅普诺夫函数的自适应输出约束控制器。所设计的控制器无需先验地获知不确定性非线性的确切上界，而是采用自适应的方法进行估计。仿真结果表明，所设计的基于障碍李雅普诺夫函数的自适应输出约束控制器可使系统获得优异的跟踪性能，从而使系统的输出不会侵犯事先给定的输出约束值。

参 考 文 献

[1] Guan C, Pan S. Nonlinear adaptive robust control of single-rod electro-hydraulic actuator with unknown nonlinear parameters. IEEE Transactions on Control Systems Technology, 2008, 16(3): 434-445.

[2] Yao J, Yang G, Ma D, et al. Adaptive robust control for unknown nonlinear parameters of single-rod hydraulic actuators. The 33th Chinese Control Conference, Nanjing, 2014: 7915-7920.

[3] Tee K P, Ge S S, Tay E H. Barrier Lyapunov functions for the control of output-constrained nonlinear systems. Automatica, 2009, 45(4): 918-927.

[4] Deng W, Yao J, Jiao Z. Adaptive backstepping motion control of hydraulic actuators with velocity and acceleration constraints. IEEE Chinese Guidance, Navigation and Control Conference, Yantai, 2014: 219-224.

[5] Chen M, Ge S S, Ren B. Adaptive tracking control of uncertain MIMO nonlinear systems with input constraints. Automatica, 2011, 47(3): 452-465.

第 8 章　电液伺服系统输出反馈控制

目前对于电液伺服系统的非线性控制方法大多基于全状态反馈，即控制器的设计不仅需要获取系统的位置信号，还要求速度和压力信号都可测得。然而，在实际应用中，由于受成本、体积/重量和结构等的限制，许多液压设备并没有安装速度和压力传感器。此外，尽管安装了这两种传感器，速度和压力信号的测量也可能伴随有强测量噪声，这会使得所设计的全状态反馈控制器性能降阶。这些实际的工程问题限制了很多先进的非线性控制方法在实际中的应用，也从一方面解释了传统线性 PID 控制方法至今仍在液压控制领域占据主导地位的原因。但是不可否认的是，线性 PID 控制方法已逐渐不能满足现代工业领域的高性能需求[1]，因此迫切需要研究更为先进的电液伺服系统输出反馈控制方法。

本章主要基于线性扩张状态观测器(LESO)理论，分别针对液压马达位置伺服系统和单出杆液压缸位置伺服系统设计输出反馈鲁棒控制策略，并通过仿真和实验验证所提出控制策略的有效性。

8.1　液压马达位置伺服系统输出反馈鲁棒反演控制

8.1.1　系统模型与问题描述

定义系统状态变量

$$x = [x_1, x_2, x_3]^{\mathrm{T}} \overset{\text{def}}{=\!=\!=} [y, \dot{y}, AP_L / m]^{\mathrm{T}} \tag{8.1}$$

则根据前文讨论的电液伺服系统非线性方程，可得系统状态方程为

$$\begin{aligned}
\dot{x}_1 &= x_2 \\
\dot{x}_2 &= x_3 + \varphi_1(x_2) + d(t) \\
\dot{x}_3 &= g(u, x_3)u + \varphi_2(x_2, x_3) + q_o + q(t)
\end{aligned} \tag{8.2}$$

式中，$\varphi_1(x_2) = -F(x_2)/m$，$d(t) = f(t, x_1, x_2)/m$，$q_o = 4\beta_e AQ_o/V_t/m$，$q(t) = 4\beta_e AQ(t)/V_t/m$，且

$$g(u, x_3) = \frac{4A\beta_e k_t}{mV_t}\sqrt{P_s - \operatorname{sign}(u)\frac{m}{A}x_3} \tag{8.3}$$

$$\varphi_2(x_2, x_3) = -\frac{4A^2\beta_e}{mV_t}x_2 - \frac{4\beta_e}{V_t}C_t x_3$$

其中 $F(x_2)$ 表征任意的连续可微的摩擦模型，Q_o 和 $Q(t)$ 分别为与内泄漏相关的常值建模误差和时变建模误差。

控制的目标为：给定系统参考信号 $y_d(t)=x_{1d}(t)$，通过观测器观测系统状态和干扰，设计输出反馈鲁棒控制器使得闭环系统所有信号都有界，且使系统输出 $y=x_1$ 尽可能跟踪系统参考信号。

在控制器的设计之前，先给出如下合理假设。

假设 8.1　系统参考指令信号 $x_{1d}(t)$ 是三阶连续的，且系统期望位置指令、速度指令、加速度指令以及加加速度指令都是有界的。液压系统在正常工况下工作，即 P_1 和 P_2 都小于供油压力 P_s，且 $|P_L|$ 也小于 P_s 以保证函数 $g(u,x_3)$ 始终都为正。

尽管由于函数 $g(u,x_3)$ 中包含符号函数 $\mathrm{sign}(u)$，其在 $u=0$ 处是不可微分的，但是除了 $u=0$ 这一点，其他任意点都是连续可微的，且在 $u=0$ 处的左右导数存在并有界，因此有如下合理的假设。

假设 8.2　函数 $g(u,x_3)$ 对自变量 x_3 在其实际范围内是 Lipschitz 连续的；$\varphi_1(x_2)$ 对自变量 x_2 是全局 Lipschitz 连续的；$\varphi_2(x_2,x_3)$ 对 x_2 和 x_3 是全局 Lipschitz 连续的。

8.1.2　非线性输出反馈控制器的设计

1. 设计模型

在本节中，观测器和控制器的设计采用系统物理参数的名义值，对于其名义值和真值之间的偏差则归并到未建模项 $d(t)$, q_o 和 $q(t)$ 中。一般来说，尽管系统惯性负载及摩擦均可以精确辨识，但是由于环境温度变化或组件磨损等引起的液压系统参数变化使得液压系统存在参数不确定性，因此第三个方程中的不确定性应视为系统的主要不确定性，需要设计观测器进行观测并在控制器设计中进行补偿以提升跟踪性能；同时，对于第二个方程中的建模误差也应分析其对观测器和控制器的闭环全局稳定性的影响。

将系统的主要不确定性 $q_o+q(t)$ 扩张成一个冗余的状态变量，即 $x_4=q_o+q(t)$，则系统状态变量 x 扩张称为 $x=[x_1, x_2, x_3, x_4]^\mathrm{T}$。令 $h(t)$ 表示 x_4 对时间的导数，则系统原始方程(8.2)可写为

$$
\begin{aligned}
\dot{x}_1 &= x_2 \\
\dot{x}_2 &= x_3 + \varphi_1(x_2) + d(t) \\
\dot{x}_3 &= g(u,x_3)u + \varphi_2(x_2,x_3) + x_4 \\
\dot{x}_4 &= h(t)
\end{aligned}
\tag{8.4}
$$

2. 扩张状态观测器设计

所设计的观测器要不仅能够观测系统不可测的状态变量(即 x_2, x_3)，而且可以

估计建模不确定性 x_4 用于在控制器中实时补偿。令 $\hat{x}$ 表示 x 的估计值，$\tilde{x}$ 表示估计误差，即 $\tilde{x} = x - \hat{x}$。重写扩张后的系统模型(8.4)为

$$\begin{aligned} \dot{x} &= A_o x + \Phi(x) + G(u,x)u + \Delta(t) \\ y &= Cx \end{aligned} \tag{8.5}$$

式中

$$A_o = \begin{bmatrix} 0 & 1 & 0 & 0 \\ 0 & 0 & 1 & 0 \\ 0 & 0 & 0 & 1 \\ 0 & 0 & 0 & 0 \end{bmatrix}, \Phi(x) = \begin{bmatrix} 0 \\ \varphi_1(x_2) \\ \varphi_2(x_2,x_3) \\ 0 \end{bmatrix}, G(u,x) = \begin{bmatrix} 0 \\ 0 \\ g(u,x_3) \\ 0 \end{bmatrix}$$

$$\Delta(t) = \begin{bmatrix} 0 & d(t) & 0 & h(t) \end{bmatrix}^{\mathrm{T}}, C = \begin{bmatrix} 1 & 0 & 0 & 0 \end{bmatrix}$$

基于扩张的系统模型(8.5)的结构，与高增益观测器的设计相似，参考文献[2]，设计一种线性扩张状态观测器(LESO)为

$$\dot{\hat{x}} = A_o \hat{x} + \Phi(\hat{x}) + G(u,\hat{x})u + H(x_1 - \hat{x}_1) \tag{8.6}$$

式中

$$\begin{aligned} \Phi(\hat{x}) &= \begin{bmatrix} 0 & \varphi_1(\hat{x}_2) & \varphi_2(\hat{x}_2,\hat{x}_3) & 0 \end{bmatrix}^{\mathrm{T}} \\ G(u,\hat{x}) &= \begin{bmatrix} 0 & 0 & g(u,\hat{x}_3) & 0 \end{bmatrix}^{\mathrm{T}} \end{aligned} \tag{8.7}$$

H 是观测器的增益，且

$$H = \begin{bmatrix} 4\omega_o & 6\omega_o^2 & 4\omega_o^3 & \omega_o^4 \end{bmatrix}^{\mathrm{T}} \tag{8.8}$$

式中，$\omega_o > 0$ 是观测器唯一需要调节的参数，ω_o 可认为是观测器的带宽。

结合式(8.5)和式(8.6)可得状态观测误差的动态为

$$\dot{\tilde{x}} = A_o \tilde{x} + \Phi(x) - \Phi(\hat{x}) + [G(u,x) - G(u,\hat{x})]u - H\tilde{x}_1 + \Delta(t) \tag{8.9}$$

定义如下函数：

$$\begin{aligned} \tilde{\varphi}_1 &\overset{\text{def}}{=} \varphi_1(x_2) - \varphi_1(\hat{x}_2), \quad \tilde{g} \overset{\text{def}}{=} g(u,x_3) - g(u,\hat{x}_3) \\ \tilde{\varphi}_2 &\overset{\text{def}}{=} \varphi_2(x_2,x_3) - \varphi_2(\hat{x}_2,\hat{x}_3) \end{aligned} \tag{8.10}$$

且令 $\varepsilon_i = \tilde{x}_i / \omega_o^{i-1}$ $(i=1,\cdots,4)$ 为缩比的观测误差，则式(8.9)可写为

$$\dot{\varepsilon} = \omega_o A\varepsilon + B_2 \frac{\tilde{\varphi}_1 + d(t)}{\omega_o} + B_3 \frac{(\tilde{\varphi}_2 + \tilde{g}u)}{\omega_o^2} + B_4 \frac{h(t)}{\omega_o^3} \tag{8.11}$$

式中，$\varepsilon = [\varepsilon_1, \varepsilon_2, \varepsilon_3, \varepsilon_4]^{\mathrm{T}}$，且

$$A = \begin{bmatrix} -4 & 1 & 0 & 0 \\ -6 & 0 & 1 & 0 \\ -4 & 0 & 0 & 1 \\ -1 & 0 & 0 & 0 \end{bmatrix}, B_2 = \begin{bmatrix} 0 \\ 1 \\ 0 \\ 0 \end{bmatrix}, B_3 = \begin{bmatrix} 0 \\ 0 \\ 1 \\ 0 \end{bmatrix}, B_4 = \begin{bmatrix} 0 \\ 0 \\ 0 \\ 1 \end{bmatrix} \tag{8.12}$$

式中，A 是 Hurwitz 矩阵，因此存在正定对称的矩阵 P 满足以下的李雅普诺夫方程：

$$A^{\mathrm{T}}P + PA = -2I \tag{8.13}$$

根据式(8.11)中缩比的观测误差动态，以及李雅普诺夫方程(8.13)，通过借鉴高增益观测器中的稳定方法，并基于文献[2]中的基本理论分析，可推断式(8.6)所设计的线性扩张状态观测器是稳定的且状态估计误差可以通过增大带宽 ω_o 变得任意小。详细的闭环稳定性证明将在后面给出。

3. 鲁棒反演控制器设计

由于式(8.4)的第二个方程存在不匹配的建模不确定性，控制器的设计按照递推反演的设计步骤。

第一步：由式(8.4)可知，第一个方程不含任何不确定性，因此对于式(8.4)的前两个方程可以直接构建一个二次李雅普诺夫函数。定义如下的误差变量：

$$z_2 = \dot{z}_1 + k_1 z_1 = x_2 - x_{2eq}, \quad x_{2eq} \overset{\text{def}}{=\!=} \dot{x}_{1d} - k_1 z_1 \tag{8.14}$$

式中，$z_1 = x_1 - x_{1d}(t)$ 为输出跟踪误差；k_1 为正的反馈增益；信号 x_{2eq} 是可测的，而滤波跟踪误差 z_2 因包含状态 x_2 而不可测。定义此辅助误差信号的目的是便于控制器的设计及稳定性证明。对式(8.14)进行微分并结合式(8.4)可得

$$\dot{z}_2 = x_3 + \varphi_1(x_2) + d(t) - \ddot{x}_{1d} + k_1 x_2 - k_1 \dot{x}_{1d} \tag{8.15}$$

在这一步的设计中，x_3 被当成虚拟的控制输入。因此，为保证输出跟踪性能，需为虚拟控制输入 x_3 设计控制函数 α_2，并令 $z_3 = x_3 - \alpha_2$ 表示输入偏差，则方程(8.15)可写为

$$\dot{z}_2 = z_3 + \alpha_2 + \varphi_1(x_2) - \ddot{x}_{1d} + k_1 x_2 - k_1 \dot{x}_{1d} + d(t) \tag{8.16}$$

基于动态方程(8.16)，并运用线性扩张状态观测器的状态估计，设计虚拟控制律 α_2 为

$$\begin{aligned} \alpha_2(t, x_1, \hat{x}_2) &= \alpha_{2a} + \alpha_{2s} \\ \alpha_{2a} &= -\varphi_1(\hat{x}_2) + \ddot{x}_{1d} - k_1 \hat{x}_2 + k_1 \dot{x}_{1d} \\ \alpha_{2s} &= -k_2(\hat{x}_2 - x_{2eq}) \end{aligned} \tag{8.17}$$

式中，$k_2 > 0$ 为反馈增益；α_{2a} 为用于提升模型补偿精度的基于模型的前馈控制律；α_{2s} 为用于稳定液压系统名义模型的鲁棒控制律。将式(8.17)代入式(8.16)可得

$$\dot{z}_2 = z_3 + \alpha_{2s} + \tilde{\varphi}_1 + k_1(x_2 - \hat{x}_2) + d(t) \tag{8.18}$$

由于 $\alpha_{2s} = -k_2 z_2 + k_2 \tilde{x}_2$，则式(8.18)可写为

$$\dot{z}_2 = z_3 - k_2 z_2 + \tilde{\varphi}_1 + \omega_o(k_1 + k_2)\varepsilon_2 + d(t) \tag{8.19}$$

第二步：在第一步中已设计了鲁棒虚拟控制律 α_2。本步将设计实际的控制输入 u。基于式(8.4)，z_3 对时间的导数为

$$\dot{z}_3 = g(u, x_3)u + \varphi_2(x_2, x_3) + x_4 - \dot{\alpha}_{2c} - \dot{\alpha}_{2u} \tag{8.20}$$

式中

$$\dot{\alpha}_{2c} = \frac{\partial \alpha_2}{\partial t} + \frac{\partial \alpha_2}{\partial x_1}\hat{x}_2 + \frac{\partial \alpha_2}{\partial \hat{x}_2}\dot{\hat{x}}_2, \quad \dot{\alpha}_{2u} = \frac{\partial \alpha_2}{\partial x_1}\tilde{x}_2 \tag{8.21}$$

式中，$\dot{\alpha}_{2c}$ 为 $\dot{\alpha}_2$ 中可计算并用于控制器设计的部分，$\dot{\alpha}_{2u}$ 为由于存在不可测的状态而不可计算部分。

由于建模不确定性 x_4 可被线性扩张状态观测器观测，系统实际的控制输入设计为[3]

$$u = \frac{1}{g(u, \hat{x}_3)}[-\varphi_2(\hat{x}_2, \hat{x}_3) - \hat{x}_4 + \dot{\alpha}_{2c} - k_3(\hat{x}_3 - \alpha_2)] \tag{8.22}$$

式中，k_3 是正的反馈增益。

将式(8.22)代入式(8.20)并结合式(8.21)可得

$$\dot{z}_3 = -k_3 z_3 + \omega_o^2 k_3 \varepsilon_3 + \tilde{g}u + \tilde{\varphi}_2 + \omega_o^3 \varepsilon_4 - \omega_o \frac{\partial \alpha_2}{\partial x_1}\varepsilon_2 \tag{8.23}$$

4. 主要结论

根据假设 8.2 并基于函数 $\varphi_1(x_2)$，$g(u, x_3)$ 和 $\varphi_2(x_2, x_3)$ 的定义，结合 ε_2 和 ε_3 的定义，存在一组已知的常数 c_1，c_2，c_3 和 c_4 使得

$$\begin{aligned}
&|\varphi_1(x_2) - \varphi_1(\hat{x}_2)| \leqslant c_1|\varepsilon_2| \\
&|g(u, x_3) - g(u, \hat{x}_3)| \leqslant c_2|\varepsilon_3| \\
&|\varphi_2(x_2, x_3) - \varphi_2(\hat{x}_2, \hat{x}_3)| \leqslant c_3|\varepsilon_2| + c_4|\varepsilon_3|
\end{aligned} \tag{8.24}$$

定义如下的一组已知的常数：

$$\begin{aligned}
&\kappa = \frac{1}{\omega_o^2}(\omega_o c_1 \delta_2 + c_3 \delta_3 + c_4 \delta_3 + c_2 \delta_3 |u|_{max}) \\
&\gamma_1 = k_1 \omega_o + k_2 \omega_o + c_1 \\
&\gamma_2 = \omega_o^2 k_3 + c_2|u|_{max} + c_4 \\
&\gamma_3 = \omega_o \left|\frac{\partial \alpha_2}{\partial x_1}\right| + c_3, \quad \gamma_4 = \omega_o^3 \\
&\zeta = \frac{1}{2}|d(t)|_{max}^2 + \frac{\delta_2^2}{2\omega_o^2}|d(t)|_{max}^2 + \frac{\delta_4^2}{2\omega_o^6}|h(t)|_{max}^2
\end{aligned} \tag{8.25}$$

式中，$\delta_i = \|PB_i\|$，$i=2,3,4$；$|u|_{max}$ 为控制输入的最大硬件约束。因此，有如下的性能定理。

定理 8.1　假设 $h(t)$ 和 $d(t)$ 有界，利用式(8.6)中的线性扩张状态观测器，并恰当地选取增益 k_1，k_2，k_3 和 ω_o，使得如下定义的矩阵 Λ 为正定矩阵：

$$\Lambda = \begin{bmatrix} \Lambda_1 & 0 & \Lambda_2 \\ 0 & \omega_o - \kappa - 1 & 0 \\ \Lambda_2^{\mathrm{T}} & 0 & \Lambda_3 \end{bmatrix} \tag{8.26}$$

式中，0 表示适当维数的零矩阵，且有

$$\Lambda_1 = \begin{bmatrix} k_1 & -\dfrac{1}{2} & 0 \\ -\dfrac{1}{2} & k_2 - \dfrac{1}{2} & -\dfrac{1}{2} \\ 0 & -\dfrac{1}{2} & k_3 \end{bmatrix}, \quad \Lambda_2 = \begin{bmatrix} 0 & 0 & 0 \\ -\dfrac{\gamma_1}{2} & 0 & 0 \\ -\dfrac{\gamma_3}{2} & -\dfrac{\gamma_2}{2} & -\dfrac{\gamma_4}{2} \end{bmatrix}$$

$$\Lambda_3 = \begin{bmatrix} \omega_o - \kappa - 1 & 0 & 0 \\ 0 & \omega_o - \kappa - 1 & 0 \\ 0 & 0 & \omega_o - \kappa - 1 \end{bmatrix} \tag{8.27}$$

那么所提出的控制律(8.22)可保证如下结论。

A. 当控制系统中存在时变的建模不确定性，即 $q(t) \neq 0$ 及 $d(t) \neq 0$ 时，跟踪误差 z 定义为 $z = [z_1, z_2, z_3]^{\mathrm{T}}$，缩比的观测误差 ε 是有界的，且如下定义的正定函数 V 为

$$V = \frac{1}{2} z^{\mathrm{T}} z + \frac{1}{2} \varepsilon^{\mathrm{T}} P \varepsilon \tag{8.28}$$

有上界为

$$V(t) \leqslant V(0) \exp(-\tau t) + \frac{\zeta}{\tau} [1 - \exp(-\tau t)] \tag{8.29}$$

式中，$\tau = 2\lambda_{\min}(\Lambda) \min\{1, 1/\lambda_{\max}(P)\}$ 为指数收敛速率，$\lambda_{\min}(\cdot)$ 和 $\lambda_{\max}(\cdot)$ 分别为矩阵的最小和最大特征值。

B. 若在有限时间 t_0 以后，$q(t) = d(t) = 0$，即不存在时变的建模不确定性，那么除了结论 A，还可获得渐近跟踪的性能，即当 $t \to \infty$ 时，$z_1 \to 0$。

证明 结合式(8.11)、式(8.14)、式(8.19)和式(8.23)，V 对时间的导数为

$$\begin{aligned}
\dot{V} = &-k_1 z_1^2 - k_2 z_2^2 - k_3 z_3^2 - \omega_o \|\varepsilon\|^2 + z_1 z_2 + z_2 z_3 \\
&+ \omega_o (k_1 + k_2) \varepsilon_2 z_2 + \omega_o^2 k_3 \varepsilon_3 z_3 + \omega_o^3 \varepsilon_4 z_3 - \omega_o \frac{\partial \alpha_2}{\partial x_1} \varepsilon_2 z_3 \\
&+ \tilde{\varphi}_1 z_2 + \tilde{g} u z_3 + \tilde{\varphi}_2 z_3 + \frac{1}{\omega_o} \varepsilon^{\mathrm{T}} P B_2 \tilde{\varphi}_1 + \frac{1}{\omega_o^2} \varepsilon^{\mathrm{T}} P B_3 (\tilde{\varphi}_2 + \tilde{g} u) \\
&+ z_2 d(t) + \varepsilon^{\mathrm{T}} P B_2 \frac{d(t)}{\omega_o} + \varepsilon^{\mathrm{T}} P B_4 \frac{h(t)}{\omega_o^3}
\end{aligned} \tag{8.30}$$

根据不等式(8.24)和式(8.25)中的定义，式(8.30)可化为

$$
\begin{aligned}
\dot{V} \leqslant & -k_1 z_1^2 - \left(k_2 - \frac{1}{2}\right) z_2^2 - k_3 z_3^2 - (\omega_o - \kappa - 1)\|\varepsilon\|^2 \\
& + |z_1||z_2| + |z_2||z_3| + \gamma_1|\varepsilon_2||z_2| + \gamma_2|\varepsilon_3||z_3| \\
& + \gamma_3|\varepsilon_2||z_3| + \gamma_4|\varepsilon_4||z_3| + \zeta \\
= & -\eta^{\mathrm{T}} \Lambda \eta + \zeta
\end{aligned}
\tag{8.31}
$$

式中，$\eta=[|z_1|, |z_2|, |z_3|, |\varepsilon_1|, |\varepsilon_2|, |\varepsilon_3|, |\varepsilon_4|]^{\mathrm{T}}$。由于式(8.26)定义的矩阵 Λ 为正定矩阵，所以有

$$
\begin{aligned}
\dot{V} \leqslant & -\lambda_{\min}(\Lambda)(\|z\|^2 + \|\varepsilon\|^2) + \zeta \\
\leqslant & -\lambda_{\min}(\Lambda)\left(\|z\|^2 + \frac{1}{\lambda_{\max}(P)} \varepsilon^{\mathrm{T}} P \varepsilon\right) + \zeta \\
\leqslant & -\tau V + \zeta
\end{aligned}
\tag{8.32}
$$

运用比较引理可得式(8.29)。因此，z 和 ε 有界，也就意味着状态 x 及其估计有界。至此证明了定理 8.1 的结论 A。

对于结论 B，当 $q(t)=0$ 时，由 x_4 的定义可知 $h(t)=0$。而且由于 $d(t)=0$，基于式(8.30)同结论 A 的处理方法则有

$$
\dot{V} \leqslant -\lambda_{\min}(\Lambda)(\|z\|^2 + \|\varepsilon\|^2) \stackrel{\mathrm{def}}{=\!=} W
\tag{8.33}
$$

因此，$W \in L_2$ 且 $V \in L_\infty$。由于所有信号都是有界的，根据式(8.11)、式(8.19)和式(8.23)易知 $\dot{W}$ 是有界的，因此函数 W 一致连续。利用 Barbalat 引理可知，当 $t \rightarrow \infty$ 时，$W \rightarrow 0$，即可得到结论 B。

◆

8.1.3 对比实验验证

1. 实验装置

为说明以上的设计并研究一些基本问题，搭建如图 8.1 所示的实验验证平台。该验证平台有以下组成部分：一个工作台，一个液压位置系统(包括一个在 $P_s=10\mathrm{MPa}$ 时最大转矩输出为 580N·m 的液压回转马达、一个精度为 2.64′ 的旋转编码器、一个频宽为 120Hz 以上的伺服阀、一个联轴器及一套惯性钢板等)，一个液压油源和一个测量和控制系统。采样时间为 0.5ms。为验证所提出的控制器对不匹配不确定性的鲁棒性，实施控制器时只简单地考虑黏性摩擦。这样，式(8.4)中的项 $\varphi_1(x_2)$ 可表示成 $\varphi_1(x_2)=-Bx_2/m$，其中 B 为所建模的负载和马达叶片上的阻尼及黏性摩擦综合系数。系统参数的名义值如表 8.1 所示。

图 8.1　液压回转马达实验平台

表 8.1　实验系统参数

参数	数值	单位
J	0.2	kg·m²
D_m	$5.8×10^{-5}$	m³/rad
C_t	$1×10^{-12}$	m³/(s·Pa)
P_s	$1×10^7$	Pa
B	90	N·m·s/rad
β_e	$7×10^8$	Pa
k_t	$1.1969×10^{-8}$	m³/(s·V·Pa$^{1/2}$)
V_t	$1.16×10^{-4}$	m³

2. 控制器简化

为便于所设计控制器的设计执行,对控制增益 k_1, k_2, k_3 及 ω_o 的选取进行一些合理的简化。根据以上的理论结果,可能采取如下两种方式选取所需要的控制器增益。第一种是选取一组 k_1, k_2, k_3, ω_o, c_1, c_2, c_3, c_4, δ_2, δ_3 和 δ_4 以计算矩阵 Λ 的所有顺序主子式,从而确保其正定性;此外,对于严格有界的函数 $h(t)$ 和 $d(t)$,需要研究其确切的界。因此,定理 8.1 的所有前提都得以满足,确保了全局稳定和控制精度。这种方法是严格的而且应该是正规的方法，但大大增加了控制器实施的复杂性，因为需要大量且有时甚至不可能实现的调研工作。作为另一种选择，比较实用的方法是选取 k_1, k_2, k_3 和 ω_o 足够大而不用担心特定的前提，从而使得定理 8.1 的前提条件对于确定的一组值 k_1, k_2, k_3, ω_o, c_1, c_2, c_3, c_4, δ_2, δ_3, δ_4, $h(t)$ 和 $d(t)$ 至少在期望跟踪的轨迹附近会满足要求。本节采取第二种方法，因为其不仅可以缩减离线工作量和简化控制器的实施，还有助于增益的在线调节过程。

3. 对比实验结果

对比以下两种控制器[3]:

OFRC：本节提出的基于线性扩张状态观测器的输出反馈鲁棒控制器，并经过前面的简化。控制器增益为 k_1=450, k_2=350, k_3= 100, ω_o=450。

PI：工业中通常采用的比例积分控制器，特别是由于实际中微分操作对测量噪声非常敏感而只采用位置传感器的场合，所以可以作为参考的控制器以进行对比。PI 的传递函数为 $G_{PI}(s)=u(s)/z_1(s)=-(k_P+k_I/s)$，其 P 增益和 I 增益分别给定为 k_P=300, k_I=7800。

以下的三个性能指标将用来评估两种控制器的性能，即最大跟踪误差、平均跟踪误差和跟踪误差的标准差。现定义如下。

(1) 跟踪误差的绝对值的最大值定义为

$$M_e = \max_{i=1,\cdots,N}\{|z_1(i)|\} \tag{8.34}$$

式中，N 是记录的数字信号的数量，M_e 是用于评价跟踪精度的指标。

(2) 平均跟踪误差的定义为

$$\mu = \frac{1}{N}\sum_{i=1}^{N}|z_1(i)| \tag{8.35}$$

用于客观评价平均跟踪性能。

(3) 跟踪误差的标准差定义为

$$\sigma = \sqrt{\frac{1}{N}\sum_{i=1}^{N}[|z_1(i)|-\mu]^2} \tag{8.36}$$

用于评价跟踪误差的偏差水平。

为验证所提出控制器的性能，首先对两种控制器给定类正弦参考运动轨迹 x_{1d} =10[1−cos(3.14t)][1−exp(−t)]°进行测试，该轨迹确保了期望轨迹足够平滑。两种控制器分别作用下的跟踪误差如图 8.2(a)所示。由图可知，所提出的 OFRC 相较于 PI 有更好的性能，这是由于 OFRC 运用了系统模型，实现了精确的模型补偿，而且利用线性扩张状态观测器对建模不确定性进行观测，并在控制器中前馈补偿，因此未补偿项大大减小。通过利用线性扩张状态观测器，OFRC 的最终跟

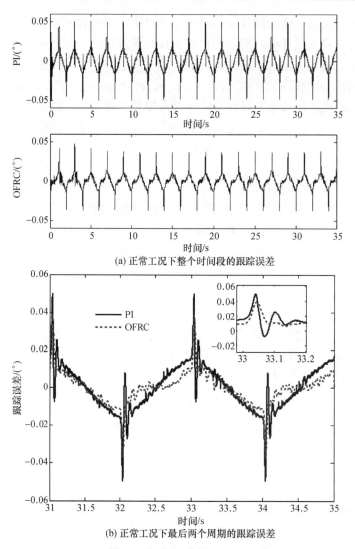

(a) 正常工况下整个时间段的跟踪误差

(b) 正常工况下最后两个周期的跟踪误差

图 8.2　正常工况下两种控制器的跟踪误差对比

踪误差几乎降到了 0.038°，而 PI 的最大跟踪误差约为 0.05°，为期望跟踪轨迹峰值的 0.25%。这样看来，似乎 PI 也获得了精确的跟踪性能，可以满足许多工业应用场合。然而，并不是在所有测试条件下 PI 都有这样精确的跟踪性能，这在后面的测试中将会体现。需要注意的是，这样的跟踪性能是在低惯性负载实验装置(由于安装空间限制，负载转动惯量约为 0.2kg·m²)、大马达(转矩输出约为 580N·m)的条件下获得的。相反的是，由于惯性负载动态需要在 OFRC 设计中补偿，可以从定理 8.1 中预见 OFRC 的性能在驱动大惯性负载时不会发生很大的变化。

为研究最终的跟踪精度，最后两个周期的跟踪误差对比如图 8.2(b)所示，且最后两个周期的实验结果的性能指标如表 8.2 所示。由表中可以看出，与 PI 相比，OFRC 在所有性能指标上都表现得更为优异。值得注意的是，由表 8.2 中跟踪误差的标准差 σ(某种意义上表征反馈增益的强弱水平)可知，OFRC 获得了更平滑的跟踪性能，这意味着对于其控制增益仍有改善的空间，还可以获得更好的性能。

表 8.2　正常工况下最后两个周期的性能指标

控制器	M_e	μ	σ
PI	0.0501	0.0097	0.0072
OFRC	0.0383	0.0060	0.0065

为进一步检验所提出控制算法的性能，采用低速运动轨迹 $x_{1d}=10[1-\cos(0.628t)]\cdot[1-\exp(-t)]°$作为参考输入信号，其速度下降到之前的 1/5，因此非线性摩擦的影响将会增大，成为影响跟踪性能的主导因素。两种控制器的跟踪误差如图 8.3(a)所示。由图可见，甚至对于如此低速的具有强非线性摩擦的跟踪实验，所提出的 OFRC 仍可以在一定程度上补偿和削弱未建模动态，并相较于 PI 有性能提升。更为清楚的性能对比如图 8.3(b)所示。低速工况下的性能指标如表 8.3 所示。由这些结果可知，所提出的 OFRC 呈现了优异的性能，相较于 PI 有约 60%的性能提升。值得注意的是，PI 呈现出了大幅的颤振，这意味着其性能已达到极限。

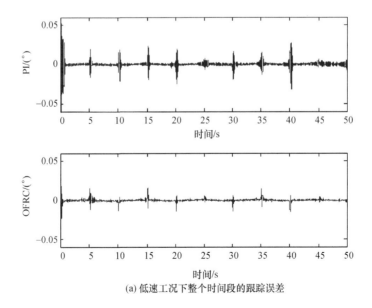

(a) 低速工况下整个时间段的跟踪误差

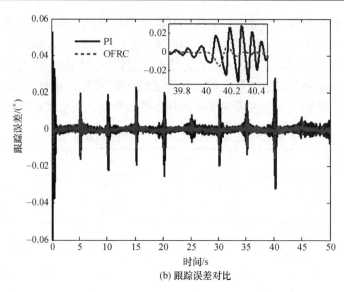

(b) 跟踪误差对比

图 8.3　低速工况下两种控制器的跟踪误差对比

表 8.3　低速工况下的性能指标

控制器	M_e	μ	σ
PI	0.0321	0.0019	0.0033
OFRC	0.0152	0.0008	0.0012

　　为更进一步地考虑物理系统复杂的工作条件，并研究所提出控制算法对未建模干扰的鲁棒性，给定快速运动轨迹 $x_{1d}=10[1-\cos(6.28t)][1-\exp(-t)]°$ 为参考输入信号，其最大速度为 62.8°/s，同时在时间 $t=10$s 时，通过调整 D/A 板卡的输出函数给控制输入加入干扰 $0.3+0.02x_{1d}$，即在 10s 后将所得到的 $u+0.3+0.02x_{1d}$ 作为实际输入给到实验台，控制输入 u 分别由 OFRC 和 PI 控制算法计算得到。对于系统模型(8.4)，这种类型的干扰会大大影响集中干扰 x_4，这样系统将在强未建模干扰下操作。在这一步的实验中，未建模干扰是影响跟踪性能的主导因素，因此用于证明所提出的 OFRC 的鲁棒性。PI 虽然有一些鲁棒性，却处理不了如此强的干扰。OFRC 的跟踪性能如图 8.4 所示。由图可知，尽管对于如此强干扰的实验条件，所提出的 OFRC(最大跟踪误差约为 0.07°)可以抑制这样的干扰而且其 10s 前后的跟踪误差几乎没有区别。OFRC 的状态估计及控制输入如图 8.5 所示。由图可知，集中干扰的估计值(即 x_4 的估计)和控制输入在加入干扰后发生了明显的改变。正是由于观测器和控制器中对于建模不确定性的估计和补偿机制，系统并未受到强干扰的影响且一直保持优异的跟踪性能。

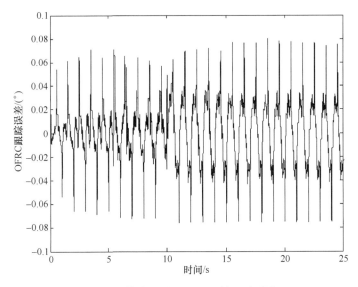

图 8.4　快速工况下 OFRC 的跟踪误差

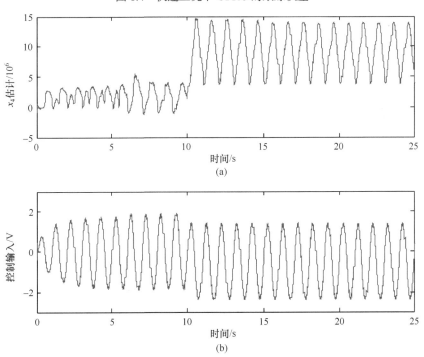

(a)

(b)

图 8.5　快速工况下 OFRC 的干扰估计和控制输入

8.2　单出杆液压缸位置伺服系统输出反馈控制

8.2.1　系统模型与问题描述

考虑单出杆液压缸直接驱动惯性负载时，负载仅存在一个自由度运动，因而惯性负载的动力学模型可描述为

$$m\ddot{y} = P_1 A_1 - P_2 A_2 - b\dot{y} + f(t, y, \dot{y}) \tag{8.37}$$

式中，y 为负载位移；m 为惯性负载；P_1 和 P_2 分别为液压缸无杆腔和有杆腔的压力；A_1 和 A_2 分别为液压缸无杆腔和有杆腔的有效工作面积；b 为黏性摩擦因数；f 为其他未建模干扰，如非线性摩擦、外部干扰以及未建模动态等。

液压缸内压力动态方程为

$$\frac{V_1}{\beta_e}\dot{P}_1 = -A_1\dot{y} - C_{tm}(P_1 - P_2) - C_{em1}(P_1 - P_r) + Q_1 + \tilde{f}_1$$

$$\frac{V_2}{\beta_e}\dot{P}_2 = A_2\dot{y} + C_{tm}(P_1 - P_2) - C_{em2}(P_2 - P_r) - Q_2 + \tilde{f}_2 \tag{8.38}$$

式中，$V_1 = V_{01} + A_1 y$ 和 $V_2 = V_{02} - A_2 y$ 分别为液压缸无杆腔有效容积和有杆腔有效容积，其中 V_{01} 和 V_{02} 分别为液压缸无杆腔初始容积和有杆腔初始容积；β_e 为系统有效容积模数；P_r 为回油压力；C_{tm} 为液压缸内泄漏系数；C_{em1} 和 C_{em2} 分别为液压缸两腔室的外泄漏系数；Q_1 为液压缸无杆腔供油流量；Q_2 为液压缸有杆腔回油流量；$\tilde{f}_1, \tilde{f}_2$ 为由于泄漏、系统参数变化和流量建模偏差等导致的建模误差。

Q_1 和 Q_2 为伺服阀阀芯位移 x_v 的函数为

$$Q_1 = k_{q1} x_v \sqrt{\Delta P_1}, \quad \Delta P_1 = \begin{cases} P_s - P_1, & x_v > 0 \\ P_1 - P_r, & x_v < 0 \end{cases}$$

$$Q_2 = k_{q2} x_v \sqrt{\Delta P_2}, \quad \Delta P_2 = \begin{cases} P_2 - P_r, & x_v > 0 \\ P_s - P_2, & x_v < 0 \end{cases} \tag{8.39}$$

式中，$k_{q1} = C_d w_1 \sqrt{2/\rho}$，$k_{q2} = C_d w_2 \sqrt{2/\rho}$ 为流量伺服阀的增益系数，其中 C_d 为伺服阀的流量系数，w_1, w_2 为伺服阀的面积梯度，ρ 为液压油的密度；P_s 为供油压力。

假设伺服阀阀芯位移正比于控制输入电压 u，即 $x_v = k_i u$，其中 $k_i > 0$ 为伺服阀电气增益系数。因此，式(8.39)可转化为

$$Q_1 = k_{t1} u \sqrt{\Delta P_1}, \quad \Delta P_1 = \begin{cases} P_s - P_1, & x_v > 0 \\ P_1 - P_r, & x_v < 0 \end{cases}$$

$$Q_2 = k_{t2} u \sqrt{\Delta P_2}, \quad \Delta P_2 = \begin{cases} P_2 - P_r, & x_v > 0 \\ P_s - P_2, & x_v < 0 \end{cases} \tag{8.40}$$

式中，$k_{t1}=k_{q1}k_i$；$k_{t2}=k_{q2}k_i$。

　　令 $n=A_2/A_1=w_2/w_1$，在液压伺服系统中，由于压缩流量和泄漏流量很小，可得如下近似式：

$$Q_1 \approx A_1 \dot{y}$$
$$Q_2 \approx A_2 \dot{y} \tag{8.41}$$

令 $P_L = \dfrac{A_1 P_1 - A_2 P_2}{A_1} = P_1 - nP_2$，由式(8.40)和式(8.41)可得

$$P_1 = \frac{nP_s + P_L}{1+n}, \qquad P_2 = \frac{P_s - P_L}{1+n} \tag{8.42}$$

此时式(8.38)中两式相减可得

$$\begin{aligned}
\frac{A_1}{m}\dot{P}_L &= -\frac{\beta_e}{m}\left(\frac{A_1^2}{V_1} + \frac{A_2^2}{V_2}\right)\dot{y} + \left(\frac{A_1\beta_e}{mV_1}Q_1 + \frac{A_2\beta_e}{mV_2}Q_2\right) - \frac{\beta_e C_{tm}}{m}\left(\frac{A_1}{V_1} + \frac{A_2}{V_2}\right)(P_1 - P_2) \\
&\quad - \frac{C_{em1}A_1\beta_e}{mV_1}(P_1 - P_r) + \frac{C_{em2}A_2\beta_e}{mV_2}(P_2 - P_r) + \left(\frac{A_1\beta_e}{mV_1}\tilde{f}_1 + \frac{A_2\beta_e}{mV_2}\tilde{f}_2\right) \\
&= -\frac{\beta_e}{m}\left(\frac{A_1^2}{V_1} + \frac{A_2^2}{V_2}\right)\dot{y} + \left(\frac{A_1\beta_e}{mV_1}Q_1 + \frac{A_2\beta_e}{mV_2}Q_2\right) + \frac{A_1}{m}q_0 P_L + q_1 + d_2
\end{aligned} \tag{8.43}$$

式中

$$Q_1 = k_{t1}u\left[s(u)\sqrt{\frac{P_s - P_L}{1+n}} + s(-u)\sqrt{\frac{nP_s + P_L}{1+n}}\right]$$

$$Q_2 = k_{t2}u\left[s(u)\sqrt{\frac{P_s - P_L}{1+n}} + s(-u)\sqrt{\frac{nP_s + P_L}{1+n}}\right]$$

$$q_0 = -\frac{2\beta_e C_{tm}}{A_1(n+1)}\left(\frac{A_1}{V_1} + \frac{A_2}{V_2}\right) - \frac{C_{em1}\beta_e}{V_1(n+1)} - \frac{C_{em2}A_2\beta_e}{A_1 V_2(n+1)} \tag{8.44}$$

$$q_1 = -\frac{\beta_e C_{tm}(n-1)}{m(n+1)}\left(\frac{A_1}{V_1} + \frac{A_2}{V_2}\right)P_s - \frac{C_{em1}A_1\beta_e}{mV_1}\left(\frac{nP_s}{1+n} - P_r\right) + \frac{C_{em2}A_2\beta_e}{mV_2}\left(\frac{P_s}{1+n} - P_r\right)$$

$$d_2 = \left(\frac{A_1\beta_e}{mV_1}\tilde{f}_1 + \frac{A_2\beta_e}{mV_2}\tilde{f}_2\right)$$

其中 $s(u)$ 为

$$s(u) = \begin{cases} 1, & u \geqslant 0 \\ 0, & u < 0 \end{cases} \tag{8.45}$$

　　定义状态变量 $[x_1, x_2, x_3]^{\mathrm{T}} = [y, \dot{y}, A_1 P_L/m]^{\mathrm{T}}$，则整个系统可以写成如下状态空间形式：

$$\dot{x}_1 = x_2$$

$$\dot{x}_2 = x_3 - \frac{b}{m}x_2 + d_1 \tag{8.46}$$

$$\dot{x}_3 = gx_2 + h(x_3, u)u + q_0 x_3 + q_1 + d_2$$

式中

$$h(x_3, u) = \left(\frac{A_1}{V_1} + \frac{A_2^2}{A_1 V_2}\right)\frac{k_{t1}\beta_e}{m\sqrt{1+n}}\left[s(u)\sqrt{P_s - \frac{m}{A_1}x_3} + s(-u)\sqrt{nP_s + \frac{m}{A_1}x_3}\right]$$

$$d_1 = f(t, y, \dot{y})/m, \quad g = \left(-\frac{A_1^2}{V_1} - \frac{A_2^2}{V_2}\right)\frac{\beta_e}{m}$$

8.2.2 系统输出反馈控制器的设计

1. 扩张状态观测器设计

首先,把建模不确定性 d_2 扩张成一个额外状态,即定义 $x_4 = d_2$,此时系统状态 x 扩展为 $x = [x_1, x_2, x_3, x_4]^T$,令 $\varphi(t)$ 为状态 x_4 的时间导数,则式(8.46)可以写成如下形式:

$$\dot{x}_1 = x_2$$

$$\dot{x}_2 = x_3 - \frac{b}{m}x_2 + d_1$$

$$\dot{x}_3 = gx_2 + h(x_3, u)u + q_0 x_3 + q_1 + x_4 \tag{8.47}$$

$$\dot{x}_4 = \varphi(t)$$

假设 8.3 P_1 和 P_2 是有界的,$|P_L|$ 远小于 P_s 以保证函数 $h(x_3, u)$ 远离 0。

当 $u \neq 0$ 时,$h(x_3, u)$ 是连续可微的,且在 $u=0$ 点,$h(x_3, u)$ 的左导数和右导数是存在且有界的。因此,以下假设是合理的。

假设 8.4 在定义域内,$h(x_3, u)$ 关于 x_3 满足 Lipschitz 条件。

假设 8.5 d_1 和 $\dot{d}_2$ 是有界的且界已知,即 $|d_1| \leqslant \delta_1$,$|\dot{d}_2| \leqslant \delta_2$。

所设计的扩张状态观测器不仅要观测不可测状态(即 x_2, x_3),还要估计建模误差 d_2,并对控制器进行实时补偿。令 $\hat{x}_i$ 表示 x_i 估计,$\tilde{x}_i = x_i - \hat{x}_i (i=1,2,3,4)$ 表示估计误差。根据式(8.47)构建如下线性扩张状态观测器结构:

$$\dot{\hat{x}}_1 = \hat{x}_2 - 4w_0(\hat{x}_1 - x_1)$$

$$\dot{\hat{x}}_2 = \hat{x}_3 - \frac{b}{m}\hat{x}_2 - 6w_0^2(\hat{x}_1 - x_1)$$

$$\dot{\hat{x}}_3 = g\hat{x}_2 + h(\hat{x}_3, u)u + q_0\hat{x}_3 + q_1 + \hat{x}_4 - 4w_0^3(\hat{x}_1 - x_1) \tag{8.48}$$

$$\dot{\hat{x}}_4 = -w_0^4(\hat{x}_1 - x_1)$$

式中，$w_0 > 0$ 为观测器频宽。则状态估计误差为

$$
\begin{aligned}
\dot{\tilde{x}}_1 &= \tilde{x}_2 - 4w_0\tilde{x}_1 \\
\dot{\tilde{x}}_2 &= \tilde{x}_3 - \frac{b}{m}\tilde{x}_2 - 6w_0^2\tilde{x}_1 + d_1 \\
\dot{\tilde{x}}_3 &= g\tilde{x}_2 + \tilde{h}u + q_0\tilde{x}_3 + \tilde{x}_4 - 4w_0^3\tilde{x}_1 \\
\dot{\tilde{x}}_4 &= \varphi(t) - w_0^4\tilde{x}_1
\end{aligned}
\tag{8.49}
$$

式中，$\tilde{h} = h(x_3, u) - h(\hat{x}_3, u)$。

令 $\varepsilon_i = \tilde{x}_i / w_0^{i-1}$，$i = 1, 2, 3, 4$，由式(8.49)可得

$$
\begin{aligned}
\dot{\varepsilon}_1 &= -4w_0\tilde{x}_1 + \tilde{x}_2 \\
\dot{\varepsilon}_2 &= -6w_0\tilde{x}_1 - \frac{b}{mw_0}\tilde{x}_2 + \frac{\tilde{x}_3}{w_0} + \frac{d_1}{w_0} \\
\dot{\varepsilon}_3 &= -4w_0\tilde{x}_1 + \frac{g\tilde{x}_2}{w_0^2} + \frac{\left[h(x_3) - h(\hat{x}_3)\right]u}{w_0^2} + q_0\frac{\tilde{x}_3}{w_0^2} + \frac{\tilde{x}_4}{w_0^2} \\
\dot{\varepsilon}_4 &= -w_0\tilde{x}_1 + \frac{\varphi(t)}{w_0^3}
\end{aligned}
\tag{8.50}
$$

令 $\varepsilon = \left[\varepsilon_1, \varepsilon_2, \varepsilon_3, \varepsilon_4\right]^{\mathrm{T}}$，则有

$$
\dot{\varepsilon} = w_0 B\varepsilon + B_1\frac{md_1 - bw_0\varepsilon_2}{mw_0} + B_3\frac{\varphi(t)}{w_0^3} + B_2\frac{q_0 w_0^2\varepsilon_3 + gw_0\varepsilon_2 + \left[h(x_3) - h(\hat{x}_3)\right]u}{w_0^2}
\tag{8.51}
$$

式中，$B = \begin{bmatrix} -4 & 1 & 0 & 0 \\ -6 & 0 & 1 & 0 \\ -4 & 0 & 0 & 1 \\ -1 & 0 & 0 & 0 \end{bmatrix}$，$B_1 = \begin{bmatrix} 0 \\ 1 \\ 0 \\ 0 \end{bmatrix}$，$B_2 = \begin{bmatrix} 0 \\ 0 \\ 1 \\ 0 \end{bmatrix}$，$B_3 = \begin{bmatrix} 0 \\ 0 \\ 0 \\ 1 \end{bmatrix}$，由于 B 是 Hurwitz 矩

阵，存在正定对称矩阵 P 满足：

$$
B^{\mathrm{T}}P + PB = -2I
\tag{8.52}
$$

2. 鲁棒反步控制器设计

定义一组变量：

$$
\begin{aligned}
z_2 &= \dot{z}_1 + k_1 z_1 = x_2 - x_{2eq} \\
x_{2eq} &\overset{\text{def}}{=\!=} \dot{x}_{1d} - k_1 z_1
\end{aligned}
\tag{8.53}
$$

式中，$z_1 = x_1 - x_{1d}(t)$ 是输出跟踪误差；$k_1 > 0$ 为反馈增益。由于 $G(s) = z_1(s)/z_2(s) = 1/(s + k_1)$ 是一个稳定的传递函数，令 z_1 很小或趋近于零等同于令 z_2 很小或趋近于零。因此，控制器设计转变成令 z_2 尽可能小或趋近于零。对式(8.53)进行微分可得

$$\dot{z}_2 = \dot{x}_2 - \dot{x}_{2eq}$$
$$= x_3 - \frac{b}{m}x_2 + d_1 - \ddot{x}_{1d} + k_1 x_2 - k_1 \dot{x}_{1d} \tag{8.54}$$

依据反步法设计思想，此时考虑 x_3 为一个虚拟控制输入。接下来将针对虚拟控制量 x_3 设计控制律 α_2 来保证对 z_2 的控制性能。

令 $z_3 = x_3 - \alpha_2$ 表示虚拟控制输入的控制误差，代入式(8.54)可得

$$\dot{z}_2 = z_3 + \alpha_2 - \frac{b}{m}x_2 + d_1 - \ddot{x}_{1d} + k_1 x_2 - k_1 \dot{x}_{1d} \tag{8.55}$$

基于式(8.48)得到的状态估计，由式(8.55)可得虚拟控制律 α_2 为

$$\alpha_2 = \alpha_{2a} + \alpha_{2s}$$
$$\alpha_{2a} = \frac{b}{m}\hat{x}_2 - k_1\hat{x}_2 + \ddot{x}_{1d} + k_1\dot{x}_{1d} \tag{8.56}$$
$$\alpha_{2s} = -k_2(\hat{x}_2 - x_{2eq})$$

式中，$k_2 > 0$ 为反馈增益。

把式(8.56)代入式(8.55)，可得 z_2 的动态方程为

$$\dot{z}_2 = z_3 + \frac{b}{m}\hat{x}_2 - k_1\hat{x}_2 + \ddot{x}_{1d} + k_1\dot{x}_{1d} - k_2(\hat{x}_2 - x_{2eq})$$
$$\quad - \frac{b}{m}x_2 + d_1 - \ddot{x}_{1d} + k_1 x_2 - k_1\dot{x}_{1d} + d_1 \tag{8.57}$$
$$= z_3 - k_2 z_2 + w_0\left(k_1 + k_2 - \frac{b}{m}\right)\varepsilon_2 + d_1$$

由式(8.47)，对 z_3 进行微分可得

$$\dot{z}_3 = \dot{x}_3 - \dot{\alpha}_2 = \dot{x}_3 - \dot{\alpha}_{2c} - \dot{\alpha}_{2u}$$
$$= gx_2 + h(x_3, u)u + q_0 x_3 + q_1 + x_4 - \dot{\alpha}_{2c} - \dot{\alpha}_{2u} \tag{8.58}$$

式中，$\dot{\alpha}_{2c} = \dfrac{\partial \alpha_2}{\partial t} + \dfrac{\partial \alpha_2}{\partial x_1}\hat{x}_2 + \dfrac{\partial \alpha_2}{\partial \hat{x}_2}\dot{\hat{x}}_2$，$\dot{\alpha}_{2u} = \dfrac{\partial \alpha_2}{\partial x_1}\tilde{x}_2$；$\dot{\alpha}_{2c}$ 和 $\dot{\alpha}_{2u}$ 分别为 $\dot{\alpha}_2$ 的可计算量和不可计算量。

基于状态估计，控制电压 u 为

$$u = \frac{1}{h(\hat{x}_3, u)}\left[-g\hat{x}_2 - q_0\hat{x}_3 - q_1 - \hat{x}_4 + \dot{\alpha}_{2c} - k_3(\hat{x}_3 - \alpha_2)\right] \tag{8.59}$$

式中，$k_3 > 0$ 为反馈增益。

把式(8.59)代入式(8.58)可得

$$\dot{z}_3 = h(\hat{x}_3, u)u + \tilde{h}u + gx_2 + q_0 x_3 + q_1 + x_4 - \dot{\alpha}_{2c} - \dot{\alpha}_{2u}$$

$$= \tilde{h}u + g\tilde{x}_2 + \tilde{x}_4 + q_0\tilde{x}_3 - k_3 z_3 + k_3\tilde{x}_3 - \frac{\partial \alpha_2}{\partial x_1}\tilde{x}_2 \tag{8.60}$$

$$= \tilde{h}u - k_3 z_3 + w_0\left(g - \frac{\partial \alpha_2}{\partial x_1}\right)\varepsilon_2 + w_0^2(k_3 + q_0)\varepsilon_3 + w_0^3\varepsilon_4$$

3. 稳定性证明

由假设 8.4、$h(x_3, u)$的定义和 ε_3 的定义可知，存在已知常数 c，满足

$$\left|h(x_3, u) - h(\hat{x}_3, u)\right| \le c|\varepsilon_3| \tag{8.61}$$

定义一组已知常数

$$\eta = \left(\frac{1}{2} + \frac{\sigma_1^2}{2w_0^2}\right)\delta_1^2 + \frac{\sigma_3^2}{2w_0^6}\delta_2^2$$

$$L_1 = c|u|_{\max} + w_0^2(k_3 + q_0), \quad L_3 = w_0^3$$

$$L_2 = w_0|g| + w_0\left|\frac{\partial \alpha_2}{\partial x_1}\right|, \quad L_4 = k_1 + k_2 + \frac{b}{m} \tag{8.62}$$

$$\gamma = 1 + \frac{\sigma_2|g|}{w_0} + \frac{\sigma_2 c|u|_{\max}}{w_0^2} + \sigma_2 q_0 + \frac{b}{m}\sigma_1$$

式中，$\sigma_i = |PB_i|, i = 1, 2, 3; |u|_{\max}$ 为控制输入电压的最大值。

定理 8.2 选择合适的控制参数 k_1, k_2, k_3, w_0，使矩阵 A 为正定矩阵，即

$$A = \begin{bmatrix} k_1 & -\dfrac{1}{2} & 0 & 0 & 0 & 0 & 0 \\[2mm] -\dfrac{1}{2} & k_2 - \dfrac{1}{2} & -\dfrac{1}{2} & 0 & -\dfrac{1}{2} & 0 & 0 \\[2mm] 0 & -\dfrac{1}{2} & k_3 & 0 & -\dfrac{L_2}{2} & -\dfrac{L_1}{2} & -\dfrac{L_3}{2} \\[2mm] 0 & 0 & 0 & \psi & 0 & 0 & 0 \\[2mm] 0 & -\dfrac{L_4}{2} & -\dfrac{L_2}{2} & 0 & \psi & 0 & 0 \\[2mm] 0 & 0 & -\dfrac{L_1}{2} & 0 & 0 & \psi & 0 \\[2mm] 0 & 0 & -\dfrac{L_3}{2} & 0 & 0 & 0 & \psi \end{bmatrix} \tag{8.63}$$

式中，$\psi = w_0 - \gamma - 1$。那么，所设计的控制器有以下结论。

A. 当 $d_1 \neq 0, d_2 \neq 0$ 时，系统跟踪误差 $z=[z_1, z_2, z_3]^T$ 和状态估计误差 ε 是有界的，定义李雅普诺夫方程：

$$V = \frac{1}{2}z^T z + \frac{1}{2}\varepsilon^T P \varepsilon \tag{8.64}$$

满足如下的不等式：

$$V(t) \leqslant V(0)\exp(-\zeta t) + \frac{\eta}{\zeta}[1 - \exp(-\zeta t)] \tag{8.65}$$

式中，$\zeta = 2\lambda_{\min}(A)\min\{1, 1/\lambda_{\max}(P)\}$，其中 $\lambda_{\min}(\bullet)$ 和 $\lambda_{\max}(\bullet)$ 分别表示矩阵·的最小和最大特征值。

B. 如果 $d_1=0$，$d_2=0$，则设计的控制器(8.59)除了能够得到结论 A，还能保证输出信号的渐近跟踪性能，即当 $t \to \infty$ 时，$z_1(t) \to 0$。

证明　对式(8.64)微分，代入式(8.57)、式(8.60)~式(8.62)，可得

$$\dot{V} = -k_1 z_1^2 - k_2 z_2^2 - k_3 z_3^2 + z_1 z_2 + z_2 w_0 \varepsilon_2 \left(k_1 + k_2 - \frac{b}{m}\right) + z_2 z_3 + z_2 d_1 + z_3 \tilde{h} u$$

$$+ z_3 w_0 \varepsilon_2 \left(g - \frac{\partial \alpha_2}{\partial x_1}\right) + z_3 w_0^2 \varepsilon_3 (k_3 + q_0) + z_3 w_0^3 \varepsilon_4 + \varepsilon^T P B_1 \left(\frac{d_1}{w_0} - \frac{b}{m}\varepsilon_2\right) \tag{8.66}$$

$$- w_0 \varepsilon^T \varepsilon + \varepsilon^T P B_2 \left(\frac{g}{w_0}\varepsilon_2 + \frac{\tilde{h}u}{w_0^2} + q_0 \varepsilon_2\right) + \varepsilon^T P B_3 \frac{\varphi(t)}{w_0^3}$$

把式(8.58)、式(8.62)和式(8.63)代入式(8.66)可得

$$\dot{V} \leqslant -(w_0 - \gamma - 1)\|\varepsilon\|^2 - k_1 z_1^2 - \left(k_2 - \frac{1}{2}\right)z_2^2 - k_3 z_3^2 + |z_1||z_2| + |z_2||z_3|$$

$$+ L_1 |\varepsilon_3||z_3| + L_2 |\varepsilon_2||z_3| + L_3 |\varepsilon_4||z_3| + L_4 |\varepsilon_2||z_2| + \eta \tag{8.67}$$

$$= -\phi^T A \phi + \eta$$

式中，$\phi = \left[|z_1|, |z_2|, |z_3|, |\varepsilon_1|, |\varepsilon_2|, |\varepsilon_3|, |\varepsilon_4|\right]^T$。由于矩阵 A 是正定的，可得

$$\dot{V} \leqslant -\lambda_{\min}(A)(\|z\|^2 + \|\varepsilon\|^2) + \eta$$

$$\leqslant -\lambda_{\min}(A)\left(\|z\|^2 + \frac{1}{\lambda_{\max}(P)}\varepsilon^T P \varepsilon\right) + \eta \tag{8.68}$$

$$\leqslant \xi V + \eta$$

对式(8.68)积分，可得

$$V(t) \leqslant V(0)\exp(-\zeta t) + \frac{\eta}{\zeta}[1 - \exp(-\zeta t)] \tag{8.69}$$

因此 z 和 ε 是有界的，那么状态和状态估计也是有界的，由此可以证明结论 A。

下面证明结论 B，如果 $d_1=0$，$d_2=0$，则式(8.67)为

$$\dot{V} \leqslant -\lambda_{\min}\left(A\right)\left(\left\|z\right\|^2 + \left\|\varepsilon\right\|^2\right) = -W \tag{8.70}$$

式中，W 恒为非负，且 $W \in L_2$。因为系统所有信号都是有界的，由式(8.51)、式(8.57) 和式(8.58)可知，$\dot{W}$ 有界，所以 W 是一致连续的，由 Barbalat 引理可知，当 $t \to \infty$ 时，$W \to 0$，由 W 的定义可知，当 $t \to \infty$ 时，$z_1(t) \to 0$，由此证明了结论 B。

◆

8.2.3　仿真分析

基于 MATLAB 搭建仿真模型，仿真步长为 0.5ms。仿真中所用的系统参数值 为 m=40kg，b=80N·s/m，kq_1=4×10^{-8}m^4/(s·A·$\sqrt{N}$)，k_i=1，A_1=2×10^{-4}m^2，A_2=1×10^{-4}m^2，P_s=7MPa，P_r=0MPa，V_{01}=10×10^{-4}m^3，V_{02}=10×10^{-4}m^3，β_e=200MPa，C_{tm}=1×10^{-11}m^3/(Pa·s)，C_{em1}=C_{em2}=5×10^{-13}m^3/(Pa·s)。取控制器参数为 k_1=200，k_2=300，k_3=500，w_0=2500。系 统位置指令信号为 $y = \arctan[0.2\sin(2\pi t)][1 - \exp(-0.01t^3)]$，单位为 m。在仿真模型 中给系统所加干扰为 d_1=10sin(3πt)N，d_2=5sin(πt)N。系统控制效果如图 8.6～图 8.9 所示。图 8.6 为系统控制输入，控制器输入电压满足−10～+10V 的输入范围，符 合实际应用。

在仿真中，通过 MATLAB 嵌入的 C 语言编程功能，实时运行式(8.48)所描述 的扩张状态观测器(即离散积分法)，进而计算出系统的状态估计值和干扰估计值。 为验证所提出的扩张状态观测器的观测能力，将状态估计值与用仿真模型得到的 系统输出状态进行对比，进而得到系统的输出位置状态估计误差和速度状态估计 误差，如图 8.7 和图 8.8 所示。由图 8.8 可以看出，系统速度状态估计精度高，估

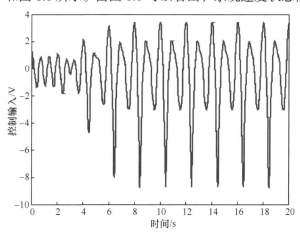

图 8.6　控制输入信号曲线

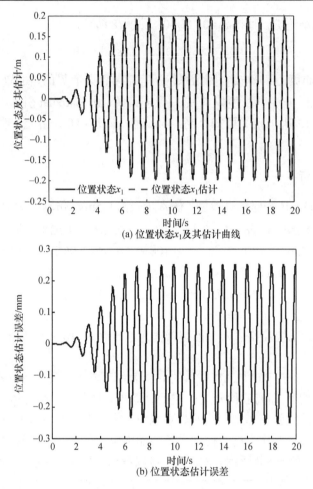

(a) 位置状态x_1及其估计曲线

(b) 位置状态估计误差

图 8.7 位置状态 x_1 及其估计值和估计误差

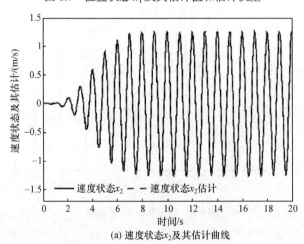

(a) 速度状态x_2及其估计曲线

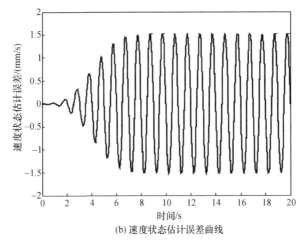

(b) 速度状态估计误差曲线

图 8.8 速度状态 x_2 及其估计值和估计误差

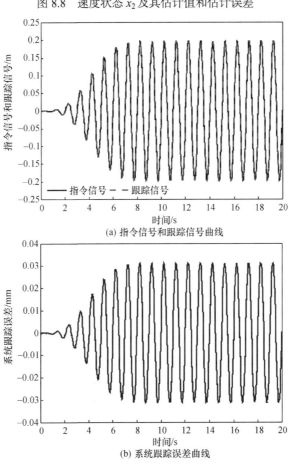

(a) 指令信号和跟踪信号曲线

(b) 系统跟踪误差曲线

图 8.9 指令信号、跟踪信号和跟踪误差曲线

计误差的幅值很小。这表明在仅系统输出位置信号可知的情况下，本控制方案中用于估计系统状态的扩张状态观测器能够准确地观测出系统的位置状态和速度状态，进而为后续控制器设计提供基础。

为了尽可能真实地模拟系统的实际工作情况以及验证所设计控制器的性能，仿真时在 MATLAB 模型中加入了干扰 d_1 和 d_2。由于此干扰的存在，由理论分析结果可知，所设计的控制器此时只能保证跟踪误差的有界稳定，而不能获得渐近跟踪性能，即只能得到定理 8.2 中的结论 A。对于实际系统中，不可避免存在各种干扰，因而定理 8.2 中的结论 B 所要求的前提条件通常很难满足，但它同时反映出建模精度对控制性能的影响，即对系统的动态行为通过模型描述越准确，建模误差越小，此时所设计的控制器所能获得的性能就越好。

具体系统指令信号和控制器跟踪误差曲线如图 8.9 所示，可以看出，跟踪误差最大约为 0.03mm。由于干扰的存在和采样时间的离散，虽然所设计的控制器不能保证系统的渐近跟踪，但在所设计的控制器的作用下，单出杆液压缸位置伺服系统的相对跟踪误差约为 0.02%，对于单出杆液压缸位置伺服系统，所设计的控制器实现的跟踪误差很小，说明所设计的控制器跟踪精度高、跟踪效果好。需要指出的是，控制跟踪误差曲线形状和指令信号曲线形状非常近似，这是由于仿真计算是采用离散方式进行的，必然存在一定的离散误差，采样信号相对于指令信号存在一定的时间滞后。离散时间滞后，导致尽管跟踪误差很小，但形状与跟踪指令仍然很接近。

综上，由图 8.6～图 8.9 可知，所设计的单出杆液压缸输出反馈控制器性能优异，对单出杆液压缸伺服系统具有良好的控制效果，跟踪精度高、鲁棒性好，能较好地处理扰动的影响。

8.3　本章小结

本章分别针对液压马达位置伺服系统和单出杆液压缸位置伺服系统进行了输出反馈控制器设计。由于实际应用中缺乏速度或压力传感器以及存在测量噪声问题，输出反馈控制器的设计十分必要。

对于液压马达位置伺服系统，综合考虑了系统的外负载干扰不确定性非线性及未建模泄漏非线性等因素，建立了系统的数学模型，通过设计扩张状态观测器同时观测系统的状态和建模不确定性，实现了输出反馈控制。由于在控制器的设计中对于匹配的建模不确定性利用观测值进行了前馈补偿，而对于不匹配的建模不确定性则利用鲁棒控制律进行处理，增强了系统对建模不确定性的鲁棒性。实验对比结果表明，本章设计的输出反馈鲁棒控制器较传统的 PID 控制器有更加优异的性能，跟踪精度更高且鲁棒性强。

　　对于单出杆液压缸位置伺服系统的处理，通过引入一个比例因子重新定义负载压力，使得建立的数学模型与液压马达模型差别较大。观测器和输出反馈控制器的设计过程与液压马达类似。仿真结果表明，所设计的单出杆液压缸位置伺服系统输出反馈控制器具有优异的性能，能较好地抑制扰动的影响。

参 考 文 献

[1] Han J. From PID to active disturbance rejection control. IEEE Transactions on Industrial Electronics, 2009, 56(3): 900-906.

[2] Zheng Q, Gao L, Gao Z. On stability analysis of active disturbance rejection control for nonlinear time-varying plants with unknown dynamics. Proceedings of the IEEE Conference on Decision and Control, New Orleans, 2007: 3501-3506.

[3] Yao J, Jiao Z, Ma D. Extended-state-observer-based output feedback nonlinear robust control of hydraulic systems with backstepping. IEEE Transactions on Industrial Electronics, 2014, 61(11): 6285-6293.

第9章　电液负载模拟器及其速度同步控制

电液负载模拟器是典型的位置扰动型电液力(矩)伺服系统。其应用主要集中在两个领域：一类是给舰船消摇鳍系统加载、模拟运输工具的路况和负载等，这类系统对加载器的频宽要求不高，但加载力(矩)一般都要求很大，这正是电液力(矩)伺服系统的长处，比较容易实现；另一类是给导弹和飞机等飞行器的舵机系统加载，模拟舵面在飞行过程中所受到的气动力载荷，这类系统所需加载力矩不是很大，但对加载系统的频宽和精度要求很高，这是力(矩)伺服系统研制中的一个难点。

导弹和飞机的性能指标与其飞行控制系统密切相关，导弹能否快速、可靠、准确地命中目标，飞机能否具有完美的操纵性能都直接取决于飞行控制系统性能的好坏。在导弹及其飞行控制系统的研制过程中，以前常常通过打靶等破坏性实验来获取有关资料，不仅造价非常昂贵，有用的数据也不易获得；而飞机的飞行控制系统的特性如果通过飞行试验来获得，无论从经济性还是危险性都是不可行的。网络和信息技术的飞速发展，为飞控系统的研制提供了新的途径。为了缩短研制周期和研制费用，可以对飞行控制系统中的部件采用数字仿真或实物模拟的方式在地面上搭建仿真系统、模拟飞行试验。在整个仿真系统中，飞行控制系统采用实物，而飞行器在飞行过程中所受到的外界作用(如气动力、加速度、舵面倾角等)则由各个仿真平台来施加于飞控系统，这就是半实物仿真。飞控系统的半实物仿真中，负载模拟器的主要任务就是接收来自中央仿真计算机的指令、快速准确地复现飞行器在飞行过程中受到的舵面气动力矩载荷，并能实时地施加在受控运动的舵机上。舵面气动力载荷是一个与飞行高度、速度、舵面角度及大气参数等有关的高度非线性的物理量，在半实物仿真过程中是由中央仿真计算机实时计算出来的，这就是载荷谱。为了实现对整个飞行控制系统真实载荷谱的精确跟踪，负载模拟器研制的一个非常关键的问题就是要求这种实物模拟必须准确，否则所进行的仿真实验将没有什么参考价值。

目前，电液负载模拟器的结构形式已经基本固定，高性能负载模拟器的研制的关键之一在于高性能控制策略的设计。在控制策略设计之前，必须对系统进行精确建模，并对其数学模型进行深入的理论分析和研究。在此基础上，设计了一种基于舵机控制信号的速度同步控制方案。

9.1　电液负载模拟器的基本原理

电液力(矩)伺服系统是以力(矩)为被调整量的电液伺服系统,根据承载对象的运动规律又可分为以下两类:主动式电液力(矩)伺服系统,承载对象不主动运动,它的运动是由加载系统的加载力(矩)引起的,这种加载实验对于加载系统又称静态加载;被动式电液力(矩)伺服系统,承载对象主动运动,加载系统在跟随其运动的同时进行加载,这种加载又称动态加载。图 9.1 是一个典型的电液负载模拟器的原理图,左侧是承载对象,右侧是加载系统。

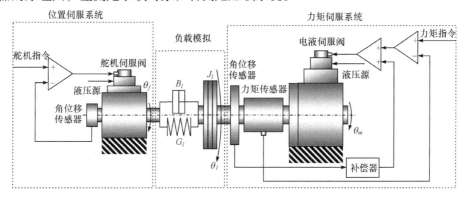

图 9.1　电液负载模拟器仿真系统示意图

在整个飞行控制系统的半实物仿真过程中,舵机(位置伺服系统)和负载模拟器(力矩伺服系统)是在中央仿真计算机的控制下同步工作的。对于舵机,加载力矩对于它的角位移输出是一个很强的干扰,严重影响系统的输出精度;对于加载系统,舵机的运动速度对于它的力矩输出也是一个很强的干扰,同样影响系统的跟踪精度。这两个系统耦合在一起,相互作用、相互影响。图 9.2 为力矩负载模

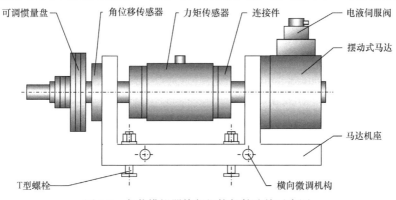

图 9.2　负载模拟器执行机构部件连接示意图

拟器一个通道的部件连接示意图。

9.2 电液负载模拟器的复杂数学模型的建立[1]

电液负载模拟器由动力执行机构、液压控制元件、控制器和传感器构成，其中动力执行机构对整个系统性能的提高起关键作用，其数学模型是本书研究的重点。

9.2.1 负载模拟器动力执行机构的数学模型

电液力矩伺服系统和一般的电液伺服系统有很大的不同，如图 9.3 所示，加载马达两腔之间必须存在节流效应(包括泄漏)。如果不考虑摆动马达内部泄漏，使用理想零开口伺服阀将不能完成加载任务。因为如果摆动马达转子静止，无论伺服阀开口是多少，伺服阀的负载流量都将为零，此时阀开口上不会产生节流损失，导致马达工作腔压力不可控，这样就无法控制马达的力矩输出。因此，力矩伺服系统的动力机构中必须有内部泄漏，必要时还应该在马达两腔之间加装节流孔或者使用预开口伺服阀。

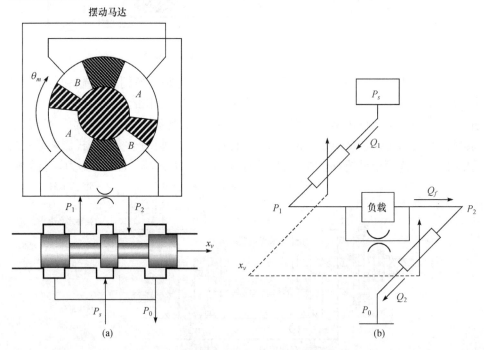

图9.3 电液力矩伺服系统油路控制原理图

为了便于数学推导，可以忽略一些对系统影响较小的次要因素，特做以下假设：

(1) 伺服阀为理想零开口四边滑阀，四个节流窗口是配做并且对称的，节流窗口处的流体流动为紊流，阀中不考虑油液压缩性；

(2) 摆动式液压缸(液压马达)为理想的对称缸，它的工作腔内各点压力相同；

(3) 油源压力恒定，回油压力为零；

(4) 忽略连接管道内的压力损失、忽略流体质量影响、忽略管路动态；

(5) 认为油液黏度和体积弹性模量是常数。

对力矩伺服系统动力机构进行建模，过程如下。

1. 伺服阀负载流量方程

由电液力矩伺服系统油路控制原理图可知

$$Q_1 = C_v W x_v \sqrt{\frac{2}{\rho}(P_s - P_1)} \tag{9.1}$$

$$Q_2 = C_v W x_v \sqrt{\frac{2}{\rho} P_2} \tag{9.2}$$

由于

$$P_f = P_1 - P_2, \quad P_s = P_1 + P_2$$

所以

$$P_1 = (P_s + P_f)/2, \quad P_2 = (P_s - P_f)/2$$

在不考虑外泄漏的情况下，$Q_f = Q_1 = Q_2$。负载流量定义为

$$Q_f = C_v W x_v \sqrt{\frac{P_s - P_f}{\rho}} \tag{9.3}$$

线性化以后可得伺服阀的负载流量方程为

$$Q_f = K_Q x_v - K_c P_f \tag{9.4}$$

式中

$$K_Q = C_v W \sqrt{\frac{1}{\rho}(P_s - P_f)}, \quad K_c = \frac{C_v W x_v \sqrt{\frac{1}{\rho}(P_s - P_f)}}{2(P_s - P_f)}$$

2. 液压摆动马达流量连续方程

$$Q_f = D_m \frac{\mathrm{d}\theta_m}{\mathrm{d}t} + \frac{V_m}{4E_y} \frac{\mathrm{d}P_f}{\mathrm{d}t} + C_{sl}P_f \tag{9.5}$$

3. 力矩平衡方程

摆动马达转子：

$$D_m P_f = J_m \frac{\mathrm{d}^2\theta_m}{\mathrm{d}t^2} + B_m \frac{\mathrm{d}\theta_m}{\mathrm{d}t} + G_\varepsilon\left(\theta_m - \theta_l\right) \tag{9.6}$$

负载：

$$G_\varepsilon\left(\theta_m - \theta_l\right) = J_l \frac{\mathrm{d}^2\theta_l}{\mathrm{d}t} + B_l \frac{\mathrm{d}\theta_l}{\mathrm{d}t} + G_l\left(\theta_l - \theta_f\right) \tag{9.7}$$

随着对飞行器飞行速度和机动性能要求的大幅度提高，舵面受到的气动力矩大大增加，这就导致飞行器设计和制造时舵机输出轴到操纵舵轴的等效扭转刚度提高很多，再加上新型高强度材料的应用使舵的转动惯量减小，这些对于提高舵机系统的频带宽度有很大帮助。然而，设计负载模拟器时考虑到扭矩传感器的灵敏度，又不能使其扭转刚度太大。连接机构的等效扭转刚度和转动惯量与传感器的扭转刚度、摆动马达转子的转动惯量相差不太大。更重要的是，飞控系统半实物仿真对加载精度的要求提高了很多，为了研制性能优良的负载模拟器需要精确的数学模型作为理论支持。这时摆动马达和负载的动态特性都需要考虑，数学模型比较复杂。本书在仿真时使用这一模型。此时，负载模拟器的输出为

$$M = G_\varepsilon\left(\theta_m - \theta_l\right) \tag{9.8}$$

将执行机构的动力学方程进行拉氏变换，可以得到其传递函数：

$$M(s) = \frac{\dfrac{D_m K_Q}{K_{tm}} x_v(s) - \left[\dfrac{J_m V_m}{4E_y K_{tm}}s^2 + \left(J_m + \dfrac{V_m B_m}{4E_y K_{tm}}\right)s + \left(B_m + \dfrac{D_m^2}{K_{tm}}\right)\right]s \cdot \theta_m(s)}{\dfrac{V_m}{4E_y K_{tm}}s + 1} \tag{9.9}$$

$$M(s) = \frac{\dfrac{D_m K_Q}{K_{tm}} x_v(s) - \left[\dfrac{J_m V_m}{4E_y K_{tm}}s^2 + \left(J_m + \dfrac{V_m B_m}{4E_y K_{tm}}\right)s + \left(B_m + \dfrac{D_m^2}{K_{tm}}\right)\right]s \cdot \theta_l(s)}{\dfrac{J_m V_m}{4E_y K_{tm} G_\varepsilon}s^3 + \left(\dfrac{J_m}{G_\varepsilon} + \dfrac{B_m V_m}{4E_y K_{tm} G_\varepsilon}\right)s^2 + \left(\dfrac{B_m}{G_\varepsilon} + \dfrac{V_m}{4E_y K_{tm}} + \dfrac{D_m^2}{G_\varepsilon K_{tm}}\right)s + 1} \tag{9.10}$$

或者

$$M(s) = \frac{1}{D(s)} \left\{ \frac{D_m K_Q}{K_{tm}} \left(\frac{J_l}{G_l} s^2 + \frac{B_l}{G_l} s + 1 \right) x_v(s) \right.$$
$$\left. - \left[\frac{J_m V_m}{4E_y K_{tm}} s^2 + \left(J_m + \frac{V_m B_m}{4E_y K_{tm}} \right) s + \left(B_m + \frac{D_m^2}{K_{tm}} \right) \right] s \cdot \theta_f(s) \right\} \tag{9.11}$$

式中，$D(s)$的表达式比较复杂，即

$$D(s) = \frac{J_l J_m V_m}{4E_y G_l G_\varepsilon K_{tm}} s^5 + \left(\frac{J_l J_m}{G_l G_\varepsilon} + \frac{J_m V_m B_l}{4E_y G_l G_\varepsilon K_{tm}} + \frac{J_l V_m B_m}{4E_y G_l G_\varepsilon K_{tm}} \right) s^4$$
$$+ \left(\frac{J_l D_m^2}{G_l G_\varepsilon K_{tm}} + \frac{J_m V_m}{4E_y G_l K_{tm}} + \frac{J_m V_m}{4E_y G_\varepsilon K_{tm}} + \frac{J_l V_m}{4E_y G_l K_{tm}} + \frac{V_m B_m B_l}{4E_y G_l G_\varepsilon K_{tm}} + \frac{J_m B_l}{G_l G_\varepsilon} + \frac{J_l B_m}{G_l G_\varepsilon} \right) s^3$$
$$+ \left(\frac{J_m}{G_l} + \frac{D_m^2 B_l}{G_l G_\varepsilon K_{tm}} + \frac{J_m}{G_\varepsilon} + \frac{B_m B_l}{G_l G_\varepsilon} + \frac{J_l}{G_l} + \frac{B_m V_m}{4E_y G_l K_{tm}} + \frac{B_l V_m}{4E_y G_l K_{tm}} + \frac{B_m V_m}{4E_y G_\varepsilon K_{tm}} \right) s^2$$
$$+ \left(\frac{D_m^2}{G_l K_{tm}} + \frac{B_m}{G_l} + \frac{B_l}{G_l} + \frac{D_m^2}{G_\varepsilon K_{tm}} + \frac{B_m}{G_\varepsilon} + \frac{V_m}{4E_y K_{tm}} \right) s + 1$$

$$\tag{9.12}$$

以上各式中，$K_{tm} = K_c + C_{sl}$。

执行机构方框图如图 9.4 所示。

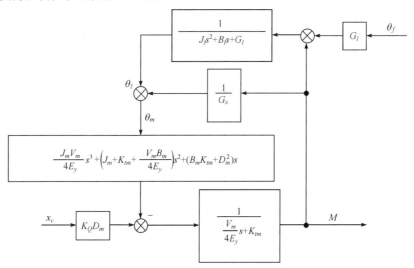

图 9.4　负载模拟器执行机构方框图(复杂模型)

以上各式中各变量定义如下：

Q_f: 负载流量(m^3/s)；

K_Q：伺服阀的流量增益(m^2/s)；

K_c：伺服阀的流量压力系数($\text{m}^5/(\text{N·s})$)；

P_f：负载压力(N/m^2)；

x_v：伺服阀的阀芯位移(m)；

D_m：液压摆动缸的弧度排量(m^3/rad)；

V_m：液压摆动缸的工作腔、阀腔和两者之间连接管路的总容积(m^3)；

E_y：油液的等效体积弹性模量(N/m^2)；

C_{sl}：液压摆动缸的泄漏系数($\text{m}^5/(\text{N·s})$)；

J_m：液压摆动缸转子转动惯量(kg·m^2)；

B_m：摆动缸转子黏性阻尼系数($(\text{N·m·s})/\text{rad}$)；

G_ε：力矩传感器的扭转刚度($\text{N·m}/\text{rad}$)；

θ_m：液压摆动缸转子角位移(rad)；

J_l：负载等效转动惯量(kg·m^2)；

B_l：负载等效黏性阻尼系数($(\text{N·m·s})/\text{rad}$)；

G_l：负载等效扭转刚度($\text{N·m}/\text{rad}$)；

θ_l：负载等效角位移(rad)；

θ_f：舵机输出轴等效角位移(rad)；

M：系统输出力矩。

9.2.2　负载模拟器其他环节的数学模型

(1) 伺服阀的传递函数。

通常伺服阀的频宽较宽，可以按照一阶惯性环节看待，所以可以得到其传递函数为

$$G_{sv}(s) = \frac{x_v}{I_{sv}} = \frac{K_s}{T_s s + 1} \tag{9.13}$$

(2) 扭矩传感器：

$$U_f = K_F \cdot M$$

(3) 电流放大器：

$$I_{sv} = K_{V/I} \cdot U_c$$

以上各式中各变量定义如下：

U_f：扭矩传感器调理电路输出电压(V)；

U_c：控制器输出电压(V)；

K_F：扭矩传感器及其调理电路转换系数($\text{V}/(\text{N·m})$)；

$G_{sv}(s)$：伺服阀传递函数；

I_{sv}：伺服阀输入电流(A)；

K_s：伺服阀增益(m/A)；

T_s：伺服阀时间常数(s)；

$K_{V/I}$：电流放大器增益(A/V)。

根据前面的数学模型，电液负载模拟器总的方框图如图 9.5 所示。

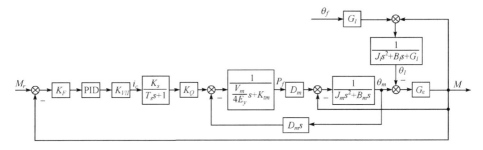

图 9.5　负载模拟器控制系统方框图

本章所研究的负载模拟器系统各项参数如表 9.1 所示。

表 9.1　负载模拟器各环节参数

符号	名称	单位	数值
K_F	力矩反馈系数	V/(N·m)	1/110
$K_{V/I}$	伺服阀驱动电路放大系数	A/V	$4×10^{-3}$
K_s	伺服阀阀芯位移驱动系数	m/A	10^{-3}
T_s	伺服阀时间常数	s	$1.59155×10^{-3}$
K_Q	伺服阀的流量增益	m²/s	25
K_c	伺服阀的流量压力系数	m⁵/(N·s)	$4.5×10^{-12}$
C_{sl}	摆动缸的总泄漏系数	m⁵/(N·s)	$1.5873×10^{-11}$
K_{tm}	摆动缸的总流量-压力系数	N·m·s/rad	$2.0373×10^{-11}$
V_m	摆动缸的有效容积	m³	$6.81056×10^{-4}$
D_m	摆动缸的弧度排量	m³/rad	$8.1×10^{-5}$
E_y	油液的等效体积弹性模量	N/m²	$6.86×10^{8}$
J_m	摆动缸转子转动惯量	kg·m²	0.01
B_m	摆动缸黏性阻尼系数	N·m·s/rad	10
G_ε	力矩传感器扭转刚度	N·m/rad	190985.9
J_l	负载等效转动惯量	kg·m²	0.129
B_l	负载等效黏性阻尼系数	N·m·s/rad	0
G_l	负载等效扭转刚度	N·m/rad	48738.4628

9.3　简化模型及其所带来的影响

对于输出力矩存在一种简化的处理方法，即简化模型：认为力矩传感器扭转刚度无限大、只考虑摆动马达转子的黏性阻尼系数、忽略摆动马达转子的转动惯量，且认为 θ_m，θ_l 无差别，只考虑摆动马达转子的角位移和舵机的角位移。系统的力矩输出即摆动缸的负载压力和其弧度排量之积，因此式(9.6)和式(9.7)可简化为

$$M = D_m P_f = J_l \frac{\mathrm{d}^2\theta_m}{\mathrm{d}t^2} + B_m \frac{\mathrm{d}\theta_m}{\mathrm{d}t} + G_l(\theta_m - \theta_f) \tag{9.14}$$

这种处理方法比较简单，常用于系统设计的初级阶段以及粗略的仿真。当飞行器舵的转动惯量远大于负载模拟器摆动马达转子的转动惯量、舵机输出到舵轴的等效扭转刚度远小于扭矩传感器的扭转刚度时，进行这样的近似是比较准确的，能够反映出执行机构的基本特性。这种处理方式在以前的文献中很常见，而且在通常的负载模拟器设计中的应用较为成功。但是计算机计算速度的提高和仿真技术的进步为更加精确和复杂的数学模型的应用提供了强大的技术支持，同时飞控系统半实物仿真对负载模拟器加载精度要求的提高也对精确模型提出了迫切需要，另外正如建立复杂模型时提到的技术上的原因，故简化模型时所进行的假设已经不再成立，这种处理方式已经显现出很大的局限性。本书只在进行原理性说明时使用这一模型。

将执行机构的动力学方程进行拉氏变换，可以得到其传递函数：

$$M(s) = \frac{\dfrac{D_m K_Q}{K_{tm}}\left(\dfrac{J_l}{G_l}s^2 + \dfrac{B_m}{G_l}s + 1\right)x_v(s) - \dfrac{D_m^2}{K_{tm}}s\theta_f(s)}{\dfrac{JV_m}{4E_y K_{tm}G_l}s^3 + \left(\dfrac{J_l}{G_l} + \dfrac{B_m V_m}{4E_y K_{tm}G_l}\right)s^2 + \left(\dfrac{B_m}{G_l} + \dfrac{V_m}{4E_y K_{tm}} + \dfrac{D_m^2}{G_l K_{tm}}\right)s + 1} \tag{9.15}$$

从式(9.15)可以看出，系统干扰输出和舵机的角速度直接相关。

执行机构方框图如图 9.6 所示。

如果忽略阻尼系数 B_m，执行机构的传递函数可以简化为

$$M(s) = \frac{\dfrac{D_m K_Q}{K_{tm}}\left(\dfrac{s^2}{\omega_m^2} + 1\right)x_v(s) - \dfrac{D_m^2}{K_{tm}}s\theta_f(s)}{\left(\dfrac{s}{\omega_1} + 1\right)\left(\dfrac{s^2}{\omega_2^2} + \dfrac{2\xi_2}{\omega_2}s + 1\right)} \tag{9.16}$$

其中定义各参数如下：

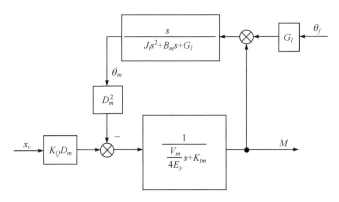

图 9.6　负载模拟器执行机构方框图(简化模型)

液压固有频率：

$$\omega_h = \sqrt{\frac{4E_y D_m^2}{J_l V_m}}$$

液压相对阻尼系数：

$$\xi_h = \frac{K_{tm}}{D_m} \sqrt{\frac{E_y J_l}{V_m}}$$

液压弹簧扭转刚度：

$$G_h = \frac{4E_y D_m^2}{V_m}$$

静态速度刚度：

$$G_s = \frac{D_m^2}{K_{tm}}$$

负载机械谐振频率：

$$\omega_m = \sqrt{\frac{G_l}{J_l}}$$

执行机构一阶环节转折频率：

$$\omega_1 = \frac{G_l G_h}{G_l + G_h} \cdot \frac{1}{G_s}$$

执行机构二阶环节转折频率：

$$\omega_2 = \omega_h \sqrt{\frac{G_l + G_h}{G_h}} = \sqrt{\frac{G_l + G_h}{J_l}}$$

执行机构二阶环节阻尼系数：

$$\xi_2 = \xi_h\sqrt{\frac{G_h}{G_l + G_h}}$$

动力执行机构一般都满足 $\omega_l \ll \omega_m < \omega_2$，由于负载模拟器工作频率受负载机械谐振频率 ω_m 的制约，所以动力执行机构在低频段(工作频段)可以近似表示为一阶惯性环节。为了提高负载模拟器的频宽，系统闭环控制时控制器主要用于校正这一慢性环节和抑制干扰。

9.4 复杂模型的特性分析

1. 主控通道传递函数两种模型的对比

不考虑干扰时动力执行机构开环频率特性如图 9.7 所示。

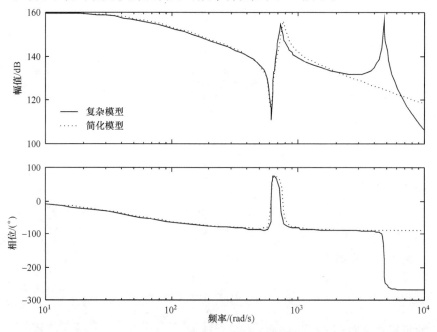

图 9.7 执行机构主控通道频域特性

从实际物理结构来看，转动惯量主要集中在负载上，而黏性阻尼系数则集中在液压摆动缸转子上，负载部分黏性阻尼系数几乎可以忽略。图 9.7 中虚线表示简化模型的频率特性曲线，实线表示复杂模型的频率特性曲线。从两种曲线的比较可以看出，在低频段两种模型基本是一样的，复杂模型有两个综合谐振频率，简化模型中只有一个，并且都高于负载机械谐振频率。由于传递函数分子中由负载引起的反谐振二阶微分环节对综合谐振有对消的作用，使综合谐振峰值减小，但由于在反谐振频率上开环系统幅值衰减严重、相位急剧超前，所以加载系统一般都在小于该反谐振频率的频段内工作。从 $D(s)$ 的表达式可以看出，如果忽略高频部分和阻尼，$D(s)$ 和简化模型传递函数的分母基本是一致的，这也说明了简化模型在描述执行机构低频特性时的有效性。

2. 复杂模型对于系统谐振状态的描述

从图 9.8 中可以看出，适当增大摆动马达转子的转动惯量可以使系统较低的谐振频率与系统反谐振频率(负载机械谐振频率)接近，从而使这两个谐振峰相互削弱，达到改善整个系统振动特性的目的。但由于执行机构传递函数中的谐振频率都是机械和液压的综合谐振频率，调整马达转动惯量纵然可以改变综合谐振频率，但是不能任意调整该频率二阶环节的阻尼系数，因此不可能做到与传递函数分子上的二阶机械谐振环节完全对消。负载模拟器系统设计时，摆动马达的弧度排量是由负载曲线和功率匹配原则决定的，不能随意更改。这就意味着，如果要调整转子的转动惯量就要加大摆动马达直径、减小轴向尺寸。这一结论从简化模型中是不能得出的。因此，复杂模型可以为设计高质量的执行机构提供有益的参考。

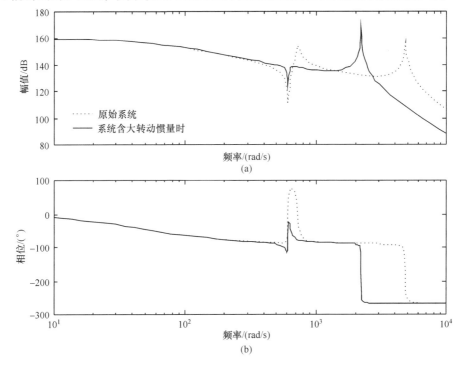

图 9.8　不同转动惯量时的频域特性

3. 从消除干扰的角度比较两种模型

摆动马达力矩输出中除了与伺服阀阀芯位移 x_v 相关的部分为可控输出,其他部分为干扰力矩。从动力执行机构的简单模型来看,系统的干扰就是舵机的角速度 $\dot{\theta}_f$,根据结构不变性原理只要加入该角速度的固定系数前馈补偿就完全可以消除干扰。

从动力机构复杂模型的开环传递函数中可以看出,为了补偿干扰力矩,可以从三个位置引入角度信号进行前馈补偿:摆动缸转子输出轴角速度 $\dot{\theta}_m$,力矩传感器输出轴角速度 $\dot{\theta}_l$,舵机直线运动折合到舵轴的角速度 $\dot{\theta}_f$。为了简化起见,忽略伺服阀的动态特性。

(1) 从式(9.9)可知,如果使用 $\dot{\theta}_m$ 完全补偿干扰力矩,补偿以后的动力机构传递函数将不受机械特性部分的影响,可以大大提高系统的闭环频宽。

如图 9.9 所示,根据不变性原理只要做到

$$G_{\text{com}}(s) = \frac{G_d(s)}{K_{V/I}K_sK_QD_m} \tag{9.17}$$

式中

$$G_d(s) = \frac{J_mV_m}{4E_y}s^2 + \left(J_mK_{tm} + \frac{V_mB_m}{4E_y}\right)s + (B_mK_{tm} + D_m^2) \tag{9.18}$$

就可以使补偿后的动力机构传递函数为一阶惯性环节。因为角速度信号中已经包含了机械部分的影响因素,这样经过补偿的控制系统可以不受负载变化的影响。

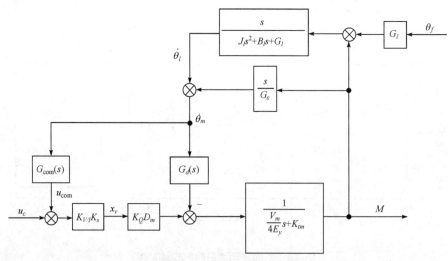

图 9.9　使用 $\dot{\theta}_m$ 的消扰方案

(2) 从式(9.10)可知,如果使用$\dot{\theta}_l$完全补偿干扰力矩,补偿以后的动力机构传递函数将不受负载部分机械谐振频率的制约,可以大大提高系统的闭环频宽。

将图 9.4 经过变换以后可得图 9.10,图中:

$$G_m(s) = \frac{J_m V_m}{4E_y K_{tm} G_\varepsilon} s^3 + \left(\frac{J_m}{G_\varepsilon} + \frac{B_m V_m}{4E_y K_{tm} G_\varepsilon} \right) s^2 + \left(\frac{B_m}{G_\varepsilon} + \frac{V_m}{4E_y K_{tm}} + \frac{D_m^2}{G_\varepsilon K_{tm}} \right) s + 1$$

(9.19)

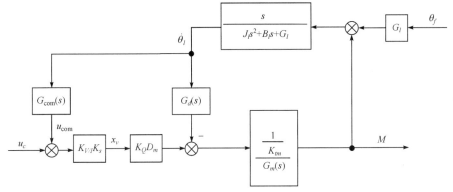

图 9.10　使用 $\dot{\theta}_l$ 的消扰方案

同样根据不变性原理只要做到式(9.17),就可以使补偿后的动力机构传递函数为三阶环节。因为角速度信号已经包含了负载部分的影响因素,这样经过补偿的控制系统可以不受负载变化的影响。

(3) 从式(9.11)可知,使用$\dot{\theta}_f$进行补偿时,动力机构传递函数中包含负载部分的成分,负载模拟器的频宽仍受负载机械谐振频率的制约。

将图 9.4 经过变换以后可得图 9.11,图中:

$$G_f(s) = \frac{J_l}{G_l} s^2 + \frac{B_l}{G_l} s + 1$$

(9.20)

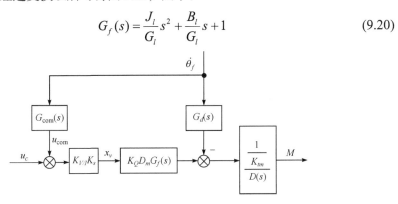

图 9.11　使用 $\dot{\theta}_f$ 的消扰方案

　　同样根据不变性原理只要做到式(9.17)，这时补偿后的动力执行机构的传递函数为五阶环节。经过补偿的控制器受到负载变化的影响。

　　由以上分析可以看出，由于补偿环节 $G_{com}(s)$ 中含有高阶微分成分，实现完全补偿存在技术上的困难。另外，由于模型误差、角速度信号误差、伺服阀的动态特性、非线性和参数时变等因素的影响，上面所说的完全补偿很难做到，因此系统还是会受到负载的影响。来自角速度传感器或微分电路的信号存在相位滞后和幅值衰减，但由于负载模拟器是随动系统，$\dot{\theta}_f$ 超前于 $\dot{\theta}_l$ 和 $\dot{\theta}_m$，使用这一信号的效果会优于后两种信号；但是一般工程中希望舵机和负载模拟器控制系统尽量独立，因此优先考虑 $\dot{\theta}_l$ 和 $\dot{\theta}_m$。综合考虑这些因素，使用 $\dot{\theta}_l$ 进行补偿更为合理。

　　图 9.12 为消扰方案的实验曲线，第一条为干扰力矩曲线，第二条为采用传统结构不变性原理消除方案的曲线，第三条为进一步采用角加速度补偿的方案。实验数据证明了复杂模型的正确性。

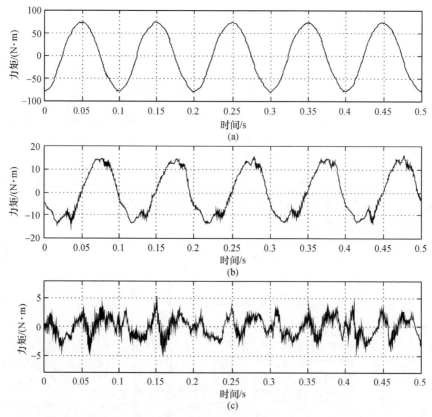

图 9.12　消扰方案实验曲线

　　综上所述，复杂模型指出了传统结构不变性原理只使用角速度信号补偿的局限，更深入地描述了干扰的来源和形式(即还与角加速度及其导数有关)，为更好地消除干扰奠定了理论基础。

9.5　基于舵机控制信号的负载模拟器的速度同步控制

从数学模型上看，多余力矩的产生和舵机运动角速度直接相关，如果能够做到两者的速度同步就可以消除多余力矩。其实，只有当加载马达输出轴角位移与舵机输出轴等效角位移存在角度差时，才能产生所需的力矩。位置同步控制的目标是减小这一角度差，这和力矩控制相矛盾，位置闭环和力矩闭环之间存在很强的耦合关系，只不过力矩伺服系统的频带宽度远大于位置伺服系统，因此位置同步补偿是有效果的。但是如果要达到更高的精度，必须尽可能地做到两个输出轴的角速度同步，然而由于速度传感器的精度和安装等问题，直接速度控制闭环很难实现。既然如此，那么还有没有其他的途径呢？答案是肯定的。既然电路微分后的信号和角速度传感器的信号满足不了要求，那么能否找到舵机系统中存在的其他有用的信号呢？从物理概念上讲，使用角速度信号作前馈，无非是希望提前得到舵机的运动信息，以便及时跟上舵机的运动，同时施加力(矩)，这样的信号完全能够从舵机的控制回路中得到。舵机的执行机构内部泄漏很小，从数学模型上看，在低频段上可以近似为一个积分环节，它的输出为舵机的位移，这时输入(舵机伺服阀的控制信号)其实就近似为速度信号，这个信号噪声小、滞后很少，完全可以用来消除多余力矩。根据前面的复杂数学模型，如果能用该信号的微分进一步进行补偿，效果会更好、跟踪载荷谱的频带可以更宽。这种方案的缺点是需要舵机系统的伺服阀控制信号，而这个信号通常是不易得到的；并且该方案通常对于液压舵机才是直接有效的。当然这时各种参数需要调整好，最好能够使用自适应算法。这种方案的优点在于不需要增加设备，只需要改变相应的软件和输入信号即可，大大降低了系统的改造成本，充分发挥了计算机的灵活性。

从另一个角度讲，液压舵机的执行机构和液压负载模拟器的执行机构在数学模型上是相似的，因此只要使负载模拟器的伺服阀开口与舵机伺服阀开口保持同步，就能够使两个系统角速度近似同步。鉴于两系统阀开口到输出的传递函数的差异，就需要加入校正环节进行补偿。负载模拟器执行机构的复杂模型指出，多余力矩不仅与舵机输出轴的等效角速度有关，还与其角加速度有关，尤其在频率较高时这种影响更为突出。所以，补偿环节采用的一般形式为[2]

$$G_c(s) = \frac{K_{com}(T_{com}s + 1)}{T_1 s + 1} \tag{9.21}$$

式中，T_1 为滤波环节的时间常数，滤波器的频宽一般选择为舵机系统频宽的 5 倍以上；K_{com}为补偿环节的增益；T_{com}为补偿环节中的微分时间常数。形成的速度同步控制方案示意图如图 9.13 所示。

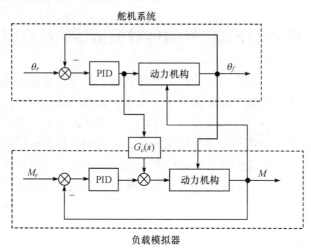

图 9.13　速度同步控制方案示意图

当负载模拟器输入指令信号为零，舵机干扰为 $\theta(t) = 0.061\sin(20\pi t)$ 时，系统采用该方案消除多余力矩的仿真曲线如图 9.14 所示。

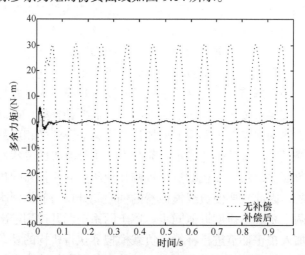

图 9.14　速度同步控制补偿方案消除多余力矩

图 9.15 为某加载系统在不同频率下多余力矩消除情况的实验曲线，舵机的最大角速度均为 220°/s。图中，第一条曲线为未采取补偿措施时的多余力矩，第二条曲线为使用舵机伺服阀控制信号补偿时的多余力矩，第三条曲线为增加控制信

号的微分补偿时的多余力矩。可以看出，采用舵机伺服阀控制信号及其微分进行补偿以后，大大减小了多余力矩，特别是在高频段。一般剩余多余力矩不到补偿前的 10%。仿真和实验结果证明了该方法的有效性。

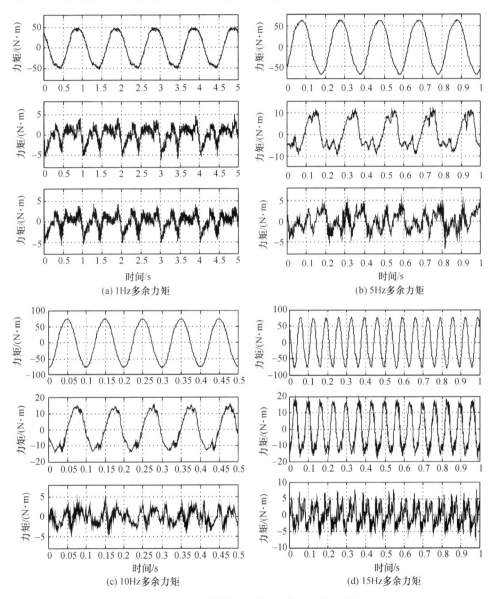

图 9.15　速度同步方案消除多余力矩实验曲线

9.6　本章小结

本章精确推导了电液负载模拟器的数学模型，使人们能够更清楚地理解结构参数与其控制性能之间的关系及其物理含义，所建立的模型充分考虑了摆动马达部分的机械特性(包括转动惯量和刚度)，全面反映了系统的谐振状况，更准确地描述了系统的高频特性；更准确地揭示了加载系统的机理，深刻描述了多余力矩的本质，指出了角加速度在高频段对于系统多余力矩的影响。

在建立的模型及特性分析的基础上，从抑制多余力矩的角度出发提出了利用舵机伺服阀控制信号的速度同步补偿方案。实验数据表明，电液舵机伺服阀控制信号完全可以替代其输出轴的等效角速度信号，使用该信号抑制负载模拟器的多余力矩的效果非常好，并且可以进一步使用该信号的微分进行补偿，做到两系统的速度同步。

参 考 文 献

[1] 华清. 电液负载模拟器关键技术的研究. 北京：北京航空航天大学博士学位论文，2001.

[2] Jiao Z, Gao J, Hua Q, et al. The velocity synchronizing control on the electro-hydraulic load simulator. Chinese Journal of Aeronautics, 2004, 17(1): 39-46.

第10章 基于速度同步思想的复合同步加载控制

目前基于舵机阀控信号的速度同步控制方法在工程实际中得到广泛应用。但该控制结构缺乏对同步补偿环节规范、系统的设计方法，同时也无该环节的具体数学表达式来指导实际应用。本章基于双电液马达数学模型，深入分析同步补偿环节的构成及其具体数学表达式。为方便该算法在工程中的应用，本章还将分析各补偿环节的物理意义，并在此基础上，研究如何在不依赖精确的结构参数信息的情况下确定各补偿参数的最优值，以指导工程实践。

此外，工程实践表明，基于舵机阀控信号的速度同步控制方法的同步性能会受到负载力矩的影响。因此，本章将深入分析该问题的产生原因，并提出考虑执行器刚度的改进型速度同步控制器。针对同步加载系统，在同步运动消扰的基础上，提出复合加载控制器，采用力矩指令前馈、负载力矩反馈等措施，以提高加载系统自身的无扰加载能力。

10.1 复合速度同步控制策略[1]

10.1.1 数学建模

为方便起见，本章中带下标"L"的符号表示与加载系统(loading system)相关的参数，而带下标"a"的符号表示与舵机系统(actuator system)相关的参数。

1. 加载系统数学模型

结合第 9 章中加载系统的伺服阀线性化流量方程、马达流量连续性方程、力矩平衡方程以及力矩传感器的刚度模型，经过拉氏转换后，可得加载系统的输出力矩传递函数为[2-4]

$$T(s) = \frac{G_{L1}(s)u_L - G_{L2}(s)s\theta_L}{G_{L3}(s)} = \frac{G_{L1}(s)u_L - G_{L2}(s)s\theta_a}{G_{L4}(s)} \tag{10.1}$$

式中

$$G_{L1}(s) = D_L K_{qL} G_{svL}(s)$$

$$G_{L2}(s) = \frac{J_L V_L}{4\beta_e}s^2 + \left(J_L K_{tmL} + \frac{B_L V_L}{4\beta_e}\right)s + B_L K_{tmL} + D_L^2$$

$$G_{L3}(s) = \frac{V_L}{4\beta_e}s + K_{tmL}$$

$$G_{L4}(s) = G_{L3}(s) + \frac{G_{L2}(s)s}{G_s}$$

$$= \frac{J_L V_L}{4\beta_e G_s}s^3 + \left(\frac{J_L K_{tmL}}{G_s} + \frac{B_L V_L}{4\beta_e G_s}\right)s^2 + \left(\frac{B_L K_{tmL}}{G_s} + \frac{V_L}{4\beta_e} + \frac{D_L^2}{G_s}\right)s + K_{tmL}$$

$$K_{tmL} = K_{cL} + C_{slL}$$

其中，T 为加载系统输出力矩，u_L 为加载系统伺服阀的控制电压，θ_L 为加载液压马达转子角位移，K_{qL} 为加载系统伺服阀的流量增益，K_{cL} 为加载系统伺服阀流量压力系数，$G_{svL}(s)$ 为伺服阀阀芯位移驱动函数，s 为拉普拉斯算子，D_L 为加载液压马达弧度排量，V_L 为加载液压马达控制容积，C_{slL} 为加载液压马达泄漏系数，K_{tmL} 为加载系统的总流量压力系数，β_e 为液压油弹性模量，J_L 为加载液压马达转动惯量，B_L 为加载液压马达黏性阻尼系数，G_s 为力矩传感器与传动轴的综合刚度，θ_a 为力矩传感器与被加载对象连接端的角位移。

2. 舵机系统数学模型

参考第 9 章中执行机构的伺服阀线性化流量方程、马达流量连续性方程、力矩平衡方程以及力矩传感器的刚度模型，经过拉氏转换后，可得舵机系统的输出速度 $\dot{\theta}_a$ 传递函数为[2-4]

$$\dot{\theta}_a = \frac{G_{a1}(s)u_a + G_{a3}(s)T}{G_{a2}(s)} \tag{10.2}$$

式中

$$G_{a1}(s) = D_a K_{qa} G_{sva}(s)$$

$$G_{a2}(s) = \frac{J_a V_a}{4\beta e}s^2 + \left(J_a K_{tma} + \frac{B_a V_a}{4\beta e}\right)s + B_a K_{tma} + D_a^2$$

$$G_{a3}(s) = \frac{V_a}{4\beta e}s + K_{tma}$$

$$K_{tma} = K_{ca} + C_{sla}$$

其中，u_a 为舵机伺服阀控制电压，K_{qa} 为舵机伺服阀的流量增益，$G_{sva}(s)$ 为舵机伺服阀阀芯位移驱动函数，K_{ca} 为舵机伺服阀流量压力系数，D_a 为舵机液压马达弧度排量，V_a 为舵机液压马达控制容积，C_{sla} 为舵机液压马达泄漏系数，K_{tma} 为舵机系统的总流量压力系数，J_a 为舵机液压马达转动惯量，B_a 为舵机液压马达黏性阻尼系数。

10.1.2　结构不变性与传统速度同步方法的理论及应用分析

目前在工程实践中，基于速度反馈信号的结构不变性方法[5]及基于舵机阀信号的传统速度同步算法[3]因其结构简单、计算量小、可实现性好等优点在电液负载模拟器的工程实际应用中得到广泛采用。故本章在提出改进型同步控制器之前，首先分析其抗扰作用的机理。从上述加载系统的输出力矩数学模型可知，舵机系统的运动对加载系统的运动干扰是速度的函数。该运动干扰函数与舵机速度 $\dot{\theta}_a$、加速度 $\ddot{\theta}_a$、加加速度 $\dddot{\theta}_a$ 及加加加速度 $\ddddot{\theta}_a$ 相关，其机构方框图如图 10.1 所示。

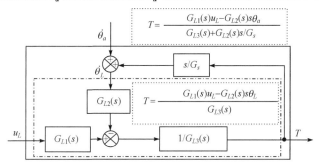

图 10.1　负载模拟器执行机构方框图

如果加载系统仅采用传统的 PID 控制效果，舵机的运动扰动会严重影响力矩加载精度。因此，传统的结构不变性方法采用该速度信号补偿来自舵机的运动扰动，其原理示意图如图 10.2 所示。

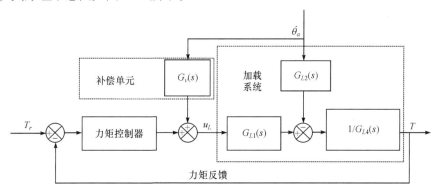

图 10.2　结构不变性方法示意图

理论上，干扰 $\dot{\theta}_a$ 的前馈补偿环节 $G_v(s)$ 只要满足等式 $G_{L2}(s)=G_v(s)G_{L1}(s)$ 就可以完全消除舵机速度干扰对加载系统输出的影响。故 $G_v(s)$ 应满足：

$$G_v(s) = \frac{G_{L2}(s)}{G_{L1}(s)} = \frac{\dfrac{J_L V_L}{4\beta_e}s^2 + \left(J_L K_{tmL} + \dfrac{B_L V_L}{4\beta_e}\right)s + B_L K_{tmL} + D_L^2}{G_{svL}(s)D_L K_{qL}} \tag{10.3}$$

但实际上由于 $G_v(s)$ 存在舵机速度的高阶微分、模型误差、伺服阀的动态特性、非线性和参数时变等因素, $G_v(s)$ 的设计和工程实现比较困难, 故在实际应用中结构不变性方法通常将该补偿环节简化为常数。此时, $G_v(s)$ 中来自 $\ddot{\theta}_a$、$\dddot{\theta}_a$ 和 $\ddddot{\theta}_a$ 产生的相位超前补偿效果将被忽略, 从而会在中、高频运动干扰的消除过程中产生相位的补偿滞后效果, 这将极大影响加载系统的抗扰能力。

另外, 由于舵机角度传感器的精度、安装间隙以及飞控系统采样时间等问题, 其角度微分所得到速度信号将含有很大的噪声, 滤波后将造成更大的滞后效果, 从而进一步限制了运动扰动的消除效果。既然高质量的舵机速度、加速度及加加速度信号难以获得, 于是传统速度同步算法提出用舵机伺服阀信号去近似舵机速度。该信号相对于微分后的舵机信号噪声要小, 同时该信号要比舵机速度信号的相位超前, 能起到干扰预测的效果。在工程实际中, 已证明舵机伺服阀信号的合理运用能更有效消除运动扰动对加载精度的影响, 因此目前该方法在实践上得到广泛的应用。

但在大量实验的基础上发现: 在小力矩跟踪工况时, 该补偿算法能产生很好的速度补偿效果, 但在大、中等力矩跟踪工况时, 其速度补偿能力以及力矩跟踪效果将受很大影响。为分析该现象, 在某型号负载模拟器(最大动态输出力矩650N·m)做了对比实验。图 10.3 为采用传统速度同步补偿在 1°-5Hz 的正弦运动干扰下, 0N·m 正弦力矩信号跟踪时, 加载系统总控制输出量 u_L 与同步前馈补偿量 u_{com}(正比于舵机阀电流)的对比曲线。

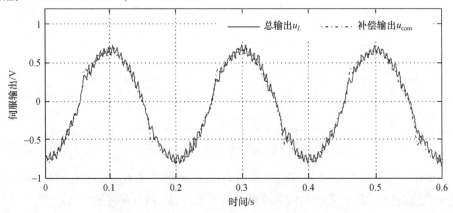

图 10.3　HLS-0N·m 跟踪时 u_L 与 u_{com} 的对比曲线

由图 10.3 可知, 该 0N·m 跟踪工况下, 同步补偿控制输出 u_{com} 与加载系统总

控制输出 u_L 基本能匹配一致，基于力矩误差的闭环控制器的输出非常小。这说明该工况下传统速度同步算法具有很好的前馈补偿效果。但是舵机在相同的运动干扰下，加载系统跟踪大、中力矩信号时，同步补偿 u_{com} 并不能与加载系统总控制输出 u_L 实现很好的匹配。图 10.4 是舵机在相同的 1°-5Hz 运动干扰下，加载系统跟踪 500N·m、1Hz 的正弦力矩指令信号时，加载系统总控制输出 u_L 与同步补偿 u_{com} 的对比曲线。

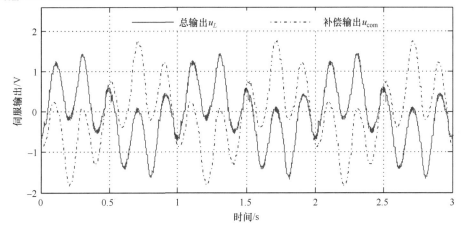

图 10.4　HLS-500N·m、1Hz 跟踪时 u_L 与 u_{com} 的对比曲线

　　图 10.4 说明传统速度同步算法在该工况下不能很好地实现前馈补偿，用舵机阀电流近似来代表舵机速度的算法需要进一步完善。为能进一步分析该现象产生的原因，图 10.5 给出了该工况下基于力矩误差的 PID 闭环控制器输出曲线 u_c(u_c 又代表 u_L 和 u_{com} 的差值)。

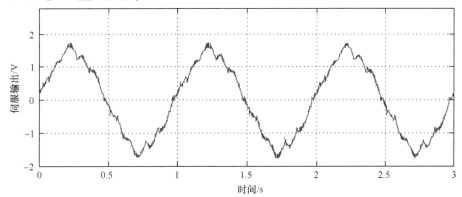

图 10.5　HLS-500N·m、1Hz 跟踪时 u_L 与 u_{com} 的差值

　　图 10.6 为该工况下加载系统的力矩跟踪曲线。由图 10.5 与图 10.6 可以发现，u_c 和 T 具有相近的相位和波形，这为传统的速度同步补偿策略提供了改进的方向。

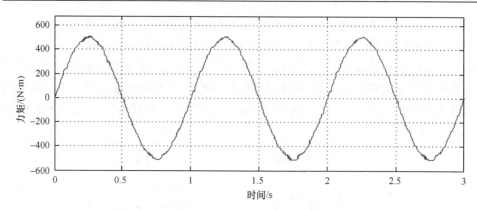

图 10.6　HLS-500N·m、1Hz 跟踪时力矩输出曲线

10.1.3　考虑舵机刚度的速度同步补偿算法

从 10.1.2 节的补偿效果对比分析可知，速度同步补偿效果不仅与舵机伺服阀信号有关，而且受负载力矩影响很明显。其原因在于：相互耦合的舵机与加载系统舵机尽管拥有相近的输出速度，但两者的输出力矩却是相互作用力矩(互为顺载与逆载)，这会导致舵机与加载系统的负载压力 P_{fa} 与 P_{fL} 大小近似相等，但方向不同。若只采用传统速度同步补偿中的舵机电流补偿就会导致两方面不利影响。

(1) 当 P_{fa} 和 P_{fL} 方向相反时，相同的阀开口将引起加载系统伺服阀的输出流量 Q_L 和舵机系统伺服阀的输出流量 Q_a 差别很大。

例如，在舵机恒速运动、加载系统输出最大动态力矩的情况下，加载系统负载压力 $P_{fL}=(2/3)P_{sL}$。假设加载系统和舵机拥有相同的机械结构和供油压力，当两者恒速运动时，忽略摩擦力影响，此时舵机负载压力 $P_{fa}=(-2/3)P_{sa}$，即两者具有相同的伺服阀开口，由伺服阀的非线性流量方程可得

$$\frac{Q_a}{Q_L}=\frac{C_{va}W_a x_a\sqrt{\dfrac{1}{\rho_a}(P_{sa}-\text{sign}(x_a)P_{fa})}}{C_{vL}W_L x_L\sqrt{\dfrac{1}{\rho_L}(P_{sL}-\text{sign}(x_L)P_{fL})}}=\frac{\sqrt{5/3P_{sa}}}{\sqrt{1/3P_{sL}}}=\sqrt{5} \tag{10.4}$$

式中，C_{va} 和 C_{vL} 为节流口流量系数，W_a 和 W_L 为伺服阀节流孔面积梯度，P_{sa} 和 P_{sL} 为供油压力。因此，在这种工况下，传统的速度同步方法中只采用舵机伺服阀信号进行前馈补偿运动干扰，并不能达到很好的效果。

(2) 当 P_{fa} 和 P_{fL} 方向相反时，舵机与加载系统的泄漏流量方向相反。如果仅用舵机伺服阀信号进行补偿而不考虑负载效应，其对泄漏流量的补偿会造成相反的作用，从而造成不利的影响。

从上述实验对比及理论分析可知，舵机与加载系统的伺服阀输出流量由伺服

阀开口 u_a 及负载压力 P_{fa} 共同决定, 同时负载压力造成的弹性压缩以及泄漏油量也会直接影响舵机的速度。如果要实现对舵机速度的完全同步补偿, 在考虑舵机阀电流的同时, 负载压力对舵机速度造成的影响也必须进行考虑。

1. 基于舵机阀电流及压差信号的速度同步控制器

本节提出在舵机阀电流信号 u_a 前馈同步补偿基础上增加舵机压差信号 P_{fa} 进行速度同步补偿, 进而消除运动扰动。由舵机伺服阀流量方程及马达流量连续性方程可得舵机速度的表达式为

$$\dot{\theta}_a = \left[K_{qa} G_{sva}(s) u_a - K_{tmsa}(s) P_{fa} \right] \big/ D_a \tag{10.5}$$

式中

$$K_{tmsa}(s) = \frac{V_a}{4\beta_e} s + K_{tma} \tag{10.6}$$

将式(10.5)代入式(10.6)可得

$$T(s) = \frac{G_{L1}(s) u_L - \left\{ G_{L2}(s) \left[K_{qa} G_{sva}(s) u_a - K_{tmsa}(s) P_{fa} \right] \big/ D_a \right\}}{G_{L4}(s)} \tag{10.7}$$

故改进型控制器可设计为

$$u_L = u_s' + u_{com}' \tag{10.8}$$

式中

$$u_{com}' = G_v \cdot \dot{\theta}_a = \frac{G_{L2}(s)}{G_{L1}(s)} \cdot \frac{\left[K_{qa} G_{sva}(s) u_a - K_{tmsa}(s) P_{fa} \right]}{D_a} = G_{com1}' \cdot u_a + G_{com2}' \cdot P_{fa}$$

$$G_{com1}' = \frac{J_L K_{tmsL}(s) s + B_L K_{tmsL}(s) + D_j^2}{D_L D_a} \cdot \frac{K_{qa} G_{sva}(s)}{K_{qL} G_{svL}(s)}$$

$$G_{com2}' = \frac{J_L K_{tmsL}(s) s + B_L K_{tmsL}(s) + D_j^2}{D_L K_{qL} G_{svL}(s) D_a} \cdot K_{tma}(s)$$

$$K_{tmsL}(s) = K_{tmL} + \frac{V_L}{4\beta_e} s$$

其中, u_{com}' 是前馈补偿项, G_{com1}' 是关于 u_a 的补偿项, G_{com2}' 是关于 P_{fa} 的补偿项, u_s' 是基于力矩跟踪误差的闭环鲁棒项。

将式(10.8)的同步控制器代入式(10.7)可得

$$T(s) = \frac{G_{L1}(s)}{G_{L4}(s)} u_s' \tag{10.9}$$

由式(10.9)可知, 理论上, 基于式(10.8)的改进型速度同步控制器可完全消除舵机

的运动干扰。

2. 基于舵机阀电流及负载力矩的速度同步控制器

由于不是所有舵机都可以提供压差信号，为了更方便在实际工程中使用，拟采用加载系统力矩反馈信号 T 来实现相同的功能。推导过程如下。

从加载系统输出力矩方程与舵机输出速度方程可得

$$T(s) = \frac{G_{L1}(s)u_L - G_{L2}(s)\left[\dfrac{G_{a1}(s)u_a + G_{a3}(s)T}{G_{a2}(s)}\right]}{G_{L4}(s)} \tag{10.10}$$

故改进型的速度同步补偿环节 u_{com} 可设计为

$$\begin{aligned}
u_{com} &= \frac{G_{L2}(s)}{G_{L1}(s)} \cdot \frac{G_{a1}(s)u_a + G_{a3}(s)T}{G_{a2}(s)} \\
&= \frac{G_{a1}(s)G_{L2}(s)}{G_{L1}(s)G_{a2}(s)} \cdot u_a + \frac{G_{a3}(s)G_{L2}(s)}{G_{L1}(s)G_{a2}(s)} \cdot T \\
&= G_{com1}(s) \cdot u_a + G_{com2}(s) \cdot T \\
&= u_1 + u_2
\end{aligned} \tag{10.11}$$

式中

$$u_1 = G_{com1}(s) \cdot u_a$$
$$u_2 = G_{com2}(s) \cdot T$$
$$G_{com1}(s) = \frac{G_{a1}(s)G_{L2}(s)}{G_{L1}(s)G_{a2}(s)} = \frac{D_a K_{qa} G_{sva}(s)\left(J_L K_{tmsL}(s)s + B_L K_{tmsL}(s) + D_L^2\right)}{D_L K_{qL} G_{svL}(s)\left(J_a K_{tmsa}(s)s + B_a K_{tmsa}(s) + D_a^2\right)}$$
$$G_{com2}(s) = \frac{G_{a3}(s)G_{L2}(s)}{G_{L1}(s)G_{a2}(s)} = \frac{K_{tmsa}(s)\left(J_L K_{tmsL}(s)s + B_L K_{tmsL}(s) + D_L^2\right)}{D_L K_{qL} G_{svL}(s)\left(J_a K_{tmsa}(s)s + B_a K_{tmsa}(s) + D_a^2\right)}$$

即可得到加载系统的控制量为

$$u_L = u_s + u_{com} = u_s + G_{com1}(s) \cdot u_a + G_{com2}(s) \cdot T \tag{10.12}$$

将式(10.11)的加载系统的控制输出表达式代入式(10.7)可得

$$T(s) = \frac{G_{L1}(s)(u_s + u_{com}) - G_{L2}(s)\dfrac{G_{a1}(s)u_a + G_{a3}(s)T}{G_{a2}(s)}}{G_{L4}(s)} = \frac{G_{L1}(s)}{G_{L4}(s)}u_s \tag{10.13}$$

由式(10.13)可知，采用式(10.12)的同步控制器，理论上，加载系统输出力矩将不受舵机运动的干扰。

注 10.1　式(10.12)中补偿项 $G_{com1}(s)$（即速度同步算法的阀电流前馈补偿项）要比式(10.3)中的补偿项 $G_v(s)$（即结构不变性的速度补偿函数补偿项）在消除运动扰

动中更具有工程实现性。

由于 HLS 是典型的被动式加载系统, 舵机速度作为其最主要的扰动项, 如果引入该已存在的扰动速度项作为前馈, 必须对该信号进行超前处理, 也就是对其进行多阶微分, 否则其补偿必然出现滞后。然而, 若采用式(10.12)的速度同步方法, 补偿项 $G_{com1}(s)$ 不需要采用舵机阀信号的微分。因为 $G_{com1}(s)$ 是 HLS 和舵机动态特性对比结果, 所以通过合理选择 HLS 的结构参数就可以使得该补偿项呈现滞后特性, 例如, 选择高频响的伺服阀 $G_{svL}(s)$ 或减小马达惯量 J_L ($J_L \leqslant J_a$)等。这也解释了加载系统设计时要拥有更高的频响的原因。

另外, 当负载模拟器与舵机采用完全相同的结构参数时, 基于速度的补偿环节和基于舵机阀电流的补偿环节分别为

$$G_v(s) \cdot \dot{\theta}_a = \frac{\dfrac{J_L V_L}{4\beta_e} s^2 + \left(J_L K_{tmL} + \dfrac{B_L V_L}{4\beta_e} \right) s + B_L K_{tmL} + D_L^2}{G_{svL}(s) D_L K_{qL}} \cdot \dot{\theta}_a \tag{10.14}$$

$$G_{com1}(s) \cdot u_a = u_a$$

很明显, 当采用舵机阀电流信号进行同步环节设计时, 同步补偿环节只需取比例系数 1 即可。而采用舵机速度信号进行同步环节设计时, 同步补偿环节需要对舵机速度信号求两阶以上的微分, 这在工程应用中是难以得到的。

注 10.2　相对于传统速度同步算法, 改进型的速度同步算法 u_{com} 考虑了负载压力对同步控制的影响(即被加载系统的负载刚度)。因此, 改进型算法能有效地提高加载系统在大负载力矩跟踪情况下的速度同步效果, 增强其消扰能力。同时, 该算法不需要添加额外的传感器, 仅更充分利用了加载系统自身的力矩反馈信号 T。

10.1.4　复合速度同步控制算法

采用上述速度同步控制器, 加载系统的无扰传递函数为

$$T(s) = \frac{G_{L1}(s)}{G_{L4}(s)} u_s = \frac{D_L K_{qL} G_{svL}(s) u_s}{\dfrac{J_L V_L}{4\beta_e G_s} s^3 + \left(\dfrac{J_L K_{tmL}}{G_s} + \dfrac{B_L V_L}{4\beta_e G_s} \right) s^2 + \left(\dfrac{B_L K_{tmL}}{G_s} + \dfrac{V_L}{4\beta_e} + \dfrac{D_L^2}{G_s} \right) s + K_{tmL}}$$

$$\tag{10.15}$$

通过式(10.12)的同步补偿后, 理论上, 加载系统已完全消除了外部运动扰动, 故本节将对式(10.15)的加载系统无扰传递函数进一步分析, 以期提高加载系统自身的加载特性。但仅从式(10.15)难以得到进一步补偿环节, 故本节首先由式(10.15)得到加载系统执行机构的无扰方框图, 如图 10.7 所示。

从图 10.7 可知, 在无扰情况下, 加载系统的输出流量共由三部分组成, 即

$$Q_1 = Q_2 + Q_3 \tag{10.16}$$

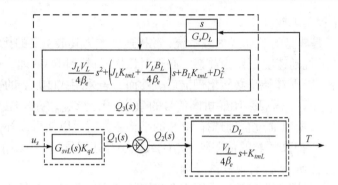

图 10.7　负载模拟器执行机构无扰方框图

式中

$$Q_1 = G_{svL}(s) K_{qL} u_c$$

$$Q_2 = \frac{K_{tmsL}(s)}{D_L} T = \frac{K_{cL} + C_{slL} + \frac{V_L}{4\beta_e} s}{D_L} T$$

$$Q_3 = \frac{J_L K_{tmsL}(s) s + B_L K_{tmsL}(s) + D_L^2}{G_s D_L} T s$$

从上述定义可知，Q_1 是控制输入 u_s 相关的伺服阀流量，可被分解为

$$\begin{aligned} Q_1 &= K_{qL} G_{svL}(s) u_s = K_{qL} G_{svL}(s)(u_3 + u_4 + u_c) \\ &= K_{qL} G_{svL}(s) u_3 + K_{qL} G_{svL}(s) u_4 + K_{qL} G_{svL}(s) u_c \end{aligned} \tag{10.17}$$

式中，$u_s = u_3 + u_4 + u_c$；$K_{qL} G_{svL}(s) u_3$ 用于补偿 Q_2，$K_{qL} G_{svL}(s) u_4$ 用于补偿 Q_3，$K_{qL} G_{svL}(s) u_c$ 是闭环系统鲁棒控制项。故 u_3 应满足

$$K_{qL} G_{svL}(s) u_3 = Q_2 \Rightarrow u_3 = \frac{Q_2}{G_{svL}(s) K_{qL}} = \frac{K_{tmsL}(s)}{D_L K_{qL} G_{svL}(s)} T \tag{10.18}$$

u_4 应满足

$$K_{qL} G_{svL}(s) u_4 = Q_3 \Rightarrow u_4 = \frac{Q_3}{K_{qL} G_{svL}(s)} = \frac{J_L K_{tmsL}(s) s + B_L K_{tmsL}(s) + D_L^2}{G_s D_L K_{qL} G_{svL}(s)} T s \tag{10.19}$$

在 u_4 中力矩反馈信号的高阶微分很难获取。另外，相对于 Q_1 和 Q_2，力矩传感器变形带来的流量 Q_3 比较小。所以，在 u_4 中可采用力矩指令信号 T_r 代替力矩反馈信号 T：

$$u_4 = \frac{J_L K_{tmsL}(s) s + B_L K_{tmsL}(s) + D_L^2}{G_s D_L K_{qL} G_{svL}(s)} T_r s \tag{10.20}$$

u_c 可被设计为基于力矩误差的闭环鲁棒项，即

$$u_c = G_{com5}(s)e \tag{10.21}$$

式中，G_{com5} 最常见的应用形式为 PID 控制器，即

$$G_{com5}(s) = T_p + \frac{1}{T_i s} + T_d s \tag{10.22}$$

式中，T_p，T_i 和 T_d 分别对应 PID 控制器增益。整理式(10.18)、式(10.20)和式(10.21)可得

$$\begin{aligned}u_s &= u_3 + u_4 + u_c \\ &= G_{com3}(s)T + G_{com4}(s)\dot{T}_r + G_{com5}(s)e\end{aligned} \tag{10.23}$$

式中

$$u_3 = G_{com3}(s)T$$

$$u_4 = G_{com4}(s)\dot{T}_r$$

$$G_{com3}(s) = \frac{K_{tmsL}(s)}{D_L K_{qL} G_{svL}(s)}$$

$$G_{com4}(s) = \frac{J_L K_{tmsL}(s)s + B_L K_{tmsL}(s) + D_L^2}{G_s D_L K_{qL} G_{svL}(s)}$$

故控制器由五部分组成：

$$\begin{aligned}u_L &= u_1 + u_2 + u_3 + u_4 + u_c = u_{com} + u_c \\ &= G_{com1}(s) \cdot u_a + G_{com2}(s) \cdot T + G_{com3}(s)T + G_{com4}(s)\dot{T}_r + G_{com5}(s)e\end{aligned} \tag{10.24}$$

式中，$u_{com} = u_1 + u_2 + u_3 + u_4$ 代表所有的前馈补偿项。该控制器的原理框图如图 10.8 所示。

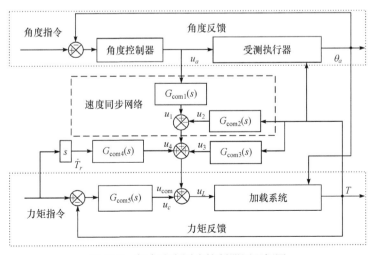

图 10.8 复合速度同步控制器原理框图

注 10.3　新型速度同步复合控制器 u_L 共由五部分组成,第一部分 u_1 用于补偿舵机阀控制信号产生的伺服阀流量,第二部分 u_2 补偿舵机系统由负载力矩 T 产生的负载流量,第三部分 u_3 补偿加载系统自身的负载流量,第四部分 u_4 补偿力矩传感器形变造成的流量,第五部分为加载系统基于力矩误差的闭环控制项。

10.1.5　复合速度同步控制器的补偿参数确定规则

本节将讨论在工程应用中如何不依赖任何精确结构参数信息,合理确定 G_{com1},G_{com2},G_{com3},G_{com4} 和 G_{com5} 的补偿参数。

假设 10.1　负载模拟器用于在舵机的运动干扰下提供高精度的加载力矩,故在负载模拟器设计选型阶段,会采用高/超高响应的伺服阀,其响应频宽要大于舵机伺服阀频宽。故在舵机的工作频段内,可假设:

$$K_{qL}G_{svL}(s) \approx K_{qL} \tag{10.25}$$

$$K_{qa}G_{sva}(s) \approx \frac{K_{qa}}{T_s+1} \tag{10.26}$$

式中,T_s 为舵机伺服阀响应时间常数。

假设 10.2　为了减小运动干扰造成的不利影响并提高力控系统稳定性,电液负载模拟器的液压马达会采用导通孔或正开口阀等方式提高 K_{tmL},另外,β_e 非常大($\beta_e > 700 \times 10^6$Pa)而马达容腔又非常小[6],故在该力控系统中可假设:

$$K_{tmL}(s) = K_{tmL} + \frac{V_L}{4\beta_e}s \approx K_{tmL} \tag{10.27}$$

另外,u_c 作为系统基于力矩误差的闭环控制项,在实际工程应用中可采用传统闭环控制器中的 PID 控制器来调定。

基于上述假设,该复合控制器能被简化为

$$G_{\mathrm{com1}}(s) = \frac{D_a K_{qa} G_{sva}(s)\left(J_L K_{tmL}s + B_L K_{tmL} + D_L^2\right)}{D_L K_{qL}\left(J_a K_{tmsa}(s)s + B_a K_{tmsa}(s) + D_a^2\right)} = K_{\mathrm{com1}}\frac{1}{T_s+1}\frac{T_{\mathrm{com1}}s+1}{T_1 s^2 + T_2 s + 1}$$

$$G_{\mathrm{com2}}(s) = \frac{K_{tma}(s)\left(J_L K_{tmL}s + B_L K_{tmL} + D_L^2\right)}{D_L K_{qL}\left(J_a K_{tmsa}(s)s + B_a K_{tmsa}(s) + D_a^2\right)} = K_{\mathrm{com2}}\frac{T_{\mathrm{com2}}s^2 + T_{\mathrm{com3}}s + 1}{T_1 s^2 + T_2 s + 1}$$

$$G_{\mathrm{com3}}(s) = \frac{K_{tmL}}{D_L K_{qL}} = K_{\mathrm{com3}}$$

$$G_{\mathrm{com4}}(s) = \frac{J_L K_{tmL}s + B_L K_{tmL} + D_L^2}{G_s D_L K_{qL}} = K_{\mathrm{com4}}(T_{\mathrm{com4}}s + 1)$$

$$G_{\mathrm{com5}}(s) = T_p + \frac{1}{T_i s} + T_d s$$

$$\tag{10.28}$$

式中，K_{com1}, K_{com2}, K_{com3}, T_1, T_2, T_{com1}, T_{com2}, T_{com3} 和 T_{com4} 是各补偿环节控制参数，即

$$K_{com1} = \frac{D_a K_{qa}\left(B_L K_{tmL} + D_L^2\right)}{D_L K_{qL}\left(B_a K_{tma} + D_a^2\right)}, \quad K_{com2} = \frac{K_{tma}\left(B_L K_{tmL} + D_L^2\right)}{D_L K_{qL}\left(B_a K_{tma} + D_a^2\right)}$$

$$K_{com3} = \frac{K_{tmL}}{D_L K_{qL}}, \quad K_{com4} = \frac{B_L K_{tmL} + D_L^2}{G_s D_L K_{qL}}, \quad T_1 = \frac{J_a V_a}{4\beta_e\left(B_a K_{tma} + D_a^2\right)}$$

$$T_2 = \frac{4\beta_e J_a K_{tma} + B_a V_a}{4\beta_e\left(B_a K_{tma} + D_a^2\right)}, \quad T_{com1} = \frac{J_L K_{tmL}}{B_L K_{tmL} + D_L^2}, \quad T_{com2} = \frac{J_L V_a K_{tmL}}{4\beta_e K_{tma}\left(B_L K_{tmL} + D_L^2\right)}$$

$$T_{com3} = \frac{4\beta_e J_L K_{tma} K_{tmL} + V_a B_L K_{tmL} + V_a D_L^2}{4\beta_e K_{tma}\left(B_L K_{tmL} + D_L^2\right)}, \quad T_{com4} = \frac{J_L K_{tmL}}{G_s D_L K_{qL}}$$

$$(10.29)$$

根据上述公式的参数表达式，理论上所有补偿参数可由系统结构参数计算得到。但是在负载模拟器实际使用过程中，精确得到所有结构系数是困难的。故本节根据各补偿项的实际物理意义(注 10.3)和工程实践经验，提出各补偿参数确定规则。该规则的优点在于不依赖任何精确结构参数信息，可分为以下七步。

第一步：确定补偿项 $G_{com5}(s)$。在无运动扰动工况(静止加载工况)时，加载系统跟踪不同幅值、频率的正弦力矩指令，并根据 Z-N 技术，确定力矩环 PID 控制器参数。

第二步：确定补偿增益 K_{com3}。在静止加载工况下，加载系统跟踪大幅值的正弦力矩指令。力矩补偿增益 K_{com3} 可基于力矩误差的大小采用试凑法(try-and-error method)确定。

第三步：确定速度同步补偿项 $G_{com1}(s)$ 的控制增益 K_{com1}。舵机做大幅值、低频的角度控制，加载系统跟踪 0N·m 力矩指令。在该工况下，力矩误差主要由运动干扰产生。故速度同步补偿增益 K_{com1} 能通过基于力矩误差的大小采用试凑法获得。另外，类似于图 10.5 的方法，判断 K_{com1} 是否为最优值的判据也可以是 u_L 和 u_1 的差值是否为最小。

第四步：确定速度同步补偿项 $G_{com1}(s)$ 的动态控制参数。舵机做大幅值、高频的角度跟踪，加载系统跟踪 0N·m 力矩指令。在该工况下，速度同步补偿环节 $G_{com1}(s)$ 的动态参数可基于力矩误差采用试凑法获得。另外，类似于图 10.5 的方法，判断 $G_{com1}(s)$ 的动态参数是否为最优值的判据也可以是 u_L 和 u_1 的差值是否为最小。值得注意的是，本控制算法中 $G_{com1}(s)$ 环节整体呈现相位滞后效果，更方便工程应用。

第五步：确定速度同步补偿项 $G_{com2}(s)$ 的控制增益 K_{com2}。舵机做大幅值、低

频的角度控制，加载系统跟踪大幅值、低频的力矩指令。在该工况下，速度同步补偿增益 K_{com2} 能通过基于力矩误差的大小采用试凑法获得。判断 K_{com2} 是否最优的另一个判断标准是 u_L 和 $(u_1+u_2+u_3)$ 的差值是否为最小。

第六步：确定速度同步补偿项 $G_{com2}(s)$ 的动态控制参数。舵机做大幅值、高频的角度控制，加载系统跟踪大幅值、高频的力矩指令。在该工况下，速度同步补偿环节 $G_{com2}(s)$ 的动态参数可基于力矩误差采用试凑法获得。判断 $G_{com1}(s)$ 的动态参数是否为最优值的判据也可以是 u_L 和 $(u_1+u_2+u_3)$ 的差值是否为最小。

第七步：确定补偿项 $G_{com4}(s)$。舵机做大幅值、高频的角度控制，加载系统跟踪大幅值、高频的力矩指令。在该工况下，补偿环节 $G_{com4}(s)$ 可基于力矩误差采用试凑法获得。判断 $G_{com4}(s)$ 的动态参数是否为最优值的判据也可以是 u_L 和 $(u_1+u_2+u_3+u_4)$ 的差值是否为最小。

10.1.6　实验验证

1. 实验平台构成

为验证提出的新型速度同步补偿控制器，搭建了验证实验台，如图 10.9 所示。

图 10.9　复合速度同步算法的实验验证平台

实验台由基座、加载通道(由液压马达、力矩传感器、伺服阀和联轴器等构成)、模拟舵机通道、液压能源系统和控制系统组成。图 10.9 右侧为加载通道，左侧为模拟舵机通道，主要用于提供运动干扰。该加载通道的最大动态输出力矩为650N·m。计算机控制系统的上位机为综合管理子系统，实现系统监控功能，采用CVI 软件编写。下位机为实时控制软件，采用微软公司的 Visual Studio 2005 加Ardence 公司的 RTX 7.0 编写。采样周期为 0.5ms。油源系统主要结构形式为交流电机+斜盘式轴向柱塞变量泵+溢流阀+比例减压阀。泵最高输出压力为 28MPa，

可在连续流量 70L/min 条件下提供 28MPa 压力。系统安全压力由溢流阀设定为
28MPa，负载供油压力可通过比例减压阀实现 0～21MPa 区间的任意压力设定。
实验平台的计算机测控系统主要包括两个部分：综合管理子系统以及实时控制子
系统。综合管理子系统的功能类似于传统上下位机结构中的上位机，主要功能包
括数据记录、指令生成、启动、退出、控制参数设定、采样数据在线监控等。表
10.1 为该实验测试系统的主要元件及其规格。

表 10.1　实验平台主要元件及其规格

实验系统	名称	规格	品牌	数量
油源系统	泵	A4VSO40DR/10PRB25NOO 120L/min	力士乐	1
	电机	30kW/280V/4poles/B38	ABB	1
	溢流阀	DBW10B1-5X/315	力士乐	1
	减压阀	DREME10-4X/315	力士乐	1
加载/舵机系统	液压摆动马达	排量 58cm^3/rad，有效转角±35°	自研	2
	伺服阀	D765-SHR-19L/min	穆格	2
	码盘	ECN-431	海德汉	1
	力矩传感器	HBM，精度±0.3%	701 所	2
测控系统	工控机	IEI WS-855GS	研华	1
	A/D 采集卡	PCI-1716/16	研华	1
	D/A 输出卡	PCI-1723/8	研华	1

2. 典型工况下的力矩跟踪性能对比曲线

为验证所提出的补偿控制器的有效性及上述参数确定步骤的工程可行性，
针对负载模拟器的典型工况，做了相应的实验验证。典型实验工况可分为四种：
①静止加载工况；②梯度加载工况；③不同频率运动干扰下，动态加载工况；
④任意运动干扰下，动态加载工况。静止加载工况可用于测试舵机的刚度，同时
展现负载模拟器的无扰加载能力。梯度加载是舵机常用的测试工况，它能表征在
同频运动干扰下负载模拟器的加载能力。第三种加载工况表征在不同频率运动干
扰时负载模拟器的加载能力。第四种加载工况能表征负载模拟器在任意运动干扰
下的加载能力。

在上述典型工况下，采用三种控制策略对比实验结果。第一种为无补偿的控
制策略，即加载系统只采用传统的闭环 PID 控制策略；第二种是在保留 PID 控制
策略的基础上，采用传统的速度同步控制策略；第三种是在保留 PID 控制策的

基础上，采用提出的改进型速度同步控制策略及参数确定方法。上述控制策略的 PID 控制器均采用相同的控制参数。

实验工况 1 静止加载工况

舵机伺服系统做 0°角度控制，加载系统跟踪 400N·m，频率为 3Hz 正弦力矩指令。三种控制方法的力矩跟踪曲线如图 10.10 所示。

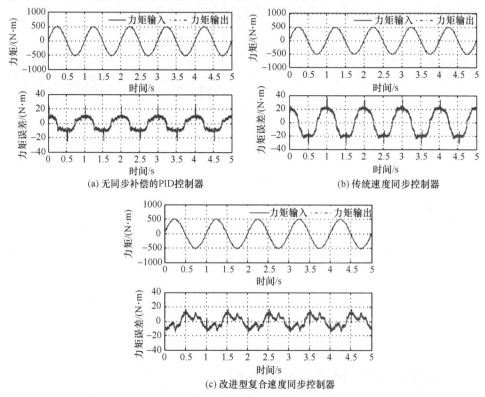

(a) 无同步补偿的PID控制器

(b) 传统速度同步控制器

(c) 改进型复合速度同步控制器

图 10.10 静止加载工况下的力矩对比曲线

由图 10.10 可知，新型速度同步算法的最大跟踪误差只有约 17N·m(2.6%F.S.)，而 PID 控制和传统速度同步控制策略的最大跟踪误差约为 25N·m(3.8%F.S.)和 31N·m(4.7%F.S.)。其中，"F.S."代表最大动态加载力矩。该工况下三种控制策略的伺服输出电压对比曲线如图 10.11 所示。闭环控制输出 u_c 代表总控制输出 u_L 和补偿控制输出 u_{com} 的差值。

这个实验也表明，在静止加载工况下，传统速度同步方法的力矩跟踪效果并不优于 PID 控制器。如图 10.11 所示，其原因在于：在该工况下传统速度同步控制提供了完全相反的补偿效果。而所提出改进型同步控制器能有效地解决这个问题，并适用于静止加载工况，这也意味着该改进型控制器扩展了速度同步控制器的应用范围。

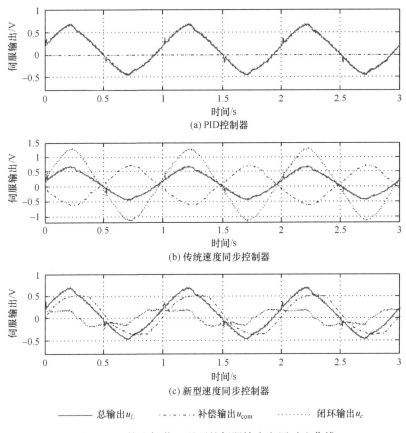

(a) PID控制器

(b) 传统速度同步控制器

(c) 新型速度同步控制器

——— 总输出 u_L　　- · - · - 补偿输出 u_{com}　　········· 闭环输出 u_c

图 10.11　静止加载工况下的伺服输出电压对比曲线

实验工况 2　梯度加载工况

梯度加载的含义为加载的力矩指令与位置运动的指令呈一定的比例关系。当舵机跟踪 10°-1Hz 正弦位置指令，负载模拟器跟踪梯度设置为 40N·m/(°)时，三种控制策略的角度指令和力矩误差曲线如图 10.12 所示。该工况下 PID 控制器、传统速度同步控制器、改进型控制器的跟踪误差分别为 34.5N·m(5.3%F.S.)、19.5N·m(3%F.S.)和 11.5N·m(1.7%F.S.)。该工况下三种控制策略的伺服输出电压对比曲线如图 10.13 所示。

对于传统速度同步控制器，基于力矩误差的闭环控制输出(总控制输出与补偿输出的差值)占总控制输出的 65%。但是对于改进型控制器，基于力矩误差的闭环控制输出相对较小，其补偿控制输出近似等于总控制输出，这也意味着在该工况下，改进型控制器能实现很好的前馈补偿效果。

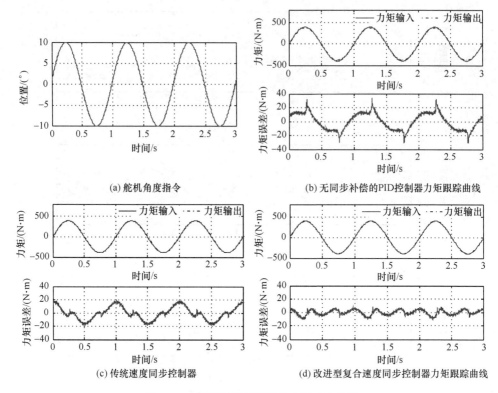

(a) 舵机角度指令

(b) 无同步补偿的PID控制器力矩跟踪曲线

(c) 传统速度同步控制器

(d) 改进型复合速度同步控制器力矩跟踪曲线

图 10.12　梯度加载工况下的力矩对比曲线

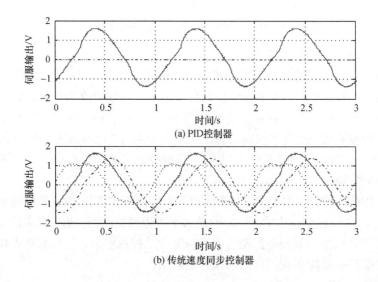

(a) PID控制器

(b) 传统速度同步控制器

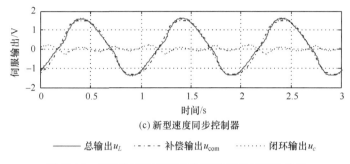

(c) 新型速度同步控制器

—— 总输出u_L　---- 补偿输出u_{com}　······ 闭环输出u_c

图 10.13　梯度加载工况下的伺服输出电压对比曲线

为进一步分析该工况下不同运动干扰、不同加载力矩对控制性能的影响，在舵机高速干扰(10°-1.5Hz)、中速干扰(10°-1Hz)和舵机低速干扰(10°-0.5Hz)下，加载通道依次跟踪 0N·m/(°)～60N·m/(°)内不同负载梯度，三种控制策略的跟踪误差情况如图 10.14 所示。

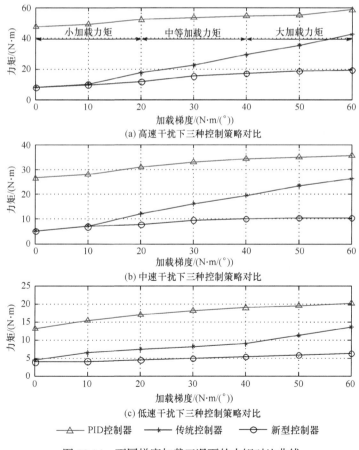

(a) 高速干扰下三种控制策略对比

(b) 中速干扰下三种控制策略对比

(c) 低速干扰下三种控制策略对比

—△— PID控制器　—+— 传统控制器　—○— 新型控制器

图 10.14　不同梯度加载工况下的力矩对比曲线

　　如图 10.14 所示，在小力矩加载工况下，传统同步控制器和改进型控制器均能有效地消除运动干扰。然而，在大、中力矩的跟踪工况，改进型控制器要优于传统控制器，并且随着加载力矩变大，改进型控制器的优点更加明显。这也表明，改进型控制器在该梯度工况的任意加载指令下均可消除 97%的多余力，其动态加载精度能达到 3%。

　　实验工况 3　不同频率下的动态加载

　　为进一步验证改进型速度同步补偿控制策略，舵机系统与加载系统分别采用不同的运动频率和加载频率。在舵机系统做幅值为 1°、频率为 5Hz 的正弦运动，加载系统跟踪幅值为 500N·m、频率为 1Hz 的正弦指令的工况下三种控制策略的跟踪曲线如图 10.15 所示。

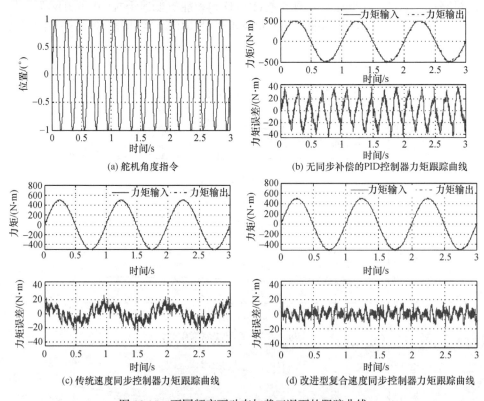

(a) 舵机角度指令　　　　　　　(b) 无同步补偿的PID控制器力矩跟踪曲线

(c) 传统速度同步控制器力矩跟踪曲线　　(d) 改进型复合速度同步控制器力矩跟踪曲线

图 10.15　不同频率下动态加载工况下的跟踪曲线

　　如图 10.15 所示，该工况下 PID 控制器、传统速度同步控制器、改进型控制器的跟踪误差分别为 42N·m(6.4%F.S.)、23N·m(3.5%F.S.)和 15N·m(2.3%F.S.)。该工况下三种控制策略的伺服输出电压对比曲线如图 10.16 所示。

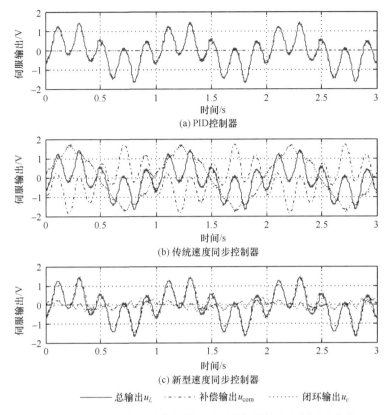

(a) PID控制器

(b) 传统速度同步控制器

(c) 新型速度同步控制器

———— 总输出u_L　- - - - 补偿输出u_{com}　······· 闭环输出u_c

图 10.16　不同频率下动态加载工况下的伺服输出电压对比曲线

如图 10.16 所示，对于传统速度同步控制器，同步环节无法提供有效的前馈补偿。但是对于改进型同步控制器，补偿控制输出近似等于总控制输出，这也意味着在该工况下，改进型控制器能实现有效的前馈补偿效果。此时基于力矩误差的闭环控制输出处于较低的水平。

实验工况 4　任意运动干扰下的动态加载

为进一步验证改进型速度同步补偿控制策略，舵机伺服系统与加载系统以任意的跟踪曲线进行对比。舵机位置伺服系统跟踪幅值为 5°、频率为 1Hz 的三角波指令，加载系统跟踪幅值为 500N·m、频率为 1Hz 的正弦指令，三种控制策略下的跟踪曲线如图 10.17 所示。

由图 10.17 三角波运动干扰的实验结果可知，PID 控制和传统速度同步控制策略的最大跟踪误差约为 43N·m(6.6%F.S.)和 28N·m(4.3%F.S.)，而改进型速度同步算法的最大跟踪误差只有约 16N·m(2.5%F.S.)。该工况下三种控制策略的伺服输出电压对比曲线如图 10.18 所示。由图可知，对于该加载工况，传统速度同步控制器无法实现有效的同步补偿。但是对于改进型同步控制器，补偿控制输出能

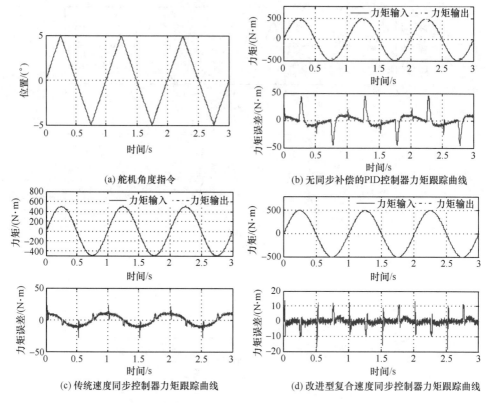

(a) 舵机角度指令

(b) 无同步补偿的PID控制器力矩跟踪曲线

(c) 传统速度同步控制器力矩跟踪曲线

(d) 改进型复合速度同步控制器力矩跟踪曲线

图 10.17 任意运动干扰下动态加载工况下的跟踪曲线

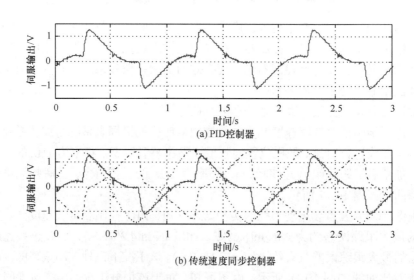

(a) PID控制器

(b) 传统速度同步控制器

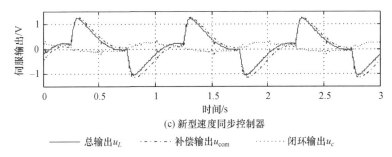

(c) 新型速度同步控制器

——— 总输出 u_L　· -· -· 补偿输出 u_{com}　········ 闭环输出 u_c

图 10.18　任意运动干扰时动态加载工况下的伺服输出电压对比曲线

近似等于总控制输出，这也意味着在该工况下，改进型控制器能实现更有效的前馈补偿效果。

10.2　基于舵机指令前馈的同步加载控制策略[7]

10.1 节提出的基于舵机阀电流和加载系统力矩输出的速度同步方法已经在多个负载模拟器项目中得到应用。但是部分工况中，一体化舵机无法提供有效的阀电流信号或因电流噪声过大而导致速度同步算法无法有效应用。此时，可以引用舵机速度指令或舵机角度跟踪误差来代替舵机阀电流以实现速度同步补偿。故本节以舵机速度指令为例，研究速度同步补偿算法的衍生形式，并得到其补偿环节的数学表达式。同时，在该同步补偿环节设计中，也将考虑被加载对象负载力矩刚度对同步控制的影响。

10.2.1　同步控制器设计

舵机伺服阀电流为

$$u_a = G_c(s)(\theta_d - \theta_a) \tag{10.30}$$

式中，$G_c(s)$ 为舵机控制器；θ_d 为舵机角度指令。

由舵机伺服阀流量方程及马达流量连续性方程可得舵机速度的表达式为

$$\dot{\theta}_a = \left[K_{qa} G_{sva}(s) u_a - \left(\frac{V_a}{4\beta_e} s + K_{ca} + C_{sla} \right) P_{fa} \right] \Big/ D_a \tag{10.31}$$

由式(10.30)和式(10.31)，可得

$$\dot{\theta}_a = \frac{G_{a1}(s)\dot{\theta}_d + G_{a3}(s)\dot{T}}{G_{a2}(s)} \tag{10.32}$$

式中

$$G_{a1}(s) = D_a K_{qa} G_{sva}(s) G_c(s)$$

$$G_{a2}(s) = \frac{J_a V_a}{4\beta_e} s^3 + \left(J_a K_{tma} + \frac{B_a V_a}{4\beta_e} \right) s^2 + \left(B_a K_{tma} + D_a^2 \right) s + D_a K_{qa} G_{sva}(s) G_c(s)$$

$$G_{a3}(s) = \frac{V_a}{4\beta_e} s + K_{tma}$$

由式(10.1)和式(10.32)，可得

$$T(s) = \frac{G_{L1}(s) u_L - G_{L2}(s) \left[\dfrac{G_{a1}(s)\dot{\theta}_d + G_{a3}(s)\dot{T}}{G_{a2}(s)} \right]}{G_{L4}(s)} \tag{10.33}$$

因此，消除舵机运动对加载力矩输出的影响，就转化为消除式(10.33)中的舵机速度指令和力矩采样微分对加载通道力矩输出的影响。加载系统的同步补偿环节可设计为

$$u_{com} = \frac{G_{L2}(s)}{G_{L1}(s)} \cdot \frac{G_{a1}(s)\dot{\theta}_d + G_{a3}(s)\dot{T}}{G_{a2}(s)} = \frac{G_{a1}(s)G_{L2}(s)}{G_{L1}(s)G_{a2}(s)} \cdot \dot{\theta}_d + \frac{G_{a3}(s)G_{L2}(s)}{G_{L1}(s)G_{a2}(s)} \cdot \dot{T} \tag{10.34}$$

$$= G_{com1}(s) \cdot \dot{\theta}_d + G_{com2}(s) \cdot \dot{T} = u_1 + u_2$$

式中

$$u_1 = G_{com1}(s) \cdot \dot{\theta}_d$$

$$u_2 = G_{com2}(s) \cdot \dot{T}$$

$$G_{com1}(s) = \frac{G_{a1}(s)G_{L2}(s)}{G_{L1}(s)G_{a2}(s)}$$

$$= \frac{D_a K_{qa} G_{sva}(s) G_c(s) \left(J_L K_{tmsL}(s) s + B_L K_{tmsL}(s) + D_L^2 \right)}{D_L K_{qL} G_{svL}(s) \left(J_a K_{tmsa}(s) s^2 + B_a K_{tmsa}(s) s + D_a^2 s + D_a K_{qa} G_{sva}(s) G_c(s) \right)}$$

$$G_{com2}(s) = \frac{G_{a3}(s)G_{L2}(s)}{G_{L1}(s)G_{a2}(s)}$$

$$= \frac{K_{tmsa}(s) \left(J_L K_{tmsL}(s) s + B_L K_{tmsL}(s) + D_L^2 \right)}{D_L K_{qL} G_{svL}(s) \left(J_a K_{tmsa}(s) s^2 + B_a K_{tmsa}(s) s + D_a^2 s + D_a K_{qa} G_{sva}(s) G_c(s) \right)}$$

故控制器可设计为

$$u_L = u_s + u_{com} = u_s + G_{com1}(s) \cdot \dot{\theta}_d + G_{com2}(s) \cdot \dot{T} \tag{10.35}$$

式中，u_s 为基于力矩误差的闭环鲁棒项。

该改进型速度同步算法的补偿框图如图 10.19 所示。

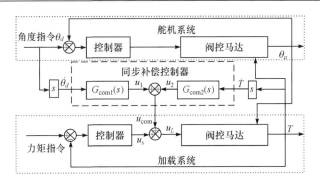

图 10.19 改进型速度同步补偿算法原理图

整理式(10.33)和式(10.35)可得

$$T(s) = \frac{G_{L1}(s)(u_s + u_{com}) - G_{L2}(s)\dfrac{G_{a1}(s)\dot{\theta}_d + G_{a3}(s)\dot{T}}{G_{a2}(s)}}{G_{L4}(s)} = \frac{G_{L1}(s)}{G_{L4}(s)}u_s \quad (10.36)$$

由式(10.36)可知，在同步补偿项 u_{com} 的作用下，加载系统的输出力矩将不含舵机速度项，从而达到消除舵机运动扰动的目的。为便于工程中应用，在加载系统和舵机的工作频率内，式(10.34)中的补偿环节 G_{com1} 和 G_{com2} 可简化为

$$G_{com1} = \frac{K_{com1}(T_{com1}s + 1)}{T_1 s^2 + T_2 s + 1} \quad (10.37)$$

$$G_{com2} = \frac{K_{com2}(T_{com2}s + 1)}{T_1 s^2 + T_2 s + 1} \quad (10.38)$$

式中，K_{com1} 和 K_{com2} 为补偿环节的增益；T_1，T_2，T_{com1} 和 T_{com2} 为动态补偿环节中的时间常数。

注 10.4 不同于传统的速度同步方法，本节提出的同步算法包含舵机速度指令和加载系统的力矩信号。这说明，在消除舵机速度扰动过程中，该算法考虑了加载系统输出力矩对舵机速度输出的影响，故该算法在加载系统大力矩跟踪工况下具有更好的同步补偿能力。

10.2.2 实验验证

1. 实验平台构成

为验证提出的改进型速度同步补偿控制器，搭建了实验平台，以最大动态输出力矩为 6000N·m 的某型电液负载模拟器为实验对象。实验台由基座、加载通道(由液压马达、力矩传感器、角位移传感器、伺服阀和联轴器等构成)、舵机模拟通道、液压能源系统和控制系统组成，两通道呈左右对顶布置。实验台计算机测控系统采样周期为 1ms。搭建的系统的主要元件规格说明如表 10.2 所示。

表 10.2　实验平台主要元件

元件	规格	数量
液压马达	排量：$5×10^{-4}m^3/rad$；行程：$±35°$	2
伺服阀	MOOG 63L/min，D761-3020B	2
工控机	IEI WS-855GS	1
力矩传感器	$±6000N·m/±9V$，精度：$±0.3\%$	2
码盘	Heidenhain ECN413	1
油源	100bar，150L/min	1
A/D 板卡	研华 PCI-1716	1
D/A 板卡	研华 PCI-1723	1

2. 实验对比曲线

本节采用三种控制策略对比实验结果。第一种为无补偿的控制策略，加载系统只采用传统的闭环 PID 控制策略；第二种是在保留 PID 控制策略的基础上，采用传统的速度同步控制策略；第三种是在保留 PID 控制策略的基础上，采用本节提出的基于舵机速度指令与加载系统力矩输出的速度同步控制策略。上述控制策略的 PID 控制器均采用相同的控制参数，加载系统跟踪幅值为 3000N·m、频率为 0.5Hz 的正弦指令，位置伺服系统做幅值为 5°、频率为 0.8Hz 的正弦运动，该工况下三种控制策略的动态跟踪曲线如图 10.20～图 10.22 所示。

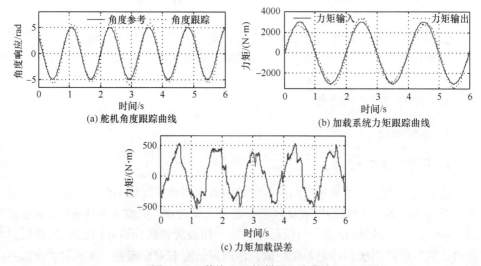

(a) 舵机角度跟踪曲线　　　　　　　(b) 加载系统力矩跟踪曲线

(c) 力矩加载误差

图 10.20　传统 PID 控制器跟踪曲线

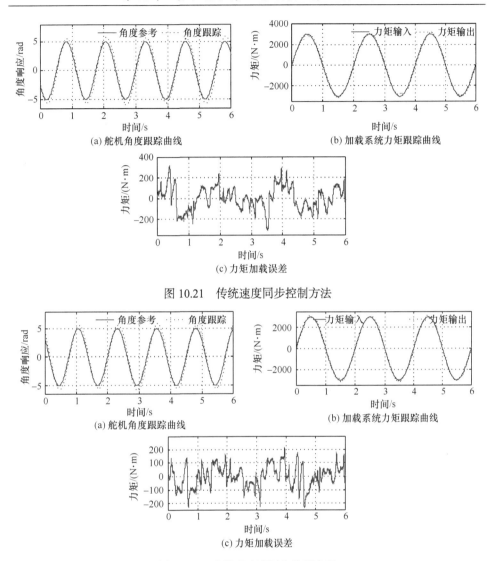

(a) 舵机角度跟踪曲线

(b) 加载系统力矩跟踪曲线

(c) 力矩加载误差

图 10.21 传统速度同步控制方法

(a) 舵机角度跟踪曲线

(b) 加载系统力矩跟踪曲线

(c) 力矩加载误差

图 10.22 改进型速度同步控制方法

由实验结果可知，PID 控制和传统速度同步控制策略的最大跟踪误差分别为 522N·m 和 320N·m，而改进型速度同步算法的最大跟踪误差只有 232N·m。该实验说明，改进型算法能充分利用舵机速度指令信号及负载模拟器力矩反馈信号进行干扰补偿，该补偿算法不仅能有效增强加载系统的抗干扰能力，而且能提高系统的加载精度。

10.3　本章小结

本章针对同步加载系统，对目前常用的结构不变性方法和速度同步算法的消扰机理及存在的问题进行深入分析，提出了基于阀电流和负载力矩的复合速度同步补偿算法，并得到同步补偿项的具体数学表达式。该算法有如下特点。①该补偿控制器仅采用舵机伺服阀信号与加载系统自带的力矩输出信号进行干扰补偿，无需额外添加传感器。相对于结构不变性补偿能更好地实现相位超前补偿，并避免了对优质的速度信号的要求；相对于传统的速度同步算法能更好地实现大、中负载下的速度同步补偿。②该补偿控制器能适应各种典型工况条件下的加载需求。实验曲线表明，该速度补偿控制器能够适用各种工况条件下的加载需求。尤其在大、中加载力矩工况时，该同步方法具有很强的消扰能力。其多余力消除水平达到了 97%F.S.、动态跟踪精度达到了 3%F.S.。③该补偿控制器能有效地降低力矩闭环控制器的负担，可使得力矩闭环控制器有足够的能力以克服其他干扰。

为解决部分实际加载工况中，部分一体化舵机无法提供舵机电流或舵机电流噪声过大的问题，提出了基于舵机速度指令前馈的速度同步算法。该算法只需要舵机速度指令信号，不依赖舵机电流信号，也不依赖舵机的角度、速度及加速度等传感器信号，更容易在工程上应用。同时，该算法采用舵机速度指令信号与加载系统力矩微分信号来在线预估舵机速度并进行速度同步补偿。相对于传统的速度同步算法，由于考虑了加载力矩对舵机输出速度的影响(即舵机带载刚度)，能更好地实现舵机速度估计，进而实现更好的同步补偿效果。

参 考 文 献

[1] Han S, Jiao Z, Yao J, et al. Compound velocity-synchronizing control strategy for electro-hydraulic load simulator and its engineering applications. ASME Journal of Dynamic Systems, Measurement, and Control, 2014, 136(5): 051002.

[2] 尚耀星. 电液负载模拟器的极限性能研究. 北京：北京航空航天大学博士学位论文，2009.

[3] 华清. 电液负载模拟器关键技术的研究. 北京：北京航空航天大学博士学位论文，2001.

[4] Merritt H E. Hydraulic Control Systems. New York: Wiley, 1967.

[5] 刘长年. 液压伺服系统优化设计理论. 北京：冶金工业出版社, 1989.

[6] Li Y. Development of hybrid control of electrohydraulic torque load simulator. Journal of Dynamic Systems, Measurement, and Control, 2002, 124(3): 415-419.

[7] 韩松杉, 焦宗夏, 尚耀星, 等. 基于舵机指令前馈的电液负载模拟器同步控制. 北京航空航天大学学报, 2015, 41(1): 124-132.

第11章　电液负载模拟器的自适应速度同步复合控制

11.1　自适应速度同步复合控制思想

前文给出了基于舵机阀控信号的速度同步控制方法，并从抑制舵机加速度干扰的角度，指出速度同步控制器应由比例加微分环节构成。然而，传统的速度同步控制方法并没有从理论上给出速度同步控制器的设计方法以及控制器参数的整定方法。通过对多余力的定量分析可知，在舵机的工作频率范围内，舵机加速度对于多余力的贡献是微乎其微的。因此，传统的速度同步控制策略在工程应用中，通常仅用一个比例环节进行速度同步控制。表 11.1 是某型火箭喷管加载系统基于传统速度同步控制策略的实验数据。如表 11.1 所示，在舵机 2°-0.5Hz 运动干扰条件下，同步比例系数取 9 时控制误差最小，此时加载误差为 1000N；而当舵机做 0.3°-5Hz 正弦运动时，同步比例系数取 10 时多余力最小，此时加载误差为 1800N。实验数据证明，基于固定比例系数的速度同步控制策略在面对舵机不同工作频率点时难以保持一致的控制性能。

表 11.1　同步比例系数对多余力的影响[1]

同步系数 舵机频率	8	9	10	11	12
sin2°-0.5Hz	1250N	1000N	1500N	2500N	3000N
sin0.3°-5Hz	3000N	2100N	1800N	2300N	2500N

和普通的力矩伺服系统相比，负载模拟器的特殊性在于需要在舵机主动运动的状态下完成加载任务。电液负载模拟器要取得理想的加载效果需要完成两重任务：一是跟随舵机运动，二是跟踪力矩指令完成加载。传统的速度同步控制策略中，速度同步控制器的任务是控制加载系统与舵机同步运动，减小加载系统和舵机的速度差，进而消除舵机的主动运动干扰。理论上，只要加载系统和舵机系统具有同样的物理结构以及相同的(速度)频率特性，那么在(舵机)阀控信号驱动下，加载系统就会产生与舵机相同的运动速度，从而完全消除舵机速度导致的多余力问题。然而实际中，由于舵机和加载系统受机械结构、作动器性能、系统规格、

伺服阀性能差异等因素的影响，舵机和加载系统的频率响应特性往往呈现较大差异，这种频率响应特性上的差异导致了传统基于固定比例系数的速度同步控制策略无法在较宽的频段范围内取得一致的控制效果。

从系统幅频-相频特性角度分析，速度同步比例系数的作用仅仅是上移或下移负载模拟器的(速度)幅频特性，而不会改变加载系统的(速度)相频特性。联系表中的实际工程数据，在某一频率点处整定得到的速度同步比例系数并不一定适合其他的频率点，这从理论上解释了基于固定同步比例系数的速度同步控制方法，在舵机不同频率运动干扰下不能保持最优多余力抑制效果的原因[1]。

理论上，只要能设计一个速度同步控制器，使得经过该速度同步控制器矫正的加载系统的速度频域特性与舵机系统的速度频域特性一致(匹配)，那么基于同样的阀控信号(舵机阀控制信号)，加载系统就可以和舵机系统产生相同的速度，从而消除多余力干扰，这是改进传统速度同步控制策略的基本思路。基于以上分析，自适应速度同步复合控制策略原理框图可由图 11.1 描述。可以看到，自适应速度同步复合控制方法由自适应速度同步控制器和力矩 PI 控制器复合构成。速度同步控制器的主要任务是控制加载系统和舵机速度同步运动，力矩控制器的目的是完成载荷谱跟踪。利用舵机阀控信号、舵机与加载系统的速度信号，基于参数自适应律，得到与舵机速度频率特性相匹配的同步控制器参数。和传统的速度同步控制方法相比，自适应速度同步复合控制方法从理论角度出发，给出了一种速度同步控制器的设计方法，其最大的特点在于可针对不同的舵机系统，实现速度同步控制器控制参数的自适应寻优。

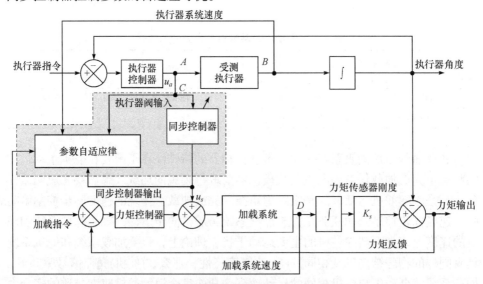

图 11.1　自适应速度同步复合控制方法框图[2]

11.2　自适应速度同步控制器设计

结合图 11.1，可以进一步明确速度同步控制器的设计目标，即为加载系统设计速度同步控制器，使得经速度同步控制器综合后的加载系统的速度频响特性(从 C 点到 D 点)与舵机系统的速度频响特性(从 A 点到 B 点)相匹配。如果将舵机系统的速度频响特性当做参考，不难发现模型参考自适应控制(model reference adaptive control, MRAC)理论非常适合用于速度同步控制器的设计。和传统的模型参考自适应控制不同之处在于常规的模型参考自适应控制设计中，参考模型通常是依据性能指标要求设计的虚拟系统(如计算机数字模型系统)，而这里的参考模型则为真实的物理系统(舵机系统)。为了便于理论分析，在开始控制器设计前，做如下假设。

假设 11.1　在舵机系统正常的工作频段范围内，舵机和加载系统的速度频响特性是确定的，且可由某一确定的频率模型描述。

注 11.1　本章带下标"l"的符号表示与加载系统(loading system)相关的速度频域模型参数，而带下标"a"的符号表示与舵机系统(actuator system)相关的速度频域模型参数。

11.2.1　舵机和加载系统的速度频域模型[1]

1. 舵机和加载系统的伺服阀模型

多数情况下，伺服阀的频响特性远远高于舵机或加载系统，因此可以将其看成比例环节处理。为了不失一般性，这里假设舵机和加载系统的伺服阀可由一阶环节描述：

$$\frac{x_{av}}{u_a} = \frac{k_a}{\tau_a s + 1} \tag{11.1}$$

$$\frac{x_v}{u_l} = \frac{k_l}{\tau_l s + 1} \tag{11.2}$$

式中，x_{av} 表示舵机伺服阀的阀芯位置 (m)，u_a 和 u_l 表示舵机和加载系统的控制输出 (V)，k_a 和 k_l 表示舵机和加载系统伺服的增益系数 (m/V)，τ_a 和 τ_l 表示舵机和加载伺服阀的时间常数 (s)。

2. 舵机和加载系统的速度频域模型

以舵机和加载系统的速度为输出量，以舵机和加载系统伺服阀阀芯位移为输入量，二者间传递函数可用如下二阶系统描述：

$$\frac{\dot{\theta}_a}{x_{av}} = \frac{k_{qa}/D_a}{(s/\omega_a)^2 + 2(\xi_a/\varpi_a)s + 1} \tag{11.3}$$

$$\frac{\dot{\theta}_l}{x_v} = \frac{k_{ql}/D_l}{(s/\omega_l)^2 + 2(\xi_l/\varpi_l)s + 1} \tag{11.4}$$

$$\varpi_a = 2D_a\sqrt{\beta_e/(J_a V_a)} \tag{11.5}$$

$$\varpi_l = 2D_l\sqrt{\beta_e/(J_l V)} \tag{11.6}$$

$$\xi_a = (K_{ta}/D_a)\sqrt{J_a\beta_e/V_a} + [B_a/(4D_a)]\sqrt{V_a/(J_a\beta_e)} \tag{11.7}$$

$$\xi_l = (K_{tl}/D_l)\sqrt{J_l\beta_e/V} + [B_l/(4D_l)]\sqrt{V/(J_l\beta_e)} \tag{11.8}$$

$$K_{ta} = K_{pa} + C_{ta} \tag{11.9}$$

$$K_{tl} = K_{pl} + C_t \tag{11.10}$$

式中，k_{qa} 表示舵机伺服阀的流量增益系数 $(\mathrm{m}^2/\mathrm{s})$，$\varpi_a$ 和 ϖ_l 表示舵机和加载系统的无阻尼自然频率 $(\mathrm{rad/s})$，ξ_a 和 ξ_l 表示舵机和加载速度系统的阻尼系数，K_{ta} 和 K_{tl} 表示舵机和加载系统的总流量-压力系数 $(\mathrm{m}^5/(\mathrm{N}\cdot\mathrm{s}))$，$C_{ta}$ 表示舵机系统整体泄漏系数 $(\mathrm{m}^5/(\mathrm{N}\cdot\mathrm{s}))$，$K_{pa}$ 和 K_{pl} 表示舵机和加载系统的流量-压力系数 $(\mathrm{m}^5/(\mathrm{N}\cdot\mathrm{s}))$，$B_a$ 表示舵机系统的阻尼系数 $(\mathrm{rad/s})$。

3. 舵机和加载系统的频域速度模型

联合式(11.1)～式(11.4)，可得舵机和加载系统频域速度模型：

$$\frac{\dot{\theta}_a}{u_a} \stackrel{\text{def}}{=\!=} W_a(s) = \frac{k_a}{\tau_a s + 1} \cdot \frac{k_{qa}/D_a}{(s/\varpi_a)^2 + 2(\xi_a/\varpi_a)s + 1} \tag{11.11}$$

$$\frac{\dot{\theta}_l}{u_l} \stackrel{\text{def}}{=\!=} W_l(s) = \frac{k_l}{\tau_l s + 1} \cdot \frac{k_q/D_l}{(s/\varpi_l)^2 + 2(\xi_l/\varpi_l)s + 1} \tag{11.12}$$

11.2.2　速度同步控制器结构

根据由 Narendra 等[3, 4]学者提出的模型参考自适应控制器结构，基于模型匹配思想的速度同步控制器结构可由图 11.2 描述。

图 11.2 中，u_s 表示速度同步控制器的输出，e_v 表示舵机和加载系统的速度差，$W_i(s)$ 和 $W_o(s)$ 为二阶辅助信号生成系统。设二者的状态空间方程形式为

$$\begin{aligned} \dot{z}_i &= \Lambda z_i + b_f u_s \\ w_i &= c^{\mathrm{T}} z_i \end{aligned} \tag{11.13}$$

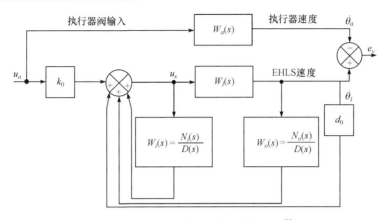

图 11.2　自适应速度同步控制器结构[2]

$$\dot{z}_o = \Lambda z_o + b_f \dot{\theta}_l$$
$$w_o = d^{\mathrm{T}} z_o \tag{11.14}$$

式中，z_i 和 z_o 分别为 $W_i(s)$ 和 $W_o(s)$ 的状态向量，Λ 为 $W_i(s)$ 和 $W_o(s)$ 的系统矩阵，$b_f = [0,1]^{\mathrm{T}}$ 表示系统的输入矩阵，$c = [c_1, c_2]^{\mathrm{T}}$ 表示系统 $W_i(s)$ 的输出矩阵，$d = [d_1, d_2]^{\mathrm{T}}$ 表示系统 $W_o(s)$ 的输出矩阵。

由自适应速度同步控制器的结构(图 11.2)可以看出，速度同步控制器由四部分组成：①舵机阀控信号乘以前向通路增益系数 k_0；②加载系统自身速度乘以反馈增益系数 d_0；③辅助信号发生器 $W_i(s)$ 的输出；④辅助信号发生器 $W_o(s)$ 的输出。对于任一确定的传统函数分母 $D(s)$，如果能够确定两个辅助信号生成器的输出矩阵的系数 (c_1, c_2, d_1, d_2)、前向通路增益系数 k_0 以及反馈系数 d_0，即完成了速度同步控制信号 u_s 的综合。

在状态空间描述的系统中，(c_1, c_2, d_1, d_2) 是系统输出矩阵的系数，对应到系统的传递函数模型中，(c_1, c_2, d_1, d_2) 对应于二阶信号生成系统传递函数分子的系数。而 k_0 和 d_0 可以看成系统前向通路和反馈回路的系数。为了表述方便，定义系统控制器参数向量 ϑ 为

$$\vartheta \overset{\mathrm{def}}{=\!=} [k_0, c_1, c_2, d_0, d_1, d_2]^{\mathrm{T}} \tag{11.15}$$

速度同步控制器的结构已由图 11.2 描述，下面的任务是如何确定控制器参数向量 ϑ 的值。理论上，如果舵机和加载系统速度频率模型是已知的，那么就可以通过计算来确定速度同步控制器参数的值。而实际上，对于液压伺服系统，系统频域模型的参数是很难通过理论计算得到。一种解决方法是基于实验数据，对舵机和加载系统的频域模型进行拟合得到舵机和加载系统的频域模型，这需要舵机和加载系统的扫频数据，实际操作较为烦琐。本节将在仅利用舵机阀控信号以

及舵机和加载系统速度信号的前提下，基于参数自适应技术得到速度同步控制器参数。

11.2.3　基本概念与相关定理

为了叙述方便，首先介绍如下定义和引理。

(1) 定义速度同步控制器输入向量 ω 为

$$\omega \stackrel{\text{def}}{=\!=} [u_a, z_i^{\text{T}}, \dot{\theta}_l, z_o^{\text{T}}]^{\text{T}} \tag{11.16}$$

(2) 定义控制器参数误差向量为

$$\tilde{\vartheta} = \vartheta - \vartheta^* \tag{11.17}$$

式中，$\vartheta^* \stackrel{\text{def}}{=\!=} [k_0^*, c^*, d_0, d^*]^{\text{T}} = [k_0^*, c_1^*, c_2^*, d_0, d_1^*, d_2^*]^{\text{T}}$ 为目标控制参数向量，即可以实现舵机和加载系统速度模型完全匹配的一组控制参数；$\tilde{\vartheta}$ 为控制器参数与目标控制参数向量的差。

(3) 信号充分激励定义[5, 6]：输入向量的导数 $\dot{\omega}$ 是有界的，对于任意 $\delta, \alpha > 0$，存在 $\varepsilon > 0$，使式(11.18)成立，就称其满足充分激励条件，即 PE(persistent exciting) 条件。

$$\int_{\varepsilon}^{\varepsilon+\delta} \omega \omega^{\text{T}} \mathrm{d}t \geqslant \alpha I \tag{11.18}$$

式中，I 为单位矩阵。

引理 11.1[7]　设 $D(s)$ 和 $N(s)$ 是首一、互质多项式，阶数分别为 n 和 m，且 $m \leqslant n-1$，那么一定存在 $n-1$ 阶互质多项式 $P(s)$ 和 $R(s)$，且 $P(s)$ 为首一多项式，使得 $PD + RN$ 可以等于任意 $2n-1$ 阶多项式，此引理又称极点配置引理。

◆

引理 11.2[7]　设 $L(s)$ 为 $n-1$ 阶 Hurwitz 多项式，s 为微分算子，$\vartheta(t)$ 为有界可微函数，定义算子 $P_L(\vartheta)$ 运算规则为

$$P_L(\vartheta) = L(s)\vartheta L^{-1}(s) \tag{11.19}$$

那么，算子 $P_L(\cdot)$ 满足如下特性：

① 算子 $P_L(\vartheta)$ 对于 ϑ 是线性运算；

② 当算子对象为常数 C 时，如 $\vartheta(t) = C$，$P_L(\vartheta^*) = C$；

③ 设 $L(s)$ 为二阶 Hurwitz 多项式，$L(s) = s^2 + as + b$，那么有

$$P_L(\vartheta) = \ddot{\vartheta}L^{-1} + 2\dot{\vartheta}sL^{-1} + a\dot{\vartheta}L^{-1} + \vartheta \tag{11.20}$$

证明

$$
\begin{aligned}
P_L(\vartheta) &= (s^2+as+b)\vartheta(t)L^{-1} \\
&= s^2[\vartheta(t)L^{-1}]+as[\vartheta(t)L^{-1}]+b\vartheta(t)L^{-1} \\
&= s(\dot{\vartheta}L^{-1}+\vartheta sL^{-1})+a(\dot{\vartheta}L^{-1}+\vartheta sL^{-1})+b\vartheta(t)L^{-1} \\
&= \ddot{\vartheta}L^{-1}+2\dot{\vartheta}sL^{-1}+\vartheta s^2L^{-1}+a\dot{\vartheta}L^{-1}+\vartheta asL^{-1}+b\vartheta L^{-1} \\
&= \ddot{\vartheta}L^{-1}+2\dot{\vartheta}sL^{-1}+a\dot{\vartheta}L^{-1}+\vartheta
\end{aligned}
\tag{11.21}
$$

证毕。

◆

引理 11.3[8]　如果已知可微函数 $f(t)$ 有界，且它的导数 $\dot{f}(t)$ 是一致连续的，那么必然有 $\lim\limits_{t\to\infty}\dot{f}(t)\to 0$ 成立，此引理又称 Barbalat 引理。

◆

引理 11.4[9-12]　设系统 $W(s)=C(sI-A)^{-1}B$ 为严格正实传递函数，其中 (A,B) 可控，(A,C) 可观，那么一定存在 $P=P^{\mathrm{T}}>0$，$Q>0$，使得式(11.22)成立。该定理又称 Kaman-Yakubovich-Popov 定理。

$$
\begin{cases}
PA+AP=-Q \\
PB=C^{\mathrm{T}}
\end{cases}
\tag{11.22}
$$

◆

11.2.4　主要结论

定理 11.1[2]　对于图 11.2 描述的速度同步控制器结构，$W_a(s)$ 所代表的舵机系统速度频域模型以及由 $W_l(s)$ 所描述的加载系统速度频域模型，基于速度同步控制律(11.23)以及参数自适应律(11.24)：

$$
u_s = \vartheta^{\mathrm{T}}(t)\omega(t)+\dot{\vartheta}^{\mathrm{T}}(t)\xi(t)+\ddot{\vartheta}^{\mathrm{T}}(t)\zeta(t)
\tag{11.23}
$$

$$
\dot{\vartheta} = -\Gamma_1\zeta(t)e_v(t)
\tag{11.24}
$$

可以保证：

A. 加载速度系统是一致渐近稳定的，且舵机和加载系统的速度差 e_v 趋近于零，即当 $t\to\infty$ 时，$|e_v(t)|\to 0$；

B. 当输入向量 $\omega(t)$ 满足 PE 条件时，加载和舵机系统速度模型将完全匹配，即当 $t\to\infty$ 时，$|\tilde{\vartheta}(t)|\to 0$。

式(11.23)和式(11.24)中，Γ 为自适应参数增益矩阵，$\xi(t)$ 和 $\zeta(t)$ 的定义为

$$
\zeta = L^{-1}\omega
\tag{11.25}
$$

$$
\xi = (2s+a)L^{-1}\omega
\tag{11.26}
$$

证明　证明过程分两步。首先证明基于图 11.2 描述的速度同步控制器结构可以实现舵机和加载系统的速度频域模型匹配；然后证明基于控制律(11.23)和参数自适应律(11.24)可以实现舵机和加载系统的速度同步控制。

根据图 11.2，可以得到从舵机阀控制信号 u_a 到加载系统速度输出的传递函数模型为

$$
\begin{aligned}
W(s) &= \frac{k_0 W_l(s)}{1 - W_i(s) - W_l(s)W_o(s)} \\
&= \frac{k_0 \cdot K_l / D_l(s)}{1 - \dfrac{N_i(s)}{D(s)} - \dfrac{K_l}{D_l(s)}\left[d_0 + \dfrac{N_o(s)}{D(s)}\right]} \\
&= \frac{k_0 K_l D(s)}{D_l(s)D(s) - D_l(s)N_i(s) - K_l[d_0 D(s) + N_o(s)]} \\
&= \frac{k_0 K_l D(s)}{D_l(s)[D(s) - N_i(s)] - K_l[N_o + d_0 D(s)]}
\end{aligned}
\tag{11.27}
$$

对于式(11.27)的分母多项式，取 $D(s) = L(s)$ 为二阶 Hurwitz 多项式，根据极点配置引理(引理 11.1)，可以得出结论，一定存在多项式 $N_i(s)$ 和 $N_o(s)$ 以及适当的反馈系数 d_0 使式(11.28)成立：

$$
D_l(s)[D(s) - N_i(s)] - K_l[N_o + d_0 D(s)] = D_r(s)L(s)
\tag{11.28}
$$

对于式(11.27)的分子，只要令 $k_0 = K_a / K_l$，即可实现加载系统速度模型和舵机模型的匹配。

设加载速度模型 $W_l(s)$ 的状态空间模型可由式(11.29)描述：

$$
\begin{aligned}
\dot{x}_l &= A_l x_l + b_l u_s \\
\dot{\theta}_l &= h_l^{\mathrm{T}} x_l
\end{aligned}
\tag{11.29}
$$

式中，x_l 为加载速度系统的状态向量，A_l 为加载速度系统的系统矩阵，b_l 为加载速度系统的输入向量，h_l 为加载速度系统的输出矩阵。

应注意到，引入速度同步控制器后的加载系统速度模型由三个子系统组成，即 $W_i(s)$，$W_o(s)$ 和 $W_l(s)$。联合式(11.13)、式(11.14)以及式(11.29)可以得到描述系统 $W(s)$ 的一个七阶状态方程模型：

$$
\begin{bmatrix} \dot{x}_l \\ \dot{z}_i \\ \dot{z}_o \end{bmatrix} = \begin{bmatrix} A_l & 0 & 0 \\ 0 & \varLambda & 0 \\ b_f h_l^{\mathrm{T}} & 0 & \varLambda \end{bmatrix} \begin{bmatrix} x_l \\ z_i \\ z_o \end{bmatrix} + \begin{bmatrix} b_l \\ b_f \\ 0 \end{bmatrix} u_s
\tag{11.30}
$$

$$
\dot{\theta}_l = h_l^{\mathrm{T}} x_l
$$

根据引理 11.2，可将速度同步量 u_s 用算子形式表达，即

$$u_s = [P_L(\vartheta)]^{\mathrm{T}} \omega(t) \tag{11.31}$$

将式(11.17)代入式(11.31)可得

$$
\begin{aligned}
u_s &= [P_L(\tilde{\vartheta} + \vartheta^*)]^{\mathrm{T}} \omega(t) \\
&= \vartheta^{*\mathrm{T}} \omega(t) + [P_L(\tilde{\vartheta})]^{\mathrm{T}} \omega(t) \\
&= [k_0^*, c^*, d_0, d^*]^{\mathrm{T}} \omega(t) + [P_L(\tilde{\vartheta})]^{\mathrm{T}} \omega(t)
\end{aligned}
\tag{11.32}
$$

将式(11.32)代入式(11.30)中，经整理可得

$$\dot{x} = Ax + b[k_0^* u_r + P_L(\tilde{\vartheta})^{\mathrm{T}} \omega] \tag{11.33}$$

式中

$$x = [x_l^{\mathrm{T}}, z_i^{\mathrm{T}}, z_o^{\mathrm{T}}]^{\mathrm{T}} \tag{11.34}$$

$$b = [b_l^{\mathrm{T}}, b_f^{\mathrm{T}}, 0]^{\mathrm{T}} \tag{11.35}$$

$$
A = \begin{bmatrix}
A_l + b_l d_0^* h_l^{\mathrm{T}} & b_l (c^*)^{\mathrm{T}} & b_l (d^*)^{\mathrm{T}} \\
b_f d_0^* h_l^{\mathrm{T}} & \Lambda + b_f (c^*)^{\mathrm{T}} & b_f (d^*)^{\mathrm{T}} \\
b_f h_l^{\mathrm{T}} & 0 & \Lambda
\end{bmatrix}
\tag{11.36}
$$

实际上，当 $\vartheta(t) = \vartheta^*$ 时，意味着加载和舵机速度模型匹配成功，因此舵机速度模型一定可以由式(11.37)描述：

$$\dot{x}_a = Ax_a + bk_0^* u_r \tag{11.37}$$

式中，x_a 为舵机速度模型状态。

用式(11.33)与式(11.37)相减，可得加载和舵机速度误差动态模型：

$$
\begin{aligned}
\dot{e}_s &= Ae_s + b[P_L(\tilde{\vartheta})]^{\mathrm{T}} \omega \\
e_v &= h_l^{\mathrm{T}} e_s
\end{aligned}
\tag{11.38}
$$

式中，e_s 为误差动态系统的状态向量，e_v 为舵机和加载系统的速度差：

$$e_s(t) = x(t) - x_a(t) \tag{11.39}$$

$$h_l^{\mathrm{T}} = [1, 0, 0, 0, 0, 0, 0]^{\mathrm{T}} \tag{11.40}$$

根据引理的算子定义，式(11.38)可以整理为如下形式：

$$
\begin{aligned}
\dot{e}_s &= Ae_s + b_{\mathrm{SPR}} \tilde{\vartheta}^{\mathrm{T}} \zeta \\
e_v &= h_l^{\mathrm{T}} e_s
\end{aligned}
\tag{11.41}
$$

式中，b_{SPR} 表示严格正实系统 $W_l(s)L(s)$ 的输入矩阵，即

$$h_l^{\mathrm{T}} (sI - A)^{-1} b_{\mathrm{SPR}} = W_l(s)L(s) \tag{11.42}$$

选择李雅普诺夫函数：

$$V(e_s, \tilde{\vartheta}) = \frac{1}{2}(e_s^{\mathrm{T}} P e_s + \tilde{\vartheta}^{\mathrm{T}} \varGamma^{-1} \tilde{\vartheta}) \tag{11.43}$$

式中，$P = P^{\mathrm{T}}$ 为正定阵。

根据 Kalman-Yakubovich-Popov 引理[11, 12]可知，存在正定阵 Q，使得(11.44)成立：

$$\begin{cases} A^{\mathrm{T}} P + P^{\mathrm{T}} A = -Q \\ P b_{\mathrm{SPR}} = h_l \end{cases} \tag{11.44}$$

对式(11.43)进行微分并将式(11.24)和式(11.38)代入，易得

$$\dot{V} = -e_s^{\mathrm{T}} Q e_s \tag{11.45}$$

式(11.45)意味着误差向量 e_s 和控制参数误差向量 ϑ 是有界的。假设信号输入向量 ω 是一致连续有界的，则 ζ 也是一致连续有界的。因此，由(11.41)可知，$\dot{e}_s$ 是一致有界的，所以 e_s 是一致连续的。依据 Barbalat 引理，当 $t \to \infty$ 时，$e_v \to 0$，即加载系统实现了与舵机的速度同步运动，定理 11.1 的结论 A 得证。

进一步证明定理中的结论 B。由于式(11.38)中等式右侧的量都是一致连续的，自然 $\dot{e}_s$ 也是一致连续的。再次应用 Barbalat 引理，可知 $\dot{e}_s \to 0$。由式(11.41)可知

$$\int_\varepsilon^{\varepsilon+\delta} \tilde{\vartheta}^{\mathrm{T}} \zeta(t) \zeta^{\mathrm{T}}(t) \tilde{\vartheta} \mathrm{d}t \to 0 \tag{11.46}$$

又由当 $t \to \infty$ 时有 $e_v \to 0$，进而 $\dot{\vartheta} \to 0$，此时参数不再变化，因此式(11.46)可写为

$$\tilde{\vartheta}^{\mathrm{T}} \left[\int_\varepsilon^{\varepsilon+\delta} \zeta(t) \zeta^{\mathrm{T}}(t) \mathrm{d}t \right] \tilde{\vartheta} \to 0 \tag{11.47}$$

根据信号充分激励条件(11.18)，可得

$$\alpha \cdot \tilde{\vartheta}^{\mathrm{T}} \tilde{\vartheta} \to 0 \tag{11.48}$$

由此证明了结论 B。定理 11.1 证毕。

◆

11.3　仿 真 研 究[1, 2]

本节将对自适应速度同步控制方法进行仿真研究。考虑到自适应速度同步控制算法相对复杂，本节建立基于 AMESim 和 MATLAB/Simulink 的联合仿真环境。

11.3.1　基于 AMESim/Simulink 的联合仿真环境

图 11.3(a)和(b)为基于自适应速度同步控制算法的联合仿真模型。其中，图 11.3(a)为联合仿真环境中的 AMESim 部分。图 11.3(a)中的加载系统控制器，即自适应速

度同步控制器，是在 MATLAB/Simulink 中用 S 函数实现的。联合仿真模型 MATLAB/Simulink 的控制器部分见图 11.3(b)，图中左侧部分即代表电液负载模拟器的 AMESim 模型。AMESim 和 MATLAB/Simulink 的联合仿真机制如下：首先由 AMESim 解算出舵机和加载系统状态并传给 MATLAB/Simulink，Simulink 采集到系统状态后计算出控制器输出并将控制信号传给 AMESim，根据控制信号以

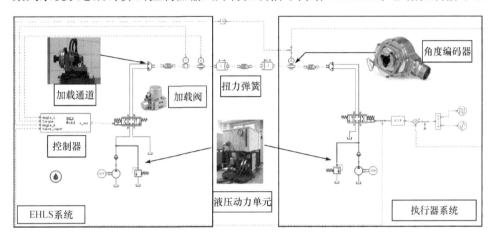

(a) 基于自适应速度同步控制方法的电液负载模拟器AMESim模型

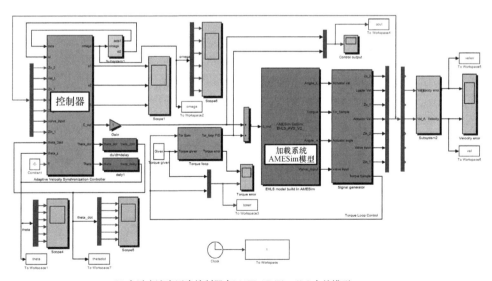

(b) 自适应速度同步控制器在MATLAB/Simulink中的模型

图 11.3　基于自适应速度同步控制方法的联合仿真模型

及相应的控制算法，AMESim 解算出新的系统状态并进行更新，由此便实现了一个联合仿真周期。可以看出，Simulink 中控制器和 AMESim 中模型之间的关系类似于真实的计算机控制系统。为了和实验系统保持一致，联合仿真中，系统采样周期设定为 0.5ms。

具体仿真参数如下：舵机和加载马达排量为 58cm³/rad，舵机和加载系统内泄漏为 0.055L/(min·MPa)，力矩传感器刚度为 122500N·m/rad，加载轴惯量为 0.026kg·m²，惯量盘惯量为 0.17kg·m²，对顶联接轴刚度为 61250N·m/rad，油源压力为 18MPa。加载伺服阀在 7MPa 下的额定流量为 19L/min，阻尼系数为 0.8，无阻尼自然频率为 100Hz。

对于阀控电液伺服系统，伺服阀的动态性能直接影响整个系统的频响特性。因此，改变舵机伺服阀的频率特性必定会改变舵机系统的频率特性。下面通过改变舵机伺服阀性能参数进行对比仿真研究，以此验证自适应速度同步控制算法的有效性。为叙述方便，在本节范围内，将基于两组舵机阀性能参数的仿真数据分别记为 Case 1 和 Case 2。其中，Case 1 中舵机阀无阻尼自然频率为 100Hz，额定输入为 10V，阻尼系数为 0.8；Case 2 中舵机阀无阻尼自然频率为 120Hz，额定输入为 8V，阻尼系数为 0.65。

11.3.2　多余力仿真

设舵机跟踪 10°-1Hz 正弦角度指令，加载系统指令为零。舵机 PI 控制器参数为 P_a=5，I_a=0.2。加载系统力矩环控制参数为 P_l= 0.012，I_l= 0.05。首先是基于传统速度同步方法(同步控制器为比例环节)的仿真结果：在 Case 1 参数条件下，选取同步比例系数为 1.0。图 11.4 为基于比例同步系数的速度同步方法的仿真数据。可以看出，在 Case 1 参数条件下，多余力为 32N·m。但随着舵机系统参数的变化 (Case 2 参数条件下)，多余力增加到 49N·m，误差增大了 53%，与此相对应的是舵机和加载系统速度差也同比例增加。仿真数据再一次验证了基于固定比例系数的速度同步方法存在的问题：速度同步控制精度存在较大误差，多余力抑制水平有待进一步提高，特别是当舵机参数发生变化时，控制性能将急剧恶化。

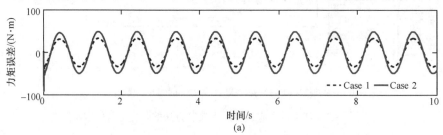

(a)

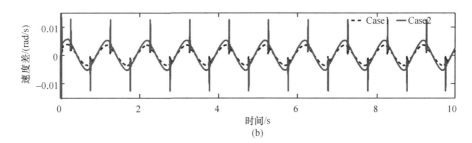

图 11.4　基于传统速度同步方案的多余力对比仿真

图 11.5 是在同样舵机扰动条件下,基于自适应速度同步控制方法的仿真结果。仿真时, 速度同步控制器控制六个参数, 初值为零, 即 $\vartheta_{ini}=0$; 参数自适应增益矩阵取值为 $\Gamma=[100,1,1,0.01,0.001,0.1]^T$。图中, 虚线表示舵机伺服阀性能参数按 Case 1 选取时的仿真结果; 而实线表示舵机伺服阀性能参数按 Case 2 选取时的仿真结果。其中, 图 11.5(a)描述了两组仿真参数下力矩误差的对比情况, 图 11.5(b)为舵机和加载系统速度差的对比曲线, 图 11.5(c)~(g)则分别给出了速度同步控制器参数的自适应过程对比过程。

图 11.5(a)和(b)显示,经过一个暂态的自适应调节过程,力矩误差稳定在 8N·m,加载和舵机系统的速度同步误差小于 0.005rad/s。和基于传统速度同步控制方法的仿真数据相比, 跟踪误差减小了 70%。

图 11.5(c)~(h)控制参数收敛结果说明,针对不同频率特性的舵机系统,自适应速度同步控制参数也收敛到了不同的值, 以使加载和舵机系统的速度模型相匹配。图中仿真数据证明, 对于不同参数的舵机系统, 基于自适应速度同步控制方法具有自适应的能力, 能够实现对舵机速度模型的自适应匹配。

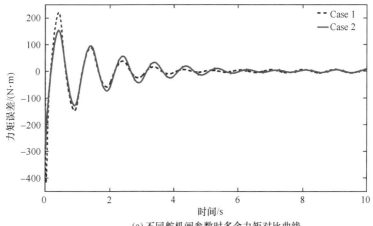

(a) 不同舵机阀参数时多余力矩对比曲线

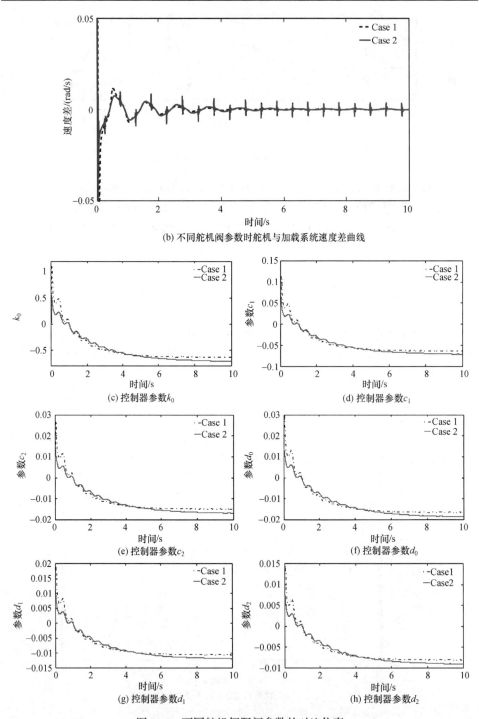

图 11.5　不同舵机伺服阀参数的对比仿真

图 11.6 的仿真数据显示，基于自适应速度同步复合控制方法，控制性能得到了大幅度提升。然而，这种性能的提升并不是以增大控制输出为代价的。图 11.6(a) 中，虚线为自适应速度同步控制器的控制输出；实线为力矩 PI 控制器输出。可以看出，随着速度同步控制器控制参数的收敛，速度同步控制器输出逐步增大，与此同时，力矩控制器输出逐步减小。图 11.6(b) 中，实线为基于自适应速度同步控制方法加载系统总的控制输出；虚线为基于传统速度同步方法加载系统总的控制输出(即与力矩误差相对应的控制输出)。仿真数据说明，总的控制信号量几乎没有发生变化。多余力的减小是因为在自适应速度同步控制器的作用下，舵机和加载系统速度同步控制精度提高，随着力矩误差的减小，力矩控制器输出也随之减小，因此从加载伺服阀输入的角度来看，总的控制量并没有增大。同样的控制输出，为什么由力矩环控制器输出就不如由速度同步控制器输出的效果理想呢？这是因为加载和舵机系统的速度同步误差直接对应着力矩误差的变化率，从这个意义上讲，对于消除多余力，速度同步控制器较力矩控制器具有相位上的优势。

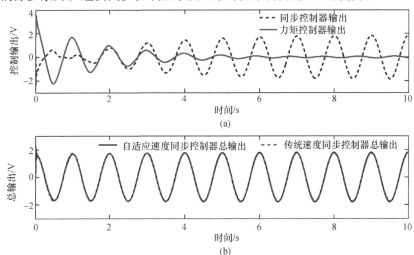

图 11.6　传统速度同步控制器输出与自适应速度同步复合控制器输出对比

11.3.3　动态加载仿真

本节基于自适应速度同步复合控制方法进行多余力仿真，主要目的有两个：一是验证了所提方法的有效性以及可行性，二是在多余力模式下利用参数自适应律获得速度同步控制器的参数。本节在 11.3.2 节获得的控制参数基础上，对传统速度同步方法以及自适应速度同步控制方法进行动态加载对比仿真研究。为论述方便，在本节范围内，标注"Case 1"的数据表示基于固定同步系数的速度同步控制策略得到的仿真结果；标注"Case 2"的数据表示基于自适应速度同步复合控制方法得到的仿真结果。对比仿真使用的控制参数如下：力矩 PI 控制器参数为

P_l=0.024, I_l=0.04，传统速度同步控制方法的同步比例系数为 1.0，自适应速度同步控制器参数采用 11.3.2 节得到的控制参数 ϑ_{sim}=-[0.625, 0.0015, 0.063, 0.016, 0.011, 0.008]^T。舵机 PI 控制器参数为 P_a=5, I_a=0.2，舵机阀参数按 11.3.1 节中"Case 1"选取。

　　动态加载是指在舵机主动运动干扰的条件下，加载系统跟踪非零载荷指令。按舵机干扰频率由低到高，进行了三组对比仿真：动态对比仿真 1，舵机跟踪 10°-1Hz 正弦指令，加载系统跟踪 200N·m、1Hz 力矩指令。动态对比仿真 2，舵机跟踪 2°-5Hz 正弦指令，加载系统跟踪 300N·m、1Hz 力矩指令。动态对比仿真 3，舵机跟踪 1°-10Hz 正弦指令，加载系统跟踪 400N·m、1Hz 力矩指令。三组动态加载仿真数据见图 11.7～图 11.9，其中图(a)为基于两种控制策略的力矩跟踪对

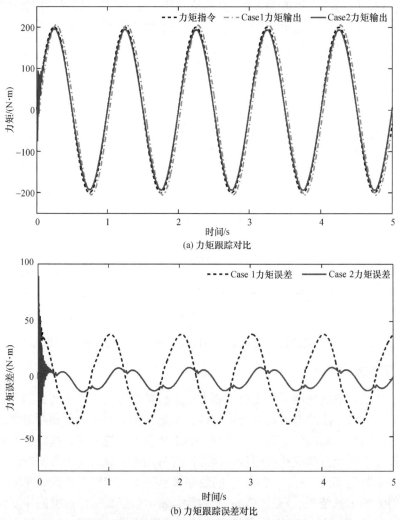

(a) 力矩跟踪对比

(b) 力矩跟踪误差对比

图 11.7　动态加载仿真对比 1，舵机 10°-1Hz，加载指令 200N·m、1Hz

比仿真结果, 图(b)为基于两种控制策略的误差对比情况。图 11.7 显示出基于传统速度同步控制方法的力矩跟踪误差为 39N·m, 基于自适应速度同步复合控制方法的力矩跟踪误差为 10N·m, 力矩误差减小了 74.4%。图 11.8 显示出基于传统方法和自适应速度同步复合控制方法的力矩跟踪误差分别为 60N·m 和 29N·m, 误差减小了 51.7%。图 11.9 显示出基于传统方法的最大力矩误差为 71N·m, 而基于所提方法的最大力矩误差为 52N·m, 力矩误差减小了 30%。以上对比仿真验证了基于参数自适应律得到的速度同步控制器控制参数的合理性和有效性。

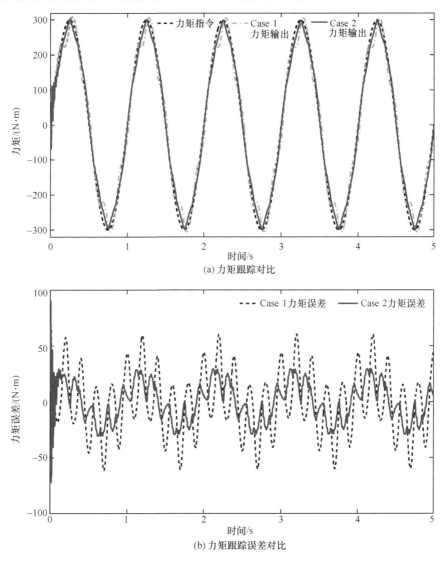

图 11.8 动态加载仿真对比 2, 舵机 2°-5Hz, 加载指令 300N·m、1Hz

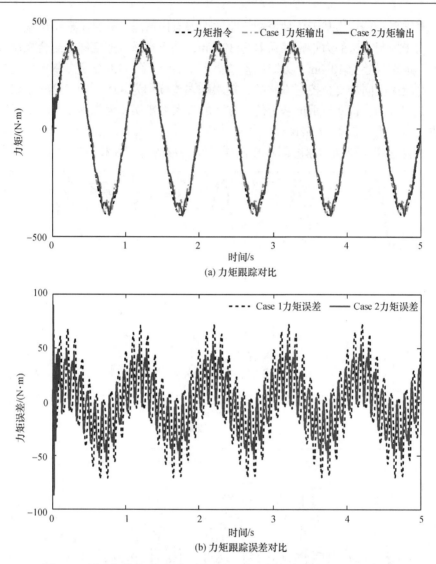

(a) 力矩跟踪对比

(b) 力矩跟踪误差对比

图 11.9　动态加载仿真对比 3，舵机 1°-10Hz，加载指令 400N·m、1Hz

11.4　实　验　验　证[1, 2]

本节将针对自适应速度同步复合控制策略进行实验研究。首先在多余力模型下得到速度同步控制器的控制参数，然后在此控制参数基础上，进行动态加载实验，实验装置如图 11.10 所示。

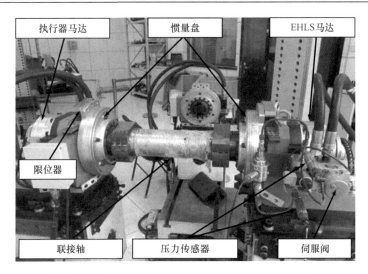

图 11.10　自适应速度同步复合控制方法实验台照片

11.4.1　多余力实验

在舵机系统 5°-2Hz 正弦运动干扰条件下进行多余力实验，实验控制参数如下：力矩环 PI 控制器参数为 P_f=0.5，I_f=1，速度同步控制器参数向量初值为零，ϑ_{ini}=0，舵机 PI 控制器参数为 P_a=3.5，I_a=0.4。多余力实验数据如图 11.11 所示。图 11.11 和图 11.12 分别描述了基于自适应速度同步复合控制策略的多余力以及加载和舵机系统速度差的变化趋势。实验结果显示，在参数自适应律的作用下，伴随着加载和舵机系统的速度差从 1.5°/s 逐步减小到 0.4°/s，力矩误差(多余力)从 250N·m

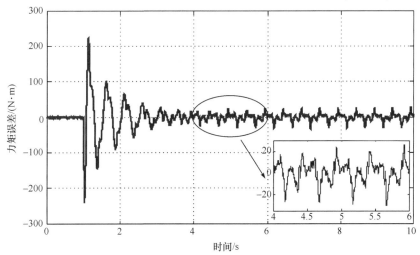

图 11.11　基于自适应速度同步复合控制的多余力

减小到 27N·m。因为速度同步控制参数初值为零，所以初始的误差实际上代表了基于力矩环 PI 控制器的控制性能。图 11.13 给出了速度同步控制器参数的自适应过程，图中六个控制参数收敛值为 $\vartheta_{exp}=-[0.934, 0.024, 0022, 0.007, 0.02, 0.011]^T$。图 11.14 描述了力矩环 PI 控制器、自适应速度同步控制器以及二者总的控制输出。实验数据总体趋势来看与仿真结果基本一致。但实验得到的力矩控制误差要比仿真误差大一些，主要原因是受到传感器噪声、摩擦等未建模动态以及信号微分产生的噪声影响。

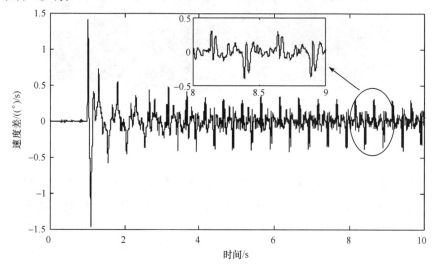

图 11.12　基于自适应速度同步复合控制加载和舵机系统速度差

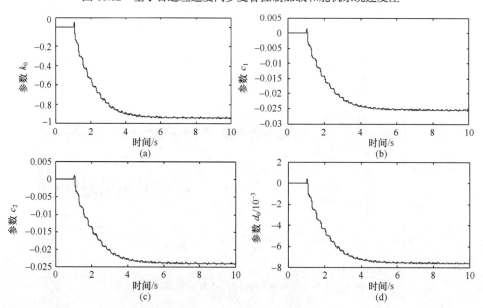

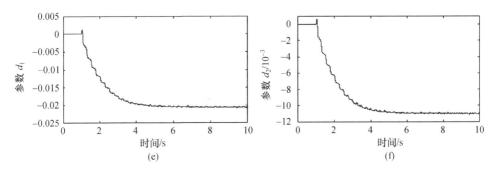

图 11.13　自适应速度同步控制器控制参数收敛过程

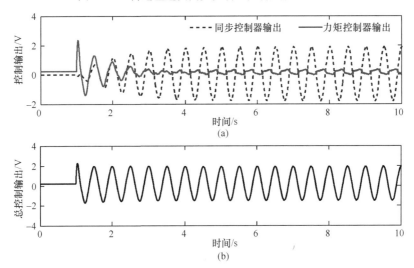

图 11.14　自适应速度同步控制输出

11.4.2　动态加载实验

在得到的速度同步控制器参数 $\vartheta_{\exp}$ 的基础上，本节基于传统速度同步方法和自适应速度同步复合控制方法进行动态加载对比实验研究。在本节范围内，标注"Case 1"的表示基于比例同步系数的速度同步控制方法得到的实验数据，标注"Case 2"的表示基于速度同步复合控制策略得到的实验数据。

动态加载实验 1：舵机系统跟踪 10°-1Hz 正弦角度指令，加载系统跟踪 200N·m、1Hz 正弦力矩指令。动态加载实验 2：舵机系统跟踪 3°-3Hz 正弦角度指令，加载系统跟踪 300N·m、1Hz 正弦力矩指令。动态加载实验 3：舵机系统跟踪 1°-5Hz 正弦角度指令，加载系统跟踪 500N·m、0.5Hz 正弦力矩指令。

实验结果如图 11.15～图 11.17 所示，其中图(a)描述了基于比例同步系数的速度同步控制方法和自适应速度同步复合控制方法的动态加载实验数据，图(b)描述了基于这两种方法的力矩跟踪误差对比情况。实验数据显示，第一组动态加载实验，力矩跟踪误差由 30N·m 减小到 13N·m；第二组动态加载实验，力矩跟踪误差由 45N·m 减小到 30N·m；第三组动态加载实验，力矩跟踪误差由 70N·m 减小到 30N·m。和传统使用比例系数的速度同步控制方法相比，基于自适应速度同步复合控制方法，控制性能分别提高了 56.7%、33.3%和 57.1%。

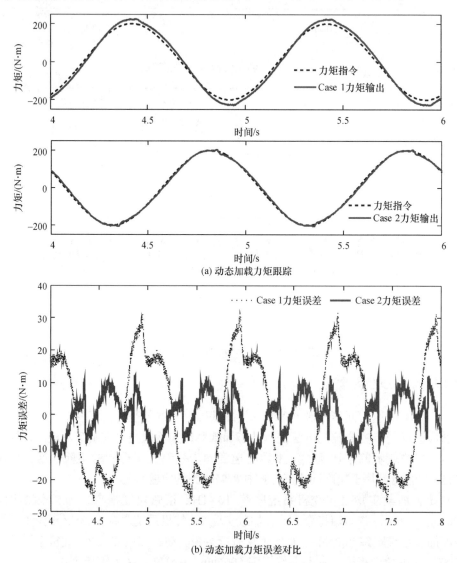

(a) 动态加载力矩跟踪

(b) 动态加载力矩误差对比

图 11.15　动态加载实验 1，舵机 10°-1Hz，力矩指令 200N·m、1Hz

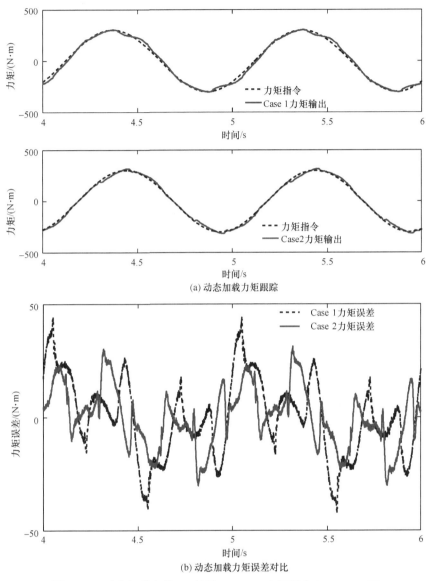

(a) 动态加载力矩跟踪

(b) 动态加载力矩误差对比

图 11.16 动态加载实验 2，舵机 3°-3Hz，力矩指令 300N·m、1Hz

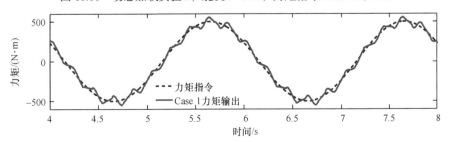

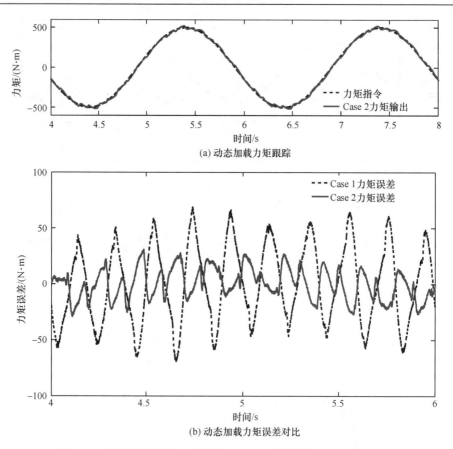

图 11.17　动态加载实验 3，舵机 1°-5Hz，力矩指令 500N·m、0.5Hz

11.5　本　章　小　结

本章从理论上分析了基于固定比例系数的速度同步方法在舵机工作频带内控制性能不一致的原因，并从加载与舵机系统速度模型匹配的角度出发，提出了自适应速度同步复合控制策略。该设计方法的最大优点在于不需要知道加载和舵机系统的系统参数，利用舵机阀控信号以及加载与舵机系统的速度信号，基于参数自适应技术，自寻优获得速度同步控制器的参数。本章详细论述了自适应速度同步控制器的设计过程，并对自适应速度同步控制算法进行了稳定性证明。在此基础上，搭建了电液负载模拟器的 AMESim/Simulink 联合仿真环境，对所提方法进行了大量的仿真与实验研究。仿真和实验数据证实了自适应速度同步控制方法的有效性。

参 考 文 献

[1] 汪成文. 电液负载模拟器的控制策略研究. 北京: 北京航空航天大学硕士学位论文, 2014.

[2] Wang C, Jiao Z, Quan L. Adaptive velocity synchronization compound control of electro-hydraulic load simulator. Aerospace Science and Technology, 2015, 42(5): 309-321.

[3] Narendra K, Valavani L. Stable adaptive controller design-direct control. IEEE Transactions on Automatic Control, 1978, 23(4): 570-583.

[4] Narendra K, Lin Y, Valavani L. Stable adaptive controller design. Part II: Proof of stability. IEEE Transactions on Automatic Control, 1980, 25(3): 440-448.

[5] Boyd S, Sastry S S. Necessary and sufficient conditions for parameter convergence in adaptive control. Automatica, 1986, 22(6): 629-639.

[6] Boyd S, Sastry S S. On parameter convergence in adaptive control. Systems & Control Letters, 1983, 3(6): 311-319.

[7] 陈宗基. 自适应技术的理论及应用: 控制, 滤波, 预报. 北京: 北京航空航天大学出版社, 1991.

[8] 闵颖颖, 刘允刚. Barbalat 引理及其在系统稳定性分析中的应用. 山东大学学报(工学版), 2007, 37(1): 51-55.

[9] Kokotović P, Arcak M. Constructive nonlinear control: A historical perspective. Automatica, 2001, 37(5): 637-662.

[10] Tao G, Ioannou P. Strictly positive real matrices and the Lefschetz-Kalman-Yakubovich lemma. IEEE Transactions on Automatic Control, 1988, 33(12): 1183-1185.

[11] Rantzer A. On the Kalman-Yakubovich-Popov lemma. Systems & Control Letters, 1996, 28(1): 7-10.

[12] van der Geest R, Trentelman H. The Kalman-Yakubovich-Popov lemma in a behavioural framework. Systems & Control Letters, 1997, 32(5): 283-290.

第 12 章　电液负载模拟器自适应鲁棒控制

前文以补偿速度扰动为核心，开展了负载模拟器的多余力消除策略研究，本章及第 13 章则以提升力伺服系统的跟踪精度为研究内容，探讨利用自适应及鲁棒控制方法抑制力伺服系统本身的各类模型的不确定性。

12.1　电液负载模拟器自适应鲁棒非线性控制

12.1.1　系统模型与问题描述

本节所考虑的马达式电液负载模拟器及被加载对象如前文所述，为了借助前面非线性控制策略设计思想，在控制器的设计中，转矩反馈、运动反馈(角编码器)以及压力反馈(压力传感器)都是可获得的。

依据前文建模与分析，可知电液负载模拟器的转矩输出可表示为

$$T = AP_L - B\dot{y} - f(t, y, \dot{y}) \tag{12.1}$$

式中，T, A, P_L, B, y 分别表示输出转矩、液压回转马达的排量、马达两腔的压差、所建模的阻尼和黏性摩擦力的综合系数以及飞机作动系统产生的运动干扰；f 是集中的不确定非线性项，包括外干扰、未建模的摩擦力以及其他难以建模的动态。其中，$P_L = P_1 - P_2$，P_1 和 P_2 是马达两腔的压力。

为提高建模的精度，特别是摩擦效应，运用如下的非线性近似来表征库伦摩擦：

$$\tilde{f}(t, y, \dot{y}) \stackrel{\text{def}}{=} f(t, y, \dot{y}) - A_f S_f(\dot{y}) \tag{12.2}$$

式中，$A_f S_f$ 表征近似的非线性库伦摩擦力，其中库伦摩擦力的幅值 A_f 可能未知，但是形状函数 S_f 是已知的。图 12.1 给出了一种库伦摩擦的近似示例。

因此，动态方程(12.1)可写为

$$T = AP_L - B\dot{y} - A_f S_f(\dot{y}) - \tilde{f}(t, y, \dot{y}) \tag{12.3}$$

马达两腔压力动态可表示为

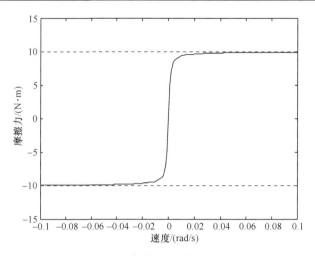

图 12.1　库伦摩擦近似项 $A_f S_f$

$$\dot{P}_1 = \frac{\beta_e}{V_1}(-A\dot{y} - C_t P_L + Q_1)$$

$$\dot{P}_2 = \frac{\beta_e}{V_2}(A\dot{y} + C_t P_L - Q_2) \tag{12.4}$$

式中，β_e 是油液有效弹性模量；$V_1 = V_{01} + Ay$ 表示进油腔的控制容积，$V_2 = V_{02} - Ay$ 表示回油腔的控制容积，其中 V_{01}，V_{02} 分别是两腔的初始容积；C_t 是马达的内泄漏系数；Q_1 和 Q_2 分别是进油腔和回油腔的流量。Q_1 和 Q_2 与伺服阀阀芯位移 x_v 有如下关系：

$$Q_1 = k_q x_v \left[s(x_v)\sqrt{P_s - P_1} + s(-x_v)\sqrt{P_1 - P_r} \right]$$

$$Q_2 = k_q x_v \left[s(x_v)\sqrt{P_2 - P_r} + s(-x_v)\sqrt{P_s - P_2} \right] \tag{12.5}$$

式中，$k_q = C_d w\sqrt{2/\rho}$，且 $s(\bullet)$ 定义为

$$s(\bullet) = \begin{cases} 1, & \bullet \geqslant 0 \\ 0, & \bullet < 0 \end{cases} \tag{12.6}$$

式中，C_d 是流量系数；w 为阀芯面积梯度；ρ 为油液密度；P_s 是供油压力；P_r 是回油压力。

由于采用的是高性能的伺服阀，所以忽略伺服阀阀芯的动态，假设作用于阀芯的控制输入 u 和阀芯位移呈比例关系，即 $x_v = k_i u$，其中 k_i 是正数，u 为输入电压。因此，式(12.5)可写为

$$Q_1 = gu \left[s(u)\sqrt{P_s - P_1} + s(-u)\sqrt{P_1 - P_r} \right]$$

$$Q_2 = gu \left[s(u)\sqrt{P_2 - P_r} + s(-u)\sqrt{P_s - P_2} \right] \tag{12.7}$$

式中，$g = k_q k_i$。

基于式(12.3)、式(12.4)和式(12.7)，转矩控制系统的动态方程可描述为

$$
\dot{T} = \left(\frac{R_1}{V_1} + \frac{R_2}{V_2} \right) A\beta_e g u - \left(\frac{1}{V_1} + \frac{1}{V_2} \right) \beta_e A^2 \dot{y}
$$

$$
- \left(\frac{1}{V_1} + \frac{1}{V_2} \right) A\beta_e C_t P_L - B\ddot{y} - A_f \dot{S}_f(\dot{y}) - \tilde{d}(t, y, \dot{y}) \tag{12.8}
$$

式中，$\tilde{d}(t, y, \dot{y}) \overset{\text{def}}{=} \dot{\tilde{f}}(t, y, \dot{y})$，且 R_1 和 R_2 定义为

$$
R_1 = s(u)\sqrt{P_s - P_1} + s(-u)\sqrt{P_1 - P_r} > 0
$$

$$
R_2 = s(u)\sqrt{P_2 - P_r} + s(-u)\sqrt{P_s - P_2} > 0 \tag{12.9}
$$

为便于控制器设计，对于任意的转矩轨迹跟踪，有如下合理假设。

假设 12.1　期望的转矩指令 $T_d(t)$ 是一阶连续可微的，且指令 $T_d(t)$ 及其一阶导数是有界的。运动干扰 $y, \dot{y}, \ddot{y}$ 都是有界的。

给定期望的转矩指令 $T_d(t)$，控制器的设计目标是设计有界的控制输入 u 使得输出转矩 T 能在各种建模不确定性的情况下尽可能地跟踪 $T_d(t)$。

12.1.2　自适应鲁棒力控制器设计

1. 设计模型及待解决的问题

一般来说，参数 B, A_f, β_e, C_t 和 g 的变化，将使得系统存在参数不确定性。为简化系统方程，定义未知常值参数矢量 $\theta = [\theta_1, \theta_2, \theta_3, \theta_4, \theta_5]^T$，其中 $\theta_1 = \beta_e g$，$\theta_2 = \beta_e$，$\theta_3 = \beta_e C_t$，$\theta_4 = B$，$\theta_5 = A_f$。因此，方程(12.8)可写为

$$
\dot{T} = \theta_1 f_1 u - \theta_2 f_2 - \theta_3 f_3 - \theta_4 \ddot{y} - \theta_5 \dot{S}_f(\dot{y}) - \tilde{d} \tag{12.10}
$$

式中，非线性函数 f_1, f_2, f_3 定义为

$$
f_1(P_1, P_2, y) = \left(\frac{R_1}{V_1} + \frac{R_2}{V_2} \right) A
$$

$$
f_2(y, \dot{y}) = \left(\frac{1}{V_1} + \frac{1}{V_2} \right) A^2 \dot{y} \tag{12.11}
$$

$$
f_3(P_1, P_2, y) = \left(\frac{1}{V_1} + \frac{1}{V_2} \right) A P_L
$$

由于 y 是作动器位移，结合式(12.9)及假设 12.1，有如下不等式恒成立：

$$
f_1(P_1, P_2, y) > 0, \quad \forall y, P_1, P_2 \tag{12.12}
$$

尽管不知道未知参数矢量 θ 的真值，但是对于大多数应用场合，参数不确定性和

不确定性非线性的范围是已知的。因此，有如下的合理假设。

假设 12.2　参数不确定性和不确定性非线性满足：

$$\theta \in \Omega_\theta \stackrel{\text{def}}{=} \{\theta : \theta_{\min} \leqslant \theta \leqslant \theta_{\max}\}$$
$$|\tilde{d}(t, y, \dot{y})| \leqslant \delta_d(t, y, \dot{y}) \tag{12.13}$$

式中，$\theta_{\min} = [\theta_{1\min}, \cdots, \theta_{5\min}]^{\text{T}}$，$\theta_{\max} = [\theta_{1\max}, \cdots, \theta_{5\max}]^{\text{T}}$ 和 δ_d 都是已知的。

2. 不连续的投影映射

令 $\hat{\theta}$ 表示对系统未知参数 θ 的估计，$\tilde{\theta}$ 为参数估计误差，即 $\tilde{\theta} = \hat{\theta} - \theta$，结合式(12.13)，定义如下的不连续映射：

$$\text{Proj}_{\hat{\theta}}(\bullet_i) = \begin{cases} 0, & \hat{\theta}_i = \theta_{i\max} \text{ 且 } \bullet_i > 0 \\ 0, & \hat{\theta}_i = \theta_{i\min} \text{ 且 } \bullet_i < 0 \\ \bullet_i, & \text{其他} \end{cases} \tag{12.14}$$

式中，$i = 1, \cdots, 5$。

在式(12.14)中，$\bullet_i$ 表示向量 $\bullet$ 的第 i 个元素，而两向量间的符号<表示各向量元素间的小于关系。给定如下的自适应律：

$$\dot{\hat{\theta}} = \text{Proj}_{\hat{\theta}}(\Gamma\tau), \quad \hat{\theta}(0) \in \Omega_\theta \tag{12.15}$$

式中，$\Gamma > 0$ 为正定对角自适应增益矩阵；τ 为参数自适应函数，并在后续的控制器设计中给出其具体的形式。对于任意的自适应函数 τ，不连续映射(12.15)具有如下性质：

$$\textbf{(P1)} \quad \hat{\theta} \in \Omega_{\hat{\theta}} \stackrel{\text{def}}{=} \left\{\hat{\theta} : \theta_{\min} \leqslant \hat{\theta} \leqslant \theta_{\max}\right\} \tag{12.16}$$

$$\textbf{(P2)} \quad \tilde{\theta}^{\text{T}}(\Gamma^{-1}\text{Proj}_{\hat{\theta}}(\Gamma\tau) - \tau) \leqslant 0, \quad \forall \tau$$

3. 控制器设计

定义如下的李雅普诺夫函数：

$$V(t) = \frac{1}{2}e^2 \tag{12.17}$$

式中，$e = T - T_d$ 是跟踪误差，其时间导数可写为

$$\dot{e} = \theta_1 f_1 u - \theta_2 f_2 - \theta_3 f_3 - \theta_4 \ddot{y} - \theta_5 \dot{S}_f(\dot{y}) - \dot{T}_d - \tilde{d} \tag{12.18}$$

因此可设计非线性自适应鲁棒控制律 u 使得跟踪误差 e 收敛到零或者一个很小的值且具有确定的暂态性能。所设计的控制律为[1]

$$u = u_m + u_r$$

$$u_m = \frac{1}{\hat{\theta}_1 f_1}[\hat{\theta}_2 f_2 + \hat{\theta}_3 f_3 + \hat{\theta}_4 \ddot{y} + \hat{\theta}_5 \dot{S}_f(\dot{y}) + \dot{T}_d] \tag{12.19}$$

$$u_r = \frac{-ke + u_s}{f_1}$$

式中，u_m 是通过式(12.15)给出的在线参数自适应律的自适应模型补偿项；k 是正的反馈增益；u_s 是非线性鲁棒项用于克服模型不确定性对跟踪性能的影响。

基于控制器(12.19)，函数 V 对时间的导数为

$$\dot{V} = e\dot{e} = -\theta_1 ke^2 + e(\theta_1 u_s - \tilde{\theta}^{\mathrm{T}} \varphi - \tilde{d}) \tag{12.20}$$

式中，回归器 φ 定义为

$$\varphi = [f_1 u_m, -f_2, -f_3, -\ddot{y}, -\dot{S}_f(\dot{y})]^{\mathrm{T}} \tag{12.21}$$

对于鲁棒项 u_s 的设计，需满足如下的条件：

$$e(\theta_1 u_s - \tilde{\theta}^{\mathrm{T}} \varphi - \tilde{d}) \leqslant \varepsilon \tag{12.22}$$

$$eu_s \leqslant 0 \tag{12.23}$$

式中，ε 代表给定的鲁棒精度，且为可任意小的正的设计参数。

可采用许多方法选择鲁棒项 u_s 使其满足条件(12.22)和(12.23)，这里给出一个设计实例。

令函数 h 满足如下条件：

$$h \geqslant \| \theta_M \|^2 \| \varphi \|^2 + \delta_d^2 \tag{12.24}$$

式中，$\theta_M = \theta_{\max} - \theta_{\min}$。$u_s$ 可选取为

$$u_s = -k_s e \stackrel{\mathrm{def}}{=} -\frac{h}{2\theta_{1\min}\varepsilon} e \tag{12.25}$$

式中，k_s 为正的非线性增益。则此 u_s 满足条件(12.22)和(12.23)。

证明 由式(12.24)可知 $h > 0$，因此 u_s 显然满足条件(12.23)。下面证明 u_s 也满足条件(12.22)。将式(12.25)代入式(12.22)左侧并记为变量 $\varXi$，则有

$$\varXi \stackrel{\mathrm{def}}{=} e(\theta_1 u_s - \tilde{\theta}^{\mathrm{T}} \varphi - \tilde{d}) = -\frac{h}{2\theta_{1\min}\varepsilon}\theta_1 e^2 - \tilde{\theta}^{\mathrm{T}}\varphi e - \tilde{d}e \tag{12.26}$$

利用假设 12.2 有

$$-\frac{\theta_1 h}{2\theta_{1\min}\varepsilon}e^2 - \tilde{\theta}^{\mathrm{T}}\varphi e - \tilde{d}e \leqslant -\frac{h}{2\varepsilon}e^2 + \| \tilde{\theta}^{\mathrm{T}}\varphi \| | e | + \delta_d | e | \tag{12.27}$$

结合函数 h 的定义可得

$$\Xi \leqslant \underbrace{-\frac{1}{2}\frac{\|\theta_M\|^2\|\varphi\|^2}{\varepsilon}e^2+\|\tilde{\theta}^{\mathrm{T}}\varphi\|\,|e|}_{\text{part1}}\underbrace{-\frac{1}{2}\frac{\delta_d^2e^2}{\varepsilon}+\delta_d\,|e|}_{\text{part2}} \tag{12.28}$$

利用杨氏不等式可得

$$\Xi \leqslant \underbrace{\frac{1}{2}\varepsilon}_{\text{part1}}+\underbrace{\frac{1}{2}\varepsilon}_{\text{part2}}=\varepsilon \tag{12.29}$$

因此满足条件(12.22)。

4. 主要结论

定理 12.1　使用不连续映射自适应律(12.15)及自适应函数 $\tau=\varphi e$，所提出的自适应鲁棒控制律(12.19)可保证如下性能。

A. 闭环信号中所有信号都是有界的，且正定函数 V 满足如下不等式：

$$V(t) \leqslant \exp(-\lambda t)V(0)+\frac{\varepsilon}{\lambda}[1-\exp(-\lambda t)] \tag{12.30}$$

式中，$\lambda=2\theta_{1\min}k$ 是指数收敛速率。

B. 如果在某一时刻 t_0 之后，系统只存在参数不确定性，即 $\tilde{d}=0$，那么除了结论 A，还可获得渐近跟踪的性能，即当 $t\to\infty$ 时，$e\to0$。

证明　由式(12.20)和不等式(12.22)可知，函数 V 对时间的导数满足：

$$\dot{V} \leqslant -\theta_1 ke^2+\varepsilon \tag{12.31}$$

结合 λ 的定义可得

$$\dot{V} \leqslant -\lambda V+\varepsilon \tag{12.32}$$

因此由对比原理可得不等式(12.30)。因此，跟踪误差 e 有界，所以 T, f_1, f_2, f_3 和 φ 都是有界的。根据式(12.16)中的性质 P1 和假设 12.2 可知，未知参数 θ 的估计有界，故控制输入 u 有界，因此证明了结论 A。

下面考虑结论 B。定义如下的李雅普诺夫函数：

$$V_s=V+\frac{1}{2}\tilde{\theta}^{\mathrm{T}}\Gamma^{-1}\tilde{\theta} \tag{12.33}$$

由于未知参数 θ 是常值，所以有

$$\dot{\tilde{\theta}}=\dot{\hat{\theta}}-\dot{\theta}=\dot{\hat{\theta}} \tag{12.34}$$

因此函数 V_s 对时间的导数为

$$\dot{V}_s=\dot{V}+\tilde{\theta}^{\mathrm{T}}\Gamma^{-1}\dot{\hat{\theta}} \tag{12.35}$$

根据式(12.20)和条件(12.23)可得

$$\dot{V}_s = -\theta_1 ke^2 + e(\theta_1 u_s - \tilde{\theta}^{\mathrm{T}}\varphi) + \tilde{\theta}^{\mathrm{T}}\Gamma^{-1}\dot{\hat{\theta}}$$

$$\leqslant -\theta_1 ke^2 + \tilde{\theta}^{\mathrm{T}}(\Gamma^{-1}\dot{\hat{\theta}} - \varphi e) \tag{12.36}$$

结合 τ 的定义和式(12.16)中的性质 P2，可得

$$\dot{V}_s \leqslant -\theta_1 ke^2 \overset{\text{def}}{=\!=\!=} -W \tag{12.37}$$

这意味着 $V_s \leqslant V_s(0)$，因此 $W \in L_2$ 且 $V_s \in L_\infty$。由于所有信号都有界，根据式(12.18)易知 $\dot{W}$ 是有界的，故 W 一致连续。运用 Barbalat 引理可知，当 $t \to \infty$ 时，$W \to 0$，此隐含着结论 B。

$\blacklozenge$

根据式(12.30)和式(12.17)中函数 V 的定义可知，跟踪误差总是满足如下不等式：

$$|e| \leqslant \sqrt{2\exp(-\lambda t)V(0) + \frac{2\varepsilon}{\lambda}[1 - \exp(-\lambda t)]} \tag{12.38}$$

这意味着定理 12.1 中的结论 A 表明所提出的控制器可获得指数收敛速率为 λ 的指数收敛暂态性能，且最终的跟踪误差可通过确定的控制器参数进行调节；由式(12.30)可知，可通过提高增益 k 使得 λ 任意大，提高增益 k 或者减小参数 ε 使最终的跟踪误差 ε/λ 任意小。这样确定的暂态性能对于电液系统的控制特别重要，因为系统运行的时间有限。定理 12.1 中的结论 B 表明通过参数自适应的过程可减小系统的参数不确定性，并提升系统性能。

对于鲁棒控制律(12.25)，有以下两种执行所需鲁棒项的方法。第一种方法是选取一组值 $\theta_M, \|\varphi\|, \delta_d$ 和 ε 以计算式(12.25)的右侧部分，因此式(12.25)得以满足，以确保全局的稳定性和跟踪精度。这种方法是严格的且应该是首选的方法，但是由于需要大量的计算时间来计算 h 的下界，大大增加了最终控制律的复杂性。第二种方法是简单选取足够大的 k_s 而不用担心 $\theta_M, \|\varphi\|, \delta_d$ 和 ε 的具体值。通过 k_s 的选取，式(12.25)将得以满足。本节采用第二种方法，不仅减少了在线计算的时间，也有益于实际执行中的增益调节。

12.1.3　仿真验证

为说明上述设计过程，进行如下的仿真。电液负载模拟器物理参数值为 $A = 2\times10^{-4}\mathrm{m}^3/\mathrm{rad}$，$B=80\mathrm{N}\cdot\mathrm{m}\cdot\mathrm{s}/\mathrm{rad}$，$\beta_e=2\times10^8\mathrm{Pa}$，$C_t=9\times10^{-12}\mathrm{m}^5/(\mathrm{N}\cdot\mathrm{s})$，$g=4\times10^{-8}\mathrm{m}^4/(\mathrm{s}\cdot\mathrm{V}\cdot\sqrt{\mathrm{N}})$，$P_s= 21\times10^6\mathrm{Pa}$，$P_r=0\mathrm{Pa}$，$V_{01}=V_{02}=1.7\times10^{-4}\mathrm{m}^3$，$A_f=80\mathrm{N}\cdot\mathrm{m}$，$S_f=2\arctan(10\dot{y})/\pi$。因此，参数 θ 的真值为 $\theta= [8, 2\times10^8, 1.8\times10^{-3}, 80, 800]^{\mathrm{T}}$，不确定性非线性项 $\tilde{d} = 0$。飞机作动系统与电液负载模拟器具有相同的物理参数值，另外还有用于模拟运动干扰的惯

性负载 J=0.32kg·m^2。

控制器参数选取如下：反馈增益为 K=k+k_s=100；参数不确定性的范围为 θ_{max}=$[10, 3\times10^8, 3\times10^{-3}, 100, 100]^T$，$\theta_{min}$=$[6, 1\times10^8, 1\times10^{-3}, 60, 60]^T$。参数 θ 的初始估计值 $\theta(0)$=θ_{min}，满足式(12.13)但与其真值相差较大以检验参数不确定性的影响。自适应增益 Γ=diag$\{6\times10^{-4}, 1\times10^{11}, 3\times10^{-11}, 20, 200\}$。仿真的采样时间为 0.5ms。

为检验所提出控制器的名义跟踪性能，首先对运动干扰与转矩轨迹同频率的情况进行仿真。期望跟踪的转矩轨迹为 T_d=$1000\sin(3.14t)[1-\exp(-0.5t^3)]$N·m，运动干扰给定为 y=$0.2\sin(3.14t)[1-\exp(-0.5t^3)]$rad。转矩跟踪性能和控制输入分别如图 12.2 和图 12.3 所示。由图 12.2 可知，所提出的控制器获得了非常小的跟踪误差，且过了初始阶段以后，跟踪误差逐渐收敛至零，验证了所提出自适应律的优异性能。参数估计的过程如图 12.4 所示。由于自适应律(12.15)是直接自适应，不能保证参数估计收敛到其真值，故图中参数收敛并不是很好，因此参数估计在后面的实验对比结果中没有体现。此外，从参数 θ_5 的估计可知，在初始阶段，其自适应估计由给定的范围进行控制，这就是在自适应过程中加入不连续投影映射(12.14)的目的。由图 12.3 可知，总的控制输入 u 主要由自适应模型补偿项 u_m 构成。尽管电液负载模拟器中存在运动干扰，但是所提出的控制器获得了精确的结构信息并自适应这些结构的幅值，因此依然可以使跟踪误差非常小。

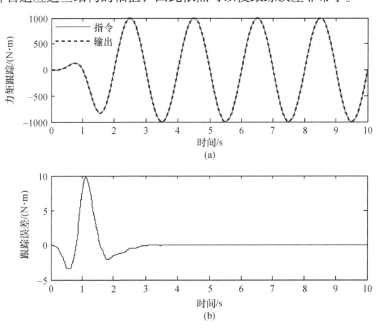

图 12.2　同频率干扰下的跟踪性能

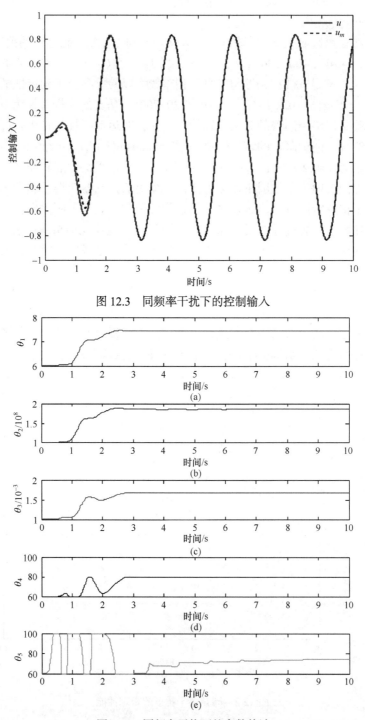

图 12.3　同频率干扰下的控制输入

图 12.4　同频率干扰下的参数估计

为进一步检验不同运动干扰频率情况下的跟踪性能，给定的运动轨迹变为 $y=0.349\sin(6.28t)[1-\exp(-0.5t^3)]$rad。在这种条件下，电液负载模拟器的跟踪性能及控制输入分别如图 12.5 和图 12.6 所示。尽管运动干扰增大了很多，但是跟踪误差只稍微大了一些，并在初始阶段后收敛到很小的水平，证明了所提出的自适应鲁棒力控制器的有效性。

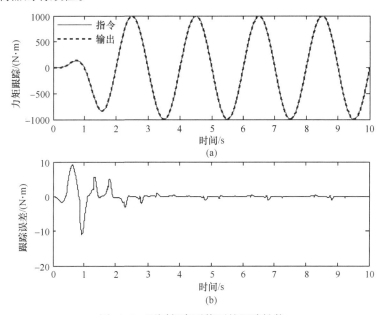

图 12.5　不同频率干扰下的跟踪性能

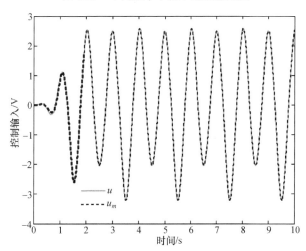

图 12.6　不同频率干扰下的控制输入

12.2　电液负载模拟器高动态自适应鲁棒输出反馈控制

12.2.1　系统模型与问题描述

考虑转矩输出方程为

$$T = P_L D_m - f \tag{12.39}$$

式中，T，P_L，D_m，f 分别表示转矩输出、马达两腔负载压力、双片式液压马达的排量、负载模拟器中的摩擦力以及未建模干扰。

由于回转马达在静载条件下不运动，所以马达的转速为零，故腔室的压力动态方程可写为

$$\dot{P}_L = \frac{4\beta_e}{V_t}[-q_L + Q_L] \tag{12.40}$$

式中，V_t 为马达两腔总控制容积；β_e 为有效油液弹性模量；q_L 为马达的内泄漏流量；Q_L 为负载流量且与伺服阀阀芯位移 x_v 有如下关系：

$$Q_L = k_v x_v \sqrt{P_s - \text{sign}(x_v)P_L} \tag{12.41}$$

式中，k_v 为阀的流量增益且定义为

$$k_v = C_d w \sqrt{\frac{1}{\rho}} \tag{12.42}$$

其中 C_d 为流量系数，w 为滑阀面积梯度，ρ 为油液密度；P_s 为供油压力；$\text{sign}(\bullet)$ 为符号函数。

由于采用的是高响应的伺服阀，所以忽略伺服阀动态，假设作用于伺服阀的控制输入与阀芯位移呈比例关系，即 $x_v = k_i u$，其中 k_i 为正数，u 为输入电压。因此，式(12.41)可写为

$$Q_L = k_q u \sqrt{P_s - \text{sign}(u)P_L} \tag{12.43}$$

式中，$k_q = k_i k_v$。

基于前文分析，建立内泄漏模型为

$$q_L = c_1 P_L^2 + c_2 P_L + c_3 \tag{12.44}$$

结合式(12.39)、式(12.40)、式(12.43)和式(12.44)可知，转矩控制系统动态为

$$\dot{T} = \frac{4\beta_e D_m k_q}{V_t} \sqrt{P_s - \text{sign}(u)P_L}\, u - \frac{4\beta_e D_m}{V_t} q_L - \Delta \tag{12.45}$$

式中，$\Delta \stackrel{\text{def}}{=} \dot{f}$。

由式(12.45)可知，需要对摩擦力 f 进行微分。尽管对于摩擦的建模一般都是建成不连续的函数，但是仍然存在一些连续的摩擦模型，并运用摩擦的微分进行先进控制器的设计。

12.2.2　自适应鲁棒力控制器设计

1. 设计模型及待解决的问题

一般来说，参数 $\beta_e, c_1, c_2, c_3, k_q$ 等的变化将使得系统存在参数不确定性。为简化系统方程，定义未知常值参数矢量 $\theta=[\theta_1, \theta_2, \theta_3, \theta_4]^T$，其中 $\theta_1=4\beta_e k_q D_m/V_t$，$\theta_2=4\beta_e c_1 D_m/V_t$, $\theta_3=4\beta_e c_2 D_m/V_t$, $\theta_4=4\beta_e c_3 D_m/V_t$，因此式(12.45)可写为

$$\dot{T} = \theta_1\sqrt{P_s - \text{sign}(u)P_L}\,u - \theta_2 P_L^2 - \theta_3 P_L - \theta_4 - \Delta \qquad (12.46)$$

对于大多数的应用场合，参数不确定性和不确定性非线性的范围已知。因此，有如下的假设。

假设 12.3　参数不确定性 θ 和不确定性非线性 f 及 Δ 满足：

$$\theta \in \Omega_\theta \stackrel{\text{def}}{=} \{\theta : \theta_{\min} \leqslant \theta \leqslant \theta_{\max}\}$$
$$|f| \leqslant F_s \qquad (12.47)$$
$$\Delta \leqslant \delta$$

式中，$\theta_{\min}= [\theta_{1\min},\cdots,\theta_{4\min}]^T$，$\theta_{\max}= [\theta_{1\max},\cdots,\theta_{4\max}]^T$，$\delta$ 和 F_s 都是已知的。

2. 不连续投影映射及参数自适应

令 $\hat{\theta}$ 表示对系统未知参数 θ 的估计，$\tilde{\theta}$ 为参数估计误差，即 $\tilde{\theta}=\hat{\theta}-\theta$，结合式(12.13)，定义如下的不连续映射：

$$\text{Proj}_{\hat{\theta}}(\bullet_i) = \begin{cases} 0, & \hat{\theta}_i = \theta_{i\max} \ \text{且}\ \bullet_i > 0 \\ 0, & \hat{\theta}_i = \theta_{i\min} \ \text{且}\ \bullet_i < 0 \\ \bullet_i, & \text{其他} \end{cases} \qquad (12.48)$$

式中，$i =1,\cdots,4$。

给定如下的自适应律：

$$\dot{\hat{\theta}} = \text{Proj}_{\hat{\theta}}(\Gamma\tau), \ \theta_{\min} \leqslant \hat{\theta}(0) \leqslant \theta_{\max} \qquad (12.49)$$

式中，$\Gamma>0$ 为正定对角自适应增益矩阵；τ 为参数自适应函数，并在后续的控制器设计中给出其具体的形式。对于任意的自适应函数 τ，不连续映射(12.15)具有如下性质：

$$\textbf{(P1)} \quad \hat{\theta} \in \Omega_{\hat{\theta}} \stackrel{\text{def}}{=\!=} \left\{ \hat{\theta} : \theta_{\min} \leqslant \hat{\theta} \leqslant \theta_{\max} \right\} \tag{12.50}$$

$$\textbf{(P2)} \quad \tilde{\theta}^{\text{T}} (\Gamma^{-1} \text{Proj}_{\hat{\theta}}(\Gamma \tau) - \tau) \leqslant 0, \quad \forall \tau$$

此性质的证明过程与引理 3.1 的证明过程完全相同, 故在此省略。

3. 控制器设计

定义如下的李雅普诺夫函数:

$$V(t) = \frac{1}{2} e^2 \tag{12.51}$$

式中, $e = T - T_d$ 为转矩跟踪误差, 其对时间的导数为

$$\dot{e} = \theta_1 \sqrt{P_s - \text{sign}(u) P_L} \, u - \theta_2 P_L^2 - \theta_3 P_L - \theta_4 - \dot{T}_d - \Delta \tag{12.52}$$

按照自适应鲁棒控制器的设计步骤, 如果系统中安装有压力传感器, 即可获得负载压力信号 P_L, 则设计得到的控制律为

$$u = \frac{1}{\sqrt{P_s - \text{sign}(u) P_L}} (u_m + u_r)$$

$$u_m = \frac{1}{\hat{\theta}_1} [\hat{\theta}_2 P_L^2 + \hat{\theta}_3 P_L + \hat{\theta}_4 + \dot{T}_d] \tag{12.53}$$

$$u_r = -ke + u_{s1}$$

式中, k 为正的反馈增益, u_{s1} 为满足如下条件的非线性鲁棒项:

$$e(\theta_1 u_{s1} - \tilde{\theta}^{\text{T}} \varphi - \Delta) \leqslant \varepsilon_1$$
$$e u_{s1} \leqslant 0 \tag{12.54}$$

式中, ε_1 是正的可任意小的设计参数, 且表示给定的鲁棒精度。

基于控制器(12.53), 函数 V 对时间的导数为

$$\dot{V} = e \dot{e} = -\theta_1 k e^2 + e(\theta_1 u_{s1} - \tilde{\theta}^{\text{T}} \varphi - \Delta) \tag{12.55}$$

式中, 回归器 φ 定义为

$$\varphi = [u_m, -P_L^2, -P_L, -1]^{\text{T}} \tag{12.56}$$

定理 12.2　采用自适应律(12.49)及自适应函数 $\tau = \varphi e$, 所提出的自适应鲁棒控制器(12.53)可保证如下性能。

A. 闭环信号中所有信号都是有界的, 且正定函数 V 满足如下不等式:

$$V(t) \leqslant \exp(-\lambda t) V(0) + \frac{\varepsilon_1}{\lambda} [1 - \exp(-\lambda t)] \tag{12.57}$$

式中, $\lambda = 2\theta_{1\min} k$ 是指数收敛速率。

B. 如果在某一时刻 t_0 之后，系统只存在参数不确定性，即 $\Delta = 0$，那么除了结论 A，还可获得渐近跟踪的性能，即当 $t \to \infty$ 时，$e \to 0$。

证明　根据式(12.55)，利用式(12.54)中的第一个条件可得

$$\dot{V} \leqslant -\theta_1 k e^2 + \varepsilon_1 \tag{12.58}$$

基于 λ 的定义可得

$$\dot{V} \leqslant -\lambda V + \varepsilon_1 \tag{12.59}$$

进而根据对比原理可得到式(12.57)中的结论。

下面证明结论 B，当 $\Delta = 0$ 时，选取正定函数 V_s 为

$$V_s = V + \frac{1}{2} \tilde{\theta}^{\mathrm{T}} \Gamma^{-1} \tilde{\theta} \tag{12.60}$$

根据式(12.55)并运用式(12.54)中的第二个条件，以及自适应函数 τ 的定义可得函数 V_s 对时间的导数为

$$\begin{aligned}
\dot{V}_s &= \dot{V} + \tilde{\theta}^{\mathrm{T}} \Gamma^{-1} \dot{\tilde{\theta}} = -\theta_1 k e^2 + e(\theta_1 u_{s1} - \tilde{\theta}^{\mathrm{T}} \varphi) + \tilde{\theta}^{\mathrm{T}} \Gamma^{-1} \dot{\tilde{\theta}} \\
&\leqslant -\theta_1 k e^2 + \tilde{\theta}^{\mathrm{T}} \Gamma^{-1} (\dot{\tilde{\theta}} - \Gamma \tau)
\end{aligned} \tag{12.61}$$

由式(12.50)中的性质 P2 可得

$$\dot{V}_s \leqslant W \tag{12.62}$$

式中，$W = -\theta_1 k e^2$。因此，$W \in L_2$ 且 $V_s \in L_\infty$。由于闭环系统所有信号都是有界的，根据式(12.52)易知 $\dot{W}$ 有界，所以函数 W 一致连续。运用 Barbalat 引理可得，当 $t \to \infty$ 时，$W \to 0$，此隐含着定理 12.2 中的结论 B。

$$\blacklozenge$$

4. 改进后的控制器设计

如上所述，由式(12.53)中的控制器可知，控制输入信号依赖于负载压力信号 P_L。但是通常负载模拟器只装有转矩传感器，而并没有配备压力传感器来测量信号 P_L。另外，即使安装了压力传感器也并不意味着跟踪性能尤其是高频跟踪控制的性能可以得到很大的提升，这是因为压力信号中存在的强测量噪声会对跟踪性能产生不利影响。

为了在不用到压力传感器的条件下实现负载模拟器的高性能跟踪控制，对以上设计的控制器进行了一些易于实验实现的改进。静载条件下，根据式(12.39)可作如下近似：

$$P_F \approx P_L \tag{12.63}$$

式中，$P_F = T / D_m$。

系统方程(12.46)可写为

$$\dot{T} = \theta_1 \sqrt{P_s - \text{sign}(u)P_F}\, u - \theta_2 P_F^2 - \theta_3 P_F - \theta_4 - \tilde{d} \tag{12.64}$$

式中，$\tilde{d}$ 表示建模误差 f、Δ 和由式(12.63)引起的近似误差的总效应。在实际的工作条件下，非线性项 $\tilde{d}$ 是有界的且满足：

$$|\tilde{d}| \leqslant F(t) \tag{12.65}$$

式中，$F(t)$ 是连续有界的未知函数。

基于式(12.64)及有界条件(12.65)，改进控制器(12.53)为[2]

$$u = \frac{1}{\sqrt{P_s - \text{sign}(u)P_F}}(u_m + u_r)$$

$$u_m = \frac{1}{\hat{\theta}_1}[\hat{\theta}_2 P_F^2 + \hat{\theta}_3 P_F + \hat{\theta}_4 + \dot{T}_d] \tag{12.66}$$

$$u_r = -ke + u_{s2}$$

式中，u_{s2} 为非线性鲁棒项且满足如下条件：

$$e(\theta_1 u_{s2} - \tilde{\theta}^{\text{T}} \varphi_F - \tilde{d}) \leqslant \varepsilon_2 + \varepsilon_2 F^2(t) \tag{12.67}$$

$$e u_{s2} \leqslant 0 \tag{12.68}$$

式中，ε_2 是正的可任意小的设计参数，φ_F 是回归器且定义为

$$\varphi_F = [u_m, -P_F^2, -P_F, -1]^{\text{T}} \tag{12.69}$$

选取鲁棒项 u_{s2} 以满足条件(12.67)有多种方法，下面给出一个例子。

引理 12.1　令 h 为任意光滑的函数满足条件：

$$h \geqslant \| \theta_M \|^2 \| \varphi_F \|^2 \tag{12.70}$$

式中，$\theta_M = \theta_{\max} - \theta_{\min}$。$u_{s2}$ 可选取为

$$u_{s2} = -k_s e \overset{\text{def}}{=\!=} -\frac{h+1}{4\theta_{1\min}\varepsilon_2} e \tag{12.71}$$

式中，k_s 是正的非线性反馈增益。可以证明，条件(12.67)和(12.68)是满足的。

证明　条件(12.68)显然满足，因此省略其证明过程。下面证明条件(12.67)是满足的。将式(12.71)代入式(12.67)左侧并记为变量 $\varXi$，则有

$$\varXi \overset{\text{def}}{=\!=} e(\theta_1 u_{s2} - \tilde{\theta}^{\text{T}} \varphi_F - \tilde{d}) = -\frac{h+1}{4\theta_{1\min}\varepsilon_2}\theta_1 e^2 - \tilde{\theta}^{\text{T}} \varphi_F e - \tilde{d}e \tag{12.72}$$

根据式(12.65)及假设 12.3，结合函数 h 的定义可得

$$\varXi \leqslant -\frac{\| \theta_M \|^2 \| \varphi_F \|^2}{4\varepsilon_2} e^2 + \| \theta_M \| \| \varphi_F \| |e| - \frac{1}{4\varepsilon_2}e^2 + F^2(t)|e| \tag{12.73}$$

$$\leqslant \varepsilon_2 + \varepsilon_2 F^2(t)$$

因此条件(12.67)是满足的。

基于改进的控制器(12.66)，有如下的性能定理。

定理 12.3 采用自适应律(12.49)及自适应函数 $\tau = \varphi_F e$，所提出的自适应鲁棒控制器(12.66)可保证如下性能。

A. 闭环信号中所有信号都是有界的，且正定函数 V 满足如下不等式：

$$V(t) \leqslant \exp(-\lambda t)V(0) + \varepsilon_2 \frac{1 + \|F\|_\infty^2}{\lambda}[1 - \exp(-\lambda t)] \tag{12.74}$$

B. 如果在某一时刻 t_0 之后，系统只存在参数不确定性，即 $\Delta = 0$，那么除了结论 A，还可获得渐近跟踪的性能，即当 $t \to \infty$ 时，$e \to 0$。

证明 运用改进的控制律(12.66)可得

$$\dot{V} = e\dot{e} = -\theta_1 ke^2 + e(\theta_1 u_{s2} - \tilde{\theta}^{\mathrm{T}}\varphi_F - d) \tag{12.75}$$
$$\leqslant -\lambda V + \varepsilon_2 + \varepsilon_2 F^2(t)$$

对式(12.75)两边积分可得

$$V(t) \leqslant \exp(-\lambda t)V(0) + \int_0^t \exp(t - v)(\varepsilon_2 + \varepsilon_2 F^2(v))\mathrm{d}v \tag{12.76}$$
$$\leqslant \exp(-\lambda t)V(0) + \frac{\varepsilon_2[1 + \|F(t)\|_\infty^2]}{\lambda}[1 - \exp(-\lambda t)]$$

所以跟踪误差 e 有界。根据前述的假设及结论易知，闭环系统所有信号都有界。因此，结论 A 得证。

下面证明结论 B，函数 V_s 对时间的导数为

$$\dot{V}_s = \dot{V} + \tilde{\theta}^{\mathrm{T}}\Gamma^{-1}\dot{\tilde{\theta}} = -\theta_1 ke^2 + e(\theta_1 u_{s2} - \tilde{\theta}^{\mathrm{T}}\varphi_F) + \tilde{\theta}^{\mathrm{T}}\Gamma^{-1}\dot{\tilde{\theta}} \tag{12.77}$$
$$\leqslant -\theta_1 ke^2 + \tilde{\theta}^{\mathrm{T}}\Gamma^{-1}(\dot{\tilde{\theta}} - \tau_F)$$

利用式(12.50)中的性质 P2 可得

$$\dot{V}_s \leqslant -W \tag{12.78}$$

按照定理 12.2 中结论 B 的分析步骤，易知定理 12.3 的结论 B 是成立的。

对比定理 12.3 和定理 12.2 得到的结果可知，改进的控制律(12.66)仍可获得收敛速度为 λ 的预设性能及可通过确定的控制器参数以确定形式进行调节的稳态跟踪误差；收敛速度 λ 可任意大，且稳态跟踪误差 $e(\infty)$ 可通过增大增益 k 或减小参数 ε_2 变得任意小。定理 12.3 的结论 B 表示参数自适应律可削弱系统的参数不确定性并提升跟踪性能。

对于鲁棒控制律(12.71)，有以下两种执行所需鲁棒项的方法。第一种方法是

选取一组值以计算式(12.70)的右侧部分,因此式(12.67)得以满足以确保全局的稳定性和跟踪精度。这种方法是严格的且应该是首选的方法,但是由于需要大量的计算时间来计算 h 的下界,大大增加了最终控制律的复杂性。第二种方法是简单地选取足够大的 k_s 而不用担心 θ_M、$\|\varphi_F\|$ 和 ε 的具体值。通过 k_s 的选取,式(12.25)将得以满足。通过这样的简化,式(12.66)中的反馈项 u_r 可表示成 $u_r = -ke$,其中 k 为足够大的反馈增益。本节采用第二种方法,不仅减少了在线计算的时间,也有益于实际执行中的增益调节。

12.2.3　实验验证

1. 实验装置

实验装置的一些技术参数见表 12.1。

表 12.1　实验装置技术参数

参数	数值
$D_m/(\text{m}^3/\text{rad})$	1.2×10^{-4}
V_t/m^3	3.3×10^{-4}
$k_q/(\text{m}^4/(\text{s}\cdot\text{V}\cdot\sqrt{\text{N}}))$	2.394×10^{-8}
P_s/MPa	10

为证明所提出控制方法的有效性,下面对比三种不同的控制器。

(1) PID:比例积分微分控制器。控制器增益为 $k_P=1.6$, $k_I=20$, $k_D=0$。

(2) ARC:自适应鲁棒控制器(12.53)。其控制器参数为 $k=10$, $\Gamma=[4\times10^{-4}, 2\times10^{-24}, 8\times10^{-11}, 300]^{\text{T}}$;不确定参数的上下界为 $\theta_{\max}=[50, 1\times10^{-7}, 8\times10^{-3}, 0]^{\text{T}}$, $\theta_{\min}=[42, -1\times10^{-9}, -8\times10^{-3}, -3\times10^5]^{\text{T}}$;参数 θ 的初始估计值选为 $\hat{\theta}(0)=[44.89, -1.44\times10^{-10}, 5.2\times10^{-3}, -3.75\times10^4]^{\text{T}}$。

(3) MARC:改进的自适应鲁棒控制器(12.66)。其控制器参数与 ARC 相同。

为评估以上三种控制器的性能,采用如下指标:最大跟踪误差 M_e、平均跟踪误差 μ、跟踪误差的标准差 σ。

2. 实验结果

为验证所提出控制器的鲁棒性能,给定幅值为 1000N·m、频率为 1Hz 的标准正弦轨迹。实验的目的是验证当期望的轨迹缓慢变化时系统的跟踪性能,并洞察改进的控制器与具有压力传感器的控制器相比的性能损失。三种控制器的跟踪误差如图 12.7 所示。对应的性能指标见表 12.2。由表可知,在此缓慢跟踪的条件下,三种控制器都获得满意的性能，最差的是由 PID 获得的小于 5%的精度。MARC 的跟踪误差在加载方向改变或转矩过零时有一些毛刺。这是由于在这些时刻，式 (12.63)中由不确定性非线性引起的近似误差达到最大值。这些毛刺使得 MARC 的跟踪误差(3.7%)比 ARC(2%)的要大。但是 3.7%的跟踪精度对于负载模拟器执行任务已经足够。ARC 以额外且昂贵的压力传感器为代价获得高精度跟踪是不值得的。除了这些毛刺，MARC 的跟踪性能几乎和 ARC 一样，这可从表 12.2 中的平均跟踪误差性能指标 μ 看出。所提出的 ARC 和 MARC 在所有性能指标方面都优于 PID。ARC 和 MARC 的参数估计分别如图 12.8 和图 12.9 所示。使用信号 P_L 和 P_F 获得的参数估计的收敛过程几乎相同。

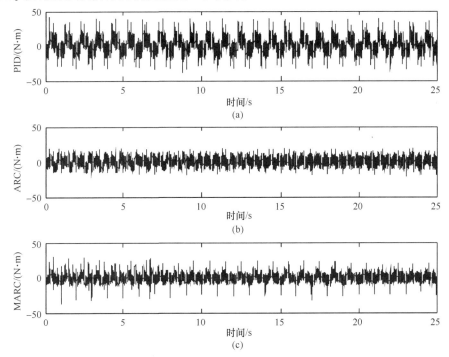

图 12.7　在 1Hz 正弦指令信号下的 PID、ARC 和 MARC 的跟踪误差

表 12.2　性能指标(1Hz)

控制器	M_e	μ	σ
PID	41.64	8.41	5.62
ARC	20.55	3.71	2.92
MARC	37.06	3.74	3.57

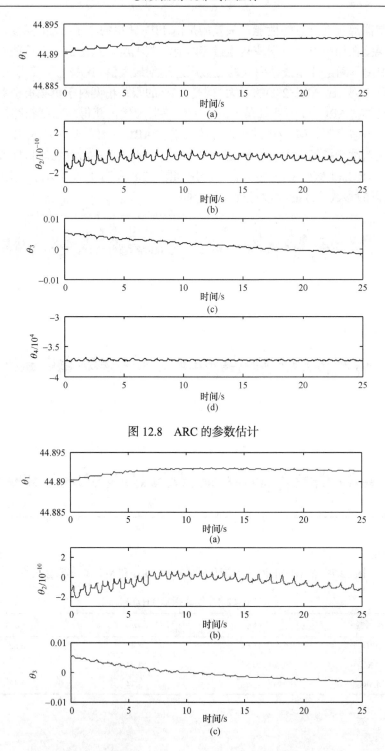

图 12.8 ARC 的参数估计

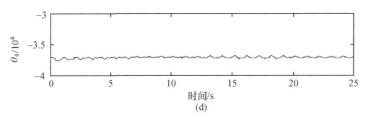

图 12.9　MARC 的参数估计

当期望轨迹的频率提高，如达到 10Hz 时，所提出控制器的优势逐渐体现。因为与 PID 相比，ARC 和 MARC 可获取负载模拟器的结构特性，并以前馈的方式进行补偿，因此有更快的响应性能。性能指标如表 12.3 所示，实验结果如图 12.10 所示。由图可知，所提出的 ARC 和 MARC 在所有性能指标方面比 PID 都有好得多的性能。有趣的是，与 1Hz 的跟踪情况相比，MARC 的三个性能指标都与 ARC 接近。MARC 几乎与 ARC 具有相同的跟踪性能，这就证明了所提出的不用压力传感器的改进方法的有效性，尤其在高频跟踪情况下的有效性，也是本节讨论的重点。

表 12.3　性能指标(10Hz)

控制器	M_e	μ	σ
PID	318.47	111.98	54.07
ARC	273.58	56.36	35.74
MARC	278.46	57.09	37.67

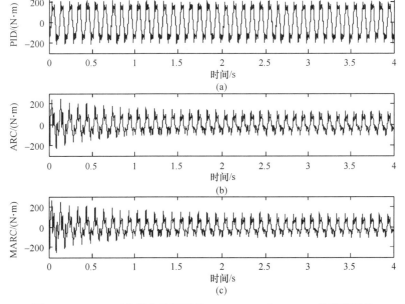

图 12.10　10Hz 正弦指令信号下的 PID、ARC 和 MARC 的跟踪误差

　　从以上两组实验结果可知，MARC 获得了与 ARC 几乎相同的性能，且该结论随着指令频率的提高也更加可靠。为获得所提出控制器的闭环带宽，进行了扫频实验。由于 ARC 与 MARC 的性能很接近，扫频实验只对比 MARC 和 PID，而忽略 ARC 的对比。扫频频率是从 1Hz 到 100Hz 且幅值为 300N·m。通过对所记录的时域输入输出信号进行傅里叶变换得到伯德图。PID 和 MARC 的结果分别如图 12.11 和图 12.12 所示。由图可知，MARC 的带宽(在−3dB 和 3dB 之间，90°

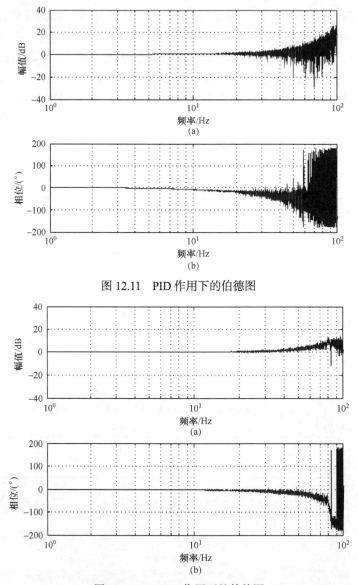

图 12.11　PID 作用下的伯德图

图 12.12　MARC 作用下的伯德图

滞后)比 PID 要大。MARC 具有更小的谐振峰(在谐振点为 10dB)和更小的相位滞后(在 80Hz 处为-90°相位滞后)，而 PID 在谐振点有 25dB 的峰值且在 50Hz 处就有-90°的相位滞后。频率为 30Hz 下的伯德图分别如图 12.13 和图 12.14 所示。在这个更为关心的频率范围内，MARC 的响应性能比 PID 好得多，几乎没有幅值变化且相位滞后也很小。这些结果充分证明了所提出控制器尽管在没有压力信息的情况下仍具有的高带宽特性。

与 PID 相比，MARC 的优越性能如下：①在 MARC 的设计过程中考虑了液压系统的非线性特性，并利用所提出的前馈控制律对其进行抵消，而 PID 对于非线性没作任何处理；②在 MARC 中，分别采用自适应律和非线性鲁棒控制律来补偿系统的参数不确定性和不确定性非线性，而 PID 对于这些建模不确定性只有一些鲁棒性。

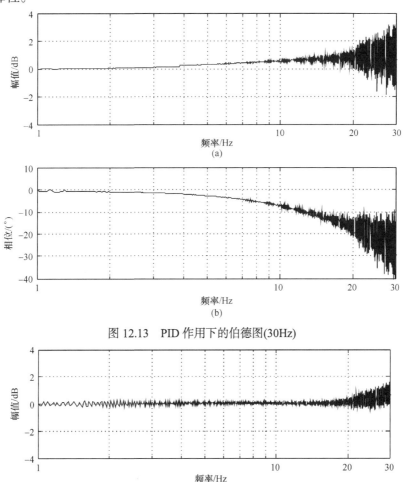

图 12.13　PID 作用下的伯德图(30Hz)

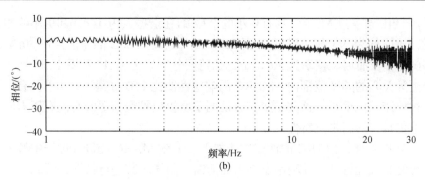

图 12.14　MARC 作用下的伯德图(30Hz)

12.3　电液负载模拟器自适应鲁棒反步控制

12.3.1　系统模型与问题描述

前文建模过程中均忽略了伺服阀动态特性, 本节考虑滑阀位移 x_v 与控制输入有如下关系:

$$\dot{x}_v = \frac{k_i}{\tau_v} u - \frac{1}{\tau_v} x_v \tag{12.79}$$

式中, τ_v 为伺服阀时间常数。

定义状态变量 $x = [x_1, x_2]^\mathrm{T} = [T, x_v]^\mathrm{T}$, 则负载模拟器的动态方程可表示为如下状态空间形式:

$$\dot{x}_1 = \left(\frac{R_1}{V_1} + \frac{R_2}{V_2} \right) A\beta_e k_q x_2 - \left(\frac{1}{V_1} + \frac{1}{V_2} \right) \beta_e A^2 \dot{y}$$

$$- \left(\frac{1}{V_1} + \frac{1}{V_2} \right) A\beta_e C_t P_L - B\ddot{y} - A_f \dot{S}_f(\dot{y}) - \tilde{d}(t, y, \dot{y}, \ddot{y}) \tag{12.80}$$

$$\dot{x}_2 = \frac{k_i}{\tau_v} u - \frac{1}{\tau_v} x_2$$

12.3.2　自适应鲁棒反步力控制器设计

1. 设计模型及待解决的问题

定义未知常值参数向量 $\theta = [\theta_1, \theta_2, \theta_3, \theta_4, \theta_5]^\mathrm{T}$, 其中 $\theta_1 = \beta_e k_q$, $\theta_2 = \beta_e$, $\theta_3 = \beta_e C_t$, $\theta_4 = B$, $\theta_5 = A_f$, 其他的参数不确定性如果必要可以采用相同的方式处理。因此, 式(12.80)变为

$$\dot{x}_1 = \theta_1 f_1 x_2 - \theta_2 f_2 - \theta_3 f_3 - \theta_4 \ddot{y} - \theta_5 \dot{S}_f(\dot{y}) - \tilde{d}$$

$$\dot{x}_2 = \frac{k_i}{\tau_v} u - \frac{1}{\tau_v} x_2$$

$$(12.81)$$

式中，非线性函数 f_1, f_2, f_3 定义为

$$f_1(P_1, P_2, y) = \left(\frac{R_1}{V_1} + \frac{R_2}{V_2} \right) A$$

$$f_2(y, \dot{y}) = \left(\frac{1}{V_1} + \frac{1}{V_2} \right) A^2 \dot{y} \qquad (12.82)$$

$$f_3(P_1, P_2, y) = \left(\frac{1}{V_1} + \frac{1}{V_2} \right) A P_L$$

基于未知参数的定义，压力动态可写为

$$\dot{P}_1 = \theta_1 \frac{R_1}{V_1} x_2 - \theta_2 \frac{A}{V_1} \dot{y} - \theta_3 \frac{P_L}{V_1}$$

$$\dot{P}_2 = -\theta_1 \frac{R_2}{V_2} x_2 + \theta_2 \frac{A}{V_2} \dot{y} + \theta_3 \frac{P_L}{V_2}$$

$$(12.83)$$

假设 12.4 参数不确定性和不确定性非线性满足：

$$\theta \in \Omega_\theta = \{ \theta : \theta_{\min} \leqslant \theta \leqslant \theta_{\max} \}$$

$$\left| \tilde{d}(t, y, \dot{y}, \ddot{y}) \right| \leqslant \delta_d(t, y, \dot{y}, \ddot{y})$$

$$(12.84)$$

式中，$\theta_{\min} = [\theta_{1\min}, \cdots, \theta_{5\min}]^T$，$\theta_{\max} = [\theta_{1\max}, \cdots, \theta_{5\max}]^T$ 和 δ_d 已知。物理上，未知参数向量 $\theta > 0$，因此假设 $\theta_{\min} > 0$。

至此可以很容易看出控制式(12.81)的主要难点在于：①系统有不匹配的模型不确定性，因为参数不确定性和不确定性非线性出现的方程不包含控制输入 u，这个难点可通过后面的反步设计克服；②非线性静态映射 R_1 和 R_2 是关于 x_2 的函数且是不连续的，这使得反步设计的结果不能直接应用，因为反步设计需要对所有项进行微分；③式(12.83)中的压力动态也有不确定参数，并会出现在实际的控制输入 u 中，也就是说在自适应控制器设计中需要加额外的参数自适应。

2. 不连续的投影映射

令 $\hat{\theta}$ 表示对系统未知参数 θ 的估计，$\tilde{\theta}$ 为参数估计误差，即 $\tilde{\theta} = \hat{\theta} - \theta$，定义如下的不连续映射：

$$\text{Proj}_{\hat{\theta}}(\bullet_i) = \begin{cases} 0, & \hat{\theta}_i = \theta_{i\max} \ \text{且} \ \bullet_i > 0 \\ 0, & \hat{\theta}_i = \theta_{i\min} \ \text{且} \ \bullet_i < 0 \\ \bullet_i, & \text{其他} \end{cases} \tag{12.85}$$

式中，$i = 0, \cdots, 5$。

给定如下的自适应律：

$$\dot{\hat{\theta}} = \text{Proj}_{\hat{\theta}}(\Gamma\tau), \ \hat{\theta}(0) \in \Omega_\theta \tag{12.86}$$

式中，$\Gamma > 0$ 为正定对角自适应增益矩阵；τ 为参数自适应函数，并在后续的控制器设计中给出其具体的形式。对于任意的自适应函数 τ，不连续映射(12.86)具有如下性质：

$$\textbf{(P1)} \quad \hat{\theta} \in \Omega_{\hat{\theta}} = \left\{ \hat{\theta} : \theta_{\min} \leqslant \hat{\theta} \leqslant \theta_{\max} \right\}$$

$$\textbf{(P2)} \quad \tilde{\theta}^{\mathrm{T}}(\Gamma^{-1}\text{Proj}_{\hat{\theta}}(\Gamma\tau) - \tau) \leqslant 0, \quad \forall \tau \tag{12.87}$$

为简化接下来的控制器设计，令 $\hat{\dot{x}}_1$，$\hat{\dot{P}}_1$ 和 $\hat{\dot{P}}_2$ 分别表示 $\dot{x}_1$，$\dot{P}_1$ 和 $\dot{P}_2$ 的可计算部分，具体表达式为

$$\hat{\dot{x}}_1 = \hat{\theta}_1 f_1 x_2 - \hat{\theta}_2 f_2 - \hat{\theta}_3 f_3 - \hat{\theta}_4 \ddot{y} - \hat{\theta}_5 \dot{S}_f(\dot{y})$$

$$\hat{\dot{P}}_1 = \hat{\theta}_1 \frac{R_1}{V_1} x_2 - \hat{\theta}_2 \frac{A}{V_1} \dot{y} - \hat{\theta}_3 \frac{P_L}{V_1} \tag{12.88}$$

$$\hat{\dot{P}}_2 = -\hat{\theta}_1 \frac{R_2}{V_2} x_2 + \hat{\theta}_2 \frac{A}{V_2} \dot{y} + \hat{\theta}_3 \frac{P_L}{V_2}$$

3. 控制器设计

控制器的设计遵循迭代反步设计的步骤如下。

第一步：定义如下的李雅普诺夫函数：

$$V_1(t) = \frac{1}{2} z_1^2 \tag{12.89}$$

式中，$z_1 = x_1 - x_{1d}$ 为跟踪误差，其对时间的导数为

$$\dot{z}_1 = \theta_1 f_1 x_2 - \theta_2 f_2 - \theta_3 f_3 - \theta_4 \ddot{y} - \theta_5 \dot{S}_f(\dot{y}) - \dot{x}_{1d} - \tilde{d} \tag{12.90}$$

在这一步中，如果将 x_2 看成输入，可以设计 x_2 的虚拟控制律 α_1 使得 z_1 收敛至零或一个小值且具有确定的暂态性能。令 $z_2 = x_2 - \alpha_1$ 表示这一步的输入偏差，得到的控制函数 α_1 由两部分组成，其表达式为

$$\alpha_1(t, y, \dot{y}, \ddot{y}, P_1, P_2, \hat{\theta}, x_1) = \alpha_{1m} + \alpha_{1r}$$

$$\alpha_{1m} = \frac{1}{\hat{\theta}_1 f_1}[\hat{\theta}_2 f_2 + \hat{\theta}_3 f_3 + \hat{\theta}_4 \ddot{y} + \hat{\theta}_5 \dot{S}_f(\dot{y}) + \dot{x}_{1d}] \qquad (12.91)$$

$$\alpha_{1r} = (-k_1 z_1 + \alpha_{1s}) / f_1$$

式中，α_{1m} 是自适应模型补偿项；k_1 是正的反馈增益；α_{1s} 是非线性鲁棒项，用于处理模型不确定性。

基于式(12.91)，函数 V_1 对时间的导数为

$$\dot{V}_1 = \theta_1 f_1 z_1 z_2 - \theta_1 k_1 z_1^2 + z_1(\theta_1 \alpha_{1s} - \tilde{\theta}^T \varphi_1 - \tilde{d}) \qquad (12.92)$$

式中，回归器 φ_1 定义为

$$\varphi_1 = [f_1 \alpha_{1m}, -f_2, -f_3, -\ddot{y}, -\dot{S}_f(\dot{y})]^T \qquad (12.93)$$

对于灵活的鲁棒设计，可以令非线性鲁棒项 α_{1s} 为满足如下条件的任意函数：

$$z_1(\theta_1 \alpha_{1s} - \tilde{\theta}^T \varphi_1 - \tilde{d}) \leqslant \varepsilon_1 \qquad (12.94)$$

$$z_1 \alpha_{1s} \leqslant 0 \qquad (12.95)$$

式中，ε_1 为可任意小的正的设计参数，表示给定的鲁棒精度。

有许多选取 α_{1s} 满足条件(12.94)和(12.95)的方法，这里给出一个例子。

令 h_1 为任意光滑的函数且满足：

$$h_1 \geqslant \| \theta_M \| \| \varphi_1 \| + \delta_d \qquad (12.96)$$

式中，$\theta_M = \theta_{\max} - \theta_{\min}$。则一个满足条件(12.94)和(12.95)的光滑函数 α_{1s} 的例子为

$$\alpha_{1s} = k_s z_1 \stackrel{\text{def}}{=\!=\!=} -\frac{1}{4\varepsilon} h_1^2 z_1 \qquad (12.97)$$

式中，k_s 可看成非线性反馈增益。

第二步：本步的设计目的是综合出一个实际的控制输入 u 使得 x_2 可以以确定的暂态性能跟踪期望的控制函数 α_1。这同样可以通过基于李雅普诺夫函数进行反步设计实现，但是需要解决由于虚拟控制函数 α_1 含有不连续函数 $s(x_2)$ 导致的 α_1 在 $x_2=0$ 处不可导的问题。幸运的是，注意到 α_1 在除唯一的一点 $x_2=0$ 处以外的其他任意位置都可导，且由于在 $x_2=0$ 处的左右导数存在且有限，所以在任意位置连续。故仍可以综合出一个实际的控制输入 u 完成上述设计任务。这样的控制输入 u 会在 $x_2=0$ 处有一个有限幅值跳变，但是这在实际中是允许的。首先可求出 α_1 对时间的导数为

$$\dot{\alpha}_1 = \frac{\partial \alpha_1}{\partial t} + \frac{\partial \alpha_1}{\partial y}\dot{y} + \frac{\partial \alpha_1}{\partial \dot{y}}\ddot{y} + \frac{\partial \alpha_1}{\partial \ddot{y}}\dddot{y}$$
$$+ \frac{\partial \alpha_1}{\partial P_1}\dot{P}_1 + \frac{\partial \alpha_1}{\partial P_2}\dot{P}_2 + \frac{\partial \alpha_1}{\partial x_1}\dot{x}_1 + \frac{\partial \alpha_1}{\partial \hat{\theta}}\dot{\hat{\theta}}, \quad \forall x_2 \neq 0 \qquad (12.98)$$

式中，$\dot{\alpha}_1$可分成如下两部分：

$$\dot{\alpha}_1 = \dot{\alpha}_{1c} + \dot{\alpha}_{1u} \tag{12.99}$$

式中，可计算部分$\dot{\alpha}_{1c}$和不可计算部分$\dot{\alpha}_{1u}$分别为

$$\dot{\alpha}_{1c} = \frac{\partial \alpha_1}{\partial t} + \frac{\partial \alpha_1}{\partial y}\dot{y} + \frac{\partial \alpha_1}{\partial \dot{y}}\ddot{y} + \frac{\partial \alpha_1}{\partial \ddot{y}}\dddot{y}$$

$$+ \frac{\partial \alpha_1}{\partial P_1}\hat{P}_1 + \frac{\partial \alpha_1}{\partial P_2}\hat{P}_2 + \frac{\partial \alpha_1}{\partial x_1}\hat{x}_1 + \frac{\partial \alpha_1}{\partial \hat{\theta}}\dot{\hat{\theta}} \tag{12.100}$$

$$\dot{\alpha}_{1u} = \frac{\partial \alpha_1}{\partial P_1}\tilde{P}_1 + \frac{\partial \alpha_1}{\partial P_2}\tilde{P}_2 + \frac{\partial \alpha_1}{\partial x_1}\tilde{x}_1$$

式中

$$\tilde{x}_1 = \dot{x}_1 - \hat{\dot{x}}_1 = \tilde{\theta}_2 f_2 + \tilde{\theta}_3 f_3 + \tilde{\theta}_4 \ddot{y} + \tilde{\theta}_5 \dot{S}_f(\dot{y}) - \tilde{\theta}_1 f_1 x_2 - \tilde{d}$$

$$\tilde{P}_1 = \dot{P}_1 - \hat{\dot{P}}_1 = -\tilde{\theta}_1 \frac{R_1}{V_1}x_2 + \tilde{\theta}_2 \frac{A}{V_1}\dot{y} + \tilde{\theta}_3 \frac{P_L}{V_1} \tag{12.101}$$

$$\tilde{P}_2 = \dot{P}_2 - \hat{\dot{P}}_2 = \tilde{\theta}_1 \frac{R_2}{V_2}x_2 - \tilde{\theta}_2 \frac{A}{V_2}\dot{y} - \tilde{\theta}_3 \frac{P_L}{V_2}$$

由z_2的定义可知其对时间的导数为

$$\dot{z}_2 = \dot{x}_2 - \dot{\alpha}_{1c} - \dot{\alpha}_{1u} = \frac{k_i}{\tau_v}u - \frac{1}{\tau_v}x_2 - \dot{\alpha}_{1c} - \dot{\alpha}_{1u} \tag{12.102}$$

此时，实际的控制输入设计为[3]

$$u = u_m + u_r$$

$$u_m = \frac{\tau_v}{k_i}\left(\frac{1}{\tau_v}x_2 + \dot{\alpha}_{1c} - \hat{\theta}_1 f_1 z_1\right) \tag{12.103}$$

$$u_r = \frac{\tau_v}{k_i}(-k_2 z_2 + u_s)$$

式中，u_m为自适应模型补偿项；k_2为整的反馈增益；u_s为用于处理模型不确定性的非线性鲁棒项。

定义如下的李雅普诺夫函数：

$$V_2 = V_1 + \frac{1}{2}z_2^2 \tag{12.104}$$

函数V_2对时间的导数为

$$\dot{V}_2 = -\theta_1 k_1 z_1^2 + z_1(\theta_1 \alpha_{1s} - \tilde{\theta}^{\mathrm{T}}\varphi_1 - \tilde{d})$$

$$-k_2 z_2^2 + z_2\left(u_s - \tilde{\theta}^{\mathrm{T}}\varphi_2 + \frac{\partial \alpha_1}{\partial x_1}\tilde{d}\right) \tag{12.105}$$

式中，回归器 φ_2 为

$$\varphi_2^{\mathrm{T}} = \left[f_1 z_1 + \frac{\partial \alpha_1}{\partial P_2}\frac{R_2}{V_2}x_2 - \frac{\partial \alpha_1}{\partial P_1}\frac{R_1}{V_1}x_2 \frac{\partial \alpha_1}{\partial x_1}f_1 x_2, \frac{\partial \alpha_1}{\partial P_1}\frac{A}{V_1}\dot{y} - \frac{\partial \alpha_1}{\partial P_2}\frac{A}{V_2}\dot{y} + \frac{\partial \alpha_1}{\partial x_1}f_2, \right.$$
$$\left. \frac{\partial \alpha_1}{\partial P_1}\frac{P_L}{V_1} - \frac{\partial \alpha_1}{\partial P_2}\frac{P_L}{V_2} + \frac{\partial \alpha_1}{\partial x_1}f_3, \frac{\partial \alpha_1}{\partial x_1}\ddot{y}, \frac{\partial \alpha_1}{\partial x_1}\dot{S}_f(\dot{y}) \right] \tag{12.106}$$

对于鲁棒设计，使鲁棒项 u_s 为任意满足如下条件的光滑的函数：

$$z_2\left(u_s - \tilde{\theta}^{\mathrm{T}}\varphi_2 + \frac{\partial \alpha_1}{\partial x_1}\tilde{d} \right) \leqslant \varepsilon_2 \tag{12.107}$$

$$z_2 u_s \leqslant 0 \tag{12.108}$$

式中，ε_2 为可任意小的正的设计参数，且表示给定的鲁棒精度。

令 h_2 为任意满足如下条件的光滑函数：

$$h_2 \geqslant \| \theta_M \|^2 \| \varphi_2 \|^2 + \left\| \frac{\partial \alpha_1}{\partial x_1} \right\| \delta_d^2 \tag{12.109}$$

则 u_s 可取为

$$u_s = -k_{2s} z_2 = -\frac{h_2}{2\varepsilon_2} z_2 \tag{12.110}$$

式中，k_{2s} 为正的非线性增益。

4. 主要结论

基于控制器设计，有如下的性能定理。

定理 12.4 运用自适应律(12.86)且令自适应函数 $\tau = \varphi_1 z_1 + \varphi_2 z_2$，所提出的自适应鲁棒反步力控制器(12.103)可保证如下性能。

A. 闭环信号中所有信号都是有界的，且正定函数 V_2 满足如下不等式：

$$V(t) \leqslant \exp(-\lambda t)V_2(0) + \frac{\varepsilon}{\lambda}[1 - \exp(-\lambda t)] \tag{12.111}$$

式中，$\lambda = 2\min\{\theta_{1\min}k_1, k_2\}$ 为指数收敛速率，且 $\varepsilon = \varepsilon_1 + \varepsilon_2$。

B. 如果在某一时刻 t_0 之后，系统只存在参数不确定性，即 $\tilde{d} = 0$，那么除了结论 A，还可获得渐近跟踪的性能，即当 $t \to \infty$ 时，$z \to 0$，其中 z 定义为 $z = [z_1, z_2]^{\mathrm{T}}$。

证明 基于前面广泛论述的证明过程，可证得此性能定理。

♦

需要说明的是，尽管上述控制器设计包含了伺服阀动态，但对比本章各节可知，由于伺服阀动态的引入，增加了系统阶次，控制器设计及稳定性分析更加复杂。这也从一个侧面说明了工程控制中问题的复杂性。除此之外，包含伺服阀动

态后, 还需要额外的阀芯传感器实时获取阀芯位移信息, 无形中增加了系统成本。因此, 开展基于预估信息的高频加载控制仍具有重要的学术意义和工程价值。

12.4　本 章 小 结

本章以电液负载模拟器自身的模型不确定性为研究问题, 开展了基于非线性模型的自适应与非线性鲁棒控制策略研究, 以期同时解决电液负载模拟器存在的参数不确定性和不确定性非线性等问题。

首先以一个简化的非线性模型表征负载模拟器的主要动态行为, 并在自适应鲁棒控制策略的设计中予以补偿, 提高了模型补偿精度, 理论分析及仿真验证均表明, 所设计的自适应鲁棒控制策略可以显著提升电液负载模拟器的加载性能。

然而, 上述设计的非线性控制策略是基于全状态反馈的, 即需要同时测量系统的力矩、位置、速度和压力等信息, 这在工程实践中较难做到。为了避免压力测量及噪声, 针对一种特殊的工况设计了高动态输出反馈控制策略, 以加载的实际力矩值代替压力反馈, 并在模型不确定性的补偿中考虑这种替代偏差。实验表明, 采用这种替代方法仍可以获得较高的加载频宽, 同时还弱化了压力传感器测量噪声对系统性能的影响。

最后, 当加载频宽的需求较高时, 伺服阀的动态将成为影响加载频宽提升的重要因素。为了补偿阀动态的影响, 将其考虑为一阶惯性环节, 结合力矩加载动态过程, 设计了自适应鲁棒反步控制策略。

参 考 文 献

[1] Yao J, Jiao Z, Yao B, et al. Nonlinear adaptive robust force control of hydraulic load simulator. Chinese Journal of Aeronautics, 2012, 25(5): 766-775.

[2] Yao J, Jiao Z, Ma D. High dynamic adaptive robust control of load emulator with output feedback signal. Journal of the Franklin Institute, 2014, 351(8): 4415-4433.

[3] Yao J, Jiao Z, Yao B. Nonlinear adaptive robust backstepping force control of hydraulic load simulator: Theory and experiments. Journal of Mechanical Science and Technology, 2014, 28(4): 1499-1507.

第 13 章　电液负载模拟器静态加载摩擦补偿

　　静态加载是电液负载模拟器的一种特殊工况模式，在此模式下，舵机始终做零位控制，通过电液负载模拟器对其施加不同的载荷，以达到考核舵机抗扰动能力，测试舵机动刚度等目的。与前述章节讨论的问题不同，在静态加载模式下，由于舵机并无主动运动，对电液负载模拟器的运动扰动也较小，电液负载模拟器控制的主要任务在于克服各类自身不确定性及非线性等因素，尽可能提升加载精度。此时，影响加载精度的主要非线性因素为伺服阀的压力流量非线性，而影响加载精度的主要不确定性为非线性摩擦。本章针对上述问题，开展基于模型的摩擦补偿控制策略研究。

13.1　基于动态摩擦模型的非线性鲁棒控制

13.1.1　系统模型与问题描述

　　系统结构图如前面章节所述，电液负载模拟器(EHLS)的转矩输出方程可描述为

$$T = P_L D_m - F \tag{13.1}$$

式中，T, P_L, D_m, F 分别表示转矩输出、马达两腔压差、马达排量和电液负载模拟器中的摩擦力。其中，$P_L = P_1 - P_2$，P_1 和 P_2 分别为马达两腔的压力。

　　尽管作动系统被控制在固定的位置上，但是由于传感器、传动轴和作动系统的刚性效应，在静态加载下的加载液压回转马达中仍有微小的运动。也就是说，这种微小的运动和加载转矩呈比例关系。由于此微小运动相当小，所以其产生的运动干扰可以忽略，但是由其引起的摩擦效应则不能忽略。例如，Dahl 效应，静态摩擦关于速度的切换会明显降低加载精度。LuGre 模型可表征摩擦的动态行为，因此在本节用以补偿摩擦效应。摩擦力 F 用 LuGre 摩擦模型建立，有如下摩擦力变量：

$$\frac{\mathrm{d}z}{\mathrm{d}t} = \omega - \frac{|\omega|}{g(\omega)} z \tag{13.2}$$

式中，z 在物理上表征了接触表面鬃毛的平均变形量；ω 表示液压回转马达的旋转角速度；非线性函数 $g(\omega)$ 用来描述不同的摩擦效应且可参数化来表征 Stribeck

效应。因此，LuGre 摩擦模型可表示为

$$f = \sigma_0 z + \sigma_1 \dot{z} \tag{13.3}$$

式中，f 是所建模的摩擦；σ_0 和 σ_1 都是摩擦力参数且物理上分别表示鬃毛刚度和阻尼系数。由于速度非常小，式(13.3)中忽略了黏性摩擦。非线性函数 $g(\omega)$ 的表达式为

$$g(\omega) = \alpha_0 + \alpha_1 e^{-(\omega/\omega_s)^2} \tag{13.4}$$

式中，$\sigma_0\alpha_0$ 和 $\sigma_0(\alpha_0+\alpha_1)$ 分别表示库伦摩擦力 f_C 和静态摩擦力 f_s，即

$$\sigma_0 g(\omega) = f_C + (f_s - f_C)e^{-(\omega/\omega_s)^2} \tag{13.5}$$

式中，ω_s 是 Stribeck 速度。

此外，利用类似于文献[1]中的方法可知，若摩擦状态初始值选取满足 $|z(0)| \leqslant \alpha_0 + \alpha_1$，则 LuGre 摩擦模型的内状态始终具有相同的界，即 $|z(t)| \leqslant \alpha_0 + \alpha_1$，$\forall t \geqslant 0$。

马达两腔压力动态可写为[2]

$$\dot{P}_1 = \frac{\beta_e}{V_1}(-C_t P_L + Q_1)$$
$$\dot{P}_2 = \frac{\beta_e}{V_2}(C_t P_L - Q_2) \tag{13.6}$$

式中，V_1 和 V_2 分别为两腔控制容积；β_e 为油液有效弹性模量；C_t 为马达内泄漏系数；Q_1 和 Q_2 分别为进油腔流量和回油腔流量，且 Q_1 和 Q_2 与伺服阀阀芯位移 x_v 具有如下关系[2]：

$$Q_1 = k_q x_v \left[s(x_v)\sqrt{P_s - P_1} + s(-x_v)\sqrt{P_1 - P_r} \right]$$
$$Q_2 = k_q x_v \left[s(x_v)\sqrt{P_2 - P_r} + s(-x_v)\sqrt{P_s - P_2} \right] \tag{13.7}$$

式中

$$k_q = C_d w \sqrt{\frac{2}{\rho}} \tag{13.8}$$

且函数 $s(\cdot)$ 定义为

$$s(\cdot) = \begin{cases} 1, & \cdot \geqslant 0 \\ 0, & \cdot < 0 \end{cases} \tag{13.9}$$

式中，k_q 为阀的流量增益，C_d 为流量系数，w 为滑阀面积梯度，ρ 为油液密度，P_s 为供油压力，P_r 为回油压力。

假设作用于伺服阀的控制输入与伺服阀阀芯位移呈比例关系，即 $x_v = k_i u$，其中 k_i 是正的电气常数，u 是输入电压。因此，由式(13.9)可知 $s(x_v) = s(u)$。

故式(13.7)可写为

$$Q_1 = g_s u R_1$$
$$Q_2 = g_s u R_2$$

(13.10)

式中，$g_s = k_i k_q$ 且

$$R_1 = s(u)\sqrt{P_s - P_1} + s(-u)\sqrt{P_1 - P_r}$$
$$R_2 = s(u)\sqrt{P_2 - P_r} + s(-u)\sqrt{P_s - P_2}$$

(13.11)

一般来说，液压系统名义系统非线性模型可由液压动态方程(13.1)、(13.6)、(13.10)和摩擦动态方程(13.2)～(13.5)表示。

由于系统中安装了压力传感器和位置编码器，非线性函数 R_1 和 R_2 可在线计算。参数 g_s、V_1、V_2 和 D_m 的值可从相关产品说明书附录中获得；β_e，f_s，f_C 和 C_t 则通过离线辨识获得；LuGre 模型参数 σ_0，σ_1 和 ω_s 可通过文献[3]中的方法进行离线辨识。因此，系统非线性模型中没有不确定的参数。

非线性控制器的设计是基于系统输出转矩的动态模型(13.1)的导数进行的。但是注意到式(13.2)中存在符号函数使得 LuGre 模型分段连续，此不可微分的特性使得非线性控制器的设计变得困难。为解决这个困难，将式(13.2)代入式(13.3)可得

$$f = \left[\sigma_0 - \sigma_1 \frac{|\omega|}{g(\omega)} \right] z + \sigma_1 \omega$$

(13.12)

考虑式(13.12)由两部分组成，即可微分部分和不可微分部分，因此式(13.12)的导数可写为

$$\dot{f} = \left[\sigma_0 - \sigma_1 \frac{|\omega|}{g(\omega)} \right] \dot{z} + \sigma_1 \dot{\omega} + \tilde{f}$$
$$= \left[\sigma_0 - \sigma_1 \frac{|\omega|}{g(\omega)} \right] \left[\omega - \frac{|\omega|}{g(\omega)} z \right] + \sigma_1 \dot{\omega} + \tilde{f}$$

(13.13)

式中，$\tilde{f}$ 为不可微分的部分，可用后面设计的鲁棒控制器进行抑制。

因此，式(13.1)可写为

$$T = P_L D_m - f - \tilde{d}$$

(13.14)

式中，$\tilde{d} = F - f$ 为 LuGre 模型建模误差。式(13.14)的导数为

$$\dot{T} = \dot{P}_L D_m - \dot{f} - \dot{\tilde{d}}$$
$$= \dot{P}_L D_m - \left[\sigma_0 - \frac{|\omega|}{g(\omega)} \right] \left[\omega - \sigma_1 \frac{|\omega|}{g(\omega)} z \right] + \tilde{\Delta}$$

(13.15)

式中

$$\tilde{\Delta} = -\sigma_1 \dot{\omega} - \tilde{f} - \dot{\tilde{d}} \qquad (13.16)$$

基于式(13.6)和式(13.10)可得

$$\dot{P}_L = \left(\frac{R_1}{V_1} + \frac{R_2}{V_2} \right) \beta_e g_s u - \left(\frac{1}{V_1} + \frac{1}{V_2} \right) \beta_e C_t P_L \qquad (13.17)$$

因此式(13.15)变为

$$\dot{T} = f_1 u - f_2 + \frac{\sigma_0 |\omega|}{g(\omega)} z - \sigma_1 \frac{\omega^2}{g^2(\omega)} z + \tilde{\Delta} \qquad (13.18)$$

式中

$$
\begin{aligned}
f_1 &= \left(\frac{R_1}{V_1} + \frac{R_2}{V_2} \right) D_m \beta_e g_s \\
f_2 &= \left(\frac{1}{V_1} + \frac{1}{V_2} \right) D_m \beta_e C_t P_L + \left[\sigma_0 - \sigma_1 \frac{|\omega|}{g(\omega)} \right] \omega
\end{aligned}
\qquad (13.19)
$$

由前面的讨论很明显可得非线性函数 f_1 和 f_2 是已知的。如果要考虑参数辨识的误差，则可将其归并到不确定性非线性 $\tilde{\Delta}$ 中。

控制器设计开始之前，有如下合理假设。

假设 13.1　期望的转矩轨迹 T_d 是连续有界的；此外，不确定性非线性满足：

$$|\tilde{\Delta}| \leqslant \delta \qquad (13.20)$$

式中，δ 是已知的上界。

实际上，假设 13.1 并不是很强，因为实际中总可以保守地估算摩擦引起的最大效应，因此上界 δ 可以获取。

假设 13.2　在实际的正常工况下的液压系统中，P_1 和 P_2 都以 P_r 和 P_s 为界，即 $0 < P_r < P_1 < P_s$，$0 < P_r < P_2 < P_s$。

基于假设 13.2，可以很容易知道 $f_1 > 0$。

13.1.2　控制器设计

1. 设计模型和投影映射

基于式(13.2)和式(13.18)，整个系统可描述成状态空间的形式：

$$
\begin{aligned}
\frac{\mathrm{d}z}{\mathrm{d}t} &= \omega - \frac{|\omega|}{g(\omega)} z \\
\dot{T} &= f_1 u - f_2 + \frac{\sigma_0 |\omega|}{g(\omega)} z - \sigma_1 \frac{\omega^2}{g^2(\omega)} z + \tilde{\Delta}
\end{aligned}
\qquad (13.21)
$$

式中，z 和 T 为系统状态。

在式(13.21)中，假设了摩擦力遵循式(13.2)和式(13.3)中的动态，但是摩擦状态 z 的具体值未知也不可测。这个假设来自于基于模型的摩擦补偿的物理解释。因此，利用可测的系统状态 T 设计状态观测器估计不可测的状态 z 用于非线性控制器的设计。换句话说，式(13.21)的第二个动态方程用以估计状态 z。状态 z 通过不同的非线性特性进入式(13.21)的第二个动态方程，即状态 z 与两个非线性函数 $\sigma_0|\omega|/g(\omega)$ 和 $\sigma_1\omega_2/g_2(\omega)$ 相关。为了处理系统动态中与 z 相关的不同的非线性，Tan 等[4]提出了双观测器的结构。然而，Freidovich 等[5]指出，用于恢复不可测的内部状态的状态观测器动态在不同工况下可能变得不稳定。为避免不稳定的估计，用如下的具有投影型修正的两个鲁棒观测器分别估计不可测的摩擦状态 z。基于双观测器结构：

$$\dot{\hat{z}}_1 = \text{Proj}_{z_1}(\iota_1)$$
$$\dot{\hat{z}}_2 = \text{Proj}_{z_2}(\iota_2)$$

(13.22)

式中，$\hat{z}_1$ 和 $\hat{z}_2$ 为不可测摩擦状态 z 的估计；ι_1 和 ι_2 为学习函数且在后面的设计中给出；投影映射 $\text{Proj}_\zeta(\bullet)$ 定义为[6]

$$\text{Proj}_\zeta(\bullet) = \begin{cases} 0, & \hat{\zeta} = \zeta_{\max}\ \text{且}\ \bullet > 0 \\ 0, & \hat{\zeta} = \zeta_{\min}\ \text{且}\ \bullet < 0 \\ \bullet, & \text{其他} \end{cases}$$

(13.23)

式中，ζ 为可用 z_1 或 z_2 代替的符号。观测状态的界设置为 $z_{1\max} = z_{2\max} = z_{\max} = \alpha_0 + \alpha_1$，$z_{1\min} = z_{2\min} = z_{\min} = -(\alpha_0 + \alpha_1)$，该界和动态摩擦的内状态物理上下界有关。

引理 13.1　以上投影映射有如下性质：

$$\textbf{(P1)} \begin{cases} z_{1\min} \leqslant \hat{z}_1 \leqslant z_{1\max} \\ z_{2\min} \leqslant \hat{z}_2 \leqslant z_{2\max} \end{cases}$$
$$\textbf{(P2)} \begin{cases} \tilde{z}_1\{\dot{\hat{z}}_1 - \iota_1\} \leqslant 0 \\ \tilde{z}_2\{\dot{\hat{z}}_2 - \iota_2\} \leqslant 0 \end{cases}$$

(13.24)

式中，$\tilde{z}_1 = \hat{z}_1 - z, \tilde{z}_2 = \hat{z}_2 - z$ 为估计误差，有如下动态：

$$\dot{\tilde{z}}_1 = \dot{\hat{z}}_1 - \dot{z} = \text{Proj}_{z_1}(\iota_1) - \left[\omega - \frac{|\omega|}{g(\omega)}z\right]$$
$$\dot{\tilde{z}}_2 = \dot{\hat{z}}_2 - \dot{z} = \text{Proj}_{z_2}(\iota_2) - \left[\omega - \frac{|\omega|}{g(\omega)}z\right]$$

(13.25)

◆

2. 鲁棒控制器设计

定义跟踪误差 $e = T - T_d$，则其导数为

$$\dot{e} = f_1 u - f_2 + \frac{\sigma_0 |\omega|}{g(\omega)} z - \sigma_1 \frac{\omega^2}{g^2(\omega)} z - \dot{T}_d + \tilde{\Delta} \tag{13.26}$$

基于反馈线性化原理，鲁棒控制器设计为[7]

$$u = u_m + u_r$$

$$u_m = \frac{f_2 + \dot{T}_d - \dfrac{\sigma_0 |\omega|}{g(\omega)} \hat{z}_1 + \sigma_1 \dfrac{\omega^2}{g^2(\omega)} \hat{z}_2}{f_1} \tag{13.27}$$

$$u_r = \frac{-ke + u_s}{f_1}$$

式中，u_m 为模型补偿项；k 为正的常数反馈增益；u_s 为用于处理模型不确定性 $\tilde{\Delta}$ 的具有给定精度的鲁棒项。

定义如下正半定李雅普诺夫函数：

$$V = \frac{1}{2} e^2 \tag{13.28}$$

基于鲁棒控制器(13.27)，函数 V 对时间的导数为

$$\begin{aligned}
\dot{V} &= e \dot{e} \\
&= e \left[f_1 u - f_2 + \frac{\sigma_0 |\omega|}{g(\omega)} z - \sigma_1 \frac{\omega^2}{g^2(\omega)} z - \dot{T}_d + \tilde{\Delta} \right] \\
&= -ke^2 + e \left[u_s - \frac{\sigma_0 |\omega|}{g(\omega)} \tilde{z}_1 + \sigma_1 \frac{\omega^2}{g^2(\omega)} \tilde{z}_2 + \tilde{\Delta} \right]
\end{aligned} \tag{13.29}$$

对于鲁棒控制器设计，可使鲁棒项 u_s 为任意满足如下条件的函数：

$$e \left[u_s - \frac{\sigma_0 |\omega|}{g(\omega)} \tilde{z}_1 + \sigma_1 \frac{\omega^2}{g^2(\omega)} \tilde{z}_2 + \tilde{\Delta} \right] \leqslant \varepsilon \tag{13.30}$$

$$e u_s \leqslant 0 \tag{13.31}$$

选取鲁棒项 u_s 满足条件(13.30)和(13.31)有许多方法，以下的引理给出了一个选取 u_s 的例子[7]。

引理 13.2　令 h 为任意光滑函数且满足：

$$h \geqslant \delta^2 + \left[\frac{\sigma_0 |\omega|}{g(\omega)} + \sigma_1 \frac{\omega^2}{g^2(\omega)} \right]^2 z_M^2 \tag{13.32}$$

式中，$z_M = z_{max} - z_{min}$。选取 u_s 为

$$u_s = -k_s e = -\frac{h}{2\varepsilon}e \tag{13.33}$$

式中，k_s 是正的非线性增益。可知条件(13.30)和(13.31)都满足。

◆

所设计的鲁棒控制器(13.27)具有如下的性能定理。

定理 13.1　如果状态估计的学习函数选取为

$$\begin{aligned}
\iota_1 &= \omega - \frac{|\omega|}{g(\omega)}\hat{z}_1 + \gamma_1\frac{\sigma_0|\omega|}{g(\omega)}e \\
\iota_2 &= \omega - \frac{|\omega|}{g(\omega)}\hat{z}_2 - \gamma_2\frac{\sigma_1\omega^2}{g^2(\omega)}e
\end{aligned} \tag{13.34}$$

式中，γ_1 和 γ_2 为学习增益，则所提出的控制器(13.27)可保证如下性能。

A. 闭环信号中所有信号都是有界的，且正定函数 V 满足如下不等式：

$$V(t) \leqslant \exp(-2kt)V(0) + \frac{\varepsilon}{2k}[1 - \exp(-2kt)] \tag{13.35}$$

B. 如果在某一时刻 t_0 之后，系统只存在参数不确定性，即 $\Delta = 0$，那么除了结论 A，还可获得渐近跟踪的性能，即当 $t \to \infty$ 时，$e \to 0$。

证明　由式(13.29)和式(13.30)，函数 V 对时间的导数满足：

$$\dot{V} \leqslant -2kV + \varepsilon \tag{13.36}$$

利用对比原理可得式(13.35)成立。因此，跟踪误差 e 有界，根据假设 13.1 可知系统状态 T 有界。函数 f_1 和 f_2 的有界性可由假设 13.2 获得。根据式(13.24)的性质 P1 可知状态估计有界。至此证明了定理 13.1 的结论 A。

下面考虑定理 13.1 的结论 B。选取正半定函数 V_s 为

$$V_s = V + \frac{1}{2}\gamma_1^{-1}\tilde{z}_1^2 + \frac{1}{2}\gamma_2^{-1}\tilde{z}_2^2 \tag{13.37}$$

基于式(13.25)和式(13.29)，函数 V_s 的导数为

$$\begin{aligned}
\dot{V}_s &= \dot{V} + \gamma_1^{-1}\tilde{z}_1\dot{\tilde{z}}_1 + \gamma_2^{-1}\tilde{z}_2\dot{\tilde{z}}_2 \\
&= -ke^2 + e\left[u_s - \frac{\sigma_0|\omega|}{g(\omega)}\tilde{z}_1 + \sigma_1\frac{\omega^2}{g^2(\omega)}\tilde{z}_2\right] \\
&\quad + \gamma_1^{-1}\tilde{z}_1\left[\dot{\tilde{z}}_1 - \left(\omega - \frac{|\omega|}{g(\omega)}z\right)\right] + \gamma_2^{-1}\tilde{z}_2\left[\dot{\tilde{z}}_2 - \left(\omega - \frac{|\omega|}{g(\omega)}z\right)\right] \\
&\leqslant -ke^2 + \gamma_1^{-1}\tilde{z}_1\{\dot{\hat{z}}_1 - \iota_1\} - \gamma_1^{-1}\frac{|\omega|}{g(\omega)}\tilde{z}_1^2 + \gamma_2^{-1}\tilde{z}_2\{\dot{\hat{z}}_2 - \iota_2\} - \gamma_2^{-1}\frac{|\omega|}{g(\omega)}\tilde{z}_2^2
\end{aligned} \tag{13.38}$$

利用式(13.24)中的性质 P2 可得

$$\dot{V}_s \le -ke^2 - \gamma_1^{-1}\frac{|\omega|}{g(\omega)}\tilde{z}_1^2 - \gamma_2^{-1}\frac{|\omega|}{g(\omega)}\tilde{z}_2^2 \le -ke^2 \stackrel{\text{def}}{=\!=\!=} -W \tag{13.39}$$

因此 $V_s(t) \le V(0)$，则 $W \in L_2$。由定理 13.1 的结论 A 可知，$W \in L_\infty$。可以很容易得知，$\dot{W}$ 有界。利用 Barbalat 引理可得，当 $t \to \infty$ 时，$W \to 0$，进而可证得定理 13.1 的结论 B。

♦

根据式(13.35)并注意到式(13.28)中函数 V 的定义可知，跟踪误差具有如下上界：

$$|e| \le \sqrt{\exp(-2kt)e^2(0) + \frac{\varepsilon}{k}[1 - \exp(-2kt)]} \tag{13.40}$$

也就是说，定理 13.1 中的结论 A 表示所提出的控制器具有以指数收敛速率为 $2k$ 的指数收敛暂态性能和可通过某些控制参数以已知的形式进行调节的最终跟踪误差；由式(13.36)可知，k 可以取得任意大，$e^2(\infty)$ 的上界(最终跟踪误差的一个指标)即 ε/k，可通过增大增益 k 或减小控制参数 ε 变得任意小。此确定的暂态性能对于电液伺服系统的控制特别重要，因为一次运行的执行时间很短。定理 13.1 中的结论 B 说明动态摩擦行为的影响可通过状态估计减小，并获得跟踪性能的提升。

对于鲁棒控制律(13.33)的执行，本节采用简化的方法即选取足够大的增益 k_s 以实现鲁棒控制律，因为这不仅大大减小了在线计算的时间，也利于执行过程中控制增益的调节。此外，这种方法可放松假设 13.1，则不确定性非线性的严格上界 δ 不再需要已知。

13.1.3 实验验证

实验系统参数如表 13.1 所示。

表 13.1 系统参数

参数	数值
$D_m/(\text{m}^3/\text{rad})$	1.91×10^{-4}
$V_1=V_2/\text{m}^3$	1.33×10^{-4}
$g_s/(\text{m}^4/(\text{s}\cdot\text{V}\cdot\sqrt{\text{N}}))$	3.97×10^{-8}
$C_t/(\text{m}^5/(\text{N}\cdot\text{s}))$	7×10^{-12}
β_e/MPa	273
P_s/MPa	21
P_r/MPa	0.5
$\omega_s/(\text{rad}/\text{s})$	1.7×10^{-2}
$\sigma_0/(\text{N}\cdot\text{m}/\text{rad})$	2.86×10^{4}

续表

参数	数值
$\sigma_1/(\text{N·m·s/rad})$	500
$f_C/(\text{N·m})$	70
$f_s/(\text{N·m})$	90

对比以下两种控制器以证明所提出控制器的有效性。

(1) NRC：本节所提出的非线性鲁棒控制器。控制器参数为 $k=40$, $k_s=60$, $\gamma_1=1\times10^{-5}$, $\gamma_2=1\times10^{-5}$。

(2) PID：工业应用中常用的比例-积分-微分控制器。控制器参数为 $k_P=0.063$, $k_I=1$, $k_D=0$。

两种控制器参数的确定都是通过反复调试的方法实现，而且在确定的控制参数基础上再增大参数将引起测量噪声或激发系统高频动态进而使系统不稳定。因此，两种控制器的对比是公平的。

期望跟踪的轨迹为幅值 500N·m、频率 0.5Hz 的缓变正弦信号时的对比实验结果如图 13.1 所示。由图明显可知，在 PID 作用下，摩擦的动态行为产生的影响很严重，并导致了糟糕的跟踪误差。相反，所提出的控制器使跟踪误差从 8%(PID)下降到 1%(NRC)。由于在动态估计过程中输出转矩的方向会发生切换，在 NRC 作用下的跟踪误差曲线呈现出一些毛刺。可以明显看出，所提出的摩擦补偿策略很大程度上抑制了摩擦效应。

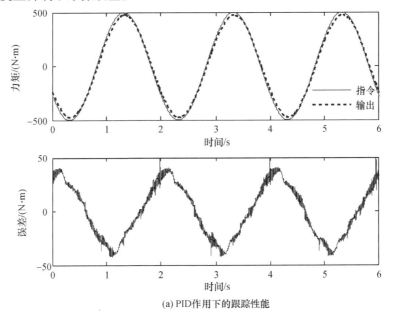

(a) PID作用下的跟踪性能

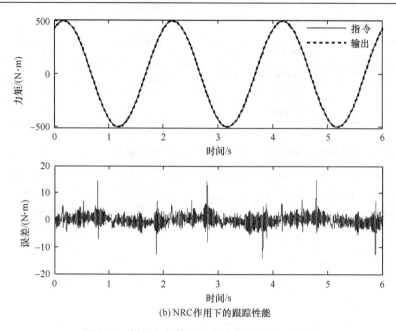

(b) NRC作用下的跟踪性能

图 13.1　低频小幅值正弦指令信号的实验结果

对于高频大幅值的正弦信号,其对比实验结果如图 13.2 所示。幅值为 2000N·m,频率为 5Hz。所提出的 NRC 获得了优异的跟踪精度, 与 PID 相比, 跟踪误差由 20%(PID)降低到了 2.5%(NRC)。PID 作用下的最大跟踪误差约为 NRC 的 10 倍。

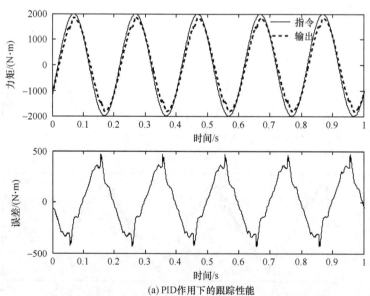

(a) PID作用下的跟踪性能

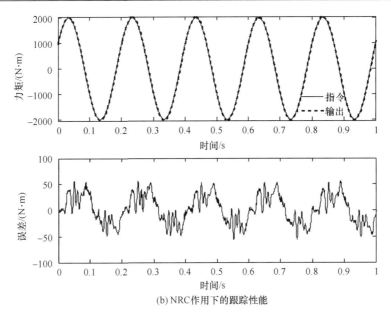

(b) NRC作用下的跟踪性能

图 13.2　频率为 5Hz、幅值为 2000N·m 的正弦指令信号的对比实验结果

图 13.3 给出了幅值为 1000N·m、频率为 10Hz 的高频正弦信号的对比实验结果。PID 作用下的跟踪性能发生了一些相位滞后和幅值衰减，这在实际中可能是不可接受的。而所提出的 NRC 获得了很好的跟踪性能，误差约为 5%，相位滞后小于 3°，幅值偏差小于±3%。

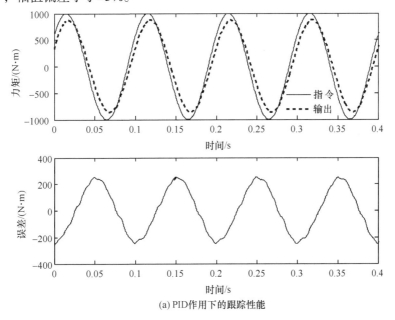

(a) PID作用下的跟踪性能

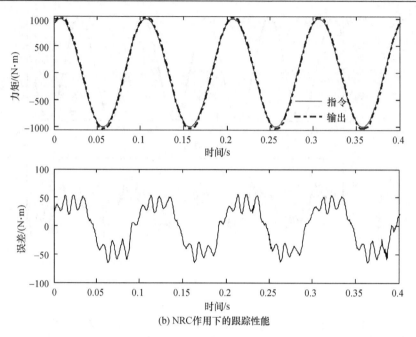

(b) NRC作用下的跟踪性能

图 13.3　频率为 10Hz、幅值为 1000N·m 的正弦指令信号的对比实验结果

13.2　基于光滑 LuGre 模型的自适应鲁棒控制与摩擦补偿

13.2.1　系统模型与问题描述

本节考虑的系统同 13.1 节。根据第 5 章讨论的光滑 LuGre 摩擦模型，再结合 13.1 节的建模过程可知，建立的含光滑 LuGre 模型的电液负载模拟器静态加载时的非线性方程为

$$\dot{z} = \omega - N(\omega)z$$

$$\dot{T} = \left(\frac{R_1}{V_1} + \frac{R_2}{V_2}\right)D_m\beta_e g_s u - \left(\frac{1}{V_1} + \frac{1}{V_2}\right)D_m\beta_e C_t P_L \qquad (13.41)$$

$$-[\sigma_0 - \sigma_1 N(\omega)]\omega + \sigma_0 N(\omega)z - \sigma_1 N^2(\omega)z + \tilde{\Delta}$$

13.1 节假设系统物理参数 β_e, g_s, C_t, σ_0, σ_1 的值可通过产品说明书或者离线辨识获得，然而实际中精确获知这些参数的值是难以实现的，因此本节考虑这些参数未知的情况即系统存在参数不确定性时，静态加载的电液负载模拟器的摩擦补偿问题。定义如下的非线性函数：

$$g_1 = \left(\frac{R_1}{V_1} + \frac{R_2}{V_2}\right)D_m > 0, \quad g_2 = \left(\frac{1}{V_1} + \frac{1}{V_2}\right)D_m P_L / 1000 \qquad (13.42)$$

并定义系统未知参数 $\theta = [\theta_1, \theta_2, \theta_3, \theta_4]^T$，其中 $\theta_1 = \beta_e g_s$，$\theta_2 = \beta_e C_t \times 10^3$，$\theta_3 = \sigma_0$，$\theta_4 = \sigma_1$，则方程(13.41)可化为

$$\dot{z} = \omega - N(\omega)z$$
$$\dot{T} = \theta_1 g_1 u - \theta_2 g_2 - \theta_3 [\omega - N(\omega)z] - \theta_4 [N^2(\omega)z - N(\omega)\omega] + \tilde{\Delta} \tag{13.43}$$

假设 13.3 参数不确定性 θ 及不确定性非线性 $\tilde{\Delta}$ 满足：

$$\theta \in \Omega_\theta \overset{\text{def}}{=\!=} \{\theta : \theta_{\min} \leqslant \theta \leqslant \theta_{\max}\}$$
$$|\tilde{\Delta}| \leqslant \delta \tag{13.44}$$

式中，$\theta_{\max} = [\theta_{1\max}, \cdots, \theta_{4\max}]^T$，$\theta_{\min} = [\theta_{1\min}, \cdots, \theta_{4\min}]^T$ 为向量 θ 的上下界，且和 δ 都是已知的。

13.2.2 控制器设计

定义跟踪误差 $e = T - T_d$，则其导数为

$$\dot{e} = \theta_1 g_1 u - \theta_2 g_2 - \theta_3 [\omega - N(\omega)z] - \theta_4 [N^2(\omega)z - N(\omega)\omega] - \dot{T}_d + \tilde{\Delta} \tag{13.45}$$

在控制器设计中，使用双观测器结构以估计状态 z 的不同特性，同时为了保证观测器是稳定的，使用映射函数以保证观测器的估计是受控的。

$$\dot{\hat{z}}_1 = \text{Proj}_{z_1}(\iota_1), \quad z_{\min} \leqslant z_1(0) \leqslant z_{\max}$$
$$\dot{\hat{z}}_2 = \text{Proj}_{z_2}(\iota_2), \quad z_{\min} \leqslant z_2(0) \leqslant z_{\max} \tag{13.46}$$

式中，ι_1 和 ι_2 分别为 z_1 和 z_2 观测器的学习函数，并在后续设计中给定。对于不同的估计 z_1, z_2，给定其上下界为 $z_{1\max} = z_{2\max} = z_{\max} = \alpha_0 + \alpha_1$，$z_{1\min} = z_{2\min} = z_{\min} = -(\alpha_0 + \alpha_1)$。式(13.46)中的映射函数定义为

$$\text{Proj}_\zeta(\bullet) = \begin{cases} 0, & \hat{\zeta} = \zeta_{\max} \ \text{且} \ \bullet > 0 \\ 0, & \hat{\zeta} = \zeta_{\min} \ \text{且} \ \bullet < 0 \\ \bullet, & \text{其他} \end{cases} \tag{13.47}$$

式中，ζ 可以是未知参数 θ，也可以是系统状态 z。对于未知参数 θ，则定义如下的参数自适应律：

$$\dot{\hat{\theta}} = \text{Proj}_{\hat{\theta}}(\Gamma\tau), \quad \theta_{\min} \leqslant \hat{\theta}(0) \leqslant \theta_{\max} \tag{13.48}$$

式中，$\hat{\theta}$ 表示对系统未知参数 θ 的估计，令 $\tilde{\theta}$ 为参数估计的误差，即 $\tilde{\theta} = \hat{\theta} - \theta$；$\Gamma > 0$ 为正定对角矩阵，表示自适应增益；τ 为参数自适应函数，并在后续的控制器设计中给出其具体的形式。基于以上的受控的参数及状态估计，有如下的引理。

引理 13.3　对于自适应函数 τ，观测器的学习函数 ι_1 和 ι_2，不连续映射(13.47)具有如下性质：

$$\theta_{\min} \leqslant \theta \leqslant \theta_{\max}$$

$$\tilde{\theta}^{\mathrm{T}}[\varGamma^{-1}\dot{\hat{\theta}} - \tau] \leqslant 0, \ \forall \tau \tag{13.49}$$

$$z_{\min} \leqslant \hat{z}_1 \leqslant z_{\max}$$

$$z_{\min} \leqslant \hat{z}_2 \leqslant z_{\max}$$

$$\tilde{z}_1\{\dot{\hat{z}}_1 - \iota_1\} \leqslant 0$$

$$\tilde{z}_2\{\dot{\hat{z}}_2 - \iota_2\} \leqslant 0 \tag{13.50}$$

式中，$\tilde{z}_1 \overset{\text{def}}{=} \hat{z}_1 - z, \tilde{z}_2 \overset{\text{def}}{=} \hat{z}_2 - z_2$ 分别代表了不同状态估计误差，且有如下的动态：

$$\dot{\tilde{z}}_1 = \dot{\hat{z}}_1 - \dot{z} = \mathrm{Proj}_{z_1}(\iota_1) - [\omega - N(\omega)z]$$

$$\dot{\tilde{z}}_2 = \dot{\hat{z}}_2 - \dot{z} = \mathrm{Proj}_{z_2}(\iota_2) - [\omega - N(\omega)z] \tag{13.51}$$

◆

设计自适应鲁棒控制器 u 为

$$u = u_m + u_r$$

$$u_m = \frac{1}{\hat{\theta}_1 g_1}\{\hat{\theta}_2 g_2 + \hat{\theta}_3[\omega - N(\omega)\hat{z}_1] + \hat{\theta}_4[N^2(\omega)\hat{z}_2 - \omega N(\omega)] + \dot{T}_d\} \tag{13.52}$$

$$u_r = \frac{1}{\hat{\theta}_1 g_1}(-ke + u_s)$$

式中，u_m 为模型补偿项；k 为正的常数反馈增益；u_s 为用于处理模型不确定性 $\tilde{\varDelta}$ 的具有给定精度的鲁棒项。

将控制器(13.52)代入式(13.45)可得

$$\dot{e} = -ke + u_s - \varphi^{\mathrm{T}}\tilde{\theta} - \theta_3 N(\omega)\tilde{z}_1 + \theta_4 N^2(\omega)\tilde{z}_2 + \tilde{\varDelta} \tag{13.53}$$

式中

$$\varphi = [g_1 u, -g_2, N(\omega)\hat{z}_1 - \omega, \omega N(\omega) - N^2(\omega)\hat{z}_2]^{\mathrm{T}} \tag{13.54}$$

设计 u_s 满足如下条件：

$$e\{u_s - \varphi^{\mathrm{T}}\tilde{\theta} - \theta_3 N(\omega)\tilde{z}_1 + \theta_4 N^2(\omega)\tilde{z}_2 + \tilde{\varDelta}\} \leqslant \varepsilon \tag{13.55}$$

$$eu_s \leqslant 0 \tag{13.56}$$

式中，ε 为可任意小的正的控制器设计参数。

引理 13.4　令 h 为任意光滑函数且满足：

$$h \geqslant \|\varphi\|^2 \|\theta_M\|^2 + [\sigma_0 N(\omega) + \sigma_1 N^2(\omega)]^2 z_M^2 + \delta^2 \tag{13.57}$$

式中，$\theta_M = \theta_{\max} - \theta_{\min}$，$z_M = z_{\max} - z_{\min}$。选取 u_s 为

$$u_s = -k_s e = -\frac{h}{2\varepsilon}e \tag{13.58}$$

式中，k_s 是正的非线性增益。可知条件(13.30)和(13.31)都满足。

　　　　　　　　　　　　　　　　　　　　　　　　　　　　　　　　　　◆

定理 13.2　使用不连续映射自适应律(13.48)，并令 $\tau = \varphi e$，定义式(13.46)中的学习函数：

$$\begin{aligned} \iota_1 &= \omega - N(\omega)\hat{z}_1 + \gamma_1 N(\omega)e \\ \iota_2 &= \omega - N(\omega)\hat{z}_2 - \gamma_2 N^2(\omega)e \end{aligned} \tag{13.59}$$

式中，$\gamma_1 > 0$, $\gamma_2 > 0$ 为观测器的增益，则设计的自适应鲁棒控制器(13.52)具有如下性质。

A. 闭环信号中所有信号都是有界的，且定义的李雅普诺夫函数：

$$V = \frac{1}{2}e^2 \tag{13.60}$$

满足如下的不等式：

$$V(t) \leqslant \exp(-2kt)V(0) + \frac{\varepsilon}{2k}[1 - \exp(-2kt)] \tag{13.61}$$

B. 如果在某一时刻 t_0 之后，系统只存在参数不确定性，即 $\varDelta = 0$，那么除了结论 A，还可获得渐近跟踪的性能，即当 $t \to \infty$ 时，$e \to 0$。

证明　函数 V 对时间的导数为

$$\begin{aligned} \dot{V} &= e\dot{e} \\ &= -ke + e\{u_s - \varphi^{\mathrm{T}}\tilde{\theta} - \theta_3 N(\omega)\tilde{z}_1 + \theta_4 N^2(\omega)\tilde{z}_2 + \tilde{\varDelta}\} \\ &\leqslant -2kV + \varepsilon \end{aligned} \tag{13.62}$$

利用对比原理可得式(13.61)成立。因此，跟踪误差 e 有界，则系统状态 T 有界，进而函数 g_1 和 g_2 也有界。根据式(13.49)和式(13.50)中的性质可知，参数及状态估计有界。至此证明了定理 13.2 的结论 A。

　　下面考虑定理 13.2 的结论 B。选取正半定函数 V_s 为

$$V_s = \frac{1}{2}e^2 + \frac{1}{2}\tilde{\theta}^{\mathrm{T}}\varGamma^{-1}\tilde{\theta} + \frac{1}{2}\gamma_1^{-1}\theta_3\tilde{z}_1^2 + \frac{1}{2}\gamma_2^{-1}\theta_4\tilde{z}_2^2 \tag{13.63}$$

函数 V_s 对时间的导数为

$$\begin{aligned} \dot{V}_s = &-ke^2 + eu_s - \varphi^{\mathrm{T}}\tilde{\theta}e - \theta_3 N(\omega)\tilde{z}_1 e + \theta_4 N^2(\omega)\tilde{z}_2 e \\ &+ \tilde{\theta}^{\mathrm{T}}\varGamma^{-1}\dot{\hat{\theta}} + \gamma_1^{-1}\theta_3\tilde{z}_1\dot{\tilde{z}}_1 + \gamma_2^{-1}\theta_4\tilde{z}_2\dot{\tilde{z}}_2 \end{aligned} \tag{13.64}$$

由条件(13.56)得

$$\dot{V}_s \leqslant -ke^2 - \varphi^{\mathrm{T}}\tilde{\theta}e - \theta_3 N(\omega)\tilde{z}_1 e + \theta_4 N^2(\omega)\tilde{z}_2 e$$
$$+ \tilde{\theta}^{\mathrm{T}}\Gamma^{-1}\dot{\hat{\theta}} + \gamma_1^{-1}\theta_3\tilde{z}_1\{\dot{\hat{z}}_1 - [\omega - N(\omega)(\hat{z}_1 - \tilde{z}_1)]\} \qquad (13.65)$$
$$+ \gamma_2^{-1}\theta_4\tilde{z}_2\{\dot{\hat{z}}_2 - [\omega - N(\omega)(\hat{z}_2 - \tilde{z}_2)]\}$$

因此有

$$\dot{V}_s \leqslant -ke^2 - \gamma_1^{-1}\theta_3 N(\omega)\tilde{z}_1^2 - \gamma_2^{-1}\theta_4 N(\omega)\tilde{z}_2^2$$
$$+ \tilde{\theta}^{\mathrm{T}}[\Gamma^{-1}\dot{\hat{\theta}} - \tau] + \theta_3\tilde{z}_1\{\gamma_1^{-1}[\dot{\hat{z}}_1 - \iota_1]\} + \theta_4\tilde{z}_2\{\gamma_2^{-1}[\dot{\hat{z}}_2 - \iota_2]\} \qquad (13.66)$$

由引理 13.3 的性质(13.49)和(13.50)有

$$\dot{V}_s \leqslant -ke^2 - \gamma_1^{-1}\theta_3 N(\omega)\tilde{z}_1^2 - \gamma_2^{-1}\theta_4 N(\omega)\tilde{z}_2^2 \leqslant -ke^2 \stackrel{\mathrm{def}}{=\!=} -W \qquad (13.67)$$

因此，$V_s(t) \leqslant V(0)$，则 $W \in L_2$。由定理 13.2 的结论 A 可知，$W \in L_\infty$。可以很容易得知，$\dot{W}$ 有界。利用 Barbalat 引理可得，当 $t \to \infty$ 时，$W \to 0$，进而可证得定理 13.2 的结论 B。

◆

13.2.3　仿真验证

为验证设计的控制算法有效性,取表 13.2 中的电液负载模拟器参数进行仿真。

表 13.2　系统参数

参数	数值
$D_m/(\mathrm{m}^3/\mathrm{rad})$	1.91×10^{-4}
$V_1 = V_2/\mathrm{m}^3$	1.33×10^{-4}
$g_s/(\mathrm{m}^4/(\mathrm{s} \cdot \mathrm{V} \cdot \sqrt{\mathrm{N}}))$	3.97×10^{-8}
$C_t/(\mathrm{m}^5/(\mathrm{N} \cdot \mathrm{s}))$	7×10^{-12}
β_e/MPa	273
P_s/MPa	21
P_r/MPa	0.5
$\omega_s/(\mathrm{rad/s})$	1.7×10^{-2}
$\sigma_0/(\mathrm{N} \cdot \mathrm{m/rad})$	2.86×10^4
$\sigma_1/(\mathrm{N} \cdot \mathrm{m} \cdot \mathrm{s/rad})$	500
$f_C/(\mathrm{N} \cdot \mathrm{m})$	70
$f_s/(\mathrm{N} \cdot \mathrm{m})$	90

期望跟踪的转矩指令为 $T_d = 500\arctan[\sin(\pi t)][1 - \exp(-0.01t^3)]$，对比以下两种控制器以证明所提出控制器的有效性。

(1) ARC: 本节设计的自适应鲁棒控制器。为简化仿真过程,假设 σ_0、σ_1 已知,只自适应未知参数 $\theta_1 = \beta_e g_s$，$\theta_2 = \beta_e C_t \times 10^3$。控制器参数为 $k = 2 \times 10^3$，未知参数的界为 $\theta_{\max} = [20, 5]$，$\theta_{\min} = [0, 0]^{\mathrm{T}}$，参数估计的初值选为 $\hat{\theta}(0) = [6, 3]^{\mathrm{T}}$，参数值适应增

益为 $\Gamma = \mathrm{diag}\{1\times10^{-3}, 3.5\times10^{-8}\}$，观测器增益为 $\gamma_1 = 1\times10^{-5}$，$\gamma_2 = 1\times10^{-5}$。

(2) PID：比例-积分-微分控制器。控制器参数为 $k_P=0.05$, $k_I=1$, $k_D=0$。

两种控制器参数的确定都是通过反复调试的方法实现，而且在确定的控制参数基础上再增大参数将引起测量噪声或激发系统高频动态进而使系统不稳定。因此，两种控制器的对比是公平的。

图 13.4 和图 13.5 给出了 ARC 作用下系统的跟踪性能。由图可知，系统获得了较好的跟踪性能，尽管在瞬态时由于参数自适应初值的选取与其真值存在差异导致跟踪误差有些大，但是在自适应律的作用下参数估计逐渐收敛到其真值，稳态跟踪误差也逐渐减小。图 13.6 是 ARC 和 PID 分别作用时的跟踪误差对比，显然 ARC 获得了更好的稳态跟踪性能。参数估计如图 13.7 所示。双观测器所观测的鬃毛变形量、ARC 控制输入分别如图 13.8 和图 13.9 所示。

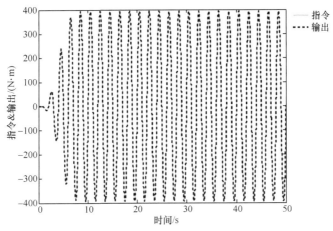

图 13.4　ARC 跟踪期望指令过程

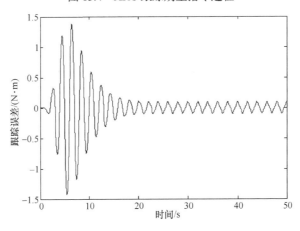

图 13.5　ARC 跟踪误差

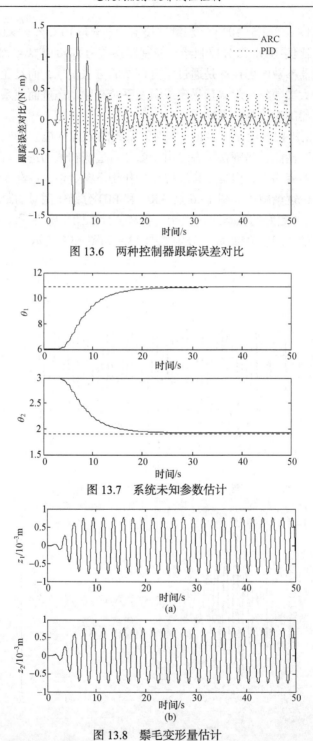

图 13.6 两种控制器跟踪误差对比

图 13.7 系统未知参数估计

图 13.8 鬃毛变形量估计

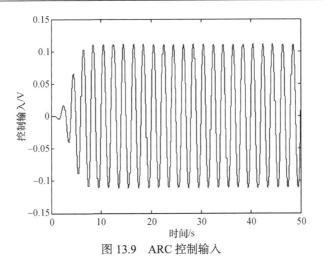

图 13.9　ARC 控制输入

13.3　本 章 小 结

　　静态加载是电液负载模拟器主要的工作模式之一，用于考核舵机抗扰能力。静态加载对加载精度提出了很高的要求，而在此工作模式下，非线性摩擦对加载精度的影响显著，必须在控制策略上予以补偿。

　　本章首先将动态摩擦模型融入电液负载模拟器的静态加载非线性数学模型中，并在此基础上，设计了非线性控制策略，补偿电液负载模拟器主要的动态行为和非线性摩擦，同时对未建模干扰进行非线性鲁棒控制器的设计，进一步提高电液负载模拟器的加载精度。理论分析与实验验证均表明，考虑摩擦补偿可有效提升静态加载时的力矩控制精度。

　　上述设计的摩擦补偿策略基于系统参数已知，但当系统存在较大参数不确定性时，还必须设计参数估计策略；另外，基于新型光滑 LuGre 摩擦模型，可更精确地补偿电液负载模拟器的非线性摩擦。正是基于上述分析，本章还发展了基于光滑 LuGre 摩擦模型的自适应鲁棒控制策略，开展了未知状态与未知参数的同步估计与补偿。

参 考 文 献

[1] de Wit C C, Olsson H, Åström K J, et al. A new model for control of systems with friction. IEEE Transactions on Automatic Control, 1995, 117(1): 8-14.

[2] Merritt H E. Hydraulic Control Systems. New York: Wiley, 1967.

[3] 姚建勇, 焦宗夏. 改进型 LuGre 模型的负载模拟器摩擦补偿. 北京航空航天大学学报, 2010, 36(7): 812-815.

[4] Tan Y, Chang J, Tan H. Adaptive backstepping control and friction compensation for AC servo with inertia and load uncertainties. IEEE Transactions on Industrial Electronics, 2003, 50(5): 944-952.

[5] Freidovich L, Robertsson A, Shiriaev A, et al. Friction compensation based on LuGre model. The 45th IEEE Conference on Decision and Control, San Diego, 2006: 3837-3842.

[6] Sastry S, Bodson M. Adaptive Control: Stability, Convergence and Robustness. Englewood Cliffs: Prentice Hall, 1989.

[7] Yao J, Jiao Z, Yao B. Robust control for static loading of electro-hydraulic load simulator with friction compensation. Chinese Journal of Aeronautics, 2012, 25(6): 954-962.